Web配信の技術

HTTPキャッシュ・リバースプロキシ・CDNを活用する

田中祥平

技術評論社

免責

商標・登録商標について

サンプルファイル

本書のサンプルファイルはhttps://gihyo.jp/book/2021/978-4-297-11925-6で配布します。

謝辞

本書の完成まで多くの方のお世話になりました。お礼申し上げます。

まず、本書をレビューをしていただいたToshiAizawaさん、flano_yukiさん、masaki_fujimotoさん、take01xさん、utgwkkさん、voluntasさん、yoyaさんに深く感謝します。自分では気づかなかったわかりづらい点などの指摘をいただき、書籍の内容がよりよいものとなりました。

筆者が所属するグリー株式会社はじめ、筆者がエンジニアとして配信に携わった各社には資料掲出の許可などをいただきました。現場の配信の情報を掲載することで、実践的な解説の助けとなりました。感謝いたします。

今回キャッシュや配信というあまりない切り口で本を書く機会をいただいた技術評論社、特に編集の野田大貴さんに感謝します。締め切りでご迷惑をおかけしただけでなく、数多くの指摘もいただきました。

株式会社 Green Cherry の山本宗宏さんには組版でお世話になりました。LaTeXやPDF出力などの環境を整備いただいたおかげで、本書はMarkdownでかなり自由に執筆できました。他にもデザインや作図など、制作には多くの方のご尽力がありました。改めて感謝いたします。

様々な方から多大な支援をいただき、本書の出版に至りました。本当にありがとうございました。

CONTENTS

第1章

はじめに

1 はじめに

1.1 本書の対象と目的

本書はHTTPを介した配信とその最適化について解説する入門書です。配信に従事した経験のないアプリケーション・インフラエンジニアでもわかるように、初歩から説明していきます。

配信と言われても、言葉の意味も広く、何が何だか想像もつかないという方もいるかもしれません。本書における配信とは、Webにおいて（主にHTTPで）コンテンツ[*1]をサーバーからクライアントに届けることを指します。本書では配信をより高速・安定・安全にすることを配信最適化と定義します。配信を実現するさまざまな手段を配信技術、配信に関連するリバースプロキシ（Proxy）[*2]やCDN[*3]などを用いて構築した一連のシステムを配信システムとします。

配信の安定性や速度はユーザー体験に直結します。WebサイトやWebサービスを提供するうえで、避けては通れない領域です。

配信技術はサーバー・クライアント間にわたります。単純にどこか1つの知識があればよくできるものではありません。全体像を把握し、適切にアプケーションを設定し、インフラ構成を組み、キャッシュを行い、場合によってはCDNなどの外部サービスを使うなど対応は多岐にわたります。

とはいっても、現段階では何のことやらでしょう。ごく単純な構成で配信を意識して改善すると、どのように役に立つかを考えてみましょう。素朴なWebサイトやブログを立ち上げる際にはレンタルサーバーなどにサイトを設置することが多いです。

サーバーはインターネットにつながっており、スマーフォンやPCなどの**クライアント**はインターネットを経由してWebサイトを閲覧しに来ます。

---

*1　本書では、サーバーのローカルファイルをコンテンツリソース、サーバーのコード上で生成されたいわゆる動的なWebページなどとコンテンツリソースを合わせたものをコンテンツと定義します。なおリソースと単体で示したときは、CPUやストレージなどの資源を示します。

*2　プロキシサーバーの一種。本書では基本的にProxyと記載。Apache HTTP ServerなどWebサーバーや、アプリケーションサーバーの前段（クライアント側）に立て、クライアントからのリクエストをまとめてWebサーバーやアプリケーションサーバーに投げます。クライアントからのリクエストを整理したり、アプリケーションサーバーの出力内容をキャッシュしたりします。詳細は4章で解説します。

*3　Content Delivery Networkの略称。Webのコンテンツ配信をより安定化、より高速化するためのサービス。代表的なサービスにAkamaiやFastlyなどがある。

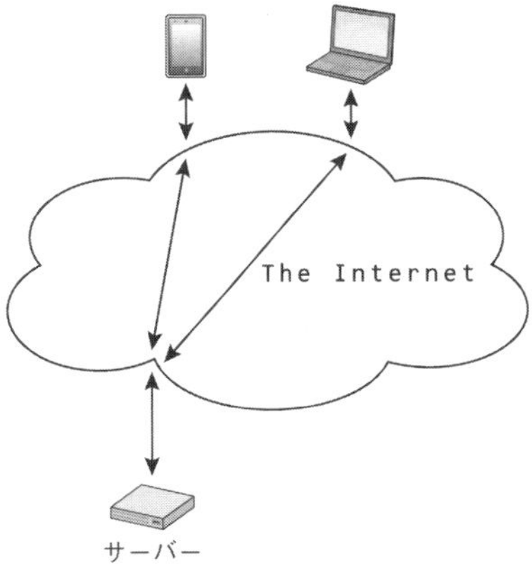

図 1.1　素朴な構成

この状態で**クライアント**が快適に閲覧できるようにしたいとき、ブラウザキャッシュを使うという方法があります。ブラウザキャッシュを使えば、サイトの巡回中や再訪時に、自身に保存されたキャッシュが使えます。このためインターネット越しにコンテンツをダウンロードする必要がなく、より速く、快適になります。

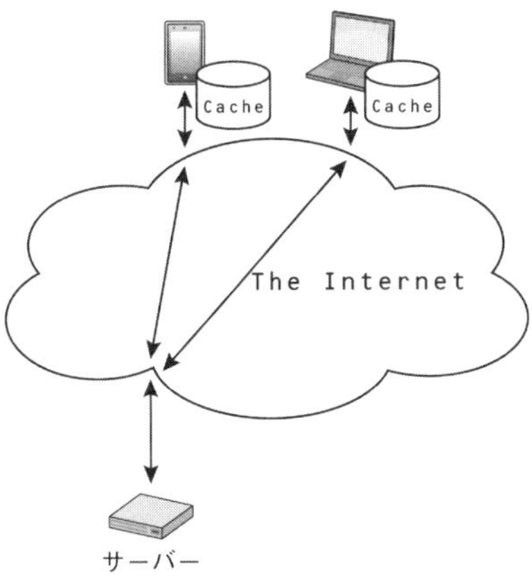

図 1.2　ブラウザキャッシュを使う

ただ、順調にサイトが成長し、閲覧者が増えてきた場合はこの対策だけではどうしようもなくなります。ブラウザキャッシュは各クライアント内にあるため、クライアント（閲覧者）が増えればサーバーへのリクエスト増えていきます。

そのため複数のクライアントで共有するキャッシュが必要です。ここで Proxy

やCDNでのキャッシュを使います。CDNについては聞き覚えがある読者も多いでしょう。

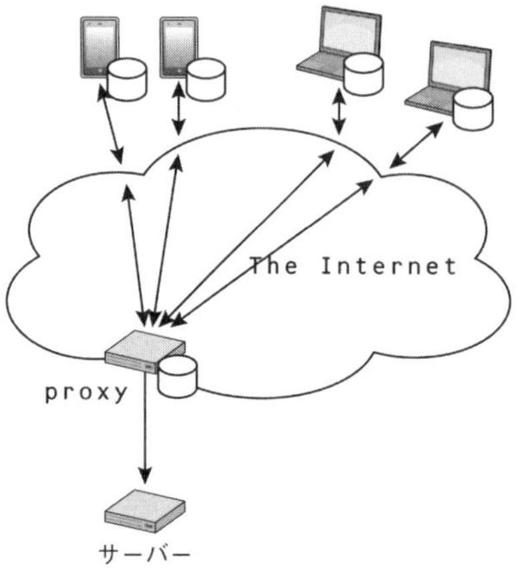

図1.3　Proxyでのキャッシュを使う

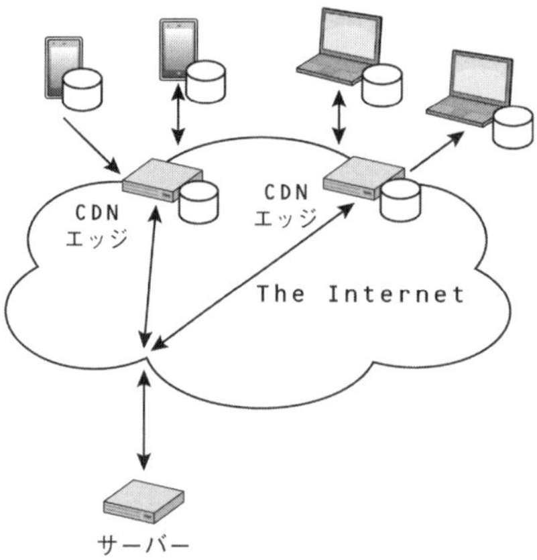

図1.4　CDNでのキャッシュを使う

Proxy やCDNがキャッシュとクライアントの間に入り、代わりにキャッシュを使ってレスポンスすることでサーバーの負荷を減らせます。

これはきわめて単純化したものですが、大まかに本書はこれらをどのようにうまく設定し使っていくかの紹介になります。

もう少し想像しやすい例として、配信周りの整備を怠っているサイトを例に考えてみましょう。TV番組で紹介されたサイトを閲覧したら落ちていた、動画もないサイトなのに非常に重くてスマートフォンのパケットを浪費するばかりで表示できなかった、こういった経験でイライラしたことがないでしょうか。運営しているサイトでこんなことが起きたら機会損失はもちろん、下手をすれば障害対応で呼び出されることもあるでしょう。

図1.5 突発的な負荷に耐えられなかったサイト

すべてとは言えませんが、これらの問題は事前の配信対策で大幅に緩和、解決可能です。上述の例のうち前者はProxyやCDNでのキャッシュで負荷耐性を向上させ、落ちづらくできます。後者はレスポンスヘッダの見直しやコンテンツ最適化で高速に読み込ませられます。

先に「難しそう」「苦労」という言葉を使いましたが、正しい知識さえ培えば配信の対策は実は難しくありません。特にレスポンスヘッダの見直しやコンテンツ最適化は知っていれば簡単に対策できます（3章参照）。少しの工夫で速度向上によるUX改善やネットワーク転送コスト削減などの成果が得られるでしょう。

配信を適切に行うことで、突発的なアクセス増に耐える高い信頼性を持ち、普段は低コストに運用できる快適なサイトを構築できます。

もちろん適切に設定し、運用するには知識が必要です。CDNを使う際に設定ミスをしてしまい、個人情報流出につながったというニュースを見聞きした人もいるでしょう。配信はひとたび事故を起こせば甚大な被害につながりかねない部分があるのも特徴です。

本書では安全な配信の組み立て方、最適化について解説します。

また、配信を考慮すべきは、大規模なサイトだけと考えている人もいるでしょう。実際には専任担当者がいないような中小規模のサイトやサービスでこそ、配信を意識すべきです。

配信は実施コストに対して、得られるコスト削減効果やユーザー体験のベネフィットが非常に大きい施策です。そのため、むしろ人的リソースに余剰がない環境でこそ、ビジネス上欠かせません。残念なことに、配信技術は、多くの現場であまり重視されていません。筆者は社内外のサイトやプロダクトの負荷対策等のレビューを行っています。そこで毎回のように似たような指摘を行います。その指摘にしたがって修正すれば、性能が改善しています。

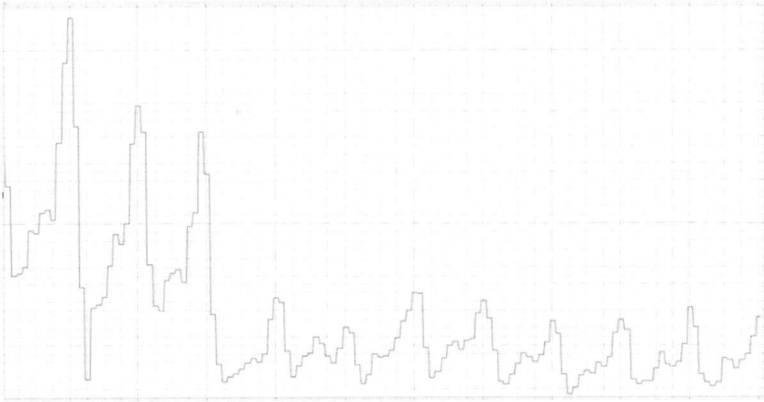

図1.6 リクエスト数のグラフ

これはあるWebサービスのApache[*4]へのリクエスト数を示したグラフです。このケースではブラウザキャッシュをうまく使えておらず、適切なヘッダを設定する改善を行いました。これだけで、リクエスト数を大幅に削減できました。

これは珍しいことではありません。筆者は、少なくとも10サイト以上で、このような改善が劇的な性能向上を果たすことを経験しています。

配信を意識はしているものの誤った理解で使っていることも多いです。たとえば、Cache-Controlの指定を次のように覚えている人は多いでしょう。

- no-cacheはキャッシュをしない
- publicは共有キャッシュ（shared）に格納する

実際のところ、そうではありません（3章参照）。配信を多少意識していても、理解が誤っていては安全かつ効果的な改善はできません。

これらの背景から、本書は主に中小規模サイトを例に、配信に従事したことのないエンジニアでもわかるよう基礎から解説しています。もちろん、大規模サイトでもやるべきことの基本は変わりません。

配信を業務で行っているエンジニアにとっても基礎の再確認や見落としのチェックなどに役立つ内容になっています。

---

*4　本書ではApache HTTP Serverは適宜Apacheと表記します。

願わくば、本書を通じて、落ちるサイトが少しでも減りますように。

1.2 本書の構成

先に述べたとおり、配信にはさまざまな知識が必要です。

とりあえず配信をなんとかしようということでCDNを導入しても、配信元（オリジン）の設定が不適切だと、効果を得られないどころか事故が起きることがあります。

本書では、こういった事態を防ぎ、効果のある改善をしていくために段階を踏んで解説していきます。

1. 配信の基礎知識（2章）
2. Proxy/CDNでキャッシュを行うために必要なオリジン側の地ならしを行う（3章）
3. Proxy/CDNでのキャッシュの行い方（4〜6章）
4. 実際に自前で配信環境をつくってみる（7章）

各章を読むにあたって、それまでの章の知識があると望ましいです。たとえばCDNについて知りたいからと6章のみを読んでも、あまり効果的でなかったり、問題が起きたりしてしまう可能性があります。

3章の内容までを読んで実践することで、適切にブラウザのキャッシュが使えるWebサイトとなります。規模的にCDNを導入するほどではなければ、ひとまず3章まで読むことをお勧めします。そのようなサイトでも、トラフィックが増えていくにつれてProxyやCDNのキャッシュを検討する必要がでてきます。そこからは、4〜6章や7章の内容を適用していけばいいでしょう。

また、一見関係なさそうに見える章もお互い深く関係しています。たとえば、自分はCDNを使いたいだけだからCDNをつくる7章の話は読む必要がない、6章だけ読もうと思った方がいるかもしれません。実際には、7章は読んでおくとCDNに関する理解が一段と深まるような内容になっています。

こういった背景から、ある程度知識のある方にも、本書はぜひ最初から読んでほしいです。さらに、後で読む内容が前の章の理解を助けることもあります。一冊通して読むと、より効果的に配信を学べます。

1.3 下準備

本書ではProxyを利用した構成・設定を多数紹介します。その際紹介するのは以下のOSとミドルウェアの組み合わせでの設定例です。

- Ubuntu 20.04 LTS + Varnish Cache 6.5.1

Varnish（Varnish Cache）*5はキャッシュに強みを持つProxy用ソフトウェアです。インストール方法や使う上でのTipsについてはAppendixで紹介します。

なお、本書ではVarnishの細かいチューニング方法や全機能の紹介のような広範、詳細な解説はしません。サイトによって消費するリソースは異なります。一意にこれを設定すればよいというものがないためです。Varnishの全機能を解説するのは本書の目的とは合致しません。

Varnishについて、より詳細に知りたいときはそれぞれ公式のドキュメントを参照することをお勧めします。

また、本書はVarnishを例に用いていますが、nginxなどほかのProxyでも活用できる内容です。

*5 https://varnish-cache.org/

第2章

配信の基礎

2

配信の基礎

Webサイトの配信、スマートフォンゲームでのアセット配信、地上波・ネット同時ライブ（同時配信）配信……。配信と呼ばれるものは数多くあり、また思い浮かべるものは人によってさまざまです。

どれも毛色が違うように見えますが、Webの配信を単純化してみると共通点が浮かび上がってきます。

例	何をやっているか
Webサイトの配信	サーバーからHTML、CSS、JavaScript、画像などのファイルをブラウザに送る
ゲームアセット配信	サーバーから画像・音声などのアセットファイルをゲームアプリケーションに送る
同時配信ライブ	サーバーから細切れにした動画ファイルと更新されるプレイリストをブラウザ・アプリケーションに送る

この中だとWebサイトも配信？ と疑問に思う方もいるでしょう。しかし、これも立派な配信です。たとえばゲームアセット配信がアセットファイルをアプリケーションに送っているように、ブラウザに対してCSSなどのコンテンツリソースを送っているのは同じことです。

これらから共通点を抜き出すと、**配信とはサーバーにあるコンテンツをクライアントに届けること**だと定義できます。少々単純化しすぎのきらいはありますが、わかりやすいものでしょう。

クライアントは、スマートフォンやPCで動いているブラウザなどのアプリケーションだけとは限りません。

たとえば、マイクロサービス[*1]では、サービス間でサーバー・クライアントの関係が成立しえます。サービスを使う際には各サービスのAPIを利用します。この場合リクエストを行うサービス（アプリケーション）がクライアント、APIの提供側サービスがサーバーであると考えれば、配信であることに気づきます。

---

*1　マイクロサービス（Microservices）はアプリケーションアーキテクチャの一種。アプリケーションを機能ごとに分割して実装・運用することで、開発スピード向上などを狙うものです。主に一定規模以上のWebアプリケーションで用いられます。マイクロサービスではサービス間の通信にHTTPが用いられることが多く、その点で他の配信と違いはありません。

また、一見サーバー側に属するように見えるProxyやCDNがクライアントになるということもあります（2.4.3参照）

さて、どれも配信ではありますが、すべて同じようなものとして扱ってしまってもよいのでしょうか？ 本章では配信やキャッシュの分類、それに伴う考え方の指針を紹介します。実際にどのように設定するかは、以降の章で解説します。

2.1 配信のとらえ方

配信と一言にいっても、その実態はそれぞれ異なります。すべてを完全に同じように扱うことはできません。

規模やサービスの特性により、配信に求められる要件が変われば、使う技術や構成も当然変わります。少し具体的な例で考えてみましょう。ごく少人数の利用者に向け、レンタルサーバーに短い動画ファイルをおき、HTML5のvideoタグでそれを再生させるだけのものも動画配信と言えるでしょう。こういった配信では、もちろん工夫の余地もありますが、基本的には素朴な構成で特に対策もいりません。

これが大規模な映画見放題のような動画配信（VOD）になると、単純にファイルをサーバーに置いて再生できれば問題なしとはいきません。動画という大容量コンテンツを多数のクライアントに配信するには、高トラフィックをさばかなくてはいけません。そのためには数多くの工夫が必要となります。いくつか考えてみましょう。

- 外部のCDNもしくは自前のCDNを使ってキャッシュを行うなどの対策
- 人気の見込まれるコンテンツは公開前に各エッジへ配布し、公開直後にオリジンの急激なトラフィック増を避ける
- クライアントに配信する際には何らかの方法で細かいファイルを配信する。（HLS/MPEG-DASHやRangeリクエスト）

スポーツのライブ配信はリアルタイム性が強く求められます。たとえばサッカーの試合で30秒～1分程度遅延した場合を考えてみましょう。ゴールが決まってみんながSNSで発言しているのに配信ではまだシュート前だとしたら酷いネタばれです。ほかにも双方向性のあるライブ配信[*2]もリアルタイム性を求められるため、低遅延で配信できる構成を検討する必要があるでしょう。

＊2　近年ではVTuebr（主にYouTubeなどで配信を行う、キャラクターアバターを使う動画配信者）のライブ配信などが人気を集めています。

- バッファを小さくする
- パケットロスなどで欠落した場合でもスキップできるしくみなど視聴体験向上のための施策
- より適したプロトコルやフォーマットの採用（WebRTCなど）

また、大量のデータを取り扱うゲームアセット配信であれば、リリースや更新タイミングでの瞬間的なトラフィックでも耐えられるようする必要があります*3。

これらの配信には共通する部分があり、それらも当然重要ですが、大きな違いもあります。たとえば、VODで低遅延配信は不要でしょうし、ライブ配信をVODのように公開前にエッジへ配布はできません。このように、配信の性質によって考慮すべき点は変わります。

こういったさまざまな配信のすべてに対応しきるシステムを構築しようと考えると、コストが天井知らずで上がっていきます。現実的には、個別案件に最適化された配信システムを構築するのが良い対策でしょう。配信には、絶対の正解の構成はありません。規模や要件といったワークロードに応じて対策は変化するものです。

2.1.1　配信の根幹

配信は、それぞれのケースごとに見るべき点が異なります。配信最適化をするには、膨大なケースをそれぞれ学習し、ユニークな解決策を無数に覚えなければいけないのでしょうか？　もしそうなら学習しても活かせるケースが少ないと危惧した読者もいるでしょう。もちろんそんなことはありません。

配信にさまざまなパターンがあるとしても、**サーバーからクライアントにコンテンツを届ける**という根底は変わりません。枝葉末節ではユニークな部分があるとしても、根幹は同じです。この根幹、共通点を学ぶことが、配信最適化では重要です。

もちろん、配信をきちんとやろうと思えば、基礎を学んだ後は個別に事例ごとに調査や学習が必要になります。そういった個別の事柄について把握し、問題切り分けなどができるようになるためにも根幹、すなわち基礎を知ることが重要です。

配信の基礎として押さえておきたいのは、まずクライアントとサーバーのやりとりのルール（標準仕様）です。なぜ標準仕様が重要なのか、どういったものがあるのかを本章で学びましょう。以後の章では標準仕様への理解を活かして、主要な配信のパターンに合致する具体的な方策を解説します。

---

*3　海外の人気ゲームではTbpsを超える事例もあります。 https://www.zdnet.com/article/last-weeks-fortnite-update-helped-akamai-set-a-new-cdn-traffic-record/

2.2 標準仕様でやりとりする

なぜ、標準仕様は重要なのでしょうか？ たとえば日本語しかわからない人と英語しかわからない人どうしでは、二人に共通の言語がないため会話は成立しません。これは配信においても同じことです。

Webページの閲覧を一般化して考えると、クライアントのブラウザ*4などの環境は多岐にわたり、サーバー側もさまざまなソフトウェア*5を使っています。クライアントとサーバーともにそれぞれ独立した技術が使われているとき、これらが好き勝手に通信しようとしたらどうでしょう？ 相手がどのようなしくみでやりとりするかがわからなければ、通信は成り立ちません。

しかし、実際には皆さんが知るように通信は成立しています。つまり、皆が何かしらやりとりに共通のルールを使っていることになります。こういった種々のソフトウェアどうしがやりとりするために、**共通のルールすなわち標準仕様**が存在します。Webで用いられる標準仕様が下図にまとめられています*6。

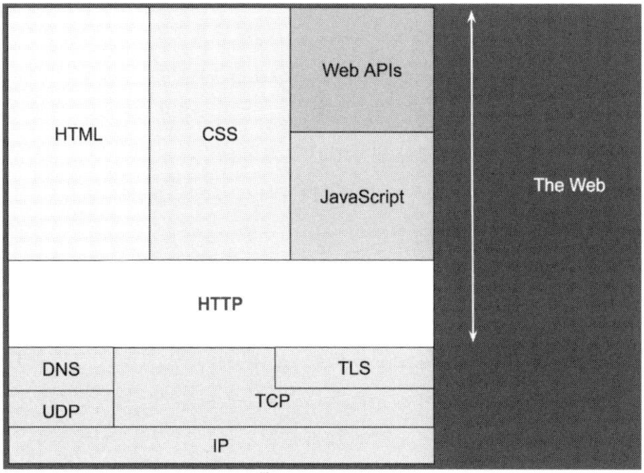

図2.1 Webの標準仕様の図の例（MDNよりCC-BY-SA 2.5で利用）

---

*4 Chrome、Firefox、Edge、Safariなどがあります。またスマートフォンかPCかなどの違いもあります。

*5 ミドルウェアならApacheやnginx、言語ならRubyやPHP、フレームワークならRuby on RailsやLaravelなどが動いているでしょう。

*6 この画像はMDNの記事「HTTPの概要」中のコンテンツを用いたものです。 HTTPの概要（https://developer.mozilla.org/ja/docs/Web/HTTP/Overview） by MDN貢献者（https://wiki.developer.mozilla.org/ja/docs/Web/HTTP/Overview$history） is licensed under CC-BY-SA 2.5（https://creativecommons.org/licenses/by-sa/2.5/）.

共通のルールが敷かれるのはHTTPに限らず、HTMLやCSSなども同様です。図中にないものでは、ブラウザのアドレスバーに入力する・表示される`https://example.net/`などURLも、URL Standard[*7]で定義されています。

Webはさまざまな技術の集合体で、さらには一つ一つの技術に標準仕様があります。ときには、1つに見える技術が複数の標準仕様から成り立つものもあります。大きな1つの仕様ですべてをカバーしているわけではありません。たとえば、通信につかうHTTP（HTTP/1.1）はRFC 7230〜7235で、その中でも本書で特に扱うHTTP/1.1でのキャッシュに関する仕様はRFC 7234で定義されています[*8]。HTTPS通信に必要なTLS 1.3の仕様はRFC 8446などで定められています。プロトコルの定義だけでなく、それに付随するもろもろの仕様もRFCなど標準仕様で定められています。

RFC[*9]はIETF[*10]が発行している仕様です。RFCは無料で公開されています。「RFC HTTP/2」といったように検索すれば、誰でもHTTP/2の仕様を参照できます。

サーバー・クライアント双方が、この標準仕様にのっとっていれば通信できます。クライアント、サーバーのソフトウェアの実装がどうであろうと、最終的にはお互いが標準仕様に従っていて、やりとりが正しく行われさえすればよいのです。たとえばサーバーとクライアントがHTTP/1.1に準拠していれば、実装はどうあれ、正常にやりとりできます。ブラウザがHTTP/1.1に従ってサーバーにリクエストを行い、サーバー側がHTTP/1.1に従ってリクエストをパース、サーバーはミドルウェアを動作させHTML[*11]を生成してHTTP/1.1でレスポンスを行う、ブラウザ側が受け取ってパースして画面上にレンダリングします。

これらのやりとりは、クライアント・サーバーのどちらも標準仕様に従っていることを前提として動作します。ただし、標準仕様に対し、クライアント・サーバーの個別の実装が必ずしも準拠しているとは限りません。実装が誤っていたり、新しい仕様には対応していなかったりということもあります。ただ標準仕様を読むだけでなく、実世界での対応状況や実装についても調査できることが望ましいです。

実際に筆者が見た実装の誤りとして、あるミドルウェアのHTTP/2実装のバグがありました。有効なストリーム数のカウントにバグがあり、同時に大量のコンテ

---

*7　URL/URIはRFC 1738および3986で定義されており有効なものですが、事実上URL Standardが最新と考えて問題ありません。 https://url.spec.whatwg.org/

*8　RFCは場合によっては更新されます。キャッシュについても現在新しいRFCを策定すべく議論中です。 https://httpwg.org/http-core/draft-ietf-httpbis-cache-latest.html

*9　Request for Comments。コメント募集という名前に反して実際にはすでに決定した仕様が公開される。 https://www.ietf.org/standards/rfcs/

*10　インターネット上の標準技術を決める組織。 https://www.ietf.org/

*11　HTMLもW3C、あるいはWHATWGによる標準化が行われています。

ンツをダウンロードすると失敗するというものです。

すべての標準仕様がすべてのソフトウェアで実装されているわけではありません。新しい仕様が次々出てくる以上、当然古いソフトウェアは対応していませんし、普及には時間がかります。また、仕様の一部にのみ対応しているケースも存在します。これらは仕様に対して、実装間で差異があるために問題となります。

仕様の一部にのみ対応があるため起こる問題を紹介します。キャッシュ制御のためのHTTPヘッダ`Cache-Control`には、いくつかのディレクティブ（指示）*12があります。クライアント（ブラウザやProxy/CDN）の実装はまちまちで、これらのうち一部のディレクティブにのみ対応する（対応しない）ということがよくあります。このため、「クライアントはキャッシュに関してこう解釈する」と期待して設定したものが、いくつかの環境でうまく動かないということが起こりえます。

配信において実現可能なことを明確にするために、またどのような設定が適切かを知るためにも、標準仕様を押さえることは重要です。実装状況の調査も、標準仕様を知らなければはじまりません。本書では、「HTTP/2ではコネクションの再利用 RFC 7540#9.1.1」のように、解説する技術や動作に対応する標準仕様を記載します。この場合はRFC 7540のセクション9.1.1を指します。ぜひ標準仕様も一緒に読んでください。

Column

RFCのMUST/SHOULD—RFC 2119

RFCを読んでいると、MUST・MUST NOT・SHOULDなどすべて大文字で書かれたワードを、文中で見ることが多々あります。これらは仕様を実装する上で、「する必要がある」、「してはならない」ことなどを示す重要なワードです。MUSTは「しなければならない」で絶対的な重要事項を指します。SHOULDは「する必要がある」で何らかの理由があれば無視もできますが、その選択をする場合は注意深く検討すべきという事項です。
ほかにもいくつかのワードがあります。ワードと、それぞれがどのレベルなのかはRFC 2119で定義されています。RFCを読む前に、ぜひ一度目を通してください。

2.2.1 配信の原則

ここまで述べた内容から明らかなように、ほぼ**どんな配信も何らかの標準仕様の上に成り立っています**。

標準仕様がどこまでカバーしているのかも意識すべきでしょう。標準仕様には具体的な構成などの指示は記載されていません。配信は、サービス要件に従ってさま

*12 ディレクティブとはあるヘッダ内での指示を記すものです。

ざまな構成を取ります。多クライアントや大トラフィックに対応する構成を組むこともあれば、画像の投稿サイトで大量の動的サムネイル生成が求められることもあります。こういった実際の実装や運用については、RFCはじめ標準仕様は踏み込みません。

配信最適化に必要なのは次の視座です。

- どんな配信も究極的にはクライアント／サーバー間のコンテンツのやりとり
- 土台の共通部分（標準仕様）と要件に応じて追加される部分がある
- 共通部分を正しく使うことと、要件を整理し構成や機能を考える必要がある

2.3 配信の経路

配信を学ぶにあたって、配信経路の基本的な知識をまず覚えましょう。サーバーのコンテンツをクライアントに配信するまでには、さまざまな機器やソフトウェアを経由します。これを配信経路といいます。どのような配信経路をたどるか知ることは、配信改善に重要です。すべてを詳細に知る必要はありませんが、ポイントを押さえていきましょう。

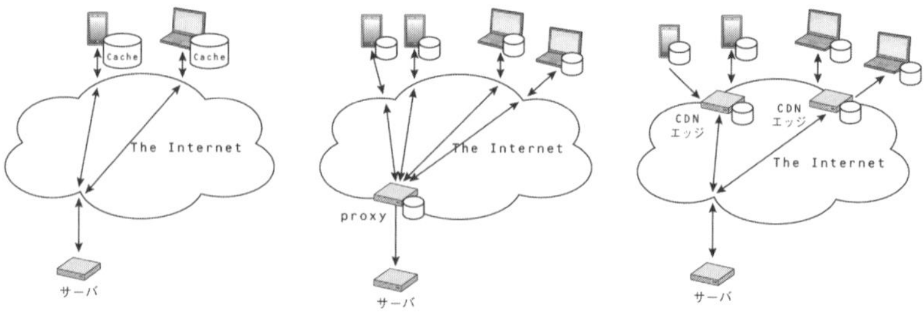

図2.2 ブラウザキャッシュ、Proxyでのキャッシュ、CDNでのキャッシュ

配信経路を知っていると、キャッシュの特徴をとらえるのに役立ちます。一口にキャッシュといっても、キャッシュを行う場所は配信経路のさまざまな部分です。たとえば、CDNを使うとどの部分が改善されるのかといったポイントがわかります。

ほかにもサイトの閲覧不可など障害発生時、問題の切り分けにも役立ちます(6.6.2参照)。

2.3.1　ブラウザでWebページを表示するまで

配信の経路について、ブラウザでWebページを閲覧する考えてみましょう。

大前提ですが、Webページを閲覧するためにはインターネットにつながっている必要があります。なぜ、インターネットにつながっていれば、さまざまなWebページを閲覧できるのでしょうか？ インターネットのしくみをごく簡略化して説明すると、まずネットワーク網を構築するISPがあります。さらにさまざまなISPが相互に接続をすることで、ISP内のネットワーク以外のサイトにも接続できます。ドコモのスマートフォン（ISPはドコモ）でも、KDDIのWebサイト（ISPはKDDI）が見られるのはこのためです。

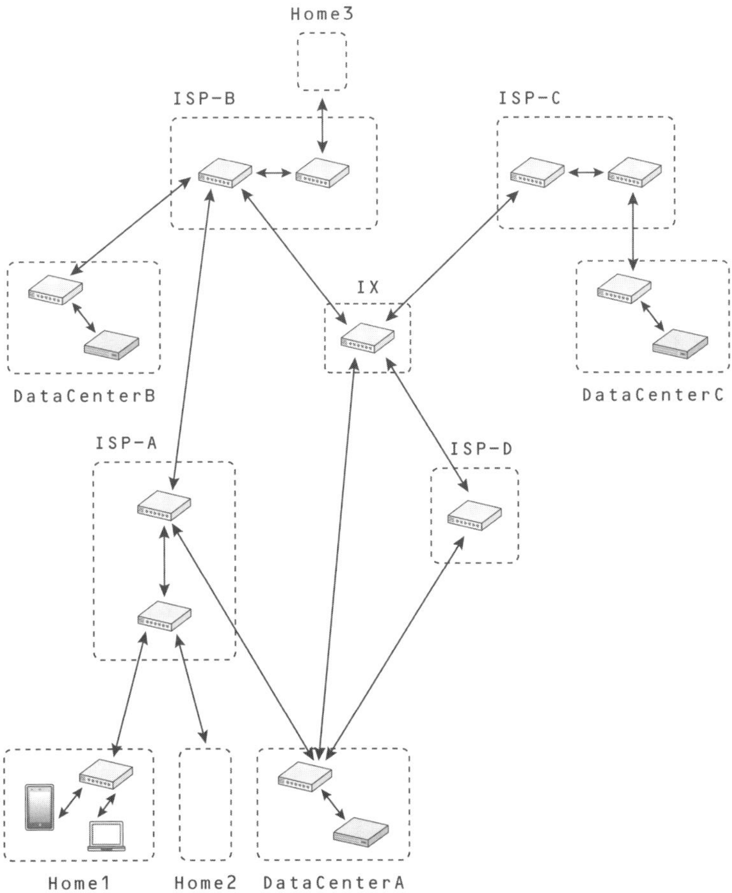

図2.3　ISPが接続をしている図

たとえば図のHome1のユーザーがDataCenterBのサーバー上で動いているWebページを見ようとした場合、自身の契約ISP-A→ISP-B→DataCenterBといった流れでWebページを見にいきます*13。基本的にはISPどうしで接続をしていますが、各々1:1で接続するとコストがかかります。そのため、IX（InternetExchange）という相互接続する施設で複数のISPやDataCenterどうしが接続をしていることが多いです。

これらの経路にはさまざまな機器が使用されています。皆さんの自宅にあるルーターもその機器の1つです。配信はサーバー・クライアント間が一本道でつながっているわけではなく、複数のルートで多様な機器が介在しているという点を覚えておきましょう*14。

» ファーストマイル・ミドルマイル・ラストマイル

家庭向けの光回線（FTTH）が出始めたころ、ラストワンマイルというキーワードを聞いたことがある人も多いでしょう。ラストワンマイルは基地局から家庭までの最終区間を指す言葉です。ほかにも～マイルという呼び方をするものがあります。配信を考える際には、たびたびこの～マイルというキーワードが出てきます。ぜひ覚えてください。

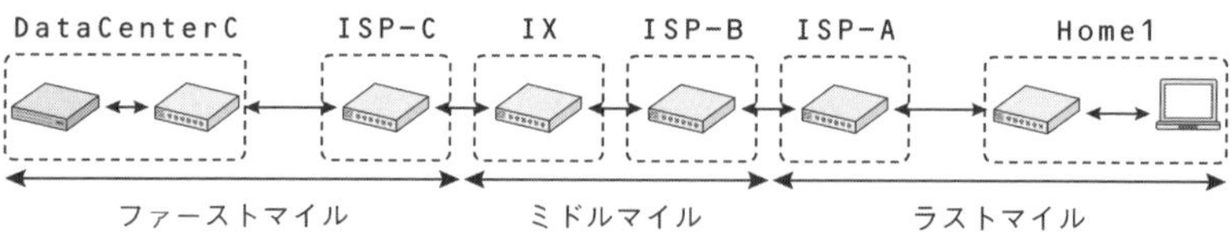

図2.4 ～マイル

ファーストマイル

ファーストマイルは、オリジンがつながっているISPから別のISPに接続するまでの部分です。

ミドルマイル

ミドルマイルは。最初のISPの出口からユーザーが契約しているISPの入口までの区間。

---

*13 実際の経路はコストや混雑状況や様々な要素で選択されるため、遠回りに見える経路が使われることもあります。
*14 2007年ごろの情報ですがISPがどのように相互接続しているかがわかります。 https://i.impressrd.jp/e2007073019

ラストマイル

ラストマイルは、ユーザーが契約しているISPからユーザーの自宅やスマートフォンまでの言わば足回りの区間。

» IPアドレスとDNS

配信の経路は、ネットワークでつながっていることはわかりました。

ブラウザでexample.netのWebページを閲覧する場合、何が起こっているか少しだけ補足します。インターネットに接続しているネットワーク機器やサーバーはすべてIPアドレスという住所*15がふられています。このIPアドレスをもとに、ミドルマイルのISPが次はISP-Bに......といった形で転送していくことでやりとりを行っています。

IPアドレスは、「192.0.2.1」(IPv4)や「2001:db8::dead:beaf」(IPv6)などの数字文字記号の羅列で示されます。

ところがブラウザで入力しているのはexample.netなどの名前です。この名前、ドメイン名だけでは、住所に直接はたどり着けません。IPアドレスに接続するためには、ドメイン名をIPアドレスに変換する必要があります。

DNSというサービスがドメイン名からIPアドレスを解決しています*16。そして、DNSで解決したIPアドレスにTCPで接続を行い、HTTPで取得します*17。

インターネットにつながっていても、ただそれだけではやりとりはできません。その裏では、DNS・TCP・HTTPなどのさまざまな技術が使われています。配信を考える際にはHTTPが重要ですが、単純にHTTPに注目するだけでなく、さまざまなポイントを考慮することも欠かせません。

2.3.2 インターネットアクセス時の経路を体験する

実際にインターネットのアクセスの経路を体験してみましょう。自身のISPから別のISPを経由してWebサイトへ到達する手順を見ていきます。

筆者は自宅でインターリンクというISPを利用しています。相手のサーバーがまたそのISPを使っているとは限りません。たとえばKDDIのサイトのISPはKDDI系列でしょうし、NTTのサイトのISPはNTT系列でしょう。別ISPを利用しているなら、ISPの外に出て、相手のISPに接続する必要があります。

異なるネットワークに所属しているクライアント/サーバーが通信できるよう

*15 もしかしたらGoogleが提供しているPublic DNSの8.8.8.8をWeb記事などで見かけたことがあるかもしれません。この8.8.8.8もIPアドレスです。

*16 ドメイン名→IPアドレスの変換のことを正引きといいます

*17 現在仕様策定中のHTTP/3ではUDPを使用しています。

に、ネットワークどうしはさまざまな経路でつながっています。この経路を確認できるtracerouteというコマンドを使ってみましょう。tracerouteはUNIX系OSで使われます。似た用途のWindows向けコマンドにtracertがあります。

試しに東京の筆者の自宅から、会社のドメインに対して実行してみます*18。

```
$ traceroute sns.gree.net
traceroute to sns.gree.net (157.112.206.33), 30 hops max, 60 byte packe↩
    ts
 1  192.168.1.1 (192.168.1.1)  0.306 ms  0.380 ms  0.524 ms
 2  nas82o.p-tokyo.nttpc.ne.jp (210.153.247.57)  5.747 ms  5.831 ms  5.↩
     920 ms
 3  210.165.249.93 (210.165.249.93)  5.992 ms  5.974 ms  6.012 ms
 4  210.153.249.165 (210.153.249.165)  6.100 ms  6.217 ms  8.069 ms
 5  210.165.252.157 (210.165.252.157)  7.722 ms  8.122 ms  8.196 ms
 6  210.165.241.33 (210.165.241.33)  8.742 ms  8.614 ms  8.611 ms
 7  e2-7-n-otemachi-core18.sphere.ad.jp (210.165.241.9)  8.430 ms  3.58↩
     6 ms  3.731 ms
 8  xg0-1-0-5-n-otemachi-core1.sphere.ad.jp (202.239.114.45)  3.869 ms ↩
     xg0-0-0-14-n-otemachi-core1.sphere.ad.jp (210.153.243.153)  5.38↩
     5 ms xg0-0-0-8-n-otemachi-core1.sphere.ad.jp (202.239.114.221)  ↩
     5.180 ms
 9  softbank221111202021.bbtec.net (221.111.202.21)  3.805 ms  5.444 ms↩
       5.445 ms
10  * * *
11  61.206.157.254 (61.206.157.254)  5.375 ms  5.244 ms  5.465 ms
12  157-112-206-33.gree.jp (157.112.206.33)  5.664 ms  5.755 ms  5.820 ↩
    ms
```

リスト 2.1　自宅からsns.gree.netへのアクセス

簡単にtracerouteの見方について説明します。

```
ホップ数 ホスト名 (IPアドレス)  RTT1 RTT2 RTT3
1  192.168.1.1 (192.168.1.1)  0.306 ms  0.380 ms  0.524 ms
2  nas82o.p-tokyo.nttpc.ne.jp (210.153.247.57)  5.747 ms  5.831 ms  5.9↩
    20 ms
```

リスト 2.2　tracerouteの見方

ホップするとはルーターなどの機器を経由して別のネットワークを通過することを言い、ホップ数とはその個数となります。192.168.1.1は筆者の自宅のルーターです。このルーターをホップして次のネットワーク（NTTPC）内を通過してい

*18　通常このようなサンプルにはexample.netを使うのですが、このドメインはCDNが使われておりtraceroute元が異なると接続先のホストも変わる可能性があるため用いていません。CDNを使っていない自身の管理するドメインがあればそれで試してみるのもよいでしょう。

ます。

またRTTはネットワーク機器にリクエストを投げた場合に返ってくる反応時間[19]です。この場合192.168.1.1のRTTは0.306〜0.524msで、次のルーターで折り返すと5ms程度かかるということがわかります[20]。

この後もホップして、9でソフトバンクのネットワークを経由します。最終的に、12に行き着きます。目的の機器まで到達していることが見て取れます。

```
 9  softbank221111202021.bbtec.net (221.111.202.21)  3.805 ms  5.444 m↩
     s  5.445 ms
...
12  157-112-206-33.gree.jp (157.112.206.33)  5.664 ms  5.755 ms  5.82↩
     0 ms
```

次にさくらのVPS（東京リージョン）から同じドメインに対して、tracerouteを行ってみました。今度は、さくら（sakura.ad.jp）とEquinix（equinix.com）というネットワークを経由していることがわかります。

```
$ traceroute sns.gree.net
traceroute to sns.gree.net (157.112.206.33), 30 hops max, 60 byte packe↩
     ts
 1  160.16.66.1 (160.16.66.1)  0.772 ms  0.769 ms  0.750 ms
 2  tkgrt1b-grt19e.bb.sakura.ad.jp (157.17.132.77)  12.664 ms tkgrt2b-g↩
     rt19e.bb.sakura.ad.jp (157.17.132.101)  0.723 ms tkgrt1b-grt19e.↩
     bb.sakura.ad.jp (157.17.132.77)  12.649 ms
 3  tkgrt1s-grt1b.bb.sakura.ad.jp (157.17.130.65)  0.699 ms tkgrt1s-grt↩
     1b-2.bb.sakura.ad.jp (157.17.130.177)  0.690 ms tkwrt1s-grt2b.b↩
     b.sakura.ad.jp (157.17.130.5)  0.682 ms
 4  tkert1-grt1s.bb.sakura.ad.jp (157.17.130.85)  1.124 ms tkert1-grt1↩
     s-2.bb.sakura.ad.jp (157.17.130.217)  0.944 ms tkcrt2-wrt1s-2.b↩
     b.sakura.ad.jp (157.17.130.213)  12.048 ms
 5  55394.tyo.equinix.com (203.190.230.93)  15.628 ms tkert1-ort2.bb.sa↩
     kura.ad.jp (157.17.130.118)  1.088 ms 55394.tyo.equinix.com (203↩
     .190.230.93)  15.711 ms
 6  157-112-206-33.gree.jp (157.112.206.33)  1.114 ms  0.818 ms  0.867 ↩
     ms
```

リスト 2.3 さくらのVPSからsns.gree.netへのアクセス

先の結果と比較すると地理的に似たような条件（東京）からサーバーに接続しようとしても、それぞれが異なる経路でつながっているとわかります。

---

*19 Round Trip Timeの略称でRTT。
*20 RTTが3つあるのは3回実施しているからです。

```
筆者の自宅 → NTTPC → Softbank → sns.gree.net （12ホップ）
```

```
さくらのVPS → さくらインターネット → Equinix → sns.gree.net （6↩
    ホップ）
```

これにはさまざまな理由があります。もちろん出発地点が違うからというのも、異なる経路になる原因です。また、インターネットの経路選択は、常に距離的な最短ルートを選ぶわけではありません。混雑状況、より低コストな回線を使おうとするといった理由から、必ずしも距離的な最適な経路となっていないことが多いです。そのため、同一のアドレスに対して、途中の経路がまったく違うということは起こりえます*21。

» RTTに注目する

tracerouteの比較で注目すべき点はほかにもあります。RTTです。

```
12  157-112-206-33.gree.jp (157.112.206.33)  5.664 ms  5.755 ms  5.820 ↩
    ms
```

リスト 2.4　筆者の自宅からのRTT

```
 6  157-112-206-33.gree.jp (157.112.206.33)  1.114 ms  0.818 ms  0.867 ↩
    ms
```

リスト 2.5　さくらのVPSからのRTT

RTTは、TCPの上に乗るHTTPの配信では重要です。なぜならTCPでデータのやりとりを行う際は、単純に送りっぱなしではなく、相手側から受け取ったという返答をもらう必要があるからです。TCPではデータの送信に対して「ここまで受け取ったよ」という返答がペアになっています。RTTが大きければ返答が返ってくるまで時間がかかるため、次のデータ送信までの待ちが発生します。一気に送るなどさまざまな高速化の方法はありますが、このようなTCPの特性上、RTTが大きくなれば通信速度は低下します*22。

多くの場合、RTTは経由するネットワークが多くなるほど大きくなります。ネットワークを経由するのは、いわば電車の乗り換えのようなものです。どうして

*21　行きと帰りの経路が違うこともよくあります。
*22　詳細は割愛します。このあたりを詳しく知りたい場合はTCP/IP関連の書籍を読んでください。

もそこで遅延が発生します。

RTTが増大する要因としては地理的に離れているということもあります。試しにAWSの東京（ap-northeast-1）とアメリカ西部（us-west-2）を測定してみます。今度はpingというRTTを測定するコマンドを使います。

```
$ ping s3-ap-northeast-1.amazonaws.com -c 5
PING s3-ap-northeast-1.amazonaws.com (52.219.68.132) 56(84) bytes of da↩
    ta.
64 bytes from s3-ap-northeast-1.amazonaws.com (52.219.68.132): icmp_se↩
    q=1 ttl=45 time=4.25 ms
64 bytes from s3-ap-northeast-1.amazonaws.com (52.219.68.132): icmp_se↩
    q=2 ttl=45 time=4.28 ms
64 bytes from s3-ap-northeast-1.amazonaws.com (52.219.68.132): icmp_se↩
    q=3 ttl=45 time=5.59 ms
64 bytes from s3-ap-northeast-1.amazonaws.com (52.219.68.132): icmp_se↩
    q=4 ttl=45 time=4.30 ms
64 bytes from s3-ap-northeast-1.amazonaws.com (52.219.68.132): icmp_se↩
    q=5 ttl=45 time=4.28 ms

--- s3-ap-northeast-1.amazonaws.com ping statistics ---
5 packets transmitted, 5 received, 0% packet loss, time 4005ms
rtt min/avg/max/mdev = 4.251/4.542/5.597/0.530 ms

$ ping s3-us-west-2.amazonaws.com -c 5
PING s3-us-west-2.amazonaws.com (52.218.241.112) 56(84) bytes of data.
64 bytes from s3-us-west-2.amazonaws.com (52.218.241.112): icmp_seq=1 t↩
    tl=41 time=121 ms
64 bytes from s3-us-west-2.amazonaws.com (52.218.241.112): icmp_seq=2 t↩
    tl=41 time=121 ms
64 bytes from s3-us-west-2.amazonaws.com (52.218.241.112): icmp_seq=3 t↩
    tl=41 time=121 ms
64 bytes from s3-us-west-2.amazonaws.com (52.218.241.112): icmp_seq=4 t↩
    tl=41 time=121 ms
64 bytes from s3-us-west-2.amazonaws.com (52.218.241.112): icmp_seq=5 t↩
    tl=41 time=121 ms

--- s3-us-west-2.amazonaws.com ping statistics ---
5 packets transmitted, 5 received, 0% packet loss, time 4005ms
rtt min/avg/max/mdev = 121.327/121.377/121.422/0.442 ms
```

リスト 2.6　日本／米西部の AWS への ping

timeのところを見ると太平洋を超えているus-west-2のRTTが非常に大きいのがわかります。この数値はリクエストとレスポンスのやりとりを行っている以上無視できません。

実際にS3の東京／米西部に339KBのファイルを置いて東京の自宅からダウン

ロードが完了するまでの時間を測定しました。かなり違います。

AWSのリージョン	339KBのファイルのDL時間
東京（ap-northeast-1）	0.06sec
アメリカ西部（us-west-2）	0.60sec

Column

tracerouteで前後するRTT

リスト 2.1 の tracerouteの結果を見て、少し疑問を感じた方もいるかもしれません。tracerouteはその機器で折り返した時のRTTをレスポンスするため、感覚的には時間が前後することはまずありません。ところが実行結果の6、9を見てみると前後しています。次のような理由が考えられます。

- パケットを転送する処理と応答する処理は違うため、単に応答処理に時間がかかっている。
- 行きと帰りで経由するネットワークが違う（経路が違う）。

```
6  210.165.241.33 (210.165.241.33)  8.742 ms  8.614 ms  8.611 m⟵
    s
...
9  softbank221111202021.bbtec.net (221.111.202.21)  3.805 ms  5⟵
    .444 ms  5.445 ms
```

Column

帯域・通信速度・レイテンシ

帯域・通信速度・レイテンシは配信関連で頻出の用語です。本書におけるこれらの定義をまとめます*[a]。

最初に帯域（bandwidth）*[b]という言葉について説明します。帯域は、その回線が時間あたりどれだけデータを流せるかを示す言葉です。一般に高速回線と言われるものは、帯域が広いことを期待されるものを指します*[c]。帯域とされるものは、本来は回線速度とでもいうべきものですが、本書ではなじみ深い帯域という言葉を使用します。

通信速度（throughput、スループット*[d]）とは、実際に時間あたりでどれだけデータが転送できたかを示す言葉です。近い用語にグッドプット*[e]があります。帯域と通信速度の違いは、使用している回線*[f]が出せる最大の速度（帯域）と、その回線を利用して目的のサーバー（サイト）との通信にどれだけの速度（通信速度）が出るかです。

本書では、レイテンシはリクエストを送ってから、レスポンスが帰ってくるまでの応答時間を指します[*g]。
TCPにおけるレイテンシは、ping/tracerouteの示すある地点からある地点までのRTTと同等です。この応答時間が長いことを高レイテンシ、短いことを低レイテンシと呼びます。通信速度が時間あたりの時間あたりのデータ転送量を示すのに対し、レイテンシは応答時間を示すといえるでしょう。TCPでは、レイテンシは通信速度に深刻な影響を与えます。

---

*a 本書における定義は絶対的なものではありません。本書は比較的ゆるい用法でこれらの単語を定義しています。正確性を期した議論では混乱を防ぐために、用語のズレがないか確認すべきでしょう。
*b そもそも帯域というのはその通信に使う周波数帯域のことを指す言葉でした。例えばカテゴリ6のLANケーブルの帯域は250MHzで周波数の単位となっています。
*c ブロードバンドインターネット接続やブロードバンドルーターなど、速度が速いことをブロードバンド（広帯域）と呼ぶことは一般的な用法でした。インターネットの帯域が1Gbpsというような言い方も、特に違和感なく使われています。
*d スループットは一般的には単位時間当たりの処理能力を指します。インターネット通信においては通信速度と同等の意味です。
*e 通信速度は様々なオーバーヘッドを含みます、例えばTCPのヘッダは20バイト、IPv4ヘッダが20バイトありますが、通信速度はこのオーバーヘッドも含みます。グッドプットはこのようなオーバーヘッドを省いた通信速度となります。
*f この回線は1本とは限りません。家庭だとまずないですが、データセンターでは複数の回線を束ねて利用しているケースもあります。
*g いわゆる往復レイテンシ。

Column

帯域と通信速度の違いを理解する

帯域と通信速度は、ある程度相関関係にあるものの、一致することはありません。通信速度は必ず帯域が示すもの以下になります。
一般に、家庭の回線の帯域はだいたい100Mbpsや1Gbpsといったところでしょう[*a]。1Gbpsを単純にバイトに換算すると、秒間約120MBのデータのやりとりが可能です。ただ、実際にインターネットを使っていると、そんな速度でサイトが見れることはまずありません。
まず、ISPなどが示すデータ送受信の速度は一般にベストエフォートです。1Gbpsの契約をしたからといって、実際にその速度が出るわけではありません。さらに、いくら自分が1Gbpsでつながっていようと、途中の経路が100Mbpsであれば100Mbps以下しか出ません。ほかにも、使っているプロトコル（TCPやUDP）のオーバーヘッドや多数のユーザーによる輻輳[*b]などもありえます。ネットワーク上には各種の遅延が発生しえます。
実際にインターネット上のファイルをダウンロードする場合の通信速度は、帯域が示すものより低くなります。
帯域と通信速度の違いが見える、スピードテストの例をあげます。スピードテストでは通信速度を算出します。筆者はISPを2つ契約しており、次のスピードテストの結果は同じ時間に、フレッツ上のISPを切り替えて行った結果です。どちらも1Gbps契約、PPPoE接続です。

図2.5　ISP-AとISP-Bの速度比較

帯域のとおりの速度が実際に出るわけではなく、通信速度はかなり差があります。さまざまな要素で通信速度は低くなります。
それでは帯域は何を保証するのでしょうか？ こと配信では、配信経路上の一部の速度の参考になるもの、程度に考えてください。TCPでは、同一のデータ量をやりとりするとき、RTTが大きくなればなるほど通信速度は低下します。RTTが小さければ、それだけで大きなファイルも高速に配信できる、通信速度が上がると考える人もいるかもしれません。しかし、どれだけRTTを短くしようとも、そもそも帯域が細ければ流せるデータ量は減ります。配信経路上でそこがボトルネックになって遅くなります。
また、帯域が太ければ、複数のサーバーとやりとりするときも有利です。Aと100Mbpsで通信しつつ、Bとも100Mbpsで通信というのは帯域が100Mbpsでは実現できません。100Mbpsでやろうとすると帯域に収まりきらないため、適宜プライオリティをつけて帯域を割り振って通信することになります。

---

*a　ここでの帯域は、家庭内で使っている回線の理論上の最大の通信速度といった意味合いで用いています。
*b　ユーザーの集中による通信速度の低下。

Column

プロトコルによるレイテンシへの影響

レイテンシは通信速度の向上を考えたとき無視できるものではありませんが、プロトコル次第でレイテンシの影響を大きく受けるもの、そうでないものがあることは覚えておきましょう。
TCPはデータが相手に届いたかの確認を逐次行っていくプロトコルです。相手の応答を待つ必要があるため、レイテンシが大きければ大きいほど、待つ時間が伸びます。このためにレイテンシと通信速度は密接な関係にあります。
対して、UDPはそのようなことを行わない（各機器の返答を待たない）ので、RTTの影響は受けません。ただ、確認をしないため、TCPが行っているパケットロス時の再送などは行いません。したがって、それで問題ない、あるいは自身でケアするプロトコルがUDP上に構築されます。ケアを行っているもののうち、代表的なのがHTTP/3で使われているQUICです[*a*b]。
TCPには優れた特性が多くあります。レイテンシの問題だけで、UDPに切り替えるというわけにはいきません。

---

*a　ケアを行うのでレイテンシの影響が0にはなりませんが、TCPと比べると影響を受けにくいです。
*b　HTTP/3、QUICともに注目のプロトコルですが、本書では取り上げません。利用状況やユースケースから、現段階では配信に有益な情報をあまり提供できないためです。

Column

5Gはどこを高速化するのか

低遅延、高速などで話題の5G（第5世代移動通信システム）。4Gの後継となる通信規格です。5Gにすれば、すべてのコンテンツ配信が高速になるのでしょうか？
活用の方法にもよりますが、筆者は全面的な解決とはいかないと考えています。
たとえば、5GでアメリカのWebサイトを見ても4Gとさほど変わりないでしょう。携帯電話キャリアのネットワークからアメリカに行くまでの経路すべてが、5Gで低遅延になるわけではありません。ラストマイル（それも5Gを採用した無線・コアの区間）が低遅延になるだけです。ミドルやファーストマイルには影響しません。
5Gと一口にいってもさまざまな種類があります。代表的なところで、無線区間が5Gでコア区間は4GのNSA、どちらも5GのSAがあります。ほかにもミリ波・Sub6帯などでも違います。NSAの場合、当然コア区間は低遅延となりません。さらに、SAとなっても5Gの複数の特徴がすべてそのまま発揮されるわけではありません。 必要に応じて特徴を選択します。低遅延・高速・多重接続のどこに重点を置くかによってネットワークの特性が変わります。
5Gのさまざまな特徴を利用したサービスをつくるなら、ラストマイル内の5G端末と近い場所にサーバーを置くMEC（Multi-Access Edge Computing）などの活用が必須です。すでに一部クラウド業者（AWS Wavelength）ではMECに関するサービスが発表されており、これから楽しみな分野です。

2.4　配信をより高速なものにするために

サーバーとクライアントには、地理的な距離・RTT・途中経路の回線速度・プロトコルのオーバーヘッドなどのさまざまなボトルネックがあります。

経路上には自身が管理していない要素も数多くあります。配信最適化といっても、経路にあるボトルネックのすべてを改善できるわけではありません。

大規模なコンテンツプロバイダは経路の減少や費用削減などの目的から、複数のISPと直接接続したり、IXと呼ばれる多数のネットワークと相互接続できるポイントを利用したりといった改善手法をとります。ただ、多くのサイトではこのような手段をとることはできないでしょう*23。

本書では配信最適化のうち、実施が比較的容易なもの、実施コストに対して利益が大きいものを厳選して紹介しています。

2.4.1 配信最適化のためになにができるのか

それでは、配信最適化のために、現実的には何ができるのでしょうか？ そもそも配信を改善することで、どのようなことを実現したいかを考えてみましょう。

- クライアントがコンテンツを高速にダウンロードできる
- 突発的なリクエスト増に耐える
- 低コストで実現する

要件によっては低遅延などもありますが、いったんはすべての配信に共通するものとして、ここを目標とします。配信の要素の中で、これらを達成するために、どのようなアプローチが取れるかを考えてみましょう。

2.4.2 配信経路の最適化

東京・アメリカそれぞれのS3からのダウンロード時間を見てもわかる通り、距離の影響はかなり大きなものです。決して軽視できません。距離を最適化しようと考えた場合、サーバー側が**クライアント側に近付く**というのが1つの答えです。

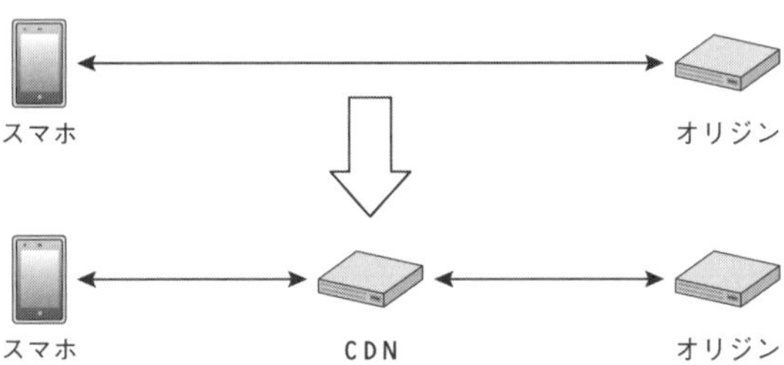

図2.6 CDNを挟む

経路上にCDNを挟んで、キャッシュしたコンテンツを返せれば、サーバー側がクライアント側に近づくのと同じです。クライアントの近くにキャッシュを置くこ

*23 このあたりは詳しく解説しません。興味がある方は「BGP AS ピアリング トランジット」などのキーワードで検索してみてください。

とで、高速化が期待できます。

また、単純な距離だけではなく、どのようなネットワークを経由しているかというのも重要です。ここの最適化は、大規模なコンテンツプロバイダであればIX活用（2.3.1）などの可能性があります。ただ、普通のサイトにはこの手段はとれません。実は、品質の良いネットワークを中小規模のユーザーでも使う方法があります。CDNなどそれができる業者に任せてしまうのです。多くのCDNは、品質の良いネットワークを利用しやすいしくみを備えており、導入するだけで経路最適化の効果が期待できます。

ただし、国内に限れば、経路を考えるべきというケースはそこまで多くないでしょう[*24]。少々の差はあるものの、おおよそそのままで満足できる水準にあることが多いです。

2.4.3 クライアントとサーバーでの最適化

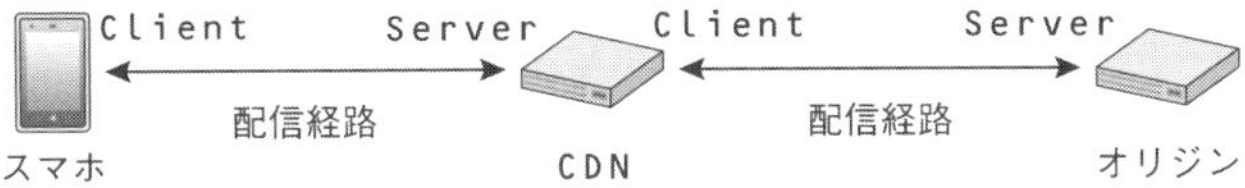

図2.7 クライアントとサーバー

クライアントはブラウザだけに限りません。図のようにオリジンとクライアントの間にCDNが挟まっていれば、CDNはスマートフォンから見ればサーバー、オリジンから見ればクライアントです。これは間にProxyが挟まっていても同様です。CDNとProxyはいずれも、サーバーにも、クライアントにもなります。

そもそも**クライアントやサーバーは役割（Role）**です。CDNだからサーバーだといった思い込みは厳禁です。

配信において上流・下流というキーワードがでてくることがあります。オリジンを源流として、川の流れのように下流（最下流）のクライアントにコンテンツを流すことから、上流・下流と表現します。サーバー＝上流・クライアント＝下流といえます。最下流のクライアントをエンド、エンドクライアント（End Client）と呼ぶこともあります。

クライアントにおいてどのようなアプローチがとれるかを考えてみましょう。

最速の配信とは、クライアントがローカルに持っているキャッシュを使うことで

*24 国内の多くのCDNは東京・大阪にエッジを置いており、ISPもまた東京・大阪でトラフィック交換を行っていることが多いので、国内に限れば経路改善を目的としてCDNを使うのは少し動機が弱いです。もちろん他にも多くの利点があります（6章参照）。

す。いざ書いてみると、身もふたもない話ですね。

ローカルにキャッシュがあれば、当然トラフィックが発生しないため低コストです。もちろん、どこからともなくローカルにキャッシュが現れるわけではないので、サーバーから最低一度はコンテンツを取得する必要はあります。ローカルキャッシュをうまく利用して、いかにリクエストを発生しない状況をつくるかがクライアント側での最適化と言えるでしょう。

次にサーバーです。一口にサーバーといっても、さまざまなサーバーが存在します。配信でよく出てくるのはコンテンツの生成元であるWebサーバーやアプリケーションサーバーなどのオリジンサーバー（もしくは単にオリジン）とProxyなどのキャッシュサーバーです。配信を考える上では両者は複雑に絡み合う仲と言えるでしょう。

たとえば、クライアントに対して低コストで高速にコンテンツを配信するためには、コンテンツのサイズを小さくするというアプローチが非常に有効です（3章参照）。しかし、コンテンツを生成し小さくする処理をリクエストの度に行うと、オリジンの負荷は増大します。このためにスケールアップ（機器の強化）やスケールアウト（増設）を行い、コストが増えることもありうるでしょう。

キャッシュサーバー（Proxy/CDN、4章、6章参照）が小さくしたコンテンツをキャッシュすることで、問題の軽減ができます*25。オリジンの負荷を減らし、突発的なリクエスト増にも耐え、さらには低コストに配信できます。

キャッシュサーバーはオリジンのコンテンツのコピーを配信します。これは重要な特性です。

オリジンではさまざまな処理を行いコンテンツを生成したり、場合によっては自身のストレージに保管しているファイルをレスポンスしたりします。

キャッシュサーバーはキャッシュがあればそれをレスポンスしますし、なければオリジンに問い合わせを行いキャッシュしてレスポンスします。特に自身で何かを生成するわけではなく、キャッシュして返すだけです。この特性のおかげで、キャッシュサーバーを増やしてしまえば、オリジンの負荷をさほど上げずに帯域を増やせます。さらにクライアントの近くにキャッシュを置くことも可能です。

CDNはこの特性を活用し、大規模にしたものと言えます*26。

---

*25　サイトの中にはキャッシュが難しいコンテンツも存在するため、リクエストが増えればキャッシュをしていないときと比べれば緩やかですが負荷は上がります。すべてをキャッシュで解決できるわけではありません（4.5参照）。

*26　CDNは必ずしもキャッシュを行うだけのものではありません（詳しくは6章）。

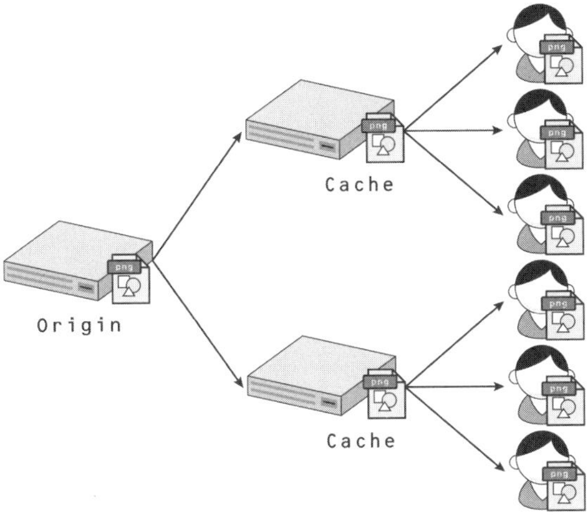

図2.8 キャッシュサーバーで増幅する

Column

Webサイトのチューニング

配信の改善だけでなく、Webサイトのつくりを工夫することでもユーザーの体験を向上させられます。
かつてのサイトはJavaScriptの役割が少なく、ブラウザで表示されるまでの時間の多くを占めるのはコンテンツのダウンロード時間でした。しかし近年はダウンロード後、JavaScriptがさまざまな処理をします。その処理だけで数秒かかるようなサイトも見受けられます。ユーザー体験の観点ではこの点の改善も必要ですが、本書の範囲外です。『Webフロントエンドハイパフォーマンスチューニング』(久保田光則著　2017年　技術評論社　ISBN: 978-4-7741-8967-3)など、専門の書籍を参照してください。

2.5 キャッシュの格納場所による分類

クライアントとサーバーそれぞれについて、キャッシュが存在します。クライアントとサーバー側で行うキャッシュの性質は違います。その違い、キャッシュの格納場所について認識して使う必要があります。

配信において、**キャッシュすること**は非常に重要です。正しく設定すればたちまち強い味方になります。

ブラウザでWebサイトを閲覧する場合は大まかに分けると3か所のキャッシュ

格納場所が存在します。

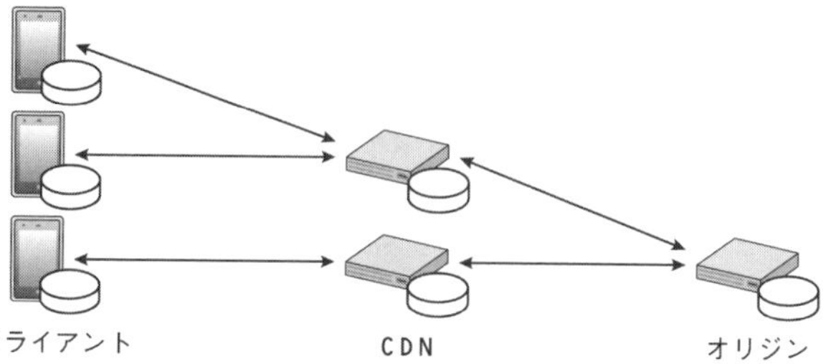

図2.9　3か所のキャッシュ

- クライアント側のキャッシュ（ローカルキャッシュ）
  — 主にブラウザキャッシュ
- 配信経路上のキャッシュ
  — CDNでのキャッシュ
- オリジンのキャッシュ（ゲートウェイキャッシュ）
  — Proxyのキャッシュ

いずれのキャッシュもHTTPキャッシュ（3章参照）という共通のしくみが利用できます。それぞれの特徴を見ていきましょう。

2.5.1　クライアントのローカルキャッシュ

クライアント側で行う、ローカルキャッシュについて解説します。ローカルキャッシュは主にブラウザキャッシュです。スマートフォンゲームで端末にダウンロードしたアセットを利用するのもローカルキャッシュの一種と言えるでしょう。

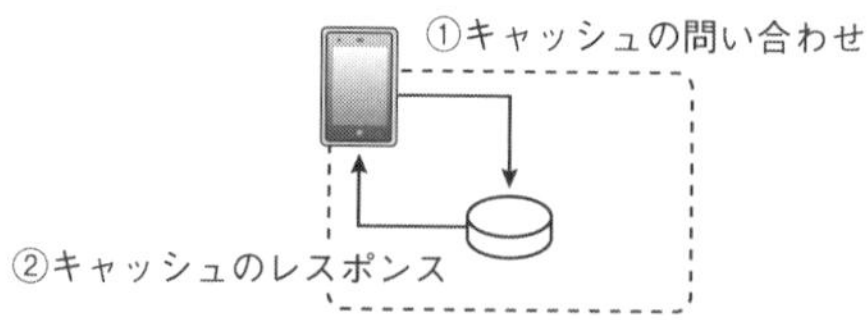

図2.10　ブラウザキャッシュは配信で頻出

コンテンツをリクエストし、そのコンテンツをブラウザキャッシュが返したという流れにおいても、クライアントとサーバー（ローカルキャッシュ）の関係が成り立つと考えられます。キャッシュの有無を内部に問い合わせ（リクエスト）し、キャッシュからレスポンスするのと近いからです。

配信を考える上では、クライアント側にあるローカルキャッシュも重要なレイヤです。ブラウザキャッシュが効いてくるのは、サイトのページを回遊しているときや、再訪するときです。

多くの場合、CSS/JavaScript/画像などをキャッシュすることで、これらの共通するコンテンツを毎回ネットワーク越しに取得する必要がなくなります。これによって高速になります。

以前は、ブラウザのキャッシュは、このURLをこの時間までキャッシュする程度の単純な制御しかできないものでした。近年は、ServiceWorkerを使うことで、より細かく柔軟に制御できるようになってきています[*27]。今後もクライアントのキャッシュは賢くなっていくでしょう。

2.5.2　経路上のキャッシュ

Proxy/CDN（主にCDN）を用いる、配信経路上に配置されたキャッシュ、経路上のキャッシュについて解説します。

経路上のキャッシュは、キャッシュでオリジンの負荷軽減を目指すという単純なもの以外にも、いくつかの用途が考えられます。クライアントに近い場所へ配置することで経路を最適化したり、大きな配信帯域を確保したりするために導入するケースも多いです。

うまく使えば、オリジンが非力でも、CDNが大部分を肩代わりする（負担をオフロードする）ことで非常に大きなトラフィックをさばくことも可能です。

Column

CDNの割り振りのしくみ

CDNはクライアントからのリクエストをできるだけクライアントに近いサーバー（エッジサーバー、Edge Server）からレスポンスします。その際、クライアントにどのエッジサーバーへつなぎに行けばいいかを示すのに、主にDNS方式とIP Anycast方式の2つが用いられます[*a]。
DNS方式では、ドメイン名解決時に、より近いエッジサーバーのIPアドレスを返却することで実現します。IP Anycast方式では、同一のIPアドレスを別のエッジサーバーに割り振ることで実現します。

*27　本書では詳細は割愛します。Web上のドキュメントなどを参考にしてください。 https://developer.mozilla.org/ja/docs/Web/API/Service_Worker_API/Using_Service_Workers

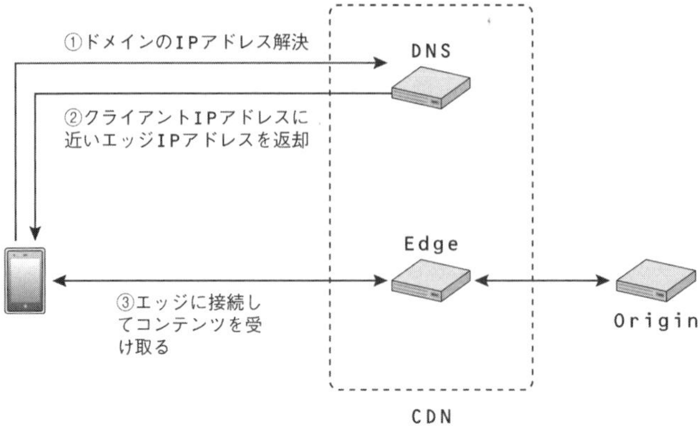

①ドメインのIPアドレス解決
DNS
②クライアントIPアドレスに
近いエッジIPアドレスを返却
Edge
③エッジに接続し
てコンテンツを受
け取る
Origin
CDN

図2.11 DNS方式

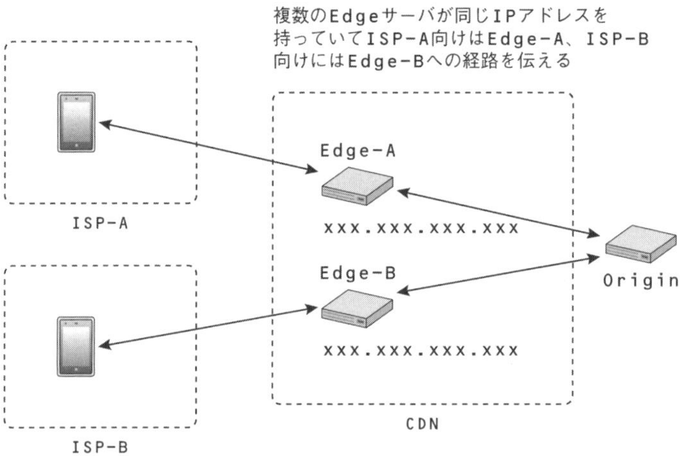

複数のEdgeサーバが同じIPアドレスを
持っていてISP-A向けはEdge-A、ISP-B
向けにはEdge-Bへの経路を伝える
Edge-A
xxx.xxx.xxx.xxx
ISP-A
Edge-B
Origin
xxx.xxx.xxx.xxx
CDN
ISP-B

図2.12 IP Anycast方式

一見IP Anycastが非常に優れているようですが、必ずしもそうとは言い切れません。IP Anycastでは細かい振り分けが難しいなど一長一短です。選べる場合は用途によって使い分けるのがいいでしょう。

---

*a　自社でCDNを構築している企業は、これ以外にURLで振り分ける方法を採用していることもあります。コンテンツを取得する際のURLをクライアントの属性によって生成・リダイレクトしています。

Column

EDNS Client Subnet（ECS）―RFC 7871

DNS方式のCDNのしくみ上、クライアントのネットワーク的な位置（IPアドレスや使っているISPなど）がわからないと適切なエッジサーバーを伝えることができません。私たちが普段使うPCやスマートフォンでDNSを使う場合、ISPが提供するDNSサーバーを利用していることが多いです。この場合、CDN側のDNSに問い合わせを行うと、そのISP向けのエッジサーバーが示されます。これはCDN側のDNSのクライアントはISPのDNSであって直接のクライアントではないからです。それでは、Google Public DNS (8.8.8.8)*[a]などDNSキャッシュサービスを使うとどうなるのでしょうか？
digコマンドを利用してドメインのIPアドレスを取得してみましょう。

```
#ISPのDNSサーバーを使用
$ dig www.akamai.com +short
www.akamai.com.edgekey.net.
www.akamai.com.edgekey.net.globalredir.akadns.net.
e1699.dscx.akamaiedge.net.
23.44.228.61

#GooglePublicDNSを使用
$ dig www.akamai.com @8.8.8.8 +short
www.akamai.com.edgekey.net.
www.akamai.com.edgekey.net.globalredir.akadns.net.
e1699.dscx.akamaiedge.net.
23.44.228.61
```

DNSキャッシュサービスを使ったにもかかわらず、IPアドレスは同じになりました。なぜでしょうか？
これはEDNS Client Subnet（ECS）というしくみによって実現されています。DNSの問い合わせ時に、クライアントのIPアドレスの一部（/24など）を拡張情報として追加します。これによって、どこのネットワークからつなぎに来たかを伝え、適切なIPアドレスを返せるというしくみです。
ちなみにプライバシー対策として、ECSに対応していないQuad9*[b]というDNSキャッシュサービスもあります。試してみると、結果が変わります。

```
#Quad9を使用
$ dig www.akamai.com @9.9.9.9 +short
www.akamai.com.edgekey.net.
www.akamai.com.edgekey.net.globalredir.akadns.net.
e1699.dscx.akamaiedge.net.
23.0.133.165
```

両IPアドレスにpingを行い、RTTを測定してみると、大きく変わります。実利用時の速度にも影響するでしょう。

```
$ ping -c5 23.44.228.61
PING 23.44.228.61 (23.44.228.61) 56(84) bytes of data.
64 bytes from 23.44.228.61: icmp_seq=1 ttl=57 time=4.24 ms
64 bytes from 23.44.228.61: icmp_seq=2 ttl=57 time=3.41 ms
64 bytes from 23.44.228.61: icmp_seq=3 ttl=57 time=2.82 ms
64 bytes from 23.44.228.61: icmp_seq=4 ttl=57 time=3.06 ms
64 bytes from 23.44.228.61: icmp_seq=5 ttl=57 time=3.06 ms

--- 23.44.228.61 ping statistics ---
5 packets transmitted, 5 received, 0% packet loss, time 4006ms
rtt min/avg/max/mdev = 2.827/3.323/4.245/0.503 ms

$ ping -c5 23.0.133.165
PING 23.0.133.165 (23.0.133.165) 56(84) bytes of data.
64 bytes from 23.0.133.165: icmp_seq=1 ttl=47 time=402 ms
64 bytes from 23.0.133.165: icmp_seq=2 ttl=47 time=399 ms
64 bytes from 23.0.133.165: icmp_seq=3 ttl=47 time=398 ms
64 bytes from 23.0.133.165: icmp_seq=4 ttl=47 time=399 ms
64 bytes from 23.0.133.165: icmp_seq=5 ttl=47 time=399 ms

--- 23.0.133.165 ping statistics ---
5 packets transmitted, 5 received, 0% packet loss, time 4000ms
rtt min/avg/max/mdev = 398.988/399.928/402.439/1.277 ms
```

実は2014年末ごろまで、AkamaiのCDNはECSに対応しておらず、このようなDNSを使うと逆に遅くなるといったことが起きていました*c。最近では対応しているところがほとんどです。それなら、あまりECSのことは気にとめなくてもいいかと考える方もいるかもしれませんが、覚えておくほうがいいでしょう。ZoneApex問題（5.17.2）への対策としてのCNAME Flatting機能を考える際には、このあたりのしくみを押さえておく必要があります。

配信にはさまざまな技術が利用されると触れましたが、DNS1つとっても配信に大きな影響があるとわかります。

---

*a　https://developers.google.com/speed/public-dns
*b　https://www.quad9.net/
*c　https://webmasters.googleblog.com/2014/12/google-public-dns-and-location.html

2.5.3　ゲートウェイ（サーバー/オリジン側）のキャッシュ

最後にオリジンでのキャッシュです。主にProxyを用いてキャッシュします。Proxyに使われるミドルウェアにはVarnish、nginx、Apache Traffic Serverなどがあります。本書では主にVarnishを用いています。オリジンのそば、App

サーバーの至近などでキャッシュします。

本書ではWebサイト（オリジン）をインターネットにつなげるゲートウェイ部分（出入口）で行うキャッシュとして、これをゲートウェイキャッシュと呼びます[*28]。

Proxyでキャッシュを行い、複数のクライアントに対して配信を行う点は、CDNを用いる経路上のキャッシュとほとんど同一です。このため、ゲートウェイキャッシュは経路上のキャッシュとしても考えられます。また、ProxyとCDNは機能的に似た部分も多いです。ただし、設置位置、用途の違いから、あえてこれらのキャッシュを分けて解説します。

ゲートウェイキャッシュは、名前の通り、構成的にもオリジンのサーバー近くに展開することが多いです。Proxyをオリジンと同一のリージョンに配置するような構成をとることも多いでしょう。

ゲートウェイキャッシュは必須といった類のものではなく、すべてのサイトが導入しているというわけではありません。配信にある程度関心があっても、経路上のキャッシュ（CDNの運用）とローカルキャッシュのみで、未導入ということも少なくないでしょう。

CDNとProxy（配信経路とゲートウェイでのキャッシュ）を併用することもあります。どちらか片方しか使えないという性質のものではありません。

経路上のキャッシュと合わせて、オリジン側でもキャッシュを行う動機はいくつかあります。CDNを利用してもキャッシュの一貫性を維持しやすい点などが上げられます。（5.15も参照）。

ストリーミングのデータのように時系列で変化するオブジェクトを10秒キャッシュしたいとき、CDNのエッジそれぞれがオリジンを取得するとどうなるでしょうか？

---

*28 この用語は一般的ではありませんが、現在提案中のCDN-Cache-Controlヘッダ仕様においても採用されている用語です。仕様ではCDNとオリジンのローカルに配置された「**gateway cache**（ゲートウェイキャッシュ）」は区別するべきとあります。本書ではこれを参考に採用しています。 https://www.ietf.org/archive/id/draft-cdn-control-header-00.html

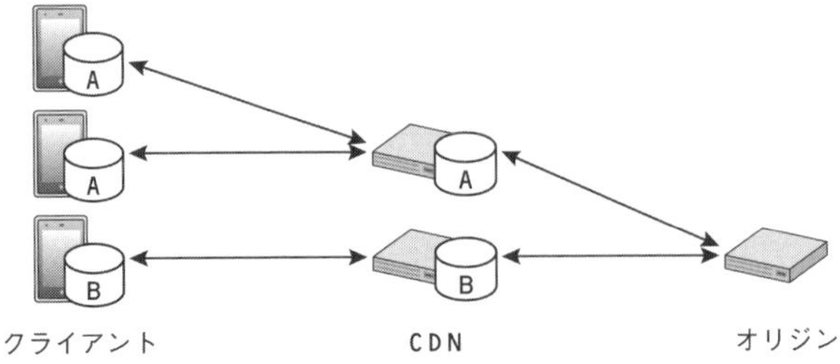

図2.13　オリジンでキャッシュしない場合

オリジンはリクエストを受けるたびに更新されたオブジェクトをレスポンスするため、図のようにCDNの各エッジは異なるオブジェクトをキャッシュする可能性があります*29。

これを防ぐには、キャッシュのコピーをつくる際の大本のキャッシュを1つにすればいいのです。オリジン（のすぐ近く）でキャッシュをすることで、キャッシュを一貫させることが可能になります。

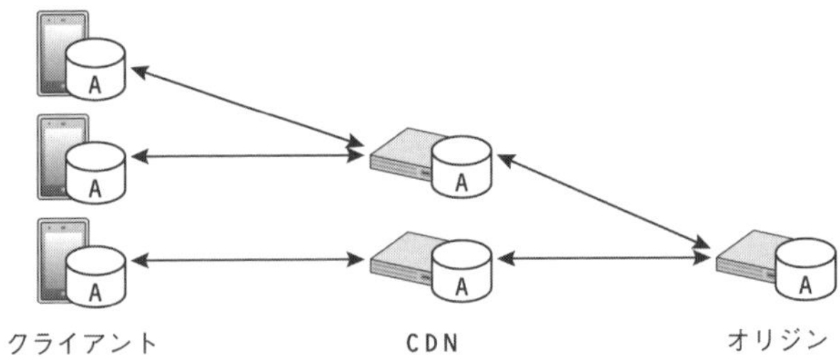

図2.14　オリジン（ゲートウェイ）でキャッシュした場合

2.6 private/sharedキャッシュ

配信においては、さまざまな場所でキャッシュを行い、用途や特徴が異なることを解説してきました。

キャッシュの分類としては、private/sharedの2分類も重要です。

private/sharedは**キャッシュする対象がどのような性質をもつか**という概念です。ここまで紹介してきた、**キャッシュの格納場所**による分類とは異なります。

特定のクライアントのみが参照可能な性質をもつprivate、複数のクライアント

*29　6.3.9でも触れますが、CDN側の機能で緩和することも可能です。

から参照可能な性質をもつsharedでキャッシュを分類できます（実際の設定は3.5など3章参照）。

privateキャッシュはユーザー情報を含んだAPIなどの特定のクライアント向け、sharedキャッシュはサイトのロゴやCSSなどの複数のクライアントで共有できるキャッシュが該当します。

2.6.1 キャッシュの位置とprivate/shared

ローカル、経路、ゲートウェイとキャッシュの位置によってprivate/sharedキャッシュをどのように保管すべきかは違ってきます。

privateキャッシュはユーザー情報を含んだAPIなど、他者から参照されることを防ぐべき情報も含まれるため、特に慎重に取り扱うべきです。

» クライアントでのキャッシュ（ローカルキャッシュ）

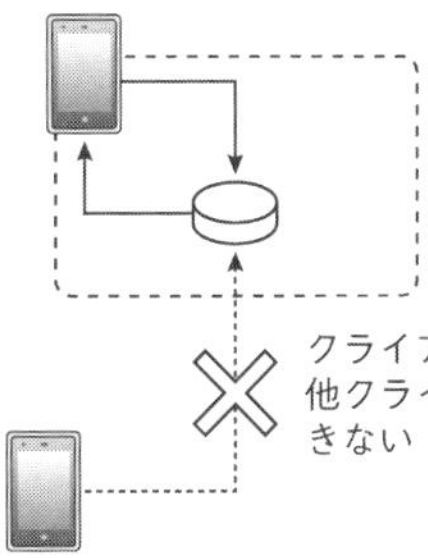
クライアントのキャッシュは
他クライアントからは参照で
きない

図2.15 クライアントのキャッシュは自身のもの

端末のローカルに保管されたキャッシュは、ほかの端末から参照できません。そのため、こういうったタイプのエンドとなるクライアント[*30]ではprivate、sharedのキャッシュの両方を格納できます。

» Proxy/CDNでのキャッシュ（経路上およびゲートウェイでのキャッシュ）

Proxy/CDNで行うキャッシュは複数のクライアントから参照を受けるため、基本的にはsharedのみ保管し、privateのキャッシュを保管しません。

*30 ここでは、ProxyやCDNなどのクライアントにもサーバーにもなりうるものではなく、手元の端末などのイメージでエンドとなるクライアントという語を用いています。

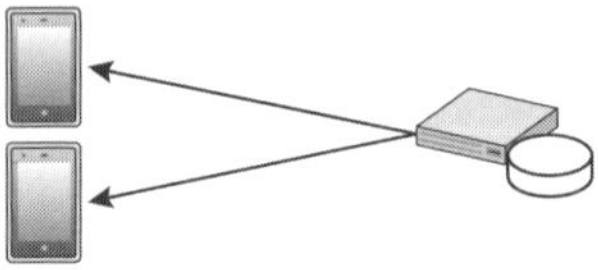
Proxy/CDNのキャッシュは複数の
クライアントから参照される

図2.16 Proxy/CDNのキャッシュは共有するもの

「基本的には」とことわりを入れたのは、パフォーマンスを向上させるなどの目的であえて行うことがあるからです[*31]。たとえばログインしている・していないで内容が変化し、ログインしているユーザー間では共有可能なコンテンツもあります。もちろん、その場合でも、隠すべき情報はほかの端末（ユーザー）から見られないよう適切に扱う必要があります。置き場所が経路上にあることは意識しましょう。ユーザーの情報流出などの、キャッシュ事故につながる可能性があります（4.6も参照）。

private/sharedキャッシュの特徴を表にまとめます。キャッシュとクライアントの関係性は、そのキャッシュがどれだけのクライアントから使われるかを示しています。1:nであれば複数のクライアントが同じキャッシュを使用できるということです。

種類	クライアントとの対応	格納できる場所
private	1:1	ローカル（クライアント）
shared	1:n	ローカル＋経路上＋ゲートウェイ（CDN/Proxy）

» ローカルに格納されるsharedキャッシュ

キャッシュを格納できる場所としてのローカルで、一番身近なものがブラウザキャッシュです。ブラウザでページを閲覧していくとキャッシュファイルがどんどん生成されます。下図はFirefoxのキャッシュフォルダと、キャッシュファイルをエディタで開いたものです[*32]。

＊31　privateに設定するコンテンツの多くは動的コンテンツですが、適切にキャッシュキーを設定することでキャッシュ可能です。詳しくは4章（主に4.7）、5章（主に5.11）で解説します。

＊32　Firefoxではabout:cacheからも保存されたキャッシュやヘッダなどを見ることができます。

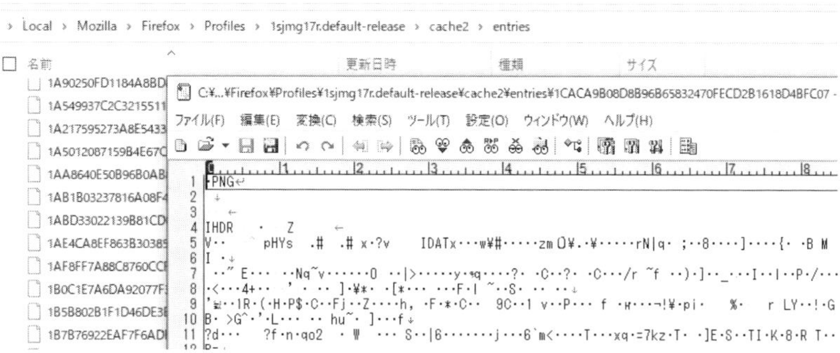

図2.17 Firefoxのキャッシュフォルダとキャッシュファイル

キャッシュファイルには、ファイルの種類などの情報が記されています。これはPNGのキャッシュです。図中には示しませんが、キャッシュファイル末尾にサーバーからのレスポンスヘッダが含まれています。

ローカルキャッシュも、HTTPヘッダなどの情報とともに生成・格納されています。下記はファイル中のヘッダを一部抜粋したものです。

```
cache-control: max-age=2419200, s-maxage=1209600, stale-while-revalidat↩
    e=48384
age: 751178
```

ここから次のことがわかります[*33]。

- キャッシュの種類はshared（Cache-Controlの指定より）
- すでに経路上でキャッシュされている（Ageヘッダが存在するため）

ローカルに保存されるキャッシュ（ブラウザキャッシュ）は、必ずしもprivateのみではありません。

2.6.2 private/sharedキャッシュの注意点

privateとsharedは文脈によって、意味するところが異なることがあります。キャッシュする対象という文脈と、キャッシュの格納先という文脈です。

ここまで紹介してきたのが、**キャッシュする対象の分類としてのpri-**

*33 それぞれのヘッダの詳細については3.5と3.6.4を参照してください。

vate/sharedです。

キャッシュの格納先としてのprivate/sharedは、ここまで挙げたローカルや経路上の分類に近い、格納先をもとにした分類です。この分類ではクライアントで行うキャッシュはほかから参照できないためprivate、Proxy/CDNで行うキャッシュは複数のクライアントで共有ができるということでsharedと呼びます*34。

これだと、キャッシュする対象のprivate/sharedの定義とズレがあって混乱します。特にキャッシュする対象のsharedキャッシュは、クライアント/CDN/Proxyのどこでも保管できることを示すため、わかりづらくなります。混乱を防ぐため、本書では「キャッシュの格納先としてのprivate/shared」の利用をさけます。代わりに、キャッシュの格納先としての分類には、ここまでも名前が出てきたローカル・経路上・ゲートウェイを用いています。

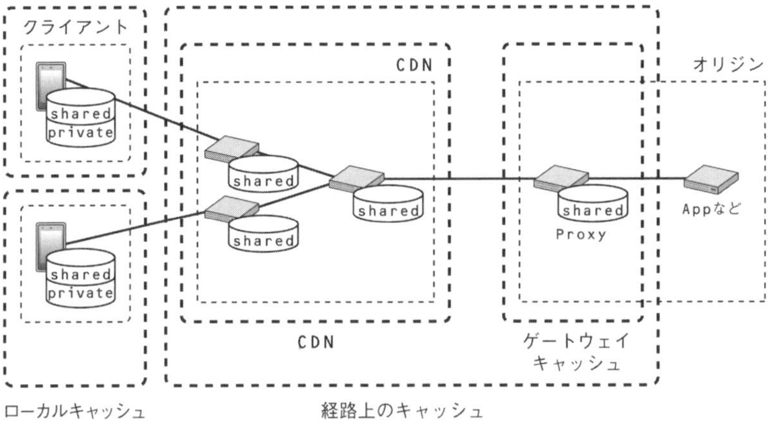

図2.18 それぞれのキャッシュの呼び方と典型的な保存されるキャッシュの種類

- クライアントに格納されているキャッシュはローカルキャッシュ
- 経路上のProxy/CDN（主にCDN）で格納されているキャッシュは経路上のキャッシュ
- オリジンのProxyで格納されているキャッシュは経路上のキャッシュであり、またゲートウェイキャッシュでもある

*34 格納先を示すときは、ローカルキャッシュ（private）と共有キャッシュ（shared）と呼ばれることもあります。本書ではこの分類もさけます。

Proxyによるゲートウェイキャッシュは CDN と同様に経路上のキャッシュではあるのですが、オリジンの地域と深く紐づいていることから、多少使い方が異なります。そこで、あえて一部、分けています。本文中においても、分けて説明する必要があるときのみゲートウェイキャッシュとして取り上げますが、経路上のキャッシュのノウハウはゲートウェイキャッシュに活用できます。そのため経路上のキャッシュについて言及した際は、ことわりがなければ、ゲートウェイキャッシュでも同様に使えると考えてください。

本書外の記事を見た際にprivate/sharedの話が出てきた場合はキャッシュの性質なのか格納先なのかを考えてみるのもよいでしょう。

2.7 どこでどうキャッシュすべきか

キャッシュは再利用されるほどいいものです。コンテンツ次第ではありますが、ブラウザキャッシュのように特定のクライアントでしか使えない private キャッシュにするよりも、効率を考えてローカル・経路上のどちらでもキャッシュができ、多数のクライアントで共有できる shared キャッシュに積極的にすべきでしょう。

この際に重要なのがローカル・経路上のキャッシュをうまく併用する、使い分けることです。

ローカルキャッシュはネットワーク経由で取得するわけではないので高速です。経路上のキャッシュは複数のクライアントが参照できるため、オリジンへのリクエストを減らすことができます。

これらはどちらか 1 つが使えればよいのではなく、どちらも使うことが重要です。どのように設定するかについては次章で詳しく触れます。

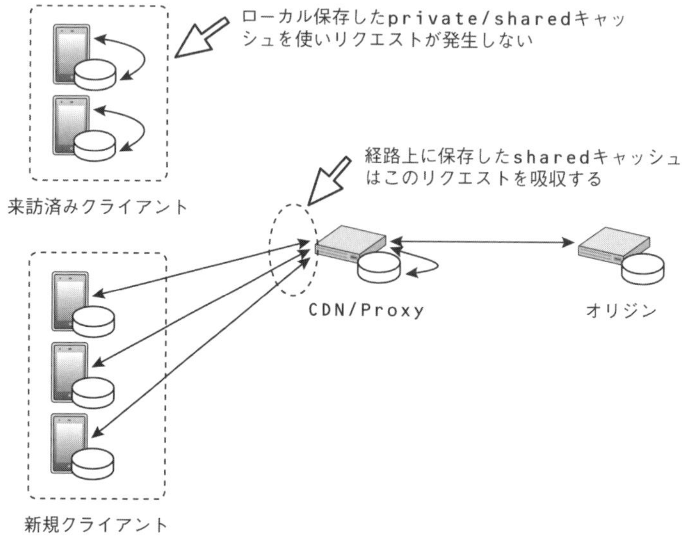

図2.19 ローカルと経路上のキャッシュが効くところの違い

sharedに設定できないコンテンツはどうすればよいのでしょうか？ 最初に検討すべきはprivateキャッシュにすることです。たとえばユーザーがサイト内を回遊する際、毎回APIをたたくのでキャッシュを行いたいが、そのユーザー向けの情報なのでsharedに設定できないということがあるとします。このときは、privateのキャッシュを設定することで、ページ遷移する際にたたかれるAPIを減らせます。

privateなら、個人情報を含むものも含めてなんでもキャッシュしてよいのかというと難しいところです。

たとえば、そのクライアント自体が家庭やオフィスにおいて共有されているとしたらどうでしょうか？ そういう可能性も考えつつ、うまく使う必要があります。

2.7.1 キャッシュは誰が管理しているのか

そのキャッシュを誰が管理しているのかということも重要です。これはキャッシュの消しやすさにかかわってきます。たとえばProxy/CDNの経路上のキャッシュは、管理画面やツールによるキャッシュ消去が比較的容易です（4.10も参照）[*35]。

*35 CDNではパージに対応していなかったり、パージにリミットがあったりするものもあるのでよく調査しておきましょう。

図2.20　Akamaiのキャッシュ消去画面

ところがユーザーのローカルキャッシュをサイト運営側からコマンドを送って消去するといったことは難しいです。この場合、URLのクエリにコンテンツのハッシュや更新時間を付けて別コンテンツとして扱い、疑似的に消去するCache Busting（4.10参照）を行うことが多いです。

そもそも、基本的にキャッシュを能動的に消去するという手段を、早い段階から候補にすることはお勧めできません。最終手段ないし、しかたなくでてくる対応と考えておきましょう。キャッシュは自動的に、TTLなどの設定で自然と使えなくなることが望ましいです。

仮に消さざるをえない状況に陥った際は消せるのか、消せない場合はどのようにするのかといった設計が必要です。このような設計については4章で解説します。この段階では、まずはそのキャッシュを管理しているのは誰でまた操作できるのかということについても検討しておくと良いでしょう。

Column

CDNとゲートウェイキャッシュの違い

CDNと、Proxyによるゲートウェイキャッシュは何が違うのでしょうか？

大きく違うのはユーザーの近くに存在する可能性の高低です。たとえばオリジンが日本にあると、ゲートウェイではキャッシュしていても、海外からのアクセスなどはそこまで効果的に処理できません。

同条件だと、CDNはゲートウェイでのキャッシュよりクライアントに近い場所でレスポンスでき、経路の最適化なども含めてRTTが小さいことを期待できます。CDNによって速いWebサイトを実現できる可能性があります。

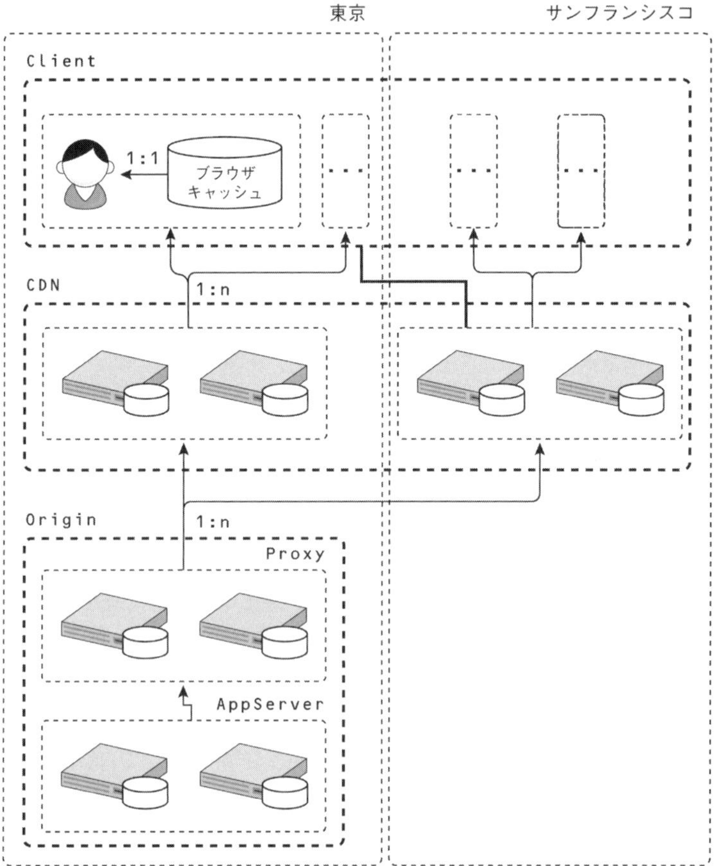

図2.21 クライアント/CDN/Proxyでのキャッシュの簡易図

第3章

HTTPヘッダ・設定とコンテンツの見直し

3 HTTPヘッダ・設定とコンテンツの見直し

配信に問題を見出したとき、おそらく最初に思い浮かぶ対策はCDN導入やサーバー増強でしょう。

ところが、少なくないサイトで、これらの対策にほとんど効果がないことがあります。このとき、問題はCDN導入やサーバー強化以前にあります。

- 標準仕様の誤解から不用意な設定を行っていることでうまくローカルキャッシュが使えていない
- 小さく表示するためのサムネイルなのに明らかに過大な画像が設定されている*1
- ……

こんな事例を数多く見てきました。CDN導入や大規模な構成変更に手を付ける前に、改善すべきポイントは数多くあります。こういった改善を一つ一つ積み重ねることがサービスの快適性、安定性やコスト削減につながります。

本章では、こういった**大幅な構成変更を行わずにできる効率化**を解説していきます。

配信を行う環境はさまざまですが、総転送量の削減が利益に大きく影響する、という点はおおよそ共通しています。たとえばAWSをはじめとするクラウドサービスでは、転送量ベースの課金を採用しているものがあります*2。無計画に配信していると、ここが馬鹿にならない金額になります。

転送量（総転送量）は次のように求められます。

```
総転送量 = リクエスト数 x 平均コンテンツサイズ
```

本章では、次の2点を軸に、総転送量の削減を目指します。

- 標準仕様にのっとったHTTPヘッダの設定を行い、ローカルキャッシュをう

*1　筆者はサムネイルで8K（7680x4320）ものサイズの画像と遭遇したことがあります。
*2　サービスによってはリクエスト数課金などもある。

まく使いリクエストを減らす
- コンテンツ自体の改善（圧縮や適切なリサイズ）を行うことでコンテンツサイズを小さくする

これらを実現することでコストを減らしつつ、クライアントから見ても無駄なリクエストが少なくなり、Webサイトの表示高速化まで期待できます。これから示す改善は、比較的簡単に実施できて、コスト面での利益（転送量課金やサーバー費用の削減）が大きいものです。

本章で紹介するHTTPヘッダの使い方は、4章で解説する経路上のキャッシュでも有効です。本章と4章は相互に参考になる箇所が多くあります。合わせて1つの章と考えて、適宜参照しながら読み進めてください。

3.1 HTTPヘッダの重要性

HTTP（Hypertext Transfer Protocol）[*3]はWorld Wide Web構想のために登場し、登場後広く用いられる通信プロトコルです。Webサイトの閲覧はもちろん、モバイルアプリケーションとサーバー間、マイクロサービス間の通信にも用いられます。コンテンツ配信においては、最も用いられるプロトコルです。

HTTPはサーバー・クライアントモデルを採用し、クライアントからのリクエストに対し、サーバーがレスポンスを返すという構成をとります。このとき、やりとりに用いるのがHTTPメッセージです。HTTPメッセージは開始行、HTTPヘッダ、HTTPボディの3つの要素から構成されます（詳細は3.2参照）。

この内、HTTPヘッダ（以下ヘッダ）はHTTPのやりとりそのもののメタ情報が記載されています。配信の改善や調査のためには欠かせません。調査例について3.16も参照してください。

特にサーバーからクライアント送信されるヘッダ、**レスポンスヘッダ**は非常に重要です。サーバーからクライアントへ、そのコンテンツがどのようなものか、どのように取り扱う必要があるかといったメタ情報が入っています。キャッシュの取り扱いなどもここに記載されます（3.5参照）。

ヘッダはオリジン、ProxyやCDNで読み取りや生成、変更ができます。ヘッダをどこで設定すべきかについては、3.13や5.2で解説しています。

まずは、実際のサイトでどのようなヘッダが設定されているか見てみましょう。

---

*3　本書ではHTTPそのものの解説には立ち入りません。MDNのドキュメントなどを適宜参照してください。
https://developer.mozilla.org/ja/docs/Web/HTTP

ヘッダを見るにはブラウザの開発者ツールのネットワーク機能を利用します。

- Chromeの場合「その他のツール」→「デベロッパーツール」→「Network」（本書では主にこちらを利用）
- Firefoxの場合「ウェブ開発」→「開発者ツールを表示」→「ネットワーク」

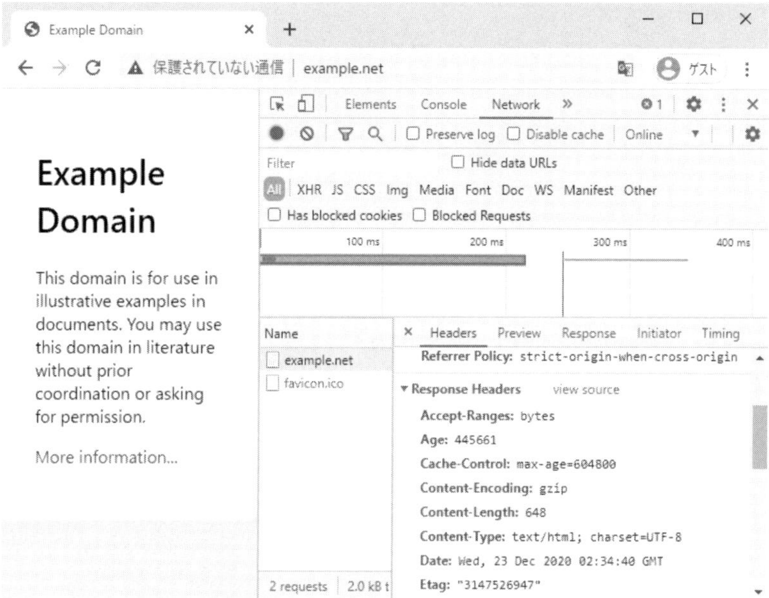

図3.1　Chromeの開発者ツール

画面の Request/Response Headersでヘッダが表示されているのを確認できます。

3.1.1　実際のサイトのヘッダを見る

さっそくいくつかのサイトを見てみましょう。書籍中で詳細な解説をしていないヘッダが気になる方は、多くの情報がWebで取得できるので、自身で調べて使いこなしてください。

» Twitterのプロフィール画像のヘッダ

```
:authority: pbs.twimg.com
:method: GET
:path: /profile_images/1308010958862905345/-SGZioPb_bigger.jpg
:scheme: https
accept: image/avif,image/webp,image/apng,image/*,*/*;q=0.8
accept-encoding: gzip, deflate, br
accept-language: ja,en-US;q=0.9,en;q=0.8
referer: https://twitter.com/
sec-fetch-dest: image
sec-fetch-mode: no-cors
sec-fetch-site: cross-site
user-agent: Mozilla/5.0 (Windows NT 10.0; Win64; x64) AppleWebKit/537.3↩
    6 (KHTML, like Gecko) Chrome/86.0.4240.198 Safari/537.36
```

リスト 3.1 Request Headers

このヘッダからさまざまなことがわかります。いくつか紹介します[*4]。

ヘッダ	意味
:authority: pbs.twimg.com	HTTP/2における疑似ヘッダ、HTTP/1.1のHostヘッダ相当
:method: GET	HTTP/2における疑似ヘッダ、HTTP/1.xの開始行のメソッド相当
:path: /profile_images/1308010958862905345/-SGZioPb_bigger.jpg	HTTP/2における疑似ヘッダ、HTTP/1.xの開始行のパス相当
:scheme: https	HTTP/2における疑似ヘッダ、URIのスキーム部
accept: image/avif,image/webp,image/apng,image/*,*/*;q=0.8	クライアントが理解可能なMIMEタイプ一覧
accept-encoding: gzip, deflate, br	クライアントが理解可能なエンコード一覧

*4 表中、accept-encodingのgzipなどは圧縮形式です。これらの、どの形式で圧縮されていてもクライアント側で展開して利用できることを表しています。

```
accept-ranges: bytes
access-control-allow-origin: *
access-control-expose-headers: Content-Length
age: 139941
cache-control: max-age=604800, must-revalidate
content-length: 2083
content-type: image/jpeg
date: Wed, 25 Nov 2020 02:44:09 GMT
last-modified: Mon, 21 Sep 2020 11:49:28 GMT
server: ECS (hnd/04B4)
status: 200
strict-transport-security: max-age=631138519
surrogate-key: profile_images profile_images/bucket/1 profile_images/13↩
    08010958862905345
x-cache: HIT
x-connection-hash: 8acc5e3191a442efc786346a951c95ec
x-content-type-options: nosniff
x-response-time: 111
x-tw-cdn: VZ
x-tw-cdn: VZ
```

リスト 3.2 Response Headers

ヘッダ	意味
content-type: image/jpeg	コンテンツはJPEG
last-modified: Mon, 21 Sep 2020 11:49:28 GMT	コンテンツの最終更新日時
cache-control: max-age=604800, must-revalidate	7日キャッシュ可能、有効期限切れキャッシュを利用する場合は再検証が必須
age: 139941	コンテンツはCDNなどの経路中で、すでに約39時間キャッシュされている
surrogate-key: profile_images profile_images/bucket/1 profile_images/1308010958862905345	コンテンツのサロゲートキー（キャッシュタグとも）キャッシュ消去時に指定
x-cache: HIT	CDNにおいてキャッシュがヒットした

x-で始まるヘッダは独自ヘッダと呼ばれる、独自に使われる非標準ヘッダです(3.2.2参照)。x-cacheはCDNで比較的広く用いられます（6章のコラム「CDNのヘッダと標準化」参照)。

» Amazon.co.jpのトップページのヘッダ

```
:authority: www.amazon.co.jp
:method: GET
:path: /
:scheme: https
accept: text/html,application/xhtml+xml,application/xml;q=0.9,image/avi↩
     f,image/webp,image/apng,*/*;q=0.8,application/signed-exchange;v=b↩
     3;q=0.9
accept-encoding: gzip, deflate, br
accept-language: ja,en-US;q=0.9,en;q=0.8
cookie: ubid-acbjp=***; sid=***; p2dPopoverID_all_***=***; p2dPopoverID↩
     _default_***=***; AMCV_***=***; kdp-lc-jp=***; session-id=***; _m↩
     suuid_jniwozxj70=***; s_nr=***; s_vnum=***; s_dslv=***; lc-acbj↩
     p=***; x-acbjp=***; at-acbjp=***; sess-at-acbjp=***; sst-acbj↩
     p=***; i18n-prefs=***; csd-key=***; session-token=***; session-i↩
     d-time=***; csm-hit=***
sec-fetch-dest: document
sec-fetch-mode: navigate
sec-fetch-site: none
sec-fetch-user: ?1
upgrade-insecure-requests: 1
user-agent: Mozilla/5.0 (Windows NT 10.0; Win64; x64) AppleWebKit/537.3↩
     6 (KHTML, like Gecko) Chrome/86.0.4240.198 Safari/537.36
```

リスト 3.3 Request Headers

同じブラウザにもかかわらず、acceptヘッダは、先ほどのTwitterの画像取得のそれとは値が異なります。これはクライアント側がすべての対応形式を送っているわけではなく、URL中のパスに応じて、適した値を送信しているからです。そのため、拡張子がjpgだったTwitterの場合は`text/html`などはあえて送信していません。

```
accept-ch: ect,rtt,downlink
accept-ch-lifetime: 86400
cache-control: no-cache
content-encoding: gzip
content-language: ja-JP
content-type: text/html;charset=UTF-8
date: Wed, 25 Nov 2020 03:11:13 GMT
expires: -1
pragma: no-cache
server: Server
set-cookie: session-id=***; Domain=***; Expires=Thu, 25-Nov-2021 03:11:↩
    13 GMT; Path=***; Secure
set-cookie: session-id-time=***; Domain=***; Expires=Thu, 25-Nov-2021 0↩
    3:11:13 GMT; Path=***; Secure
set-cookie: ubid-acbjp=***; Domain=***; Expires=Thu, 25-Nov-2021 03:11:↩
    13 GMT; Path=***; Secure
set-cookie: session-token=***; Version=***; Domain=***; Max-Age=***; Ex↩
    pires=Thu, 25-Nov-2021 03:11:13 GMT; Path=***; Secure
set-cookie: x-acbjp=***; Version=***; Domain=***; Max-Age=***; Expires=↩
    Thu, 25-Nov-2021 03:11:13 GMT; Path=***; Secure
set-cookie: i18n-prefs=***; Domain=***; Expires=Thu, 25-Nov-2021 03:11:↩
    13 GMT; Path=***
set-cookie: lc-acbjp=***; Domain=***; Expires=Thu, 25-Nov-2021 03:11:13↩
     GMT; Path=***
set-cookie: skin=***; path=***; domain=***
status: 200
strict-transport-security: max-age=47474747; includeSubDomains; preload
vary: Accept-Encoding,User-Agent,Content-Type,Accept-Encoding,X-Amzn-CD↩
    N-Cache,X-Amzn-AX-Treatment,User-Agent
via: 1.1 28aab1224ac6bf0909cf0ce5fe798a2c.cloudfront.net (CloudFront)
x-amz-cf-id: MbAFGlgXVBKFCV5mQibJf_y1G8N9qsRZ1-nvmRgUyPt4sxApK_shxg==
x-amz-cf-pop: NRT12-C3
x-amz-rid: H0EJAVKRTEZC3V765VXG
x-cache: Miss from cloudfront
x-content-type-options: nosniff
x-frame-options: SAMEORIGIN
x-ua-compatible: IE=edge
x-xss-protection: 1;
```

リスト 3.4 Response Headers

ヘッダ	意味
cache-control: no-cache	キャッシュを検証なしで使ってはならない
content-encoding: gzip	コンテンツはgzipで圧縮されている
expires: -1	コンテンツの期限は切れている
pragma: no-cache	cache-control: no-cacheと同じ意味、古いHTTP/1.0における指定方法
set-cookie: ...	ブラウザに対してCookieを設定しようとしている
vary: Accept-Encoding...User-Agent	指定したヘッダがリクエストに含まれる時、その内容でレスポンスが変化

expiresヘッダは基本的に日付の形式を求めます。それ以外の値(今回の-1や0など)を指定した場合は、すでに期限が切れていることを示す指定です[RFC 7234#5.3]。

ここではvaryでAccept-EncodingやUser-Agentなどが指定されています。User-Agentはブラウザの情報です。つまり、vary: ...User-Agentは、ブラウザの種類やバージョンが変われば、同じURLでもレスポンスの内容が変わる可能性があるということを表しています。

3.1.2　ヘッダとどう付き合うべきか

先の例ではごく一部を取り上げただけですが、ヘッダにはさまざまなものがあり、各サイトがそれぞれを設定して活用していることが読み取れます。ヘッダの指定で、Twitterのメディアはキャッシュ可能なのに対して、Amazonのトップページはキャッシュを検証なしで使うことはできません（3.5.2参照）

わずかなヘッダの違いで、このように明確な変化が出ます。そのため、配信を改善するときには、これらヘッダの話は避けられません。

ヘッダは配信の改善に欠かせない存在ですが、同時に取り扱いが難しく、注意が必要です。ヘッダにどう注意すべきか見ていきましょう。

Cache-Controlというヘッダを例に紹介します。その名のとおり、キャッシュを制御するヘッダです。たとえば1時間のキャッシュを行うには、max-age=3600[*5]と指定します。一見すると素朴に使えそうなヘッダです。ところが、ほかのヘッダとの組み合わせで動作が変わるため、使いこなすには注意が必要です。ここを意識しないと、意図しない振る舞いをしていると勘違いしてしまうことがあります。

＊5　秒指定、3600秒＝1時間。

サーバー（オリジンとProxy）／クライアントの構成で、Proxyからのレスポンスヘッダにcache-ControlとAgeが含まれている場合を考えます。

```
Cache-Control: max-age=3600
Age: 0
```

リスト 3.5　クライアントでキャッシュされるヘッダの例

```
Cache-Control: max-age=3600
Age: 3600
```

リスト 3.6　クライアントでキャッシュはされるが期限切れ扱いで毎回クライアントがリクエストを送信する例

Ageヘッダはキャッシュされてからの経過時間です（3.6.4参照）。ここではオリジンからのレスポンスをProxyがキャッシュしてからの期間と考えてください。Cache-Controlでmax-ageを指定していても、Ageの経過秒数がmax-age以上だと期限切れで再度リクエストが送られます。一見すると不正な動作にも見えますが、きちんとヘッダを理解していれば正しいことがわかります。キャッシュ時間は1時間ある（max-age）が、すでにProxyでキャッシュされてから1時間たっている（Age）ので期限切れということで、対策を打てます[*6]。

しかし、Cache-Controlしか知らなければ修正しようがありません。そのままなので無駄にリクエストが発生し、リクエスト課金が発生する場合であれば無駄にコストがかかることでしょう。

CDNによって、ヘッダの解釈が違うこともあります。no-storeはキャッシュを格納してはならないというCache-Controlのディレクティブ（指示）[*7]です。しかし、それを解釈しないCDNもあり、ここから事故が起こることもあります。

```
Cache-Control: no-store
```

リスト 3.7　CDN-AではキャッシュされないがCDN-Bではキャッシュされる

ヘッダの解釈の差異による事故が起こさないために、次の事項が重要です。

- ヘッダを適切に設定し（＝標準仕様にのっとる）、クライアントが混乱しないようにする

---

*6　Ageそのものを消す、s-maxageをmax-age以下で設定するといった対策があります。4.9.3や5.8.2参照。

*7　ディレクティブとはあるヘッダ内での指示を記すものです。ディレクティブは単体、もしくはオプションと組み合わせてヘッダの値を構成します。

- 実世界ではどのように解釈されうるかを知り、事故が起きないように最大限配慮して設定する
  - サーバー・クライアントともに、必ずしも標準仕様を想定通りに実装しているわけではないことを押さえる
  - 仕様の準拠度はそれぞれ異なることを押さえる

注目したいのが、クライアントには*Proxy/CDN*も含まれることです。ヘッダに問題があればProxy/CDNが混乱し（予期せぬ動作をし）、事故が起こりえます。

典型的なのはキャッシュ事故です。

年に数回ほど、さまざまなサイトでCDNの設定ミスに起因する事故のニュースを見ます。このような事故は、ヘッダの取り扱いのミスから、本来キャッシュしないものを誤ってキャッシュしてしまったことが多いと考えています*8。

正しくヘッダを設定することは、パフォーマンスを上げるためにも、事故を起こさないためにも重要です。

なお、本書では配信に特に重要な一部のヘッダについては解説しますが、網羅的なものを目指してはいません。ヘッダについて学習する際には、あわせてMDNのヘッダに関する記事*9を参照するのがいいでしょう。

Column

Apacheでのヘッダ操作

本章ではさまざまなHTTPヘッダについて解説しています。ヘッダの操作を、Webサーバーが行うか、ProxyやCDNが行うかは設計によっても異なります。本書ではVarnishの設定例を多くの箇所に掲載しています。
読者のみなさんが実際に設定して、自身のブラウザで体感してほしいことから、お手軽なApacheでの設定方法についても解説します。Apache HTTP Serverでヘッダを操作するにはmod_headersを用います。`apache2ctl -M`でモジュールを確認します。

```
$ apache2ctl -M | grep headers
 headers_module (shared)
```

上記のように出てくれば有効です。出てこなければ`a2enmod`で有効にします。

*8　詳しい報告をしているケースはそこまでないので、あくまでも推測です。
*9　https://developer.mozilla.org/ja/docs/Web/HTTP/Headers

```
$ sudo a2enmod headers
Enabling module headers.
To activate the new configuration, you need to run:
  systemctl restart apache2
```

操作を行うヘッダはクライアントが送ってくるリクエストヘッダと、クライアントへ送るレスポンスヘッダがあります。それぞれRequestHeaderディレクティブとHeaderディレクティブを使います。

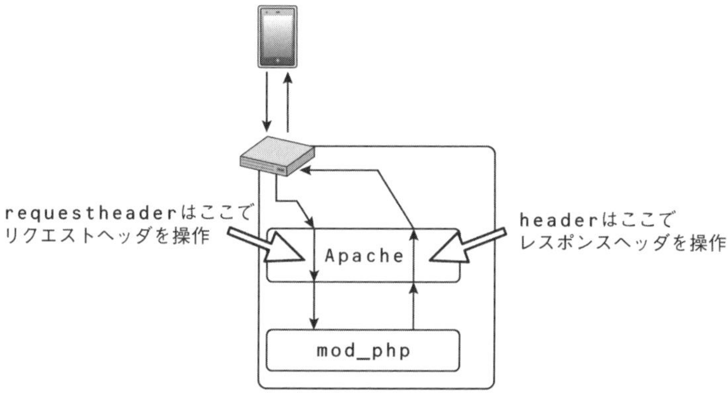

図3.2　mod_headersが操作する箇所

Appサーバーでmod_phpが動いているとして、クライアントから受け取ったヘッダをphpで処理する前に操作したいときは、requestheaderを利用します。対して、phpで生成したヘッダをクライアントへ返す前に操作したいのであればheaderを利用します。
先に紹介したCache-ControlとAgeの設定値によってブラウザの動きが変わることを確認するための設定例です。

```
#拡張子がgif/jpg/pngの場合にヘッダを設定する
<FilesMatch \.(?i:gif|jpe?g|png)$>
    header set cache-control "max-age=3600"
    header set age "3600"
</FilesMatch>
```

あとはこの状態とageの設定部分をコメントアウトした状態で実際にブラウザでアクセスしてみると動きの違いがわかるでしょう。
今回利用したのはsetですが、ほかにもさまざまなオプションがあります。よく使うものを説明します。appendとaddの使い分けは、普通はappendで問題ありません。Set-Cookieのように「,」で連結できないヘッダの場合にaddを使用します*a。

オプション	説明	すでに同名ヘッダがある場合
set	値をセットする	置き換える
append	値を追加する	「,」区切りで連結
add	値を追加する（連結しない）	連結せずに同名のヘッダを作成
unset	ヘッダを消去する（値は指定不要）	消去

先ほどはファイル名を特定して操作しましたが、特定のパスだけのヘッダを操作したい場合は、LocationやDirectoryなどを使います。なお、Locationで指定するパスは大文字小文字を区別するため、ファイルシステムが大文字小文字を区別しない場合はDirectory[*b]を使うなど注意が必要です。

```
# /img/以下のみ「cache-control: max-age=3600」をつける
<Location /img/ >
  header set cache-control "max-age=3600"
</Location>
```

*a 詳しくは https://httpd.apache.org/docs/2.4/ja/mod/mod_headers.html を参照。
*b https://httpd.apache.org/docs/2.4/ja/sections.html

3.2 HTTPメッセージ

ヘッダの改善ポイントを探すには、実際に流れを見ることが大切です。

サイトへアクセスした際に、クライアントからどのようなリクエストが発行されて、サーバーからレスポンスが返ってくるか例を見てみましょう。

```
GET / HTTP/1.1
Host: example.net
Connection: keep-alive
Pragma: no-cache
Cache-Control: no-cache
Upgrade-Insecure-Requests: 1
User-Agent: Mozilla/5.0 (Windows NT 10.0; Win64; x64) AppleWebKit/537.3↩
    6 (KHTML, like Gecko) Chrome/68.0.3440.106 Safari/537.36
Accept: text/html,application/xhtml+xml,application/xml;q=0.9,image/web↩
    p,image/apng,*/*;q=0.8
Accept-Encoding: gzip, deflate
Accept-Language: ja,en-US;q=0.9,en;q=0.8
```

リスト 3.8 Request Headers

```
HTTP/1.1 200 OK
Content-Encoding: gzip
Cache-Control: max-age=604800
Content-Type: text/html
Date: Tue, 14 Aug 2018 14:19:55 GMT
Etag: "1541025663+gzip"
Expires: Tue, 21 Aug 2018 14:19:55 GMT
Last-Modified: Fri, 09 Aug 2013 23:54:35 GMT
Server: ECS (sjc/4E52)
Vary: Accept-Encoding
X-Cache: HIT
Content-Length: 606
```

リスト 3.9 Response Headers

このようなやりとりはHTTPメッセージ[*10]と呼ばれており、リクエスト・レスポンスの両方において次の3つに分類されます。

- 開始行（start line）
- ヘッダ（HTTPヘッダ）
- ボディ（HTTPボディ）

それぞれ見ていきましょう。

3.2.1 開始行—RFC 7230#3.1

開始行は名前の通り、HTTPメッセージの開始を示すものです。

*10 本書では明示しない限りはHTTP/1.1を前提として解説します。

Request	Response
GET / HTTP/1.1	HTTP/1.1 200 OK
HTTPメソッド URL HTTPバージョン	HTTPバージョン ステータスコード 説明句

リクエストの場合、どのURLに対してどのような操作（HTTPメソッド）をどのHTTPバージョンで行うかを示しています。メソッドはGETのほかにもOPTIONS/HEAD/POST/PUT/DELETE/TRACE/CONNECTが定義されています。

GETの場合は指定URLのデータを取得（get）したい、POSTであれば指定URLにデータを投稿（post）したい、ということを示します。

メソッドについては、独自に定義して処理する場合もあります。配信関連でよく見かけるのがPURGEメソッドです。ProxyやCDNで行うキャッシュの消去（purge）を行うために用意されているケースが多いです。

開始行のHTTPのバージョンについては、普通のブラウザであればHTTP/1.0か1.1のどちらかが表示されます。現在は広く使われているHTTP/2もあるのでは？ と思った方もいるでしょう。のちほど触れますが、HTTP/2にはそもそもこのバージョン指定が必要ありません*11。

レスポンスの200とOKは、それぞれステータスコード・説明句と呼ばれています。詳しくは、3.3で解説します。

```
HTTP/1.1 200 OK  ★この部分
...
```

リスト 3.10 Response Headersの例

3.2.2 ヘッダ―RFC 7230#3.2

ヘッダの要素は次のkey-valueペアの形で定義されます。

```
[ヘッダフィールド名]: [フィールド値]
```

HTTPリクエスト・レスポンスのどちらにもヘッダは存在します。

ヘッダの種類は多岐にわたります。RFCにはなく、独自に定義された非標準のものの利用も多いです。標準のヘッダとしては、クライアントのソフトウェア名な

*11 一部ツール（curlやFirefoxの開発者ツールなど）では慣習的にHTTP/2 200 OKのように表示することがありますが、わかりやすいように表示しているだけです。

どを含んだUser-Agentが有名でしょう。

```
User-Agent: Mozilla/5.0 (Windows NT 10.0; Win64; x64) AppleWebKit/537.3↩
     6 (KHTML, like Gecko) Chrome/68.0.3440.106 Safari/537.36
```

非標準ヘッダには慣例的にx-の接頭辞をつけることが多いです。たとえば、x-goog-storage-classというGoogle Cloud Storageのストレージクラスを示す独自の非標準ヘッダがあります。ただし、このx-をつける慣例は、非標準が標準となった際の取り扱いに問題があるため、現在は非推奨 RFC 6648 となっています。IANAにある標準ヘッダの一覧*12を見てもわかるように、X-がついたまま標準化されてしまったものもあります。

ヘッダのうち、特に配信に重要なものについて、3.5で解説します。

» ヘッダの重複項目─RFC 7230#3.2.2

サーバーは一部の例外を除き、同一名のヘッダを送ってはいけません RFC 7230#3.2.2。クライアントがそのようなものを受信した場合どうするべきでしょう？ 実はこのとき、ヘッダの畳み込みをしてよいことになっています。次のようなヘッダなら、カンマ区切り（,）で畳み込みをします。

```
foo: 1
foo: 2
```

```
foo: 1, 2
```

しかし、一部はカンマ区切りで畳み込みできないため同一名のヘッダを複数行送ってくることもあります。Set-Cookieヘッダ RFC 6265#3 がそれです。

```
Set-Cookie: session-id=XXX-XXX-XXX; Domain=.XXX; Expires=Tue, 01-Jan-20↩
     36 08:00:01 GMT; Path=/
Set-Cookie: session-id-time=XXX; Domain=.XXX; Expires=Tue, 01-Jan-2036 ↩
     08:00:01 GMT; Path=/
```

上記のSet-CookieのExpiresに注目すると,が含まれていることがわかります。

---

*12　https://www.iana.org/assignments/message-headers/message-headers.xhtml

このようなヘッダを畳み込むと意味が変わってしまう可能性があります。

ヘッダ情報を読み解くとき、畳み込みの知識をもっておくとつまずくことが少なくなります。

3.2.3 ボディ－RFC 7230#3.3

ボディはHTTPメッセージの本文にあたる部分です。リクエストであればPOSTやPUT時のフォームやファイルになりますし、レスポンスであればコンテンツの内容そのものになります。

ボディは圧縮されていることがあります*13。クライアントが圧縮を解凍するため、普段ユーザーが圧縮を意識することはないでしょう。

HTTPメッセージはこれら開始行、ヘッダ、ボディを組み合わせて実現するものです。

3.2.4 HTTP/2でのHTTPメッセージ

HTTP/2[RFC 7540]の利用が広まってきました。HTTP/2は、既存のHTTPとの互換性を保つようにつくられています。HTTP/2になったのでまるっきり今までのヘッダが使えなくなるということはなく、セマンティクスは同一です（コラム「HTTPのセマンティクスとRFC」参照）。

HTTP/2の詳しい内容については本書では解説しません。適宜、仕様や解説書籍などを参照してください*14。ここでは配信で特に注意したい、HTTPメッセージにおける相違について一部解説します。

なお、先の例でAmazonやTwitterはHTTP/2を採用していました。

» すべてのヘッダフィールド名が小文字になった

HTTP/1.1まではヘッダフィールド名は`Cache-Control`のように大文字小文字混じりでしたが、HTTP/2では小文字のみになります。そのため、`Cache-Control`は`cache-control`となります。

もともとHTTPのヘッダフィールド名は大文字小文字を区別しない*15[RFC 7230#3.2]ので、影響はそこまでないはずですが、実装によっては影響をうけることがあります。

たとえばPHPでは`getallheaders()`という関数でヘッダを取得できます。

---

*13　ボディが他形式でエンコード（圧縮）されている場合は`Content-Encoding`ヘッダで形式を示します。
*14　『よくわかるHTTP/2の教科書』（参考文献参照）をお勧めします。
*15　case-insensitive。

```
Array
(
    ...
    [Cache-Control] => no-cache
    [User-Agent] => Mozilla/5.0 (Windows NT 10.0; Win64; x64) AppleWebK↩
          it/537.36 (KHTML, like Gecko) Chrome/70.0.3538.77 Safari/537.↩
          36
    [Accept] => text/html,application/xhtml+xml,application/xml;q=0.9,i↩
          mage/webp,image/apng,*/*;q=0.8
    [Accept-Encoding] => gzip, deflate
    [Accept-Language] => ja,en-US;q=0.9,en;q=0.8
    ...
)
```

リスト 3.11　HTTP/1.1

```
Array
(
    ...
    [cache-control] => no-cache
    [user-agent] => Mozilla/5.0 (Windows NT 10.0; Win64; x64) AppleWebK↩
          it/537.36 (KHTML, like Gecko) Chrome/70.0.3538.77 Safari/537.↩
          36
    [accept] => text/html,application/xhtml+xml,application/xml;q=0.9,i↩
          mage/webp,image/apng,*/*;q=0.8
    [accept-encoding] => gzip, deflate, br
    [accept-language] => ja,en-US;q=0.9,en;q=0.8
    ...
)
```

リスト 3.12　HTTP/2

この差異を考量していない実装だと、HTTP/2の利用で予期せぬ動作が起こりえます。こういったこともあるので、長く運用していて新たにHTTP/2を有効にするなら、検証は必要でしょう。これは、サーバー側の実装で、大文字小文字を区別しないという標準仕様の対応が漏れているために起きる事象です。標準仕様から外れると後からつらいことになるというわかりやすい例でしょう。

» 開始行の代わりに疑似ヘッダを使う―RFC 7540#8.1.2.1

```
GET / HTTP/1.1
Host: example.net
foo: bar
```

リスト 3.13　HTTP/1.1の開始行例

HTTP/2では上記のような開始行は存在しません。開始行の代わりに、同等の情報を疑似ヘッダとして送信します[RFC 7540#8.1.2.1]。HTTP/2の場合、以下のようになります[*16]。

```
:method: GET
:scheme: https
:path: /
:authority: example.net
foo: bar
```

:で始まる4ヘッダは疑似ヘッダと呼ばれるものです。ほかの通常のヘッダとは区別されており、また開始行のように通常のヘッダより先に出現する必要があります。なお、HTTP/1.1のような、バージョン情報を示すヘッダはHTTP/2には存在しません[RFC 7540#8.1.2.3]。

レスポンスにおいても同様で、HTTP/2ではバージョン情報と説明句のどちらもなくなっています。

```
HTTP/1.1 200 OK
```

リスト 3.14 HTTP 1.1

```
:status: 200
```

リスト 3.15 HTTP/2

3.3 ステータスコードと説明句—RFC 7231#6

HTTPメッセージの開始行は、レスポンスにおいては次の構成をとります。

```
[HTTPバージョン] [ステータスコード] [説明句]
```

ステータスコードは3桁の数字で、そのリクエストが正常に完了したのか、何かしらの理由で失敗したのかなどを示します。説明句はステータスコードの説明です。たとえば無効なURLを参照したときに見かける`404`は`Not Found`となります。説明句の文言はRFC上で推奨扱いでしかなく、別の文言を入れているケース

*16 HTTP/2のヘッダはバイナリなのでフィールド名末尾の「:」は本来不要ですが便宜上つけています。

もあります。

ステータスコードで覚えておきたいのは、ステータスコードには5つの種別（クラス）が存在し、先頭の1桁でそれを表すことです。

クラス	説明
1xx	情報：リクエストは受け付けられ処理は継続される
2xx	成功：リクエストは成功した
3xx	リダイレクション：リクエストを完了するには、追加の動作が必要
4xx	クライアントエラー：リクエストに不足や問題があり処理できない
5xx	サーバーエラー：サーバーに問題があり処理に失敗した

ステータスコードの一覧は、IANAのページ[*17]で確認できます。次に示すのはそのスクリーンショットです。

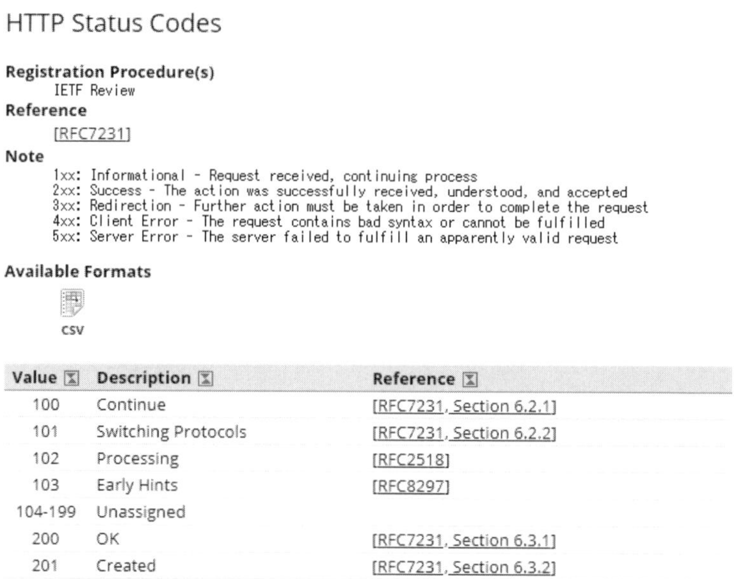

HTTP Status Codes

Registration Procedure(s)
IETF Review
Reference
[RFC7231]
Note
1xx: Informational - Request received, continuing process
2xx: Success - The action was successfully received, understood, and accepted
3xx: Redirection - Further action must be taken in order to complete the request
4xx: Client Error - The request contains bad syntax or cannot be fulfilled
5xx: Server Error - The server failed to fulfill an apparently valid request

Available Formats
CSV

Value	Description	Reference
100	Continue	[RFC7231, Section 6.2.1]
101	Switching Protocols	[RFC7231, Section 6.2.2]
102	Processing	[RFC2518]
103	Early Hints	[RFC8297]
104-199	Unassigned	
200	OK	[RFC7231, Section 6.3.1]
201	Created	[RFC7231, Section 6.3.2]

図3.3 Hypertext Transfer Protocol (HTTP) Status Code Registry

*17 https://www.iana.org/assignments/http-status-codes/http-status-codes.xhtml

ステータスコードと、それを定義しているRFCが記載されています。定義がひとまとまりではなく、複数あることに気づきます。これは新しいステータスコードが増えているということです。たとえば`103 Early Hints`^RFC 8297^は2017年12月に作成されたステータスコードです。

このように、新しいステータスコードがどんどん増えていく中で、サーバーやクライアントによっては新しいステータスコードに対応していないということもあります。その場合の動作としては、そのクラスの`x00`として扱います。

Column

暫定応答の1xxと最終応答の1xx以外

1xxは現在処理中の情報をクライアントに通知するための応答です。例を示します。

```
$ curl -s --verbose -X POST -F "xfoo=bar" -H "Expect: 100-continu⮐
    e" http://example.net > /dev/null
*   Trying 2606:2800:220:1:248:1893:25c8:1946:80...
* TCP_NODELAY set
*   Trying 93.184.216.34:80...
* TCP_NODELAY set
* Connected to example.net (93.184.216.34) port 80 (#0)
> POST / HTTP/1.1
> Host: example.net
> User-Agent: curl/7.68.0
> Accept: */*
> Expect: 100-continue
> Content-Length: 142
> Content-Type: multipart/form-data; boundar⮐
    y=------------------------d29dcc36f2fc7dec
>
* Mark bundle as not supporting multiuse
< HTTP/1.1 100 Continue
} [142 bytes data]
* We are completely uploaded and fine
* Mark bundle as not supporting multiuse
< HTTP/1.1 200 OK
< Accept-Ranges: bytes
< Cache-Control: max-age=604800
< Content-Type: text/html; charset=UTF-8
< Date: Mon, 09 Nov 2020 12:30:47 GMT
< Etag: "3147526947"
< Expires: Mon, 16 Nov 2020 12:30:47 GMT
< Last-Modified: Thu, 17 Oct 2019 07:18:26 GMT
< Server: EOS (vny/0454)
< Content-Length: 1256
<
{ [1101 bytes data]
```

```
* Connection #0 to host example.net left intact
```

暫定応答はあくまで処理中の応答のため、処理完了後には200や404など、ほかのステータスコードが返されます。そのため、1xxは暫定応答 RFC 7231#6.2 と呼びます。また、処理完了後の1xx以外のステータスコードのことを最終的なステータスコードということで最終応答と呼びます。RFCを読む際に最終応答と出た場合は1xx以外のステータスコードだと考えればよいでしょう。例の場合、HTTP/1.1 100 Continueが暫定応答でHTTP/1.1 200 OKが最終応答です。

3.3.1 代表的なステータスコード

ステータスコードは数多くあります。このうち、配信周りで知っておきたいものを紹介します。一覧は先述のIANAのWebサイトを参照してください*18。

» 200 OK

200 OKはリクエストが成功したことを示します。リクエストの処理内容にもよりますが、レスポンスボディを含んでいることがあります。

レスポンスボディは空でもかまいません。たとえばもともとボディを含まないHEADリクエストはもちろん、GETリクエストの場合でも、返すべきコンテンツが0byteであればボディは空です。

» 204 No Content

204 No Contentは、リクエストは成功したがレスポンスボディが含まれていないことを示します。200との違いはボディがないことです。またボディがないわけなので、ボディサイズを示すContent-Lengthをレスポンスヘッダに含めてはいけない RFC 7230#3.3.2 といった違いがあります。アクセス解析などでクライアントからデータをAPIへ送信するといった用途で使われることが多いです。

» 206 Partial Content

206 Partial ContentはRange付きのリクエストが成功して、部分的なレスポンスボディを含んでいることを示します。Range付きリクエストはダウンロードのレジューム（再開）や動画配信で見かけることが多いです。

*18 ステータスコードの詳細については割愛します。適宜HTTPの入門コンテンツなどで学んでください。IANAのほか、MDNなどで情報が確認できます。

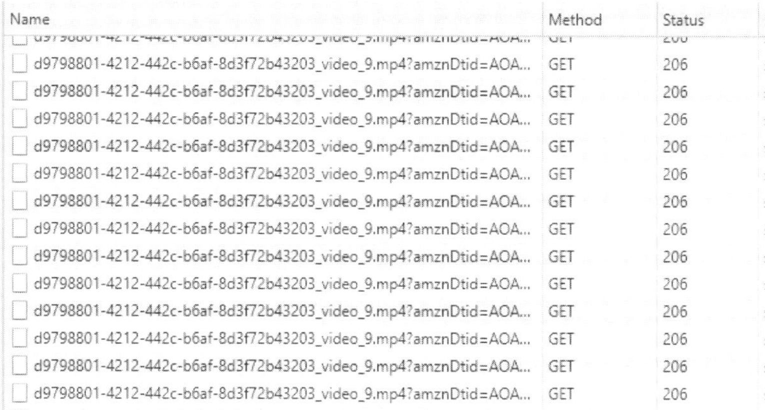

図3.4 Amazon Prime Videoでの206

» リダイレクト系のステータスコード（301,302,303,307,308）

リダイレクトを行うステータスコードは執筆時点では全部で5つです。以下のように異なります。よく知られているのは301、302です。

値	Reason	転送先が恒久的	メソッド変更の許可
301	Moved Permanently	YES	YES
302	Found	NO	YES
303	See Other	NO（※1）	GETもしくはHEAD強制（※2）
307	Temporary Redirect	NO	NO
308	Permanent Redirect	YES	NO

転送先が恒久的かどうかの違いはSEOの観点で考えるとわかりやすいです。

Googleなどの検索エンジンにインデックスされているサイトを例に考えてみましょう。こういったサイトのドメイン変更したい場合、昔のドメインに戻すことはまずないでしょう。この場合は301を利用して「恒久的」に移動したことを示します[*19]。対する302はあくまで「一時的」なリダイレクトです。

次にメソッド変更の許可／不許可です。

301/302はいずれもメソッドの変更を許可します。ブラウザ（クライアント）

*19　301もしくは308ですが、普通は301を使います。

の挙動として、POSTリクエストを行って301/302が返ってきたら、たいていはリダイレクト先にはGETでリクエストを行います。「たいてい」というのは、HTTP/1.0当時のクライアントが**誤って**POSTをGETに変更するものがありRFC 2616#10.3.2、歴史的経緯としてGETへ変更することが追認されたためです。もともとは意図した動作ではありませんでした。

307/308はメソッドを維持します。POSTできたものを307/308でリダイレクトすれば、(対応しているクライアントであれば) 転送先にもPOSTを行う必要があります。

最後に303です。POSTを行った結果、URLに転送したい場合などに使います。たとえば、投稿を行って、投稿後のページにリダイレクトを行うのに用います。転送先が恒久的ではないのですが、302や307とは大分特徴が異なり、この区分では扱いづらいポイントもあります (※1)。また結果URLに転送するため、メソッドの変更としてGETもしくはHEADを強制しています (※2)。

» 304 Not Modified

条件付きリクエストで送られてきた検証子と比較し変更がない場合、304 Not Modifiedを返却します (3.10.2参照)。

» 400 Bad Request

400 Bad Requestはリクエストのフォーマットが違うなど、リクエストが誤っている際に返すものです。x00には、xクラスの分類できなかったものを割り振ることもあります。そのため、400にはさまざまなエラーが含まれる可能性があります。調査は慎重に行うべきです。

» 401 Unauthorized

401 Unauthorizedは未認証であることを示します。4xxではありますが、単なるクライアントエラーではありません。認証方法を指定するWWW-AuthenticateヘッダRFC 7235#4.1と併用することで、BASIC認証のダイアログを表示させるなど、ブラウザに追加の動作を行わせることがあります。

» 403 Forbidden

403 Forbiddenは、閲覧権限がない、禁止されたリクエストを示します。このエラーが出る理由は多岐にわたります。以下に例をあげます。

・認証されていないもしくは認証されているが認可されていないページにアクセ

スしようとした（一般ユーザーが管理用ページにアクセスしようとした）
- ミドルウェアがリクエストで指定されたパスに対応するローカルパスへアクセスする権限がない
- アプリケーションロジックで意図して返している

またCDNによっては帯域制限があり、これを超過すると`403`を返すこともあります。さまざまなエラーを表すのに幅広く使われているステータスコードです。

» 404 Not Found

`404 Not Found`は指定URLのコンテンツを見つけられなかった際のエラーです(注意点については4.9.4参照)。

» 405 Method Not Allowed

`405 Method Not Allowed`はGET/HEAD/POSTメソッドしか対応していないURLにPUTなどを利用した場合に起こりうるエラーです。これも実装によっては`400`を返すケースがあります。

» 413 Payload Too Large

`413 Payload Too Large`はリクエストボディが大きくて受け付けられない場合に出るエラーです。写真投稿を受け付けるサービスなどで頻発する場合、サービス仕様とサーバー設定の乖離などの可能性があります。

» 414 URI Too Long

`414 URI Too Long`はURI（URL）が長く受け付けられない場合にでるエラーです。このエラーが出るのは、フォーム投稿において、本来POSTで送るところをGETにしてクエリ文字列が長くなっているケースが考えられます。サーバーの設定変更でも回避できますが、コード側の修正を行うべきでしょう。

» 429 Too Many Requests

`429 Too Many Requests`はレートリミットを行っていて、引っかかった場合に返すエラーです。`Retry-After`ヘッダ*20と組み合わせて使うことが多いです。bot側の実装によりますが、このステータスコードを使うとクローラーの巡回ペースを落とすことを期待できます。

---

*20　続けてのリクエストまでどれだけ待つべきかを指定します。

» 499 Client Closed Request(nginx)

499はnginx独自のステータスコードです。標準のステータスコードではありません。クライアントへのレスポンス前に、クライアント側とのコネクションが失われた際使われます。そのため、このコードが実際にクライアントへレスポンスされることはありません。nginxのログ中に記録されるだけとなります。499はnginx独自ですが、似たような使われ方をするものにCloudFront独自の000があります。こちらもクライアントの接続が切断された際に用いられます。

コネクションが失われる原因はさまざまです。クライアントがスマートフォンであれば電波が届かない場所に移動したということもありえます。タイムアウト値に引っかかり、クライアントから切断したということも考えられます。サーバーのネットワーク関連の設定を変更しているのであれば、そこに問題がある可能性もあります。この場合は一度戻してみるのもよいでしょう。

1.最初の1バイトが返ってくるまでの時間*21
2.サーバーからのレスポンスが止まった際の経過時間
3.ダウンロードが完了するまでの時間

この中で499に相当するのは1ですが、一口にタイムアウトと言っても、ここに挙げた以外にも多くのものが存在します。クライアント*22によっても、何が使われているかはさまざまです。スマートフォンアプリなどでクライアント側でタイムアウト値を設定しているのであれば、見直してみるのもよいでしょう。

» 500 Internal Server Error

500 Internal Server Errorはサーバーのリクエスト処理中に、何らかのエラーが起きたことを示します。アプリケーション上のバグ、アプリケーションから呼ばれるDBなどの過負荷によって結果的に返すことになるなど、さまざまなパターンが想定されます。

» 502 Bad Gateway

502 Bad GatewayはProxyやCDNを利用しているサイトにおいて起きるエラーです。CDNから先の接続先（オリジン）に問題がありレスポンスできないことを示します。名前からするとProxy/CDN自体が悪そうに見えますが、ほとん

---

*21 レスポンスの先頭はステータスコードを含む開始行です。実質的にステータスコードを返すまでと言えます。
*22 このクライアントはなにもPCやスマートフォンに限りません。2章で触れたようにProxyやCDNもクライアントです。

どのケースではオリジンに問題があります。

オリジン側でHTTPSを使っていて、証明書の期限切れの場合、Proxy/CDNからオリジンへHTTPS通信が正常にできないためこのステータスを使われることがあります。

» 503 Service Unavailable

`503 Service Unavailable`はサーバーがメンテナンスや過負荷のため、リクエストが処理できないことを示します。`Retry-After`[RFC 7231#7.1.3]と組み合わせて使うことがあります。

» 504 Gateway Timeout

`504 Gateway Timeout`はProxyやCDNを利用しているサイトで起きるエラーです。

CDNから先の接続先（オリジン）のレスポンスが遅いといった原因で、タイムアウトしていることを示します。アプリケーションにボトルネックがあったり、そもそもタイムアウト値がそのアプリケーションに対して小さすぎたりするといった原因が考えられます。

Column

Status Code 418

有名なステータスコードの1つとして`418 I'm a teapot`というものがあります。これはエイプリルフールにつくられたジョークRFC[*a]の1つで、RFC 2324「Hyper Text Coffee Pot Control Protocol[*b]」で定義されているものです。そもそもこれはHTCPCPというHTTPとは別物に関するRFCで、HTTPステータスコードとは関係ありません。こういったわけで本来HTTP上には418は存在しないのですが、HTCPCPがHTTPとよく似ていることもあり、ジョークとして418を用意（使用）しているサイトもあります。

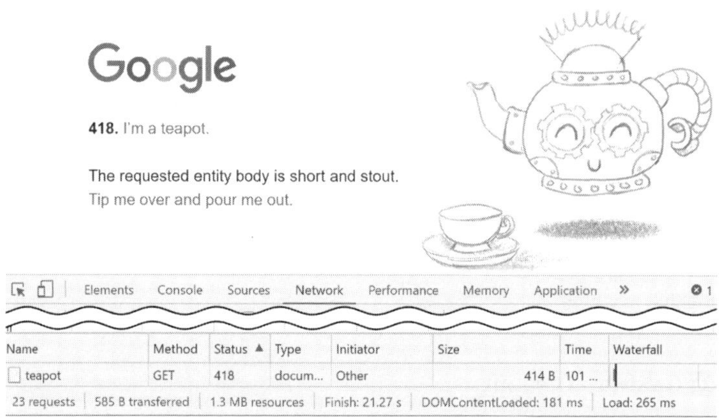

図3.5 Googleのteapotページ（https://google.com/teapot）

このようにジョークが一般化するのは珍しいですが、通信上のどこかで把握していない（使うつもりのない）ステータスコードが入り込まないかは注意が必要です。意図しない動作を防ぐために、もし何らかの理由で定義されていないステータスコードを使う場合はローカルにとどめておく、あるいは双方取り決めがある状態で使うことが望ましいでしょう。

*a　RFCはすべてが真面目なものではなく、文化としてジョーク条項が盛り込まれることがあります。
*b　Hyper Text Coffee Pot Control Protocol（ハイパーテキストコーヒーポットコントロールプロトコル）、略称HTCPCP。

3.4 HTTPとキャッシュ

キャッシュの種類（2.5）でも触れましたが、一口にキャッシュと言ってもブラウザキャッシュなどのローカルキャッシュ、ProxyやCDNの経路上のキャッシュがあります。

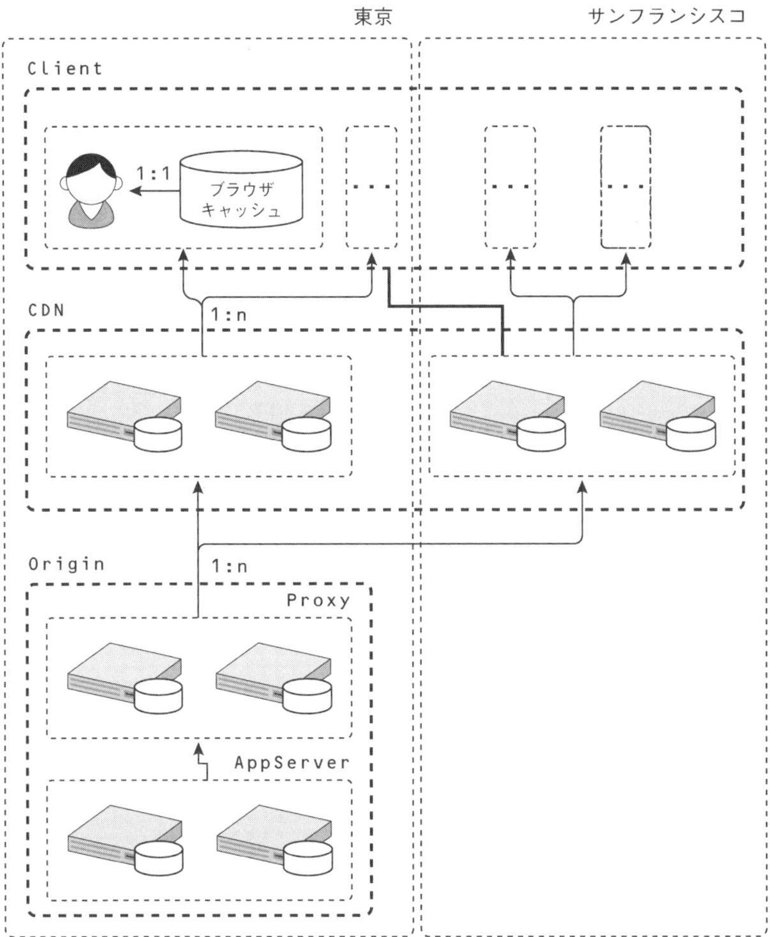

図3.6 クライアント/CDN/Proxyでのキャッシュの簡易図

キャッシュを行う各層はどのような条件でキャッシュを行い、キャッシュをレスポンスするのでしょうか?

HTTPにおけるキャッシュの仕様はRFC 7234で決められています。そのセクション2において、次のように記述されています*23。

> Although caching is an entirely OPTIONAL feature of HTTP, it can be assumed that reusing a cached response is desirable and

*23 RFC 7234 (https://tools.ietf.org/html/rfc7234) より引用。訳出と強調は筆者による。

that such reuse is the default behavior when no requirement or local configuration prevents it.

キャッシュはHTTPのオプション機能ではあるが、キャッシュの再利用は望ましいものであり、それを防止するような要件・設定がない場合は「デフォルトの動作」である。

つまり、*HTTP*のレスポンスはいくつかの要件に合致していれば設定なしでもキャッシュされるもので、キャッシュを防ぎたい場合は*Cache-Control*で制御する必要があるということです[RFC 7234#2]。

Cache-Controlのディレクティブで、有効期限を指定するmax-ageを知っている読者も多いでしょう。この指定がなくてもDateとLast-Modifiedから有効期限を計算する方法があります（3.8参照）。このため、実はCache-Control自体の指定がなくてもキャッシュされることがあります。

また勘違いしてはいけないのが、Cache-Controlはキャッシュを防ぐためだけのものではないということです。Cache-Controlは名前のとおり、キャッシュに関するさまざまなことを管理します。たとえばキャッシュの有効期限が切れて再検証を行うとき、その処理中はとりあえず有効期限切れのものを利用してパフォーマンスを上げるというような指定も行えます[*24]。

Cache-Control以外にもキャッシュにかかわるヘッダは多数あります。たとえば、有効期限が切れた際の再検証にはLast-ModifiedやETagが使われますし、先に触れたAgeヘッダによって残りの有効期限が変わります。

キャッシュを有効に使えれば大きな武器となりますが、意図しないキャッシュがされることもよくあります。サイトを更新したらブラウザキャッシュに残っていた古いCSSが読み込まれてデザインが崩れてしまったなどといったことがあるでしょう。**キャッシュは適切に制御してこそ価値を生みます**。

ここからはキャッシュをうまく使うためのさまざまな内容について触れます。

3.4.1　キャッシュを行う・使う条件

HTTPでは、いくつかの条件を満たしていれば特別な設定をしなくてもキャッシュが行われます。この、キャッシュを行う条件を示します[RFC 7234#3]。

*24　stale-while-revalidate指定。詳しくは3.6.6。

- リクエストメソッドが解釈できるもので、かつキャッシュ可能なメソッドとして定義されている（キャッシュ可能なメソッドを参照）
- ステータスコードが解釈できるもの
- リクエスト・レスポンスのCache-Controlにno-storeが含まれていない
- 経路上のキャッシュ（shared）として格納しようとしている際、レスポンスのCache-Controlにprivateの指定がないこと
- 経路上のキャッシュ（shared）として格納しようとしている際、リクエストにAuthorizationヘッダが含まれていないこと、ただし明示的に許可している場合は除く*25
- レスポンスで以下の条件のうちどれかを満たす
  - Expiresヘッダを含む
  - Cache-Control内にmax-ageを含む*26
  - 経路上のキャッシュ（shared）として格納しようとしている際、Cache-Controlにs-maxageを含む
  - 拡張ディレクティブで明示的に許可されているもの*27
  - ステータスコードがデフォルトでキャッシュ可能なもの
  - Cache-Control内にpublicを含む

以上の条件を満たす場合はキャッシュされます。

---

*25 must-revalidate, public, s-maxageがその指定となります RFC 7234#3.2。

*26 ここで注目したいのは max-ageが 1以上ではなく、max-ageを含むとあることです。つまり 0でもキャッシュはされ、条件によっては再利用されうるわけです。

*27 Cache-Controlは認識できないディレクティブを無視します。そのため、独自ディレクティブを入れてもエラーでキャッシュが壊れるということはありません。これを利用して、サーバー・クライアント双方で新規にディレクティブを定義が可能です。たとえば同一地域のユーザー間でキャッシュを共有できるディレクティブ regionをつくり、private, region="tokyo"という定義を行ったとします。regionを解する Proxy などは適切にキャッシュを行いに加えつつ、もしも CDN などが regionを解さなければ privateで処理するといったように使います。

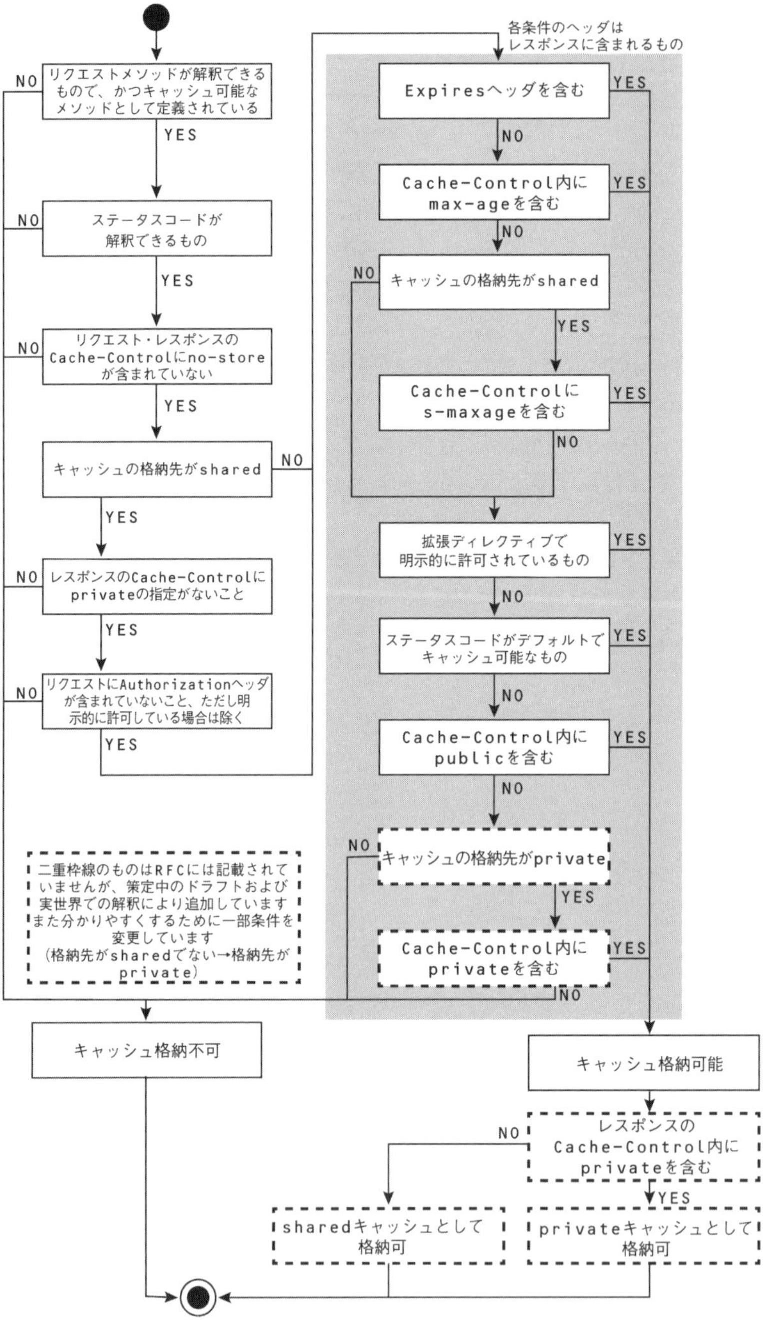
各条件のヘッダは
レスポンスに含まれるもの
リクエストメソッドが解釈できるもので、かつキャッシュ可能なメソッドとして定義されている
ステータスコードが解釈できるもの
リクエスト・レスポンスのCache-Controlにno-storeが含まれていない
キャッシュの格納先がshared
レスポンスのCache-Controlにprivateの指定がないこと
リクエストにAuthorizationヘッダが含まれていないこと、ただし明示的に許可している場合は除く
Expiresヘッダを含む
Cache-Control内にmax-ageを含む
キャッシュの格納先がshared
Cache-Controlにs-maxageを含む
拡張ディレクティブで明示的に許可されているもの
ステータスコードがデフォルトでキャッシュ可能なもの
Cache-Control内にpublicを含む
キャッシュの格納先がprivate
Cache-Control内にprivateを含む
二重枠線のものはRFCには記載されていませんが、策定中のドラフトおよび実世界での解釈により追加していますまた分かりやすくするために一部条件を変更しています（格納先がsharedでない→格納先がprivate）
キャッシュ格納不可
キャッシュ格納可能
レスポンスのCache-Control内にprivateを含む
sharedキャッシュとして格納可
privateキャッシュとして格納可
YES
NO

図3.7　キャッシュを行う（格納する）際のチャート

なお、メソッドおよびステータスコードが「解釈できる」とは、その仕様上にある指定されたキャッシュに関する動作をすべて実装している状態を指します。単にステータスXXXを受け取ってパースができたのでキャッシュを行うという意味ではありません。

Authorizationは認証が必要なページ（一般にはBASIC認証）を開く際に送られるリクエストヘッダです。

キャッシュを行った後は次回のリクエストから可能な限りキャッシュを使いますが、有効期限内かなどの条件を満たす必要があります。このキャッシュを使う条件RFC 7234#4を示します。

- リクエストとキャッシュのURIが一致すること
- キャッシュ格納時のメソッドがリクエストのメソッドで使えることを許容していること
- キャッシュ中にVaryでヘッダが指定されている場合は、キャッシュ中のセカンダリキーとリクエストの指定ヘッダの値が一致すること
- リクエスト中のCache-ControlかPragma内にno-cacheを含む場合はキャッシュの検証が成功していること
- キャッシュ中のCache-Control内にno-cacheを含む場合はキャッシュの検証が成功していること
- キャッシュの状態が以下のどれかである
  - Fresh*28
  - Stale*29での利用が許容されている
  - 検証が成功している

以上の条件を満たすとキャッシュが利用できます。

*28　キャッシュが有効期限内という状態。
*29　キャッシュの有効期限切れという状態。Freshとあわせてこの後解説します。

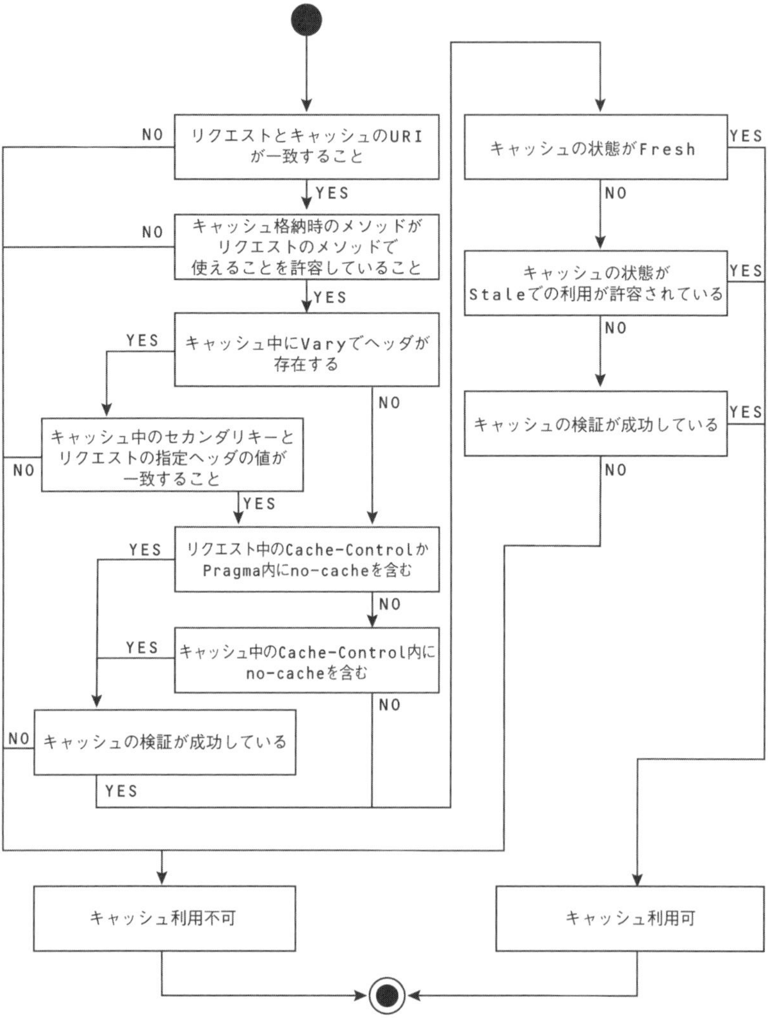

図3.8　キャッシュを利用する際のチャート

» キャッシュ可能なメソッド—RFC 7231#4.2.3

・GET
・HEAD
・POST

キャッシュ可能なメソッドの一覧です。実はPOSTもキャッシュ可能なメソッドとされています。しかしながら実際にはPOSTがキャッシュされることはほぼありません[*30]。RFCにも記載はあるのですが、多くのキャッシュ実装ではGET、HEADのみをサポートしています。

とはいえ、POSTはRFC的にはキャッシュ可能メソッドです。実装によってはキャッシュされる可能性を否定できません。POSTを受け付けるつもりのURLでも、no-storeを指定するといったキャッシュを避ける対応もしておくべきでしょう（3.9参照）。

» キャッシュ可能なステータスコード—RFC 7231#6.1

- デフォルトでキャッシュ可能なステータスコード
  - 200, 203, 204, 206
  - 300, 301
  - 404, 405, 410 ,414
  - 501
- 各RFCでキャッシュ可能とされているステータスコード
  - 421[RFC 7540#9.1.2], 451[RFC 7725#3]

上に示すのはキャッシュ可能なステータスコードの一覧です。200以外もキャッシュできます。正常な反応である200がキャッシュされることは理解できますが、エラーの404などもキャッシュされることに疑問を持つ方もいるでしょう。

404はファイルが存在しないというエラー（エラーレスポンス）です。ファイルをそのURLに追加しない限り、何度アクセスしても404なわけです。これをキャッシュしておけば、不要なリクエストは飛ばなくなります（エラーのキャッシュについては、4.9.3や4.9.4を参照）。

実装によってはキャッシュ可能なステータスコードかどうかを無視してキャッシュすることがあります。注意が必要です（6章のコラム「キャッシュ汚染DoS（CPDoS）」参照）。

3.5 Cache-Controlによるキャッシュ管理

配信にかかわるヘッダで有名なのはCache-Controlでしょう。Cache-Controlはコンテンツの有効期限など、キャッシュポリシーを設定するヘッダです。多くディレクティブが存在し、また現在も増えています。

*30　Varnishもデフォルト設定ではPOSTをキャッシュしません。行う場合は自身で設定の作りこみが必要です。

広く使われる有名なヘッダではあるものの、取り扱いに注意が必要です。多くのパラメータが存在し、追加されていくため、クライアントやCDNによっては対応していないパラメータもあります。またAgeヘッダで動作が変わるなど、さまざまなヘッダと相互作用があります。重要なヘッダながら、非常に癖があります。キャッシュ全般を司るため、理解せずに使うと、コスト増やキャッシュ事故の温床となりえます。

ここでは、Cache-Controlのディレクティブのうち、有効期限以外を見ていきます。キャッシュの有効期限に関するものは、4.9で解説します。

Column

リクエスト時にもCache-Controlは送信される

Cache-Controlヘッダはサーバーからのレスポンスだけでなく、クライアントのリクエストにも含まれています[RFC 7234#5.2.1]。たとえばChromeにおいてリロードを行うとCache-Control: max-age=0が送信されます。これは指定された秒数を超えるキャッシュを受け付けないという指定になります。他ディレクティブに、期限が切れたキャッシュでも指定秒数までは受け入れることを指定するmax-staleなどさまざまなものがあります。

本書のテーマであるWeb配信の最適化はオリジン側の改善によるものを想定しており、オリジン側から操作ができないクライアントから送出されるリクエストヘッダは範囲外です。そもそもProxyやCDNではこれらのリクエストヘッダに対応しておらず、クライアントからmax-age=0を指定してリクエストを行ったとしてもCDNが正しく解釈してオリジンに検証する動作を筆者は見たことがありません。対応していればCDNを使用していてもクライアント側でリロードすればCDNを突破してオリジンまでリクエストが行くため納得がいきます。クライアント側のリクエストヘッダはVaryに用いるUser-Agentや、Accept-Encodingなどよく利用するものも少なくありません。ただ、リクエストヘッダのCache-Controlについては、名前に反して経路上のキャッシュでは考慮する必要がないのです。ただし、ローカルキャッシュ（ブラウザキャッシュ）は別です。本書の対象外ではありますが、JavaScriptからXMLHttpRequestを行う際にキャッシュを使われないためにno-cacheを指定することは有効です。これは不特定多数のクライアントが対象な経路上のキャッシュと、特定クライアントのみのローカルキャッシュの性質の違いによるものでしょう。

詳しい内容はこういった事柄を示したMDNのドキュメント*[a]などを適宜参照してください。

*a　https://developer.mozilla.org/ja/docs/Web/HTTP/Headers/Cache-Control

3.5.1　キャッシュの保存方法を指定（未指定/public/private）

複数のクライアントで共有ができるsharedキャッシュ、共有してはいけない private キャッシュという性質によるキャッシュの分類を紹介しました（2.6 参照）。Cache-Controlは保存のしかたを指定するオプションとして未指定/public RFC 7234#5.2.2.5 /private RFC 7234#5.2.2.6 が存在します。

特に注意が必要なのが、publicはsharedキャッシュにprivateはprivateキャッシュに**格納するだけの指定だという誤解**です。

これらは、通常キャッシュができない場合でもsharedキャッシュ（public指定時）もしくはprivateキャッシュ（private指定時）に格納するという強い指定だからです。

通常キャッシュができない場合というのは、RFCでは明確にどういうことかという定義はされていません[*31]。実装などを参照すると、キャッシュできないステータスコードにおいてもキャッシュする動作と考えてよいでしょう。

次に示すのは3.4.1で触れたキャッシュする条件の一部です。ここにOR条件でpublicが含まれています。また、この条件にはないもののprivate指定も同様の動作になります[*32]。このため、たとえばステータスコードがキャッシュできない403でもpublicやprivateの指定があればキャッシュができます。

- （中略）
- 経路上のキャッシュ（shared）として格納しようとしている際、リクエストにAuthorizationヘッダが含まれていないこと、ただし明示的に許可している場合は除く
- レスポンスで以下の条件のうちどれかを満たす
  — （中略）
  — ステータスコードがキャッシュ可能なもの
  — Cache-Control内にpublicを含む

この点も踏まえて、Cache-Controlの指定が未指定/public/privateの場合の動作を表にまとめます。なお、未指定とはpublicもprivateも指定しないことです。

＊31　現行の RFC 7234 では明確ではありませんが、RFC 7234 を置き換えるべく策定中の HTTP Caching では明確に定義される予定です。キャッシュを行う・使う条件（3.4.1）の「レスポンスで以下の条件のうちどれかを満たす」に「経路上のキャッシュでない（not shared）場合、Cache-Control内に privateを含む」という項目が追加されます。ほかもさまざまな条件が増えています。このように、RFC は更新されていきます。
https://httpwg.org/http-core/draft-ietf-httpbis-cache-latest.html

＊32　キャッシュ格納先が private の場合、通常キャッシュできない場合でも privateを指定するとキャッシュ可能となります。

指定	キャッシュ許可の対象	クライアントとの対応	経路上への格納	ローカルへの格納	通常キャッシュできないパターンもキャッシュ
未指定	複数クライアント（shared）に許可	1:n	YES	YES	NO
`public`	複数クライアント（shared）に許可	1:n	YES	YES	YES
`private`	特定クライアントのみ（private）許可	1:1	NO	YES	YES

キャッシュを行うのは、HTTPのデフォルトの動作です。そのため、**未指定**でもキャッシュは行われます。**未指定**だと実質sharedキャッシュとして扱われると考えていいでしょう。

`Cache-Control: private`の指定のみだと、privateキャッシュとして扱われます。キャッシュは一定のクライアント（エンドクライアントなど）でのみ利用され、再利用されません。同時に、`private`は通常キャッシュできない場合でもキャッシュを行う指定でもあるため、キャッシュされる条件を一部無視したキャッシュを可能にします。ローカルキャッシュのみに格納したいという理由で`private`を指定すると、意図せずに`403`などでキャッシュされる可能性もあるわけです。なお、キャッシュをしたくないという用途では`private`の指定のみを用いることは誤りです。本来`no-store`を設定するべきです（詳細は3.9参照）。

`Cache-Control: public`の指定はsharedキャッシュとして扱いつつ、通常キャッシュができない場合でもキャッシュを行う指定となります。まれにsharedキャッシュとするために`public`を使っている記事などを見ますが、`Cache-Control: public`は危険な設定で注意が必要です。***shared*キャッシュとすることだけのために*public*を指定するのは間違いです**。そもそも**未指定**でもsharedキャッシュになります。

それならば、どのようなときpublicを指定するのでしょうか？ 用途は限られています。たとえば、未認証で見られても問題ないコンテンツに対し、通常キャッシュできないAuthorizationヘッダがついてしまったとします*33。このとき、publicを指定して強制的にキャッシュ可能にするというケースが想定できます。また、Google Cloud CDNなどの一部CDNでは明示的にpublicを指定しないとキャッシュがされないケースもあります*34*35。

明示的な指定が必要なケースもありますが、非常に強い意味を持つので、軽々しくpublicを設定すべきではありません。

sharedキャッシュに格納するだけであれば未指定のままで問題ありません。privateキャッシュに格納する場合はprivateを指定する必要があります。このときも、通常キャッシュできない場合でもキャッシュされることを意識しましょう。

Column

キャッシュの仕様改定

RFC 7234は現在有効なキャッシュの仕様ですが、改定作業が行われています（執筆時点で13版のhttps://tools.ietf.org/html/draft-ietf-httpbis-cache-13）。must-understandのような新要素もありますが、現行仕様の改善という側面が強いです。現実世界での利用状況を勘案しつつ、あいまいな点（private指定時の通常キャッシュできないパターンの取り扱いなど）を明確化しています。
また、GitHubのissueを使って議論もされており*a、その修正がどのような経緯で行われたかがわかります。たとえばhttps://github.com/httpwg/http-core/issues/120の議論の結果must-understandが追加されています。議論についてはhttps://github.com/httpwg/http-core/issues?q=is%3Aissue+label%3Acachingを見るとよいでしょう。
まだドラフトであるため、RFCとして採択される前に、さらなる改定がされる可能性はあります。ただ、それを踏まえても、現段階で非常に有用なためここで紹介します。たとえば、「キャッシュを行う条件」はあいまいだったprivateの部分が解消されるなど有意義な改善が多いです。なお「キャッシュを使う条件」についてはPragma: no-cacheの条件が消えました。これはCache-Controlが広く普及したので、古いPragmaを非推奨としたためです。

- リクエストメソッドが解釈できるもの
- ステータスコードは最終応答である
- ステータスコードが206か304、もしくはCache-Controlにmust-understand

*33 なお、privateはもともとAuthorizationを含んでいてもキャッシュが可能です。（3.4.1参照）
*34 https://cloud.google.com/cdn/docs/caching?hl=ja
*35 あくまで筆者の個人的な解釈ですが、これは静的で誰にでも返せるコンテンツのみをCDN（Google Cloud CDN）でキャッシュをするという一種のガードでしょう。署名付きURLを提供していることから、何らかの制限をしたい場合はこれを使ってほしいということだろうと考えています。

を含む場合、ステータスコードが解釈できるもの
- レスポンスのCache-Controlにno-storeが含まれていない
- 経路上のキャッシュ（shared）として格納しようとしている際、Cache-Controlにprivateの指定がない。もしくはprivateでフィールド名の指定があり、それに従い改変されたレスポンスである*b
- 経路上のキャッシュ（shared）として格納しようとしている際、リクエストにAuthorizationヘッダが含まれていないこと、ただし明示的に経路上のキャッシュに格納することを許可している場合は除く
- レスポンスで以下の条件のうちどれかを満たす
  - Cache-Control内にpublicを含む
  - 格納先が経路上のキャッシュ（shared）でない場合、Cache-Control内にprivateを含む
  - Expiresヘッダを含む
  - Cache-Control内にmax-ageを含む
  - 経路上のキャッシュ（shared）として格納しようとしている際、Cache-Controlにs-maxageを含む
  - 拡張ディレクティブで明示的に許可されているもの
  - ヒューリスティックにキャッシュ可能なステータスコード*c

以上の条件を満たす場合はキャッシュされます。
ここでのメソッドおよびステータスコードが「解釈できる」は、その仕様上にある指定されたキャッシュに関する動作をすべて実装している状態となります。
RFC 7234と比べると条件が増えていますが、より見通しが良くなっています。
ディレクティブが重複している、競合している際の取り扱いについても明瞭になっています。Expiresやmax-ageの定義がそれぞれ複数ある場合（重複定義）は最初に出現したものを利用するか、応答自体をStaleとみなします。max-ageとno-cacheが同時に定義されている場合（競合定義）は、最も制限されている定義が優先されます（例ならno-cache)。
また、max-ageに整数以外を設定するなど無効な鮮度情報がある場合はStaleとみなします。
ほかにも多数の修正がされているため、RFC 7234を読んでちょっとわかりづらいなと思ったとき、ドラフトを読むとヒントを得られるかもしれません。

---

*a　IETFにおける議論もあるため、すべてがGitHubでの議論ではありません。

*b　privateはprivate="cookie"といった指定も可能（複数指定も可能）です。これはcookieヘッダを経路上にキャッシュしてはならない、ただしcookieを除外した場合はキャッシュしてもよいこととなっています。しかしこれはほとんど実装されていないため、privateを含む場合は経路上にキャッシュしてはならないと考えても問題ないでしょう。

*c　ヒューリスティックにキャッシュ可能なステータスコードはRFC 7234ではデフォルトでキャッシュ可能なステータスコードと呼ばれていたものです。以前から308が追加されています。

3.5.2 キャッシュの使われ方を指定する（no-store, no-cache）

no-store RFC 7234#5.2.2.3 と no-cache RFC 7234#5.2.2.2 もキャッシュ関連では頻出です。これらも非常に勘違いの多い項目です。キャッシュを行う・使う条件（3.4.1）を読み、正確に覚えてください。

no-storeはキャッシュが行われる際に評価されるディレクティブで、**キャッシュを格納してはならないという指定**です。キャッシュさせたくない場合はレスポンスヘッダにno-storeを必ず指定します。

no-store単体でも、キャッシュさせないというディレクティブではあります。ただ、no-store単体では実世界において完璧には動作しません。より実践的なキャッシュさせないためのヘッダ設定については、3.9を参照してください。

no-cacheはキャッシュを使う際に評価されるディレクティブです*36。使う際にということは、すでにキャッシュは存在しているわけです。名前からキャッシュさせない指定と思われがちですが、違います。正確には、**キャッシュを使う際にはオリジンへ問い合わせを行い、そのキャッシュが有効でない限り使用してはいけない**という指定です。

no-storeとno-cache両者は評価されるタイミングがそれぞれ違うということを意識しましょう*37。

» no-cacheの動作

no-cacheの動作を追ってみましょう。

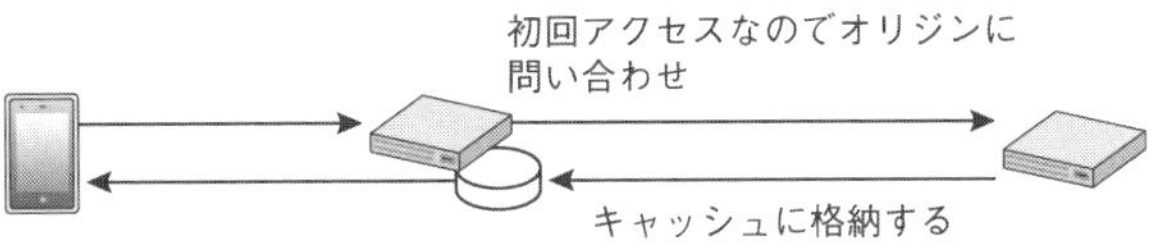
初回アクセスなのでオリジンに
問い合わせ
キャッシュに格納する

図3.9 初回リクエスト

初回はなにも持っていないのでオリジンに問い合わせを行います。ここで取得した内容はキャッシュし、またレスポンスします。

*36 これはRFC上の話であって、実装によっては格納時に評価しているケースもあります。ただ、考え方として評価タイミングが異なるものであると知っておきましょう。

*37 もちろん実装によってはキャッシュ格納時にno-cacheが含まれていればキャッシュしないと扱う場合もありますが仕様上は使う際に評価するものです。

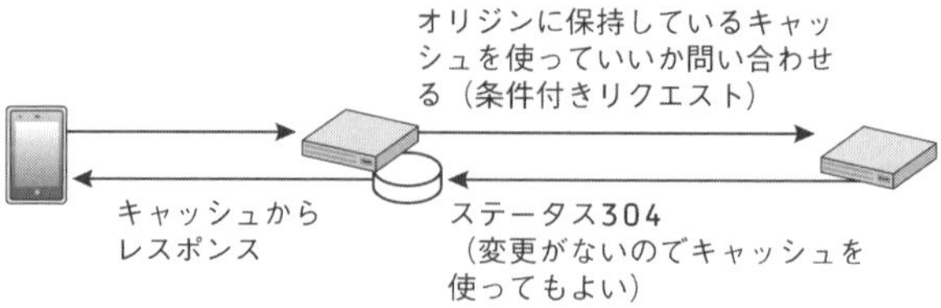

図3.10　次回リクエスト

次にリクエストがあった際にはオリジンに問い合わせは行うものの、条件付きリクエストとなります（3.10.2参照）。持っているキャッシュが最新のものか問い合わせを行い、最新であることが確認できればキャッシュから返す（ステータスコード304）といった流れになります。最新でなければ新たにオリジンからレスポンスを返します（ステータスコード200）。

図ではクライアント⟷CDN/Proxy⟷オリジンの流れで説明していますが、クライアント⟷オリジンでブラウザキャッシュを使うときも同じ流れとなります。最新ならキャッシュから、古ければオリジンから新規に取得します。

混乱しやすいno-cacheですが、うまく使えば非常に便利です。たとえば頻繁に更新されるコンテンツに設定すれば毎回更新確認し、更新がなければキャッシュが使用され、更新されていればただちに再取得されます。

ディレクティブ	説明
no-cache	オリジンの問い合わせを行い、そのキャッシュが有効でない限り使用してはいけない
no-store	リクエスト・レスポンスのいかなる部分もキャッシュしてはいけない

仕様上no-cacheは引数を持つことがありますが、実用されておらず、筆者は見かけたことはありません。

3.5.3　キャッシュの更新の方法を指定する（must-revalidate, proxy-revalidate, immutable）

キャッシュには期限（有効期限）を設定します（3.6参照）。キャッシュの期限が切れた際、そのキャッシュがまったく使われなくなるかというと、実はそうとも限りません（3.6.1参照）。代表的なものとして、オリジンがサーバーダウンなどでそもそも再検証ができなかった場合、期限切れキャッシュでも再利用を行うという動作があります。

must-revalidate/proxy-revalidate[RFC 7234#5.2.2.1,#5.2.2.7]は、再検証を強制するオプションで、再利用を防げます。こうすると、もしサーバーダウンで再検証ができなかった場合は504 Gateway Timeoutを返します。

no-cacheとの違いを解説します。no-cacheは毎回再検証が必要なオプションです。対して、must-revalidate/proxy-revalidateは、期限切れ時に再検証を強制するオプションです。そのため、max-ageとno-cacheは共存できませんが、max-ageとmust-revalidate/proxy-revalidateは共存できます。

例としてno-cacheとmax-age=10, must-revalidateの比較をしてみましょう。

Cache-Control指定	動作
no-cache	キャッシュを行い、毎回再検証を行う
max-age=10, must-revalidate	10秒間はキャッシュし、期限が切れたら再検証を行う

また、3.4.1でAuthorizationを含む場合はsharedキャッシュを行わない、ただし明示的に許可している場合（public指定など）は除くと触れました。must-revalidateはこの明示的許可の条件に当てはまります[RFC 7234#3.2]。

immutable[RFC 8246]はその名の通り、キャッシュしたオブジェクトが変更されないことを示します。キャッシュが変更されることはないため、別途キャッシュの有効期限を指定したとしても再検証のためのリクエストは行われず、保持したキャッシュを利用します。もしimmutable指定した対象を変更したければ、URLを変えるしかなくなります。安易に使うのではなく、よく考えて使うべきです[*38]。

ディレクティブ	説明
must-revalidate	期限切れの再検証は必ずオリジンに問い合わせを行い、失敗時は504を返す
proxy-revalidate	privateキャッシュに適用されない以外はmust-revalidateと同様
immutable	変更されないオブジェクトであることを示す

*38 immutableなキャッシュを消すのに、Cache Bustingなどの回避策があります。ただ、immutableにしてしまうとユーザーの端末（最下流のクライアント）からは消せませんし、慎重に用いるべきです。

3.5.4 オブジェクトの取り扱いを指定する（no-transform）

サービスを提供する側（オリジンやProxy/CDNを運営する側）以外が、トラフィックの削減などの目的で、オブジェクトに対して可逆・不可逆な変更を経路上で加えることがあります。たとえばChromeのデータセーバー*39は、HTML/CSS/JavaScript/画像に対して変更（通信量削減を目的とした圧縮）を行います。ほとんどのケースで問題は起きないのですが、表示の不具合につながりえます。そのため、このような操作を行わないようにしたいことがあります。`no-transform`[RFC 7234#5.2.2.4]はそのような操作を許可しないオプションです。

ディレクティブ	説明
no-transform	Proxyなどの中間でオブジェクトに対して操作を行うことを許可しない

Column

中間でのデータ変更（データセーバー・通信の最適化）

中間経路においてデータの圧縮が行われる事例は多々あります。上記で触れたChromeのデータセーバー*aや、たびたび話題になる通信キャリアにおける通信の最適化*bがそれにあたります。これらが特に影響なく適用されるのであればまだ問題ないのですが、サイトのデザイン崩れや、アセットのハッシュ不整合によるダウンロード失敗などの問題が起こります。

場合によっては、経路上で勝手に行っていることでどうしようもないはずの「コンテンツ制作側のサポート」に問い合わせがくることもあります。

この中間でのデータ変更を防ぐにはどうすればよいのでしょう。根本的にはHTTPSに対応することです。HTTPS上で流れているコンテンツを変更しようとする場合は、一度https終端を行い変更し、中間Proxyとクライアント間でHTTPS接続を行う必要があります。HTTPS通信を行うには、有効なRootCAからチェインしている証明書が必要です。中間Proxyはその証明書を持っていないため改変できません。

画像のようなアセットだからHTTPでいいやと考えるのではなく、こういった用途を想定してHTTPSを使うのも重要です。

比較的新しい圧縮方式のBrotliは、中間経路で問題が起きることを避けるために、HTTPSのときのみ有効になります。最新の主要ブラウザ*cが対応しています。

改変を防ぐ手段として、`no-transform`も名前を挙げました。ただ、こちらは完全ではありません。データセーバーは`no-transform`を尊重しますが、すべての中間Proxyにおいて対応しているとは限りません。あるキャリアでの通信の最適化において、`no-transform`は見ておらず、圧縮していました。できるだけhttpsを使い、

*39 https://www.google.com/chrome/privacy/whitepaper.html#datacompression

すぐに対応が難しい場合はno-transformの指定を検討するのが良いでしょう。

＊a　v71からデフォルトで有効。
＊b　通信の最適化は、通信キャリアが画像や動画を非可逆圧縮するなどして通信量削減を達成しようとすることを指します。ソフトバンクの事例（https://www.softbank.jp/mobile/info/personal/news/support/201211091811300000/）が話題になりました。
＊c　本書ではGoogle Chrome、Mozilla Firefox、Microsoft Edge（Chromium base）、Safari、Operaを主要ブラウザとします。Internet Explorerは含みません。

3.6 Cache-Controlにおける期限指定

キャッシュを行う上でいつまでキャッシュを保持するのかというのは非常に重要です。キャッシュの期限の設定には、主にCache-Controlのmax-age[RFC 7234#5.2.2.8]などのディレクティブを用います。

ここでは、Cache-Controlのオブジェクトの期限に関するディレクティブや、関連知識を解説します。

3.6.1 キャッシュの期限と状態

キャッシュをより有効に使うために、キャッシュの持つ複数の状態を知らなくてはいけません。HTTPにおいて、キャッシュは有効期限を定め、その期間内外で動作を変えます。キャッシュの有効期限のことを一般的にはTime-To-Live（TTL）と呼びます。実は、キャッシュは有効期限が切れたあとも、再利用の余地のあるものです。

- キャッシュの有効期限内でそのまま返した。

これは、最も想像しやすいキャッシュの例でしょう。キャッシュが有効期限内であれば、そのまま返します。

- キャッシュを保持していたが、期限切れなので再検証を行うも、オリジンがダウンしていたため古いキャッシュを利用した[RFC 7234#4.2.4]
- 期限切れなので再検証をバックグラウンドで実行し、再検証が完了するまでは古いキャッシュを利用した（stale-while-revalidate）
- 期限切れなので再検証を行い、保持している古いキャッシュから更新がないのを確認できた（検証が成功した）ので古いキャッシュの期限を延長して利用したここで上げた例では、どれも期限切れの古いキャッシュを使えるケースを示しています。

キャッシュを使う上で、**キャッシュには複数の状態が存在する**ことは覚えておきましょう。新鮮（TTLの期限内）でいわゆるキャッシュとしてそのまま使える**Fresh**、期限切れだが条件付きで使える**Stale**。この2つがキャッシュとして使いうる、キャッシュの状態です。用語や定義はミドルウェアごとに異なることもあります。どのようにFreshやStaleと判定されるか、どう使うかは以後解説していきます。

FreshとStaleは、検証というキーワードで説明できます。

- Freshは検証が成功してキャッシュが有効な状態
- Staleは検証が無効な状態

StaleからFreshにするためには、再検証に成功して検証が有効な状態にする必要があると考えるとわかりやすいです。また、TTLは検証結果の有効期間といえるでしょう。

3.6.2　キャッシュは指定した期間保存されるとも限らない

キャッシュは指定した期間保存されるとは限らないものです。たとえば、オリジンに合計1TBの画像があって128GBのキャッシュストレージに乗せようとした場合、どう考えても保存しきれないわけです。さまざまなアルゴリズムがありますが、当然あまりリクエストがされないと思われるものはキャッシュから押し出される（削除される）ことになります（5.1参照）。

3.6.3　期限が切れたからといってすぐに消されない

キャッシュは期限が切れたからといってすぐに消されない点も覚えておきましょう。ストレージに余裕があれば、上記で示したStaleキャッシュの再利用に備えて、キャッシュを保持することが多いです。ソフトウェアの実装にもよりますが、常に期限切れを監視して切れたら消去するような即時消去のものは少ないはずです。

また、ストレージに余裕がない場合でも、やはり即時に消えるわけではありません。次のキャッシュを行う際に、ストレージ容量が足りなければ期限切れたものをから解放し、確保していくという動作が多いでしょう。

3.6.4 キャッシュの期限指定（max-age）

あらためて、この前提知識をもとに各ディレクティブを説明します。

ディレクティブ	説明
max-age	オリジンがレスポンスを生成した時刻を起点とした相対的なキャッシュの期限
s-maxage	経路上のキャッシュにのみ有効なmax-age
stale-while-revalidate	期限切れ時にバックグラウンドで再検証を行う間に古いキャッシュを使うことを許容する期限
stale-if-error	期限切れ時の再検証でオリジンがダウンしていた場合に古いキャッシュを使うことを許容する期限

max-age=N[sec]はオリジンがレスポンスを生成した時刻を起点とした、相対的なキャッシュの期限を示します*40。ここでのキャッシュの期限は、Freshな期間を指定するものです。

このレスポンスを生成した時刻はどのように算出すればよいのでしょうか？ Dateヘッダはそのレスポンスが生成された時刻を表します。これを使えばよさそうですが、ここには実は罠があります。キャッシュを行うのはクライアント側ですが、クライアントとオリジンは時刻が同期しているとは限りません。

そのため起点となる時刻をリクエストを行った時刻[RFC 7234#4.2.3]とするのが安全です。このため、実用上はクライアントがリクエストを開始した時刻からのキャッシュ可能な時間がmax-ageとなります。筆者が見たいくつかの実装もこの方式を採用しています。リクエストを開始してからの経過時間で考えるので、生成に時間がかかったり、サイズが大きくてダウンロードに時間がかかったりしてもmax-ageを消費します。

ProxyやCDNで一定期間キャッシュされたファイルを受け取った場合、キャッシュの期限はどのようになるのでしょうか？ Ageヘッダというキャッシュに格納されてからの経過時間を示すヘッダがあり、これで経過時間を示すことが多いです。オリジン側（オリジン、Proxy/CDN）からAgeヘッダが来た場合は、max-ageの有効期限は減算されます（max-age - Age）。たとえばmax-ageが3600でAgeが600の場合は、受け取った側は残りの3000秒キャッシュできるということになります。

*40 相対的と書いた通り、絶対的な期限指定も存在します。Expiresヘッダは期限が切れる時刻を絶対的に表現します。

3.6.5 経路上の期限指定（s-maxage）

s-maxage[RFC 7234#5.2.2.9]は、経路上のキャッシュに限定したmax-ageヘッダです。Proxy/CDNにとってしか有効ではありません。経路上で共有できる（share）ということで、s（hared）-maxageと考えると覚えやすいでしょう[*41]。

max-ageとs-maxage両方指定することも可能です。この場合、経路上のキャッシュにおいてはs-maxageが優先されます。気をつけたいのが経路上のキャッシュでs-maxageとmax-ageは積算されるわけではないということです。たとえばs-maxageが3600でmax-ageが1800だった場合、中間のCDNで3600秒キャッシュされ、終端のブラウザで1800秒キャッシュされるということになります。3600+1800秒の積算というわけではありません。さらに、Ageヘッダは両者で評価されます。CDN側で2000秒キャッシュしてAgeが2000となった場合、クライアント側では`0 > max-age - Age`となります。この場合、常に期限切れのStaleキャッシュとなってしまうので注意が必要です[*42]。

一部CDNではレスポンスヘッダの編集が難しく、そういう場合にmax-ageだけでなく、s-maxageを使うとうまくいきます。たとえばmax-ageを7200としてs-maxageを3600とすると、CDN側は1時間キャッシュでき、クライアント側も1〜2時間キャッシュできます[*43]。これだと、常にStale状態になる自体を避けてキャッシュ可能です。両方指定する場合は、s-maxageはmax-ageより短くすべきでしょう。

3.6.6 Staleキャッシュの利用方法を指定する（stale-while-revalidate/stale-if-error）

stale-while-revalidate=N[sec][RFC 5861]は、キャッシュの有効期限切れのときに再検証をバックグラウンドで送る際、何秒までStaleキャッシュを使ってもいいかという指定です。Staleキャッシュの動作や活用については、4.9.1も参照してください。

stale-if-error=N[sec][RFC 5861]は、キャッシュの有効期限切れのとき、再検証がダウン[*44]などで失敗した場合に何秒までStaleキャッシュを使うかという指定です。ただし、現時点ではあまり対応しているブラウザがありません。

---

*41 sharedはキャッシュの性質による分類、格納先で使われる用語で少々わかりづらいかもしれませんが、ここでは格納先のshared（経路上・ゲートウェイ）を示します。

*42 この場合、クライアントがキャッシュを行ってもそのキャッシュを使うために毎回条件付きリクエストが発行されてしまいます。ここで無駄なリクエストが発生します。リクエスト課金があればコストにも直接影響します。

*43 CDNで最長1時間キャッシュした場合、クライアント側では残り1時間キャッシュできるからです。

*44 ダウンとは接続不可のネットワークエラーや、ステータス500などオリジン側がエラーレスポンスを返すことを指します。

3.7 Cache-ControlとExpiresヘッダ

Cache-Controlヘッダのmax-ageでは相対的にキャッシュ時間を指定します、対して、Expiresヘッダは値に時刻を入れることで、期限切れを絶対時間で指定します。

```
Expires: Thu, 11 Oct 2018 15:00:00 GMT
```

上記でグリニッジ標準時（GMT）から日本時間（JST）に変換して、2018/10/12 00:00:00に期限切れすることを示します。なお、GMTと表記がありますが、ここをJSTなどほかの標準時にはできません。期限を計算する際にGMT以外のものが指定された場合、無効な値 RFC 7234#4.2 として扱われます。自分が把握しやすいからといってJSTにはできません[*45]。

ExpiresとCache-Control: max-ageは用途が近いですが、どちらを使えば良いのでしょうか？ 基本的にはCache-Control: max-ageを優先すべきです。

現状、そもそもExpiresはCache-Controlを解さないクライアント向けのものです。max-ageと同時に指定された場合はmax-ageが優先されます RFC 7234#5.3[*46]。

互換性のために登場の古いExpiresを使うという判断もなくはありませんが、ほとんどのブラウザやProxy/CDNでmax-ageが使えます。Expiresを使うとしてもCache-Control: max-ageとの併用がいいでしょう。 Apacheやnginxでは、それぞれmod_expires、ngx_http_headers_moduleで併用設定できます。

3.8 TTLが未定義時の挙動―RFC 7234#4.2.2

Webサービスを運用していると、Cache-Controlを定義しないなどTTLを明確に指定していないにもかかわらず、なぜかブラウザキャッシュされたという経験があるでしょう。

最初に触れましたが、キャッシュはHTTPにおけるデフォルトの動作です[*47]。

---

*45 現行仕様上、正確にはUTCも許容しますが、実際はあまりサポートされていません。またUTCは次期キャッシュ仕様から外されたため、事実上GMTのみと考えて問題ありません（https://github.com/httpwg/http-core/issues/472）

*46 経路上のキャッシュでs-maxageを使う場合はs-maxageが優先されます。

*47 最新の仕様検討でも言及されています。 https://github.com/httpwg/http-core/issues/120#issuecomment-402885997

TTLが指定されない場合も、キャッシュの条件に合致していればキャッシュは行われます。このとき、以下のヘッダを利用して計算します。

- Date
- Last-Modified

```
TTL = （Date - Last-Modified） / ブラウザ実装による定数（一般的には10）
```

現在時刻（Date）の10日前から更新されていない（Last-Modified）のであれば、1日程度キャッシュしても（10日/ブラウザ実装による定数10）安全だろうといった形です。

DateやLast-Modifiedは特に指定をしなくても、静的ファイルならApacheなど各種サーバーがデフォルトで付与することが多いです。キャッシュされていないはずなのにキャッシュされていたという場合はこのケースが多いです。気をつけるべきでしょう。

3.9 キャッシュをさせたくない場合のCache-Control

キャッシュさせたくないとき、どのようにCache-Controlを指定すればよいでしょうか？ no-storeだけでいいと思う人もいるかもしれませんが、筆者としてはもう少し厳密な指定を好みます。ここでは、キャッシュをさせないための、Cache-Control指定を紹介します。

一般的にキャッシュで事故が起こる背景にあるのは、経路上でキャッシュが行われること、それが本来見えるべきでないクライアントに見えてしまうことです。事故を防ぐには、まずprivateの設定で経路上のキャッシュを避けることが必要です。キャッシュへ保存させないために、no-storeの設定が必要です。キャッシュを使わないno-cacheも指定します。最後にオリジンがダウンしていた場合にキャッシュが使われることを防ぐため、must-revalidateを指定します。no-store以外にもいくつか指定を加えているのは、ProxyやCDN間の互換性の問題をなるべく軽減するためです*48。これらを踏まえると、次のような設定になります。

*48 MDNなど一部のWebサイトでは、キャッシュの防止を行うためにno-store以外を指定するのは悪い例とされています。ブラウザのみであればno-storeでも十分でしょうがProxyやCDNを考えると十分とはいえず、難しいところです。 https://developer.mozilla.org/ja/docs/Web/HTTP/Headers/Cache-Control

```
Cache-Control: private, no-store, no-cache, must-revalidate
```

難しいのがクライアントによって解釈される項目が違うことです。must-revalidateはAuthorizationを含む場合の明示的許可の条件です（3.5.3）。必ず再検証が必要なため、must-revalidateを解釈するクライアントであれば問題ないでしょう。また、must-revalidateを解釈するならno-cacheなども解釈される可能性が高く、検証なしでキャッシュが使われることはまずないでしょう。

さらに厳密にするなら、Last-Modifiedヘッダを消すことでTTL未指定の動きも排除でき、安全性が高いでしょう。

なお、キャッシュさせないためにmax-age=0を設定している記事もありますが、もし**他の項目が解釈されなかった場合**はキャッシュがつくられるので注意が必要です。期限切れでも、条件によってはキャッシュは再利用されます（3.6.1）。このため、筆者はあえて指定することはないと考えています。

Column

誤ったmax-ageの指定

たまに誤ったmax-ageの指定を見かけます。次に示すのは、キャッシュしたい気持ちは伝わる、惜しい指定です。おそらく両者とも1時間の指定が行いたいのでしょうが、この指定では効きません。

```
Cache-Control: max-age:3600
Cache-Control: 3600
```

正しい指定は次のとおりです。

```
Cache-Control: max-age=3600
```

ほかにもmaxageのようなディレクティブのtypoなど、ヘッダやディレクティブの記入ミスはさまざまなパターンを見かけます。Cache-Control: max-ageの指定が誤っていても、DateとLast-Modifiedがあればキャッシュはされるため、誤りに気づきづらいです。Cache-Controlを指定しているのに想定よりリクエストが多い、挙動がおかしいといったことがあったら一度確認してみるのもよいでしょう。

Column

キャッシュ不可なステータスコードをキャッシュする

キャッシュ不可なステータスコードをキャッシュしたいというニーズはあります。403はキャッシュ不可なステータスコードですが、キャッシュする条件（3.4.1）の一部を見てみると、回避策があることに気づきます。

- レスポンスで以下の条件のうちどれかを満たす
  - ...
  - Cache-Control内にmax-ageを含む
  - ...
  - ステータスコードがキャッシュ可能なもの
  - Cache-Control内にpublicを含む

これらはOR条件のため、たとえばmax-ageやpublicを指定すれば、ステータスコードがキャッシュ不可のものでもキャッシュできそうです。実際の挙動を確認してみましょう。/test403はキャッシュ不可なステータス403を返すURLで、/testerror.htmlは/test403へのリンクが貼られています。この状態で、次の操作を試します。

1. /testerror.htmlにアクセスする
2. リンクを踏み/test403へ遷移する
3. ブラウザバックする
4. 再度/test403へ遷移する

Name	Met...	St...	D.	Type	In...	Size	Ti...	Cache-Control
testerror.h...	GET	200	i...	docu...	O...	453 B	4 ...	
test403	GET	403	b...	docu...	O...	450 B	3 ...	
testerror.h...	GET	200	i...	docu...	O...	(disk cache)	2 ...	
test403	GET	403	b...	docu...	O...	450 B	5 ...	

図3.11 403テスト

通常、/test403はキャッシュ不可なのでこのように毎回リクエストが飛びます。ところがmax-age=60を指定してみると、(disk cache)と表示され、キャッシュされたということがわかります。

Name	Met...	St...	D.	Type	In...	Size	Ti...	Cache-Control
testerror.h...	GET	200	i...	docu...	O...	454 B	5 ...	
test403	GET	403	b...	docu...	O...	543 B	6 ...	max-age=60
testerror.h...	GET	200	i...	docu...	O...	(disk cache)	4 ...	
test403	GET	403	b...	docu...	O...	(disk cache)	2 ...	max-age=60

図3.12 キャッシュされた403

RFCどおりに動作したように見ますが、実はこれはブラウザによっても挙動が違い、必ずしもRFCと同じように動作するとは限りません。Chrome 83ではキャッシュされましたが、Firefox 77ではキャッシュされませんでした。また、`public`を指定し、`Last-Modified`が十分古い状態で同じ操作を行ったところ、ブラウザで試した限りはキャッシュされませんでした。これらは、本来RFC上ではキャッシュされうる状態ではあります。ただ、実装によってその扱いはまちまちです。このようなこともあるのでRFCを確認しつつ、同時に実装がどうなっているかは試すべきでしょう。

同様にある実装で大丈夫だったからと、仕様や他実装を参照しないことも危険です。この例なら、パス単位で`Cache-Control`を指定する際などは指定に注意を払うべきです。ステータスコードを絞らず、何でも`public`や`max-age`を固定にすると、意図せずキャッシュされる可能性はあります。

Column

仕様はすべて実装されているとは限らない

ここまでも触れてはいますが、紹介している仕様のすべてが実装されているとは限りません。たとえば`Cache-Control`で紹介した`stale-while-revalidate`は2010年のRFC 5861で策定されています。ですが、ブラウザのサポートは比較的最近で、Chromeなら2019年6月リリースの75からです[*a]。

配信を行う経路上ですべての仕様が適切に解釈されるわけではありません。これは注意しなくてはいけません。

特に事故を起こしやすいのが`Cache-Control`です。キャッシュさせないつもりがキャッシュされていたという事故はよく見かけます。

たとえば、CDNによっては`no-cache`/`no-store`を見ないところもあります(キャッシュ回避には`private`指定が必要)。ほかにも`0`やマイナスのキャッシュ期限が来た場合の動作もミドルウェアによって違います。誤りなく、そして最大限に指定するのは当然として、そのあと意図した動作を行うかをテストするのが必要です。

*a https://developer.mozilla.org/ja/docs/Web/HTTP/Headers/Cache-Control

3.10 さまざまなリクエスト

クライアントがレスポンスを取得するとき、サーバーが単純に200を返してレスポンスを受け取るだけだと不便なことがあります。たとえば動画の途中から再生したい場合にスキップした部分も受け取らないと再生できないとなれば不便です。そこで途中からダウンロード（DL）を行うためにリクエストヘッダに条件を含めてリクエストをすることがあります。

途中からのDLのほかにも、条件がついたリクエストが存在します。ここではそれらを紹介します。

3.10.1 部分取得リクエスト（Range）—RFC 7233

大きなファイルのDLをレジュームしたり、長い動画を途中から再生する場合にファイルを先頭から一括ですべて取得するのは不合理です。つど、途中からDLしたいものです。その際に利用されるのがRangeヘッダを用いた、部分取得リクエストです。

```
Range: 1001-2000
```

このようなリクエストが来た場合、206 Partial Contentを返し、部分的なレスポンスを行います。

3.10.2 条件付きリクエスト（If-Modified-Sice/If-None-Match）—RFC 7232

同じサイトを閲覧していると、ロゴ画像のように、各ページで高頻度で表示されるコンテンツが存在します。Cache-Controlをうまくつかい、1回の滞在中はブラウザキャッシュでこれらに対する再リクエストが発生しないようにできれば、利益は大きいです。

滞在中には十分なTTLを指定したとしても、一度サイトを離れ翌日に再訪した時はTTLが切れていたり、キャッシュ自体が消えていたりということは珍しくありません。

運よく期限切れのキャッシュが残っていた場合は、再検証することで利用可能です。手元に期限切れのStaleキャッシュがあり、そのキャッシュがオリジンで変更されていなければ、そのままキャッシュとして使えるはずです。

再検証を効率化するために使われるのが条件付きリクエストです。すでにWeb

サイトに訪問済などStaleキャッシュがある場合、XXXに変更があった場合だけコンテンツを再送してもらうというリクエストです。この際、XXXにあたるのが検証子というものです。

ヘッダ	説明	ヘッダと値の例
Last-Modified	最終更新日	Last-Modified: Thu, 11 Oct 2018 15:00:00 GMT
ETag	エンティティタグ（フィンガープリント）	ETag: "937-55484a32e249b"

検証方式は、2つあります。これらは、どちらかだけでなく両方指定可能です。両者が指定されていて、サーバー側が対応している場合はIf-None-Matchが優先されます RFC 7232#3.3。

- Last-Modifiedであれば最終更新日から更新があったらコンテンツを送るようリクエスト（If-Modified-Sinceヘッダ）
- ETagであればこのエンティティタグ[*49]と一致しなかったらコンテンツを送るようリクエスト（If-None-Matchヘッダ）

条件付きリクエストは、キャッシュのTTLが切れた後のリクエストやリロードを行う際に、自動的に送信されます。Chromeを見てみると自動で条件付きリクエストになり、両者が送信されています。

```
if-modified-since: Wed, 13 Nov 2019 07:12:22 GMT
if-none-match: "5dcbacd6-150f30"
```

どちらも、コンテンツに更新がなければ304 Not Modifiedを返却し、ボディは何も返しません。304が返ってくれば、あとは保持しているキャッシュを使うだけです。うまく使うことで、ボディの転送を抑制するため、大幅にトラフィックを削減できます。配信では非常に重要です。

複数のサーバーをLBでバランシングしている場合、すべてのサーバーで、同じコンテンツであれば同じ値（検証子）を返すようにする必要があります（3.12.2参照）。

*49　ETagに指定するエンティティタグは""で囲む必要があります。

» 何をもって変更とするのか

条件付きリクエストにおいて、何をもって変更したとみなすのか重要なポイントです。ETagは独自にタグを生成できるので、調整の余地があります（生成方法は3.12.2参照）

コンピューターシステムでは多くの場合、ファイル間で1バイトでもデータが変われば、機械的にそれを別物と見ます。ファイルの変更を知るためのチェックサム、ハッシュなどはよく見るキーワードでしょう。

ただ、配信においては必ずしも、こういった変更の検出が最適とは限りません。サイトのヘッダ部分に頻繁に変わるメッセージを入れているサイトがあるとします。この場合、コンテンツとして果たす役割に変更がないのであれば、別メッセージ（別ファイル）でも恣意的に同一のものと見なしても大きな問題はありません。

配信においては、意味するところは同一だがファイルを機械的に比較すると別物という事態が発生しうるのです。これを踏まえると、ファイルとして変更があっても恣意的に同一とみなしてもいいという検証もあったほうが、配信の柔軟性は増すでしょう。

HTTPのキャッシュでは、ETagを用いると、検証のレベルで強弱を区別できるようになっています。強い検証は文字通り1バイトも変更がないことを保証する検証です。対する弱い検証はデータとしては別物でも、内容的に同一であることを保証する検証です。

強い検証はファイルダウンロード時の同一性保証などに有効です。強い検証と弱い検証はそれぞれの性質が異なるため、区別する必要があります。弱い検証の場合はWeakを示すW/が先頭（"で囲んだ部分の外側）につきます。

```
ETag: W/"937-55484a32e249b"
```

» そのほかの条件付きリクエスト

実は条件付きリクエストを実現するヘッダは先に上げたもの以外にもいくつかあります。

- If-Unmodified-Since
- If-Match
- If-Range

If-Unmodified-Since、If-MatchはそれぞれIf-Modified-SinceとIf-None-Ma tchの逆を意味します。一致した場合に成功し、失敗すると412 Precondition Failedが返されます。

If-RangeはRangeヘッダと併用して利用する条件付きリクエストです。指定した検証子（ETagかLast-Modified）から変更がなければRangeリクエストを実行し、変更があれば200で全体を返却します。

» 304 Not Modifiedの注意

条件付きリクエストで使われる304 Not Modifiedは、ただ単にステータスコードだけ返せばいいものではなく、TTLなども意識する必要があります。

たとえば、ExpiresでTTLを指定したキャッシュを条件付きリクエストで検証するとします。検証成功後、サーバーが単純に304を返すだけでExpiresが指定されていないと、次はいつまでこのキャッシュを使っていいのかがわかりません。検証後に次のTTLを与えなくてはいけません。

そのため以下のヘッダを200の時にレスポンスしているのであれば、304の際も同様に返す必要があります[RFC 7232#4.1]。

- Cache-Control
- Content-Location
- Date
- ETag
- Expires
- Vary

このあたりでは、よく失敗を見かけます。考慮漏れによるミスとして、no-cache上書きの例を紹介します。

1. オリジンから送られてくるCache-Controlがno-cacheのため上書きが必要だった
2. CDN側でステータスが200の場合はno-cacheを消してmax-ageをつけることでキャッシュができるようにした

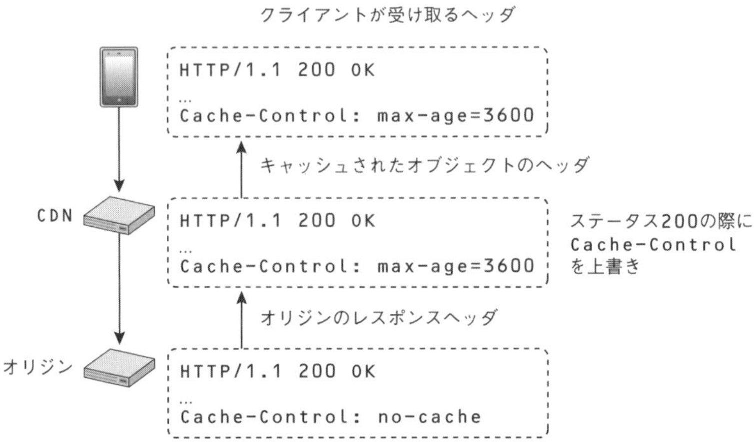

図3.13 CDNでCache-Controlの上書き

一連の作業の問題は、上書き条件がステータス200だけという点です。

CDNはTTLが切れたタイミングでオリジンに対して条件付きリクエストで更新の有無をチェックします。この際更新がなければ304が返ってきます。しかし、この例では304を考慮していません。200でないため上書きされず、保持しているキャッシュのヘッダがno-cacheになってしまいました。

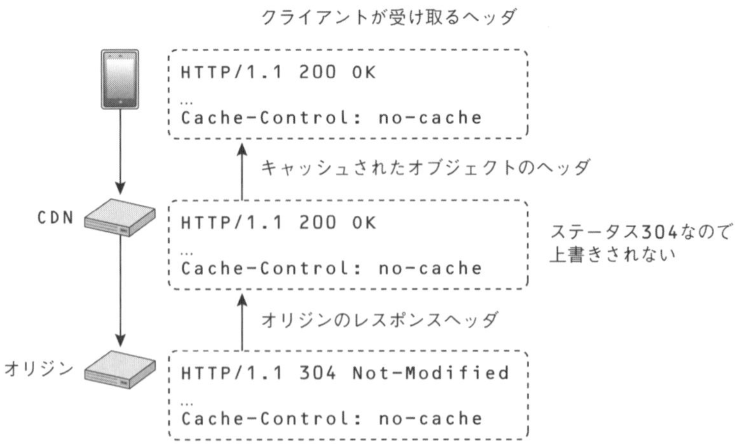

図3.14 no-cacheに変わる

こうなると、これ以降のリクエストは常に条件付きリクエストです。いくら条件付きといっても、クライアントからも大量のリクエストが来てしまいます。304でも忘れずにこれらのヘッダを適切に設定しましょう。

3.11 さまざまなヘッダ

ここまで、配信についてはCache-Controlを軸に紹介し、関連するAgeやExpiresなどに触れてきました。ここではそのほかのヘッダを紹介していきます。

3.11.1 Vary—RFC 7234#4.1

同じURLであったとしてもサーバーが違うコンテンツを返すことがあります。代表例はコンテンツの圧縮（gzip）/無圧縮でしょう。

すべてのクライアントが圧縮転送に対応しているわけではありません。そこで、クライアントはリクエストヘッダのAccept-Encodingという項目で、自身が解釈できるエンコードを列挙しています。たとえばhttps://example.net/にChromeでアクセスしたときには、クライアントからは以下のようなリクエストヘッダが送信されています（HTTP/2なので小文字）。

```
accept-encoding: gzip, deflate, br
```

gzip, deflate, br（brotli）の圧縮転送なら解釈できるので、もしサーバー側がどれかに対応していれば使っていいと指定しています。圧縮されたデータはオリジナルのそれとは異なるデータです。example.netにAccept-Encoding有無2パターンでリクエストしてハッシュ値をとると、違いがわかります。

```
$ curl -s https://example.net/ -H "Accept-Encoding: gzip" | sha1sum
0786493aa3ceecbc17bf14ba4e4502e022fb455f  -
$ curl -s https://example.net/ | sha1sum
0e973b59f476007fd10f87f347c3956065516fc0  -
```

これは圧縮されているからなので、gunzipで解凍すればハッシュ値は一致します。

```
$ curl -s https://example.net/ -H "Accept-Encoding: gzip" | gunzip | sh↩
    a1sum
0e973b59f476007fd10f87f347c3956065516fc0  -
```

この差異はサーバーとクライアントが直接やりとりするだけであれば特に気にする必要はありません。どうせ解凍されるからです。しかしながら、中間にCDNやキャッシュを行うProxyが入ってくるとややこしくなります。

ProxyやCDNで行っているキャッシュは、何かしらのKeyに対応するValue（キャッシュ対象）を返すものと定義できます（詳細は4.7参照）。

このKeyはキャッシュキーと呼ばれておりよく使われているものが、Scheme（http/https）、Host（example.net）、Path（/）で、いわゆるURLです。しかし、このキャッシュキーにはクライアントがどのエンコード（圧縮形式）に対応しているか（Accept-Encoding）といった情報は含まれていません*50。そのため、CDNなど経路上のキャッシュを使っていて、gzipで圧縮されたコンテンツがキャッシュされたとき問題が起こりえます。後続のリクエストはgzip圧縮転送に対応していなくても、圧縮形式の対応で処理を分けていないと、gzipで圧縮されたコンテンツが返ってきます。

そこで、同一キャッシュキー（URL）でありながら、同時に別のキー（セカンダリキー）で内容が区別できるというしくみが必要です。ここで登場するのがVaryヘッダです。Varyはあまりなじみのない英単語ですが、変える・変更するという意味を持つ動詞です。 これを名詞にしたのがVariation（バリエーション）です。これだとわかりやすいでしょう。変動・変化という意味を持ちます。

Varyは、**どの値を元にキャッシュがバリエーションを持つのかを指定するヘッダ**であると考えるとわかりやすいでしょう。正確にいうとVaryヘッダは「クライアントのこのヘッダの値をセカンダリキーとして使う」ということを指定します。

```
Vary: [セカンダリキーとして利用するリクエストヘッダのフィールド名]
```

さきほどのexample.netからのレスポンスを見ると、以下のような指定があります。これは、リクエストヘッダに含まれるAccept-Encodingの値をセカンダリキーとして利用する（このヘッダで内容が変わりうる）ことを示しています。

```
vary: Accept-Encoding
```

Varyヘッダがあることで、中間にあるProxyやCDNはクライアントが送ってくるAccept-Encodingの値ごとにキャッシュを作成します。

*50 サーバーはクライアントが対応している圧縮形式を確認して、対応可能であればその方式で圧縮し、対応外であれば無圧縮でレスポンスします。

なお、Varyは複数指定可能です。

```
vary: Accept-Encoding, User-Agent
```

この場合は両ヘッダの値をセカンダリキーとして利用します。クライアントのAccept-Encodingが同一かつ、User-Agentが同一というand条件です。

» レスポンスのVary

Varyはコンテンツが変化することを示します。そのため、同一のURLにおいては、Varyレスポンスヘッダで指定するリクエストヘッダの項目があろうがなかろうが常に同じVaryを返す必要があります。たとえばgzip圧縮に対応している場合を考えます。

- リクエスト中にAccept-Encoding: gzipが存在しないので生のデータをレスポンス
- リクエスト中にAccept-Encoding: gzipが存在するのでgzipされたデータをレスポンス

この場合、どちらにおいてもVary: Accept-Encodingをレスポンスヘッダに含める必要があります。含めないと、経路上のキャッシュなどがどういう基準でキャッシュを振り分けるか判断できません。

仮に上の例でオリジンがVaryを送信せずにCDNを介せば、gzipに対応していないクライアントにgzipされたデータを、対応しているのに生データをレスポンスするような現象が起こりえます。

» Varyの注意点

Varyは非常に便利なヘッダですが、何も考えずに使うと難しいヘッダでもあります。たとえば同一URLでスマートフォンとPCで出しわけを行いたいとき、次のようなVaryを使うとします。

```
Vary: User-Agent
```

これだと、User-Agentごとにキャッシュがつくられることになります。

```
Mozilla/5.0 (Windows NT 10.0; Win64; x64) AppleWebKit/537.36 (KHTML, li↩
      ke Gecko) Chrome/79.0.3945.117 Safari/537.36
```

上記はChromeのUser-Agentです。バージョンやOSなどさまざまな情報が含まれています。単純に情報をこのままで出し分けを行おうとすると、組み合わせの多さから、かなりのパターンが生まれると推測できます。そのまま使うと、ヒット率が極端に低くなってしまいます。

このように、Varyの指定がおかしいと無駄なキャッシュを生んでしまいます。CDNによってはAccept-Encoding以外のVaryの指定があるとキャッシュしないというものまであります。Varyのキャッシュキーと使うときの考え方、いい使い方については4.7.2や5.2で解説します。

3.11.2 Content-Type

テキストコンテンツの圧縮転送は、メディアサイズの削減に重要です（3.14参照)。Apacheやnginxなどがコンテンツを圧縮してレスポンスするには以下の条件を満たす必要があります。

- レスポンスヘッダのContent-Typeが圧縮対象
- リクエストヘッダのAccept-Encodingにgzipなどが含まれていて圧縮に対応している

サーバー側では圧縮対象のコンテンツを指定しており、たとえばApacheでは次のように設定がされます。text/htmlなどが圧縮対象であることを示しています。

```
<IfModule mod_deflate.c>
        <IfModule mod_filter.c>
                AddOutputFilterByType DEFLATE text/html text/plain tex↩
                     t/xml text/css
                AddOutputFilterByType DEFLATE application/x-javascript ↩
                     application/javascript application/ecmascript
                AddOutputFilterByType DEFLATE application/rss+xml
                AddOutputFilterByType DEFLATE application/xml
        </IfModule>
</IfModule>
```

ほかにも、フォーム投稿を行うとContent-Type: application/x-www-form-urlencodedなどがついているのを見かけます。このヘッダはレスポンス時だけではなく、POST/PUTなどのボディがついているリクエストでも利用されます。

Content-Typeはリクエスト・レスポンスボディがどういうものなのかを示すヘッダです。

ヘッダ名	説明	例
Content-Type	メディアの種類	Content-Type: text/html

text/htmlの部分はMIMEタイプ[RFC 6838]と呼ばれており以下のように構成されています。

```
Type/Subtype
```

Typeにはtextやimageなどがあり、そのコンテンツの大まかなタイプがわかります。Subtypeで詳細な情報が示されます。これを見ればどの形式かはわかるのですが、やっかいなことに同一形式でも複数のMIMEタイプが存在することもあります。たとえばJavaScriptはよく見かけるものでも、3種類あります。

- text/javascript
- application/x-javascript
- application/javascript

さきほどのApacheの設定例では、text/javascriptがありません。圧縮対象の指定の方法はミドルウェアによっても違い、複数指定方法がありますが、個別のMIMEタイプを指定している場合圧縮対象から漏れることがあるので注意を払うべきです。

Column

拡張子とMIMEタイプ

サーバー上に拡張子が.cssファイルを置いてリクエストをすれば text/cssのMIMEタイプが返ってきますし、.pngファイルにアクセスすればimage/pngが返ってきます。このMIMEタイプの解決には、拡張子とMIMEタイプのマッピングファイル（/etc/mime.types）を利用しています。

```
...
image/jp2                                          jp2 jpg2
image/jpeg                                         jpeg jpg jpe
image/jpm                                          jpm
image/jpx                                          jpx jpf
...
```

リスト3.16　/etc/mime.typesの例

拡張子がjpeg、jpg、jpeだった場合にimage/jpegになります。このようなマッピングはすべての環境で行われているわけではなく、Amazon S3のようにアップロード時にContent-Typeを指定するといった場合もあります。また、コードで生成した場合はmime.typesの対象外でコードで明示的に示す必要があります。

Column

HTTP/2は使わなくてはいけないのか

HTTP/2も配信では重要です。HTTP/1.1の仕様上のいくつかの課題を解決したのがHTTP/2です。最新のWebサイトはHTMLだけ転送して終わりというものではなく、さまざまなコンテンツ（CSS/JavaScript/画像/APIのJSONレスポンスなど）を大量に使って構築されています。HTTP/1.1ではTCPの接続1本でやりとりできるのは1コンテンツだけでした*[a]。
ブラウザの実装にもよりますが、ブラウザが1ドメインに対して同時に張るTCP接続数はだいたい6本程度です。つまり6並列でコンテンツを取得しないといけないわけですが、最新のコンテンツを多用するWebサイトであれば、1ページ表示するのに100コンテンツ必要ということもざらでしょう。そこで、CSSスプライト*[b]やドメインシャーディング*[c]など、接続数を節約ないし増加させる手法が流行しました。下図は、Google（google.com）で用いられているCSSスプライト用の画像を参考として掲載したものです。これをCSSで処理して利用します。

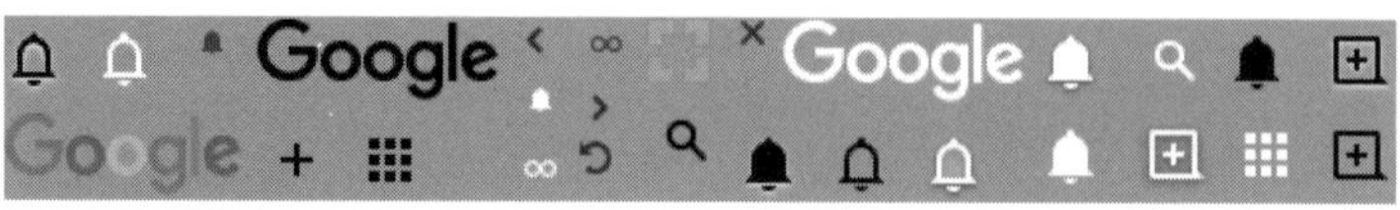

図3.15　Googleのスプライト画像

HTTP/2では1つのTCP接続の中にストリームという複数の道をつくることで、同時に100以上のリクエストを流す、multiplexingが可能です。
他にもヘッダの圧縮や優先度制御などのさまざまな高速化に役立つ機能があり、HTTP/2は非常に有効な手段に思えます。WWDC2020において、HTTP/2は、HTTP/1.1の1.8倍高速だというスライドがありました[*d]。しかし実際の環境ではどうでしょうか？ 有効にすれば既存のサイトがこれほど速くなるのでしょうか？
1ページの表示に大量のコンテンツが必要なら、よくmultiplexingが効くので、HTTP/2の恩恵を得られるでしょう。
ただ、すでにCSSスプライトといったHTTP/1.1時代のテクニックを適用しているのであれば、効果は限定的でしょう。これらのテクニックでHTTP/1.1の問題は回避できているからです。HTTP/2を有効にして遅くなることはないにせよ、劇的に速くなるかというと疑問は残ります。
また、HTTP/2の弱点とも言える点もあります。
1本のTCP内で複数のストリームをつくる関係上、たとえばその1本のTCPがパケットロスなどで再送処理が行われた場合はすべてのストリームがブロックされます[*e]。日本は回線状況がいいので、そこまで気になることはないでしょうが、パケロスが激しい環境であれば複数のTCP接続を使うHTTP/1.1のほうがよい場合もあります。もちろんこれは特殊なケースではありますが、HTTP/2は何の問題もなく、非常に高速になるといった過度な期待をもって有効にするのは避けたほうがよいでしょう。
また、単純にHTTP/2を有効にすれば何も考えずに使えるというものではありません。すでに動いているサイトでHTTP/2を有効にする場合は、ヘッダが小文字になっても問題ないかなどの調査は必須です（3.2.4）。
ここまでいくつか難点を上げてきました。こんなことを乗り越えてまでHTTP/2にする利点はあるのでしょうか？ 筆者の見解として、HTTP/1.1の時に必要だったテクニックがHTTP/2では不要になることで、製作中の自由度が高まるというメリットがあると考えています。
新規にWebサービスをつくるケースではHTTP/2有効を基本とし、既存のものに適用するときは（過度な期待をせず）効果をみるといった導入でもいいでしょう。
また、TCP HoLブロッキングなどの問題も解決できるHTTP/3というプロトコルが現在策定中です。HTTP/3が配信改善のために必須という状況では現在はありません。いつでも導入できるように既存環境の調査などは進めておいてもいいでしょう。HTTP/3についてもやはりヘッダは小文字です。HTTP/3以降への移行の下準備として、HTTP/2を導入するというのも検討に値します。

---

*a　正確にはHTTPパイプラインという仕様がありましたがほとんど使われていません。
*b　複数の画像を1つにまとめてCSSの指定で出し分けをする方法です。 https://developer.mozilla.org/ja/docs/Web/CSS/CSS_Images/Implementing_image_sprites_in_CSS
*c　コンテンツを複数のドメイン（例：cdn1.example.net〜cdn9.example.net）にあえて分割することで、事実上のTCPの接続数を稼ぐ方法です。
*d　https://developer.apple.com/videos/play/wwdc2020/10111/
*e　TCP HoLブロッキング。

Column

HTTPのセマンティクスとRFC

一口にHTTPといってもインターネットではHTTP/1.1やHTTP/2、そしてHTTP/3と複数のバージョン*[a]があります。ところが、Cache-Controlなどさまざまなヘッダやステータスコードはどのバージョンでも同一です。クライアントからHTTPリクエストを送り、サーバーからHTTPレスポンスを返すという動作も何ら変わりません。

これは、HTTPの意味論（セマンティクス）はバージョンが変わっても変わらないことを意味します。

各バージョンの違いは何かというと、伝送方法です。HTTP/2は1つのTCP/IP接続の中にストリームという仮想的な道をつくることでmultiplexingを行います。しかしそのストリームに流れているのは、HTTPのセマンティクスです。HTTP/3も同様で、UDPを利用したQUICの上にHTTPのセマンティクスを流しているわけです。

これを前提にRFCを追っていくと、その変遷は興味深いです。HTTP/1.1はRFC 2068が初版で、そのあとRFC 2616と改版されました。この後にhttpsのRFC 2818などの追加があった後にRFC 7230〜7235に改版され、現在有効なものとなります。

改版に伴い、内容についても多数の修正がされました。例としてExpiresを取り上げます。

RFC	Expiresの設定可能な最大日付
2068#14.21	1年以上先の日付を設定すべきでない
2616#14.21	1年以上先の日付を設定すべきでない
7234#5.3	歴史的に設定値を1年未満にすることとしていましたが、もはや禁止されていません

当初は1年以上先の日付が禁止だったにもかかわらず、現在はそれが撤回されています*[b]。実際nginxのheadersモジュールでは、expires maxと指定すると1年以上先の2037年が指定されます。もちろん極端な値を指定しても、それだけキャッシュが保持されるわけでもないですし、考慮して設定する必要があります。

さて、HTTP/1.1の最新仕様はRFC 7230〜7235と分割されています。

RFC	内容
7230	HTTP/1.1 メッセージの構文とルーティング
7231	HTTP/1.1 セマンティクスと内容
7232	HTTP/1.1 条件付きリクエスト
7233	HTTP/1.1 Rangeリクエスト
7234	HTTP/1.1 キャッシュ
7235	HTTP/1.1 認証

ここで注目すべきが、HTTP/1.1の伝送方法（構文やルーティング）の仕様がRFC 7230として切り出され、明確にRFC 7231のセマンティクスと分割されたことです。また、現在策定作業を行っているドラフトでは、さらに明確化しています。

draft-ietf-httpbis-*	内容	置き換えるRFC
messaging	HTTP/1.1	7230
semantics	HTTPセマンティクス	2818, 7230, 7231, 7232, 7233, 7235, 7538, 7615, 7694
cache	HTTPキャッシュ	7234

セマンティクスとキャッシュからバージョン表記が消えました。これにより伝送方法としてHTTP/1.1、HTTP/2、HTTP/3があり、この上に共通のHTTPのセマンティクスを流していると言えるようになりました。今後も新しいHTTPの伝送方法が出てくる可能性があります。そうなったときも、HTTPのセマンティクスは共通していると理解していると、とらえ方が変わるはずです。

*a　他にもHTTP/1.0や0.9がありますが、一般的なブラウザを対象とする場合は無視しても差し支えないでしょう。

*b　ただし極端に大きな値（32bit超、いわゆる2038年問題）は問題を引き起こすことが実証されているとも触れられています。

Column

HTTPを使う上でのベストプラクティスを紹介するRFC

最新のHTTP/1.1ではRFC 7230〜7235と分割されており、非常に分量も多く難解です。要点を押さえて知りたいというニーズがあります。

インターネット上にはMDNなど有用な文章が多くあり、RFC自身にもRFC 3205というHTTPを使う上でのベストプラクティスを紹介している文章があります。ただ、RFC 3205は2002年のものでだいぶ古く、これを改訂するべく、BCP 56bisとして新たな仕様（文章）の策定作業が行われています*a。

- Cache-Control: no-cacheはレスポンスを保存することを許可し、検証なしで再利用できないことに注意してください[BCP 56bis#4.9.1]。
- 古くなった応答（Cache-Control: max-age=0など）はオリジンサーバーから切断されるといったネットワークの問題の際に再利用されることを理解しておくべきでしょう[BCP 56bis#4.9.2]。

これらは文章のキャッシュの部分からの抜粋の筆者訳ですが、比較的わかりやすく注意すべきポイントに触れられています。長い文章でもないので一度読んでみるのも良いでしょう。

---

*a 「BCP(Best Current Practice) 56bis https://httpwg.org/http-extensions/draft-ietf-httpbis-bcp56bis.html」

3.12 HTTPヘッダの不適切な設定で起きた事例

筆者は配信を中心に、Webサービスなどの安定性や高速性に係る改善業務を行っています。サービスが重いので見てほしい、負荷対策をしたいので相談に乗ってほしいということで、さまざまなサイトやプロダクトをレビューしてきました。

サイトが重くなる原因は複合的なものであり、何か1つを修正したからといってすべてが解決することはありません。しかし多くのケースでは、考慮すべき基本的なことが抜けています。こと配信に絞って考えると、以下のヘッダに関する観点が抜けていることが非常に多いです。

- Cache-Controlが未定義
- コンテンツが更新されてないにもかかわらずETagが変わる

3.12.1 Cache-Controlが未定義

Cache-Controlが未定義であっても、キャッシュが行われます（3.4.1や3.8参照）。キャッシュがされるのに何が問題なのでしょうか？

通常サイトの負荷が高まるタイミングの一つは、コンテンツの更新を行ったときです。追加したコンテンツは当然Last-Modifiedからさほど経過していません。

結果として、TTLは短くなる可能性があります。逆にTTLが想定以上に長くなってしまうということもあるでしょう。

Cache-Controlが未指定だと、そもそも干渉が難しいクライアントのキャッシュの管理が、さらに何もできない状態になってしまいます。動作を把握・管理するためにも、明示的に指定すべきでしょう。

また、意図せずキャッシュされ問題が起きることもありえます。

3.12.2 コンテンツが更新されてないにもかかわらずETagが変わる

条件付きリクエストを行い、期限切れのキャッシュが最新のコンテンツと同じものなら、その期限を更新するだけで済みます。ボディを再取得する必要はありません。

ETagはコンテンツが最新かどうかを問い合わせを行うために使います（3.10.2参照）。しかしながら、環境によってはファイルに更新がないにもかかわらず、頻繁にETagが変わるという事態が起こります。この問題は、ミドルウェアのETagの生成ルールへの理解不足と、ロードバランサー（LB）配下の複数サーバー設置に起因することが多いです。

ApacheのETagのデフォルト生成ルールは、FileETag MTime Sizeという指定ですが、以前はFileETag INode MTime Sizeでした[*51]。古いサービスや設定をコピーして行っているなどで後者の場合もあるでしょう。次の組み合わせで作成されます。

```
INode（ファイルのinode番号） MTime（ファイルの最終更新日） Size↩
        （ファイルサイズ）
```

ファイルは同一なのでSizeは一致します。またMTimeについてもデプロイ時にタイムスタンプを維持するような設定であれば一致します。問題はINodeで、この番号はファイルシステムがデバイス上で一意につけるので、異なるサーバー間で一致させるのは事実上不可能です。LB配下に複数のサーバーがあって、INodeのようにサーバー間で一致させることが難しいものをもとに生成した場合はサーバー間でETagが変わります。この場合、本来更新する必要がないキャッシュを更新させるので無駄なトラフィックがでます（解決方法は3.16.2参照）。

なお、ApacheやnginxがETagを生成するのは静的なファイルのみで、動的に生成したコンテンツには設定されません。もし設定したい場合は、オリジンなど自

*51 Apache2.3.14以前

身のコード上で生成する必要があります。

Column

ロードバランサーとロードバランシング

ロードバランサー（LB）と同じような文脈でロードバランシングというキーワードがでてくることがあります。ロードバランシングは負荷分散を行うこと指し、ロードバランサーはそれを行う機器もしくはシステムのことを指します。

3.13 ヘッダクレンジング

ここまで配信で必要なヘッダについて解説しました。これらをうまく活用することで、リクエストやトラフィックの削減が見込めます。

新規サイトならこれから気をつければいいですが、既存のサイトではすでにある問題点を探して改善していかなくてはいけません。

ここでは筆者がよく見るパターンを例とし、問題の発見と改善を解説します。このようにすれば問題点を見つけられるという、手がかりとして活用してください。

なお、筆者はこのような作業を汚れたヘッダをきれいにすることから**ヘッダクレンジング**と呼んでいます。

また、この作業はさらなる配信の最適化を行う際に欠かせない、ProxyやCDNでのキャッシュへの道筋ともなります。なぜなら汚れているヘッダではProxyやCDNを混乱させ、意図しないキャッシュがされるなどで事故を起こす可能性があるからです。

3.13.1 ゲートウェイとオリジンサーバーを把握する

配信に影響を及ぼす設定はどこで設定されているのでしょうか？ コード上のheader関数（PHP）で生成、ディレクトリの.htaccessの設定、コードが動いているサーバーのミドルウェア（Apacheなど）の規定の動作……。可能性を挙げたらキリがありません。正直、それをいちいち調査していたらそれだけで相当な工数がかかります。

調査が容易ではないとして、考えなしで思いついた箇所に設定を追加するだけでは、どこかで上書きされてしまう可能性があります。ほかのコードやミドルウェアに影響されず、適切に設定するには、どこにどのように設定を仕込んでいけばいいでしょうか？ どんなサイトにおいても変わらないところがあります。それは**出入**

口（ゲートウェイ）です*52。ゲートウェイにヘッダ設定を集約させればいいのです。ここでのゲートウェイは、具体的にはゲートウェイキャッシュを担うProxyです。ゲートウェイに相当するProxyがなければ、オリジンのAppサーバーやWebサーバーそのものです。

サイトの構成はさまざまです。AWSのようなクラウドを使用している場合でも、いくつものケースが考えられます。EC2にEIPを付けているだけのサイトもあれば、ELBを使ってEC2を多数ぶら下げている、はたまたS3を利用しているケースもあるでしょう。ほかにもVPSやレンタルサーバーを利用しているサイトなど多種多様です。

しかし**どんな構成であったとしても、クライアントがアクセスしてくるゲートウェイ**が存在します。ゲートウェイでヘッダきれいにしてしまえば、中の設定で多少まずいものがあったとしても、外に出ていくヘッダはきれいなものになります。

次に示すのはProxyでパスごとに`Cache-Control`などの書き換えを行っている図です。この状態で、キャッシュしてはいけない`/mypage/`で`Cache-Control`の未指定といったことがあっても、Proxyで全部上書きを行うのできれいです。

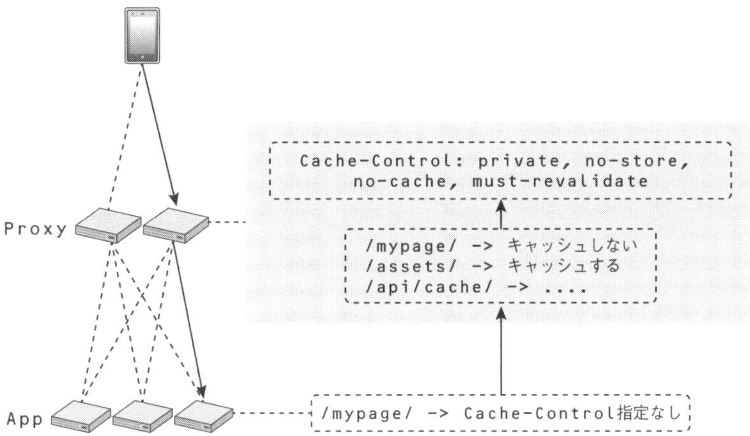

図3.16 Proxyで書き換える

Varnishで設定するなら、次のように指定可能です。

*52 ここでのゲートウェイとはインターネットとの境界（Proxy）を想定しており、CDNは既にインターネットに出た後なので違います。

```
sub vcl_deliver {
    if(resp.status == 200){
        if(req.url ~ "^/mypage/"){
            set resp.http.cache-control = "private, no-store, no-cache,↩
                must-revalidate";
        }elsif(req.url ~ "^/assets/"){
            set resp.http.cache-control = "max-age=86400";
        }
        ....
    }
}
```

このようにまずゲートウェイを押さえ、そこで対策を行って、いったん中については蓋をするといったことができます。

この方法は一ヵ所だけ確認すればいいという以上に、大きな利点があります。コードにはどうしてもバグが入り込みます。配信経路上でキャッシュを行う場合、ミスによっては深刻なキャッシュ事故が起こりえます。しかし、ゲートウェイで対策をしてしまえば中で問題が起きても安全側に倒せます（4.6.2参照）。

もちろん、すべてをゲートウェイだけできるとも限りません。何度も触れているETagに問題があるときは、オリジンサーバーの設定に問題があるため、そちら側を対策する必要があります。

また、ゲートウェイですべて行うのはデメリットもあります。第一に細かい設定がしづらいというのがあります。たとえば/assets/のパス以下は丸ごとキャッシュしてもよいといった設定は得意ですが、URLごとに個別に設定が必要といったケースは難しく、何らかの対策が必須です。

しかし、最初に行う設定として考えるべきものであるのはまず間違いありません。まずは第一歩としてゲートウェイ対策を考えるのがいいでしょう。以後はゲートウェイの対策が済んでから調査、修正していけば間に合います。一番の目的はCache-Controlなどの出ていく配信にかかわるヘッダを適切に設定し、また漏れをなくすことでコントロール下に置くことです。

3.13.2 どのようにコントロールするのか

ヘッダクレンジングの注意点は多くあります。ここではその概要として、どのようにコントロールし、どのようなヘッダを意識すべきかを簡単に触れます。

ヘッダクレンジングで重要なのはブラウザやCDNなど、（ゲートウェイから見た）クライアントに勘違いさせないヘッダを出力することです。まずは、考えられるパターンのCache-Controlのベースをつくりましょう。サイトのつくりにもよりますが、最低3種類できます。

- キャッシュさせたくない時のCache-Control（3.9参照）
- ローカルのみにキャッシュさせたい場合のCache-Control（privateを指定）
- ローカル＋経路上にキャッシュさせたい場合のCache-Control

たとえばローカルのみにキャッシュさせるベース設定としてCache-Control: private, max-age=XXXをつくります。あとはパスに応じてmax-ageを変更するといったイメージです。これをヘッダクレンジング時に付与します。

必要があれば、要件に応じてパターンを増やしていきます。たとえば期限切れ後に再利用されると困るという要件なら、must-revalidateをいれたパターンをつくり、そこから発展させます。ここでつくったパターンを、同じように、ヘッダクレンジング時に各パスへと適用します。おそらく、洗い出してみると、そこまでパターンは多くないはずです。これを押さえておけばCache-Controlの整理はできるでしょう。

クライアントを混乱させることの多いレスポンスヘッダを紹介します。これらヘッダの対処として、キャッシュするには削除します。ヘッダクレンジングとはやや異なりますが、場合によってはオリジン側の設定変更（見直し）で対応します。

- Set-Cookie（4.6、4.7.1参照）
- Age（5.15.7参照）
- ETag/Last-Modified（3.16.2参照）
- Vary（3.11.1参照）

何も汚れているヘッダは出ていくヘッダだけとは限りません。クライアントからのリクエストヘッダにも注意を払うべきです。たとえばローカル＋経路上にキャッシュさせる場合は不特定多数のクライアントを対象とするため個人情報を含むコンテンツのキャッシュは原則行ってはいけません（4.7参照）。クライアントはおかまいなしにCookieなど個人を識別できる情報を送ってきます。これらを誤ってオリジンが使わないようにゲートウェイで消してしまうというのは事故を起こさないために重要な手段です。この際に注意すべきリクエストヘッダを紹介します。

- Cookie（4.7参照）
- Authorization（4.7参照）

サイトによって要件の優先度も変わります。ここで示したのは、あくまで最低限のポイントと思ってください。不要なヘッダの見極めには4.6、5.8.2などの内容も参考になります。

3.14 コンテンツのサイズ削減

ここまでの対策で無駄なリクエストが発生しないようにヘッダで行う対策について解説しました。配信においては、実際に配信するコンテンツそのもののファイルサイズを減らすということを考えてみましょう。トラフィック削減やコスト圧縮に直結します。

配信ファイルは大きく分けるとテキスト、メディア（画像・動画・音声）の2つに分類できます。

3.14.1 テキストが圧縮転送されていない

最近のWebサイトはCSSやJavaScript（JS）を多用しており、またそれらのファイルサイズは肥大化してきています*53。

たとえばjQuery（v3.3.1）のファイルサイズは約270KB、minify*54されていても約86KBと非常に大きいです。これらのサイズを小さく抑えることができれば、トラフィックコストの削減を期待できます。高速にダウンロードが可能になることでブラウザでの描画も速くなるでしょう。

これらのサイズを小さく抑えるのに効果的なのはボディの圧縮です。HTML/CSS/JavaScriptなどをgzipもしくはbrotli（br）で圧縮して配信したものを、ブラウザは自分で展開して解釈できます。これらはテキストで書かれているため圧縮が効きやすいです。たとえばminify（最小化）済のJavaScriptでも、次のように85KB→30KBと大きく圧縮する余地があります。

```
$ curl -s https://code.jquery.com/jquery-3.3.1.min.js -H "Accept-Encodi⏎
    ng: gzip" | wc -c
30288
$ curl -s https://code.jquery.com/jquery-3.3.1.min.js | wc -c
86927
```

*53 筆者の個人的な体験として、Vue.jsで構築されたあるサイトにおいて、数メガというサイズのJavaScriptが返ってきて驚いたことがあります。

*54 JavaScriptのコード短縮テクニック。改行、スペースの削減、変数名関数名の短縮などでファイルサイズを削減します。

しかし、ボディの圧縮が有効になっておらず、CSSやJavaScriptのファイルが大きいサイズのままで転送されているケースを見かけます。

まずは多くのミドルウェア、ブラウザでデフォルト対応しているgzipを使うことを検討します。brotliはgzipを対応したうえで、追加で導入するのがいいでしょう。Apacheではgzipにはmod_deflateを用います（紹介例は3.11.2参照）。

nginx（ngx_http_gzip_module）でのgzipの設定例を紹介します。HTML、CSS、JavaScriptを圧縮対象としています。

```
gzip on;
gzip_vary on;
# 圧縮したいMIMEタイプを列挙　text/htmlはデフォルトで指定済み
gzip_types text/plain text/css application/javascript application/json;
```

リスト 3.17　nginxでgzipの設定例

gzip onだけでも有効になるのですが、クライアントによってはgzipに対応していないことも考えられます。Varyヘッダをgzip_varyをつけることで有効にしましょう（3.11.1参照）。

いまさらgzipに対応していないことがあるのでしょうか？ たしかにブラウザはほぼ間違いなく対応しています。ところがスマートフォンアプリで実装している場合、まれに未対応です。このときは明示的にgzip対応であることの指定が必要なケースがあります。圧縮を有効にしてもうまくサイズが減らない場合は、クライアントの確認をしてみましょう。

Column

どこで圧縮するべきか

圧縮を行う場所として考えられるのはゲートウェイであるProxyサーバー、もしくはAppサーバーなどです。どこで圧縮するのがよいのかは環境によって変わりますが、筆者としては原則Appサーバーでの圧縮をお勧めします。

圧縮処理はCPUを使うため同じくCPUを使うであろうAppで処理するよりProxyで行うほうがよいのではという考えもあります。それも間違いというわけではありません。

しかし、圧縮のCPU負荷はそこまで高くないことに加え、Appサーバーは比較的増設しやすいため管理上楽というのがあります。またLAN内であればほぼ誤差ではありますが、Proxy-App間についても当然サイズが小さければ効率がよいわけです。

3.14.2 ストレージサービスの圧縮漏れ

圧縮で見落としがちなところとして、Amazon S3やGoogle Cloud Storage（GCS）などストレージサービスの圧縮漏れがあります。

S3などのストレージサービスは高機能なため、ファイル配布なども最適化してくれると思いがちですが、実際にはそんなことはありません。圧縮されていない状態のファイルを置いておくだけではだいたい何もしてくれません。クライアントの要求によって圧縮転送したり、圧縮ファイルをそのまま転送したりするようなものは少ないです。なおGCSには、事前に圧縮ファイルを置いておくと、基本は圧縮転送／クライアントが圧縮転送に対応していないとき解凍して転送する機能があります。ただし、無圧縮でファイルアップロードしても、圧縮などの面倒は見てくれません。

ストレージサービスのファイルをサイトから直参照するようなつくりをしているなら、使っているサービスをどのように使えば圧縮転送できるか調べてみるべきです。また、そもそもこのようなストレージサービスは必ずしも配信に最適なものでなく、直接ここから配信すること事態も検討する必要があります。この件については6章のコラム「オブジェクトストレージとCDN」で触れています。

Column

圧縮は万能ではない

すでに何らかの圧縮がかかっているコンテンツに対しては、圧縮をしたとしても大幅なサイズ削減は見込めません。画像フォーマットの多くはすでに何らかの圧縮がかかっているため、圧縮対象に含めないほうがいいです。また、テキストであってもあまりにもサイズが小さいと、圧縮があまり有効でないケースもあります。圧縮にはCPUを使います。最初から不要とわかっているのであれば、圧縮を避けましょう。次の対策があります。

- フォーマットですでに圧縮されているようなものは対象から外す（リスト 3.17）
- 圧縮する際の最小サイズを指定する（nginxでは`gzip_min_length`）

普段はフォーマットとしてすでに圧縮されているものを外す程度でいいです。最小サイズとしてはテキストで200文字もあれば効果があります。おおよそのケースでこの程度のファイルサイズはあるので、そこまで気にする必要はありません。サイト全体で細かいコンテンツが多いなら、そのとき注意すればいいです。

3.15 適切なメディアの選択によるコンテンツの改善

配信コンテンツでファイルサイズが大きいのは、画像・動画・音声のいわゆるメディアです。画像一枚で、jQueryより大きいということはよくあります。

各種端末の高解像度化が進み、サイトとコンテンツはリッチになり、ファイルサイズも増大します。スマートフォンの普及は、高解像度な写真、動画や音声のアップロード・ダウンロードの増加を促しています。特に画像は多用され、サイト閲覧に必要なコンテンツサイズの大半は画像であることも少なくありません。

3.15.1 配信システムとファイルサイズ

しかし、このリッチ化に配信の各ポイントは追いついているのでしょうか？ 残念ながら不十分と言わざるを得ません。

最も大きなネックは通信でしょう。通信も日々高速化を続けています。広く普及している4Gはさまざまな工夫で、スペック上は1Gbpsを超える速度*55を出せます。5Gも見えてきました。とは言っても、実際に利用していて速度をフルに使えるということはまずありません。

電波状況、エリアにユーザー数が多すぎるため起きる輻輳など、速度低下の原因は数多くあります。最近は大容量プランも出てきていますが、一般的なユーザーは月に7GBなど高速に使える容量が決まっているため、月末は低速状態になっていることも考えられます。MVNOの格安回線も普及してきていますが、容量が余っていても昼休みなど混雑する時間帯は速度が落ちるようなこともあります。

また、全家庭に高速な固定の光回線があるわけではないですし、光回線であっても夜間は遅いといった場合もあります。あるいは、モバイル回線でテザリングしてPCを使っているようなユーザーもいます。

サービス運営者はユーザーが実際にどのくらいの回線品質でアクセスしてきているのかということを確認すべきです。こういった問題を認識すると、ファイルサイズを削減するメリットが見えてきます。

ユーザーとしても、残りのデータ通信量が減るのは困るので、サイトを閲覧する際に必要な容量はできるだけ抑えたいものです。サービス提供側としても、ファイルサイズを減らせればコスト的なメリットは大きいです。ピーク帯域は低くなり、CDNを利用していれば転送コストを押さえられます。

考えられる対策を見てみましょう。これらの対策は基本的なことですが、残念ながら、こういうことを意識しないサイトもたまに見受けられます。

*55 NTTドコモの提供する4Gサービスの例。 https://www.nttdocomo.co.jp/area/premium_4g/

- 適切な画像サイズを見極める
- 適切な画像フォーマットを見極める
- （すでに解説している）キャッシュをうまく使う

メディアは、表示サイズ変更や用途による他形式への変換など最適化をすべきです。まれに、巨大な画像や動画をそのまま使っていて、ユーザーに問題視されるケースもあります。あまりに大きすぎるコンテンツだと、SNSで話題となることもあります。

ここでは、最適化の手段や用途によるファイル形式の選択などを紹介します。

3.15.2 画像サイズが必要以上に大きくないか（サムネイル）

情報量が増えれば、それを表現するために必要なファイルサイズは大きくなります。画像ならピクセル数とビット毎ピクセル（bpp）がそれにあたります[*56]。

たとえば100×100の画像は1万ピクセルで、縦横比を維持して倍にした200×200だと4万ピクセルになります。そこに1ピクセルの色を表すのに必要なbit数の大きさ（bpp）がかかわってきます。PNGは同一の画像形式で、複数のカラーモード（色数）が取り扱えます。次のものがよく使われます。

- 8bitまでのインデックスカラー（パレット）
- 24bitトゥルーカラー
- 24bitトゥルーカラーにアルファチャンネル（透過度）を加えた32bit（RGBA）

画像サイズ、ピクセル数、bppとファイルサイズの関係を示します[*57]。画像の情報量（ピクセル数や色数＝bpp）を少なくすれば、ファイルサイズが小さくなることを期待できます。

画像サイズ	ピクセル数	8bit	24bit	32bit
100×100	10000	10KB	30KB	40KB
200×200	40000	40KB	120KB	160KB
1000×1000	1000000	1MB	3MB	4MB

＊56　本書ではRGBのR、G、B各要素の色深度を8bitとして解説します。PNGなどの一部フォーマットは色深度が16bitのものも存在します。

＊57　ここではPNGの圧縮は無視して考えています。Web上で利用される画像は、何らかの形式で圧縮されていることがほとんどです。実際に、転送時にこれほどのファイルサイズが大きいことはまずありません。

写真の画素数を10%刻みで縮小していくと、画素数の削減に合わせてファイルサイズも小さくなります。

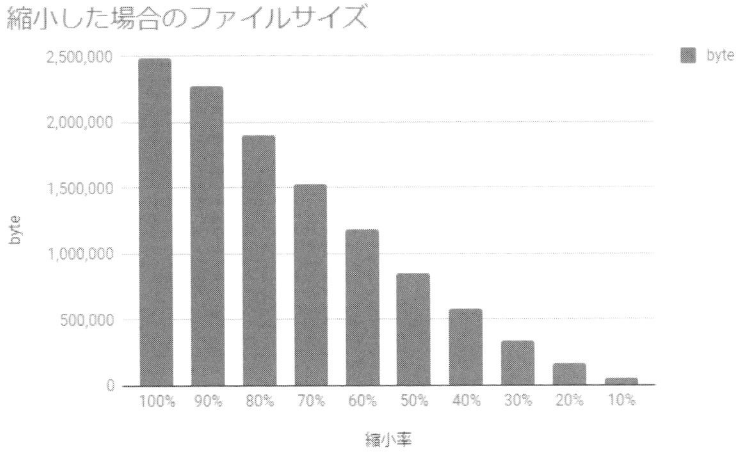

図3.17 下記画像を10%刻みで縮小していった際のファイルサイズ

図3.18 iPhone 7で撮影した沖縄（12MP/4032x3024/JPG/2.1MB）

» サムネイルの生成

筆者が実際に遭遇した画像サイズが必要以上に大きいケースとして、一覧表示（トップページ）と詳細ページで表示している画像が同一というサイトがありました。詳細ページでは画像を大きく表示しており、一覧表示ではサムネイルということで同一の画像をCSSの指定で小さく表示していました。なんと、一覧表示ではページ1つを表示するのに83.6MBもの通信が発生していました。ここまで極端なケースはそこまで多くはありませんが、サイトの画像が過剰品質でないかを確認して適切に使うことでサイトの表示速度の向上やトラフィックコストの削減が狙えます。

このサイトはスマートフォン向けだったのですが、おそらく製作者は実機確認を社内のWi-Fi接続で行い、ユーザーの実環境（4G等）に近い環境でテストを行わなかったため気づかなかったのでしょう。当時、筆者は格安SIMを利用しており実環境で確認した際にトップページのファーストビューが表示されるまでかなり待たされ、実ユーザーがこれだけ待ってくれることはないだろうと感じました。

このケースでは別にサムネイルをつくることを勧めて、一気にサイトのトラフィック削減ができました。一見すると画像を2枚持つことはディスク容量の圧迫につながりそうですが、トラフィック面で考えるとメリットが大きいです。すべてのユーザーが詳細ページを見るわけではないので、一覧ページでは小さい画像、詳細ページでは大きい画像と出し分けたほうがトラフィックは減るわけです。ほかにも、CG投稿サイトなどは、一覧表示ではサムネイル、拡大表示時のみ原寸画像を使うべきでしょう。

サムネイルをうまく使うことで一気にサイトを表示するのに必要なサイズを減らせます。しかし、毎回サムネイルを手作業でつくるのは手間です。デザイン変更などで一度つくった後に再度つくり直すこともありえます。そこで最近はリクエストがあったタイミングでサムネイルを生成するサービスがでています。

- Image & Video Manager（Akamai）*58
- Image optimization（Fastly）*59
- imgix*60
- ImageFlux（さくらインターネット）*61

---

*58 https://www.akamai.com/jp/ja/products/performance/image-and-video-manager.jsp
*59 https://www.fastly.com/products/web-and-mobile-performance/image-optimization
*60 https://www.imgix.com/
*61 https://www.sakura.ad.jp/services/imageflux/

これらを使うほかに自前で構築するのもありです。サムネイル生成の代表的なツールを以下記載します。これらと、AWSならAPI gateway/ALB + Lambdaなどのサービスを組み合わせる構成がとれます。

- go-thumber[*62]
- yoya-thumber[*63]

サムネイル生成をどう行っているかは、サービスごとにノウハウが閉じがちで、外からはなかなかわかりません。ただ、ここで掲載したものはある程度使われていると考えています。

3.15.3 bppを考える

CSSスプライトのbppは見落とされがちです。PNGは利用する色数でファイルの形式が別れます。PNG8、PNG24、PNG32[*64]、数字が小さいほど色数とファイルサイズが小さくなります。

フォーマット	bpp	透過
PNG8	8bit（パレット）	指定パレットの不透明度（アルファ）を指定可能
PNG24	24bit（RGB）	透過色を指定可能（半透明は不可）
PNG32	32bit（RGBA）	ピクセル単位で不透明度を指定可能

PNGでCSSスプライト用に画像をまとめたところ、色数が8bitで収まらなくなって24bitを使用していたり、半透明を使用しているものを混ぜて32bitを利用したりしているのを見かけます。bppの特徴から、この場合は無理に1枚の画像にまとめるよりも分割して管理したほうが、総ファイルサイズ減少につながることがあります。筆者の見た例だとスプライト画像で644KBほどのサイズがあったものを、用途に応じて画像を切り出し分割することで396KBまで削減できました。

そもそも、HTTP/2が出てきてCSSスプライト自体の効果も低下しています。CSSスプライト生成の是非についても検討していいでしょう。

*62 https://github.com/pixiv/go-thumber
*63 https://github.com/smartnews/yoya-thumber
*64 PNG32のbpp、RGBAのAはアルファチャンネルのAで不透明度を指定します。

3.15.4 画像フォーマットは適切か

Webやスマートフォンアプリケーションで利用できる画像フォーマットには、伝統的なJPEGやGIFやPNG、比較的新しいWebPやAVIFなどがあります*65。それぞれ得意な用途、サポートブラウザなどに差異があります。たとえば、Internet ExplorerはWebPやAVIFなど、最新の画像形式には対応しません。

フォーマット	圧縮	透過	アニメ	サポートブラウザ
JPEG	非可逆	なし	なし	主要ブラウザすべて
PNG	可逆	あり	なし	主要ブラウザすべて
GIF	可逆	あり	あり	主要ブラウザすべて
WebP	可逆/非可逆	あり	あり	主要ブラウザすべて（※1）
AVIF	可逆/非可逆	あり	あり	Chrome

比較表ではWebPが非常に優秀そうです。2020年末には、主要ブラウザすべてでWebP対応がされました*66。ただし、対応は最新ブラウザのみで、単純にサイト上の画像をすべてWebPに置き換えて動作するという段階にはまだいたってません。現状、macOSのSafariでは、Big Sur以降でなければ動作しないという制約もあります（※1）。ほぼすべてのクライアントにWebPが通用するまで、もう少し時間がかかるでしょう。WebPだけの提供はまだ難しく、使うならブラウザによってJPEGなどの別フォーマットをレスポンスする出し分けが必要です*67。AVIFは圧縮率に優れている*68ものの、WebPよりもさらに新しいフォーマットで、対応クライアントが限られます*69。多くの環境で利用できるようになるまではさらに時間が必要です*70。

現時点ではJPEG/PNG/GIFから最適なフォーマットを選ぶか、これにWebPを加えて使うこととなるでしょう。WebPを使うケースで古いブラウザに対応する要件があれば、出し分けが必要です。WebPはモバイルアプリケーション（Android/iOS）での利用もある程度増えています。

---

*65 JPEG 2000やJPEG XRなどJPEG後継を狙った規格はいずれも普及していません。筆者は、策定中のJPEG XL（https://cloudinary.com/blog/how_jpeg_xl_compares_to_other_image_codecs）に注目しています。

*66 https://caniuse.com/#feat=webp

*67 `Vary: Accept`で出し分けます。`Accept`ヘッダにはクライアントの対応MIMEヘッダが含まれます。リクエストごとに適切な値が指定され、URLに含まれる拡張子（`.css`や`.webp`など）で変化します。

*68 https://jakearchibald.com/2020/avif-has-landed/ など参考。

*69 https://caniuse.com/#feat=avif

*70 他に圧縮率に優れる形式にHEIFがあります。対応ブラウザはなく、Web配信では使われません。ただし、iOSアプリケーションのアセットの形式として使われることがあります。

» 非可逆圧縮のファイルサイズ効率を重視する

非可逆圧縮は読んで字のごとく、圧縮後元には戻せないことを意味します。非可逆圧縮の画像形式、代表例はJPEGです。元の画像データを一定のアルゴリズムで圧縮しています。ここで非可逆な変更、つまり見た目そのものの変更が行われています。可逆圧縮のPNGから非可逆圧縮のJPEGに変換すると、人の目だとほぼ同じように見えたとしても画像のピクセルで差分を取ると変化があります[*71]。PNG、PNGをJPEGに変換したもの、差分画像を示します。誌面都合上、PNGとJPEGは実際以上に違いが見えづらい点もあることは留意してください。

図3.19 PNG（左）とquality=90でJPEGにしたもの（右）

図3.20 差分があるピクセルを着色したもの

*71 「ImageMagickで画像比較（Compare）https://qiita.com/yoya/items/2021944690bd9c0dafb1」が参考になります。

情報をどんどん抜いていく（qualityを落としていく）とファイルサイズも、削減できます。

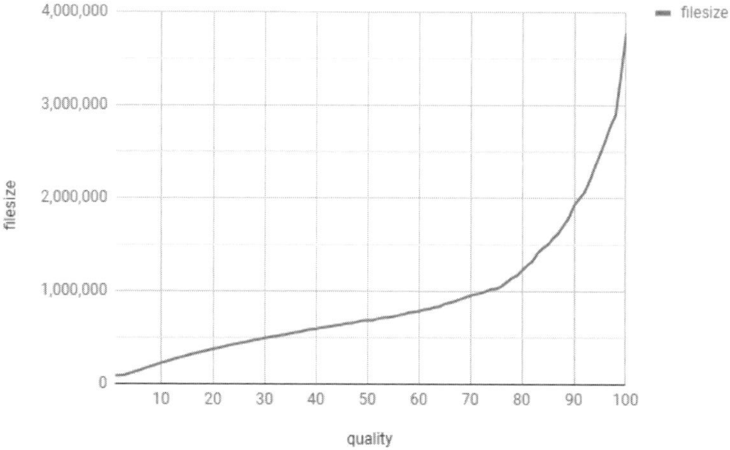

図3.21 qualityを1刻みで変化させた場合のバイト数

JPEGはquality（以下q）という設定値を変更することで、圧縮の度合いを変更できます。qが大きいほどファイルサイズが大きく、画質はよくなります。

必ずしもすべての画像で同様の傾向というわけではないのですが、q=90にしても、肉眼では元のPNGとJPEGの見分けはほとんどつきません。さらに、q=90のファイルサイズをq=100と比較するとほぼ半分になっていることがわかります。これをPNGも併せて比較してみましょう。

PNG24	JPEG（q=100）	JPEG（q=90）
8.5MB	3.7MB	1.9MB

可能な限りファイルサイズを小さくするためには非可逆圧縮で、許せる範囲でqを下げるのが大事です。

目視で画質の官能検査するのも大事ではありますが、正確な評価が難しく、人的コストもかかります。元画像と比較してどの程度似ているかを比較し、数値化する手法にSSIM[*72]があります。この指標は1に近づくほど元画像と類似しているものとして評価します。画質の数値的な評価ができます。SSIMはImageMagick[*73]のcompareコマンドなどで利用できます。先ほどの画像をSSIMを使って比較すると以下のようになります。

PNG24	JPEG（q=100）	JPEG（q=90）
1	0.999466	0.995839

これらの圧縮はImageMagickで行いました。試しにPhotoshop CC（v20.0.10）を用いて、同じくq=90で出力してみます。同等のqですが、生成されるファイルは別物です。Photoshop CCのものはImageMagickよりサイズが大きいですが、画質（SSIMが示すオリジナルとの差異）は優れています。

ソフトウェア	Filesize	SSIM
Photoshop CC	2.9MB	0.998897
ImageMagick	1.9MB	0.995839

JPEGには、ベースラインとプログレッシブという形式があります。一般的にプログレッシブ形式のほうがファイルサイズは小さくなります[*74]。ベースラインと比較して、生成に若干時間がかかりますが、許容できる範囲であればプログレッシブJPEGを使うべきでしょう。

比較項目	ベースラインJPEG（q=90）	プログレッシブJPEG（q=90）
Filesize	1.9MB	1.8MB
SSIM	0.995839	0.995839

＊72　「SSIMとPSNRとは　ageha was here http://agehatype0.blog50.fc2.com/blog-entry-181.html」にSSIMの手法の解説があり、参考になります。

＊73　CLIから利用できる画像変換などの代表的なソフトウェア。 https://imagemagick.org/index.php

＊74　ファイル読み込み当初は低解像度で読み込みが進むにつれ高解像度になる形式です。ImageMagickの-interlace JPEGオプションで指定できます。

使うエンコーダーによって、処理の性質は異なります。遅いが高画質を狙ったもの、速さを求めたものなどさまざまな種類があります。q値は絶対的な値ではありません。実装ごとに、同一のq指定でも生成される画像の品質は変わります。q=90だからといって同じ画質というわけではありません。また、qの指定に対して実際にどの程度の割合でファイルサイズが変化するかもエンコーダーごとに異なります[*75]。JPEGに限った話ではなく、ほかの画像形式のエンコーダーも実装ごとに異なる特徴があります。より画質のいいエンコーダーを探し、その際もエンコーダーや対象の特性によってqは変えるべきでしょう。

以後、いくつかの要件ごとに使うべき画像形式を案内します。いずれにもマッチしない（特別な要件や条件がない）場合、まずJPEGを利用するべきでしょう。なるべくqを下げてサイズを小さくする工夫をします。

Column

WebPと画像サイズ削減

WebPは普及が進みつつあり、近い将来にはWebサイトの画像置き換えも可能です。果たして、WebPには置き換えるほどの価値があるのでしょうか？ 表で比較してみましょう。

表3.1 オリジナルのPNGと可逆圧縮WebPの比較

比較項目	PNG24	WebP 可逆
Filesize	8.5MB	5.4MB
SSIM	1	1

表3.2 オリジナルのPNGとJPEG/不可逆圧縮WebPの比較（括弧内はqualityの値）

比較項目	PNG24	JPEG（90）	WebP（90）	JPEG（50）	WebP（50）
Filesize	8.5MB	1.9MB	1.7MB	669KB	524KB
SSIM	1	0.995839	0.995499	0.980490	0.982407

これはあくまでも単一の画像の結果でしかありませんが、可逆圧縮・非可逆圧縮[*a]のどちらでもWebPはファイルサイズと画質の面で魅力的なのは伝わるでしょう。普及も進んでいますし、サイトで置き換えを検討するにも良い時期でしょう。
しかしながら、フォーマットの変更は少なからず労力がかかります。まずは同じフォーマットで、より圧縮できないかを検討するのもいいでしょう。

*75　図3.21で示したファイルサイズとqの指定によるグラフカーブの度合いも、変わってきます。

JPEG のファイルサイズ削減ツール（エンコーダー）として、有名なものにmozjpeg*[b]があります。PNG 画像をツールで変換すると、WebP と比較しても遜色のない結果を出せます。mozjpeg はデフォルトでプログレッシブを採用しています。

比較項目	PNG24	mozjpeg（90）	mozjpeg（50）
Filesize	8.5MB	1.6MB	460KB
SSIM	1	0.996694	0.975691

PNG が内部で採用する deflate 圧縮自体を最適化する、Zopfli*[c]があります。これで変換すると、WebP には及ばないものの、元サイズより圧縮できます。

比較項目	PNG24	WebP 可逆	zopflipng
Filesize	8.5MB	5.4MB	7.6MB
SSIM	1	1	1

エンコーダーは万能ではなく、ツールごとに特徴やトレードオフがあります。Zopfli は、適用範囲は広いものの、圧縮に非常に時間がかかります。今回の画像では生成に 9 分 11 秒かかりました。ここまで極端なものはそうありませんが、ツールごとにさまざまな特徴があることを認識しておきましょう。
なお、PNG に関して、Zopfli 以外のツールでは下記のものが有名です。

- pngquant*[d]
- guetzli（JPEG にも対応）*[e]
- ImageOptim（JPEG/SVG にも対応）*[f]

「画像サイズ削減 (ImageSizeReduce) - YoyaWiki Plus!サイト」*[g]というサイトで、多くの画像サイズ削減ツールを紹介しています。

---

*a　WebP の quality の値は、ImageMagick での変換時、`webp:emulate-jpeg-size=true -quality 90`のようにオプションで指定。
*b　https://github.com/mozilla/mozjpeg
*c　https://github.com/google/zopfli
*d　https://pngquant.org/
*e　https://github.com/google/guetzli
*f　Zopfli など外部ツールを処理に用いる GUI ツール。 https://imageoptim.com/
*g　https://pwiki.awm.jp/~yoya/?ImageSizeReduce

» アニメーションを行いたい場合

Webでアニメーションを行いたいとき、画像ならGIFが第一候補となるでしょう[*76]。GIFで気をつけないといけないのは、結局は画像であり、動画を本格的に扱うフォーマットではないということです。色数も256色で表現力に限界があります。単純なtooltipなどをループさせるならともかく、イラスト・風景・長時間の動画は厳しいです[*77]。内容に応じて、mp4などの動画フォーマットも検討対象に加えるべきです。

テストとして、`H.264 320x240 30fps 21`秒の音声なし動画をフレームレート調整なしでffmpegを使用しGIFとAPNGに変換してみました。GIF/APNGともに大幅にサイズが増えました。GIFは256色しか使えないので見た目がだいぶ悪くなっており、APNGは画質こそ維持できますがサイズは大幅に増えます。

フォーマット	MP4（H.264）	GIF	APNG
Filesize	4.7MB	6.1MB	52MB

フレームレートを落とすなど実用的なサイズにもできますが、餅は餅屋、動画は動画ファイル形式に任せるのをお勧めします。ただし、動画は複雑なライセンスのものが多く、利用に注意が必要です。使い方が無料の範囲かを調べる、AV1のようなロイヤリティフリーを謳うものを採用するなど、慎重に検討すべきです。

GIFを使ってもいいような短い動画でも、動画ファイルを活用しているのがTwitterです。TwitterはGIFを投稿すると、タイムラインの表示上はGIFとしつつ、実際には変換した動画（MP4）を利用しています。おそらく転送量を減らすのを目的としたものでしょう[*78]。

---

*76　PNGをアニメーション対応させたAPNGというものも存在します。APNGはInternet Explorer除けば多くのブラウザが対応していますが、PNGの標準仕様ではなく、利用は限定的です。

*77　GIFは一応フレーム差分に対応してはいます。ImageMagickの場合`-layers Optimize`の指定で最適化ができます。「ImageMagick で GIF の形式を変換 - awm-Tech https://blog.awm.jp/2016/01/26/gif/」を参考に記載。

*78　https://twitter.com/Twitter/status/1186690182017437696 をもとに掲載。

Twitter
@Twitter
Welcome to the dark side, Android users. You can now
video 568.83 × 568.83
n Twitter.
GIF
Memory Application Security Lighthouse
nt; overflow: hidden;">
<video preload="auto" playsinline aria-label="埋め込み動画" poster="https://pbs.twimg.com/tweet_video_thumb/EHf4aSPXkAI0H_i.jpg" src="https://video.twimg.com/tweet_video/EHf4aSPXkAI0H_i.mp4" type="video/mp4" style="width: 100%; height: 100%; position: absolute; background-color: black; top: 0%; left: 0%; transform: rotate(0deg) scale(1.005);"></video> == $0

図3.22　画面ではGIFと表示しつつ、実際は動画ファイル

» 透過させたい場合

JPEGは透過を使用できません。透過させたい場合はPNGがお勧めです。インデックスカラー（8bit）であればGIFでも対応可能ですが、その対応方法が違います。GIFは特定のパレットを透明色として扱うため、透明かそうでないかの0/1しかありません。対してPNG8および32の場合は50%半透明といった指定も可能です。PNG8（インデックスカラー）でも半透明が利用できるため、境界部分のジャギーを目立ちづらくするといったことも可能です。しかし、ピクセルごとに指定できるわけではなく、パレットに対して指定するものです。色数については注意が必要でしょう。また、トゥルーカラー（24bit）で半透明を使いたい場合は、PNG32（RGBA 32bit）のみとなります。

フォーマット	透過方式	半透明の可否
GIF	透明色を指定（パレット）	不可
PNG8	指定パレットの不透明度（アルファ）を指定	可能
PNG24	透過色を指定（RGB）	不可
PNG32	ピクセル単位で不透明度を指定可能	可能

» 劣化すると困るもの

どうしても見た目が劣化すると困る画像には、可逆圧縮であるPNGの採用をお勧めします。ただし、まず劣化すると本当に困るかを吟味する必要があります。

筆者が配信の改善に協力しているとき、ある程度サイズのある画像を「劣化すると困るのでPNGにしている」と言われることがあります。実際にしっかり聞いてみると、要件的にそうでもない（非可逆圧縮でもいい）ことは多いです。

たとえば、人物の写真をできるだけきれいにしたいという理由であれば、まずはJPEGを選択すべきです。JPEGのクオリティを高くして検証し、それで問題が出るようならはじめてPNGなどを検討します。

また、サムネイルは必ずしも元のファイルと同じフォーマットである必要はありません。拡大ページは劣化なしでどうしても表示させたいのでPNGを使ったとしても、一覧ページで利用するサムネイルはJPEGを利用してより小さくするという工夫もいいでしょう。

» 色数が256色以下のもの

色数が少ない場合はPNG8を利用しましょう。PNGは可逆圧縮形式ではあるものの、色数が少ないときはかなり強力に圧縮され、ファイルサイズが小さくなります。ボタンや、ブランドロゴなどが該当しやすいでしょう。

» ベクタ画像という選択肢

これまで紹介したフォーマットはラスタ画像です。ピクセル単位で表現しており、拡大した場合は増やした分の画素補完が必要です。ここで問題なのが、アイコンのような画像の場合で補完されると、色が滲んだりすることがあります。そこで、大きめの画像を用意するといったこともあります。

もし、アイコンのような図形の組み合わせできているものであればベクタ画像フォーマットであるSVGを使うという選択肢もあります。なお、SVGはテキストで図形を表現しているため圧縮がよく効きますが、圧縮指定から漏れているのをよく見かけます。忘れず指定するのがよいでしょう。

Column

JPEG画像の注意点

JPEG画像を取り扱う際にはカラーモード*[a]とExif*[b]に要注意です。これらの改善は劇的なファイルサイズの削減にはつながりませんが、よりよい配信には欠かせません。

JPEGのカラーモードにはRGB/CMYKがあります。Webで使われる画像はRGBのため、CMYKの画像はブラウザによってRGBに変換され表示されます。

お互い表現できる色域が違うため、色がくすむなど意図した色にならないことが多いです。色がおかしいな？ と思ったらカラーモードを疑ってみましょう。
ExifはJPEGのメタ情報が格納されます。ここには位置情報やサムネイルが含まれるため、ユーザーからの投稿画像を受け付けるときはExif情報を消す対応がよくされます。この際に気をつけたいのが、Exif Orientation（回転情報）とICCプロファイルです。単純に消してしまうと、画像の向きがおかしくなったり、色味が変わったりしてしまいます。画像の加工を行うときはこの点の補正を検討しましょう。

*a　CMYKは減法混色による色表現で印刷物に使われます。インクを混ぜれば濃く、黒くなっていきますがそれを表現したものです。対するWebで使われるRGBは加法混色による色表現です。太陽光（白色光）をプリズムで分光すると複数の色（波長）の光が見えるように、複数の光を混ぜれば白くなっていくものです。両者は表現できる色域が違うため表現できない部分の色を使うとくすんだりします。
*b　「JPEGMeta - SpeakerDeck https://speakerdeck.com/yoya/jpegmeta」が参考になります。

Column

外部サービスという選択肢

そもそもメディア配信を自前で行う必要があるかどうかを検討すべきです。筆者は、たまに動画配信をHLS[*a]で行いたいといった相談を受けます。
HLSで動画配信を行おうと考えると大仕事です。いざ、実際に要件を聞いてみるとYouTubeを使ってしまえばいいのでは？ と感じるものが多くあります。
YouTubeを用いれば、コストはかからず、世界に向けて高速に配信できるようインフラも整っています。埋め込む際にもある程度設定に柔軟性があります。対して、無理にYouTubeを使わずにCDNを活用した構成にしようと思えば、かなりのコストがかかります。CDNのコストは大きく上がりますし、配信のための技術者確保の必要性もあります。多少自由度は上がりますが、ほとんど旨味がありません。配信自体をビジネスとするなら、自前構築も選択肢に入るかもしれませんが、そのようなケースはごくわずかです。
外部サービスをうまく使い、無理に自前で抱え込まないのもうまい構成です。動画配信を自前で行わず、YouTubeを用いるというのは最もわかりやすい例です。システム構成を決める際には冷静に振り返るポイントをつくりましょう。
本書ではWebのビデオ配信については解説しません。ほかの配信とは技術的に異なる面が多く、またごく限られたケースでしか本格的には採用されないからです。AWSなど、動画配信を複数サービスの組み合わせで実現できるクラウドベンダもあります[*b]。興味のある人はこのあたりを調査するといいでしょう。

*a　HTTP Live Streaming。HTTPで（長い）ビデオをストリーミング配信するための規格。
*b　https://aws.amazon.com/jp/cloudfront/streaming/

3.16 問題点を調査する

配信において必要なヘッダや、実際によく見かける問題について触れてきました。実際に自身のサイトで問題点を調査するにはどうすればよいのかを、一例として以下のポイントに注目して解説します。

- 圧縮転送が有効になっていない
- ETag/Last-Modifiedがおかしい
- 画像コンテンツがすごく大きい
- キャッシュが有効に使われていない

もちろん注意すべき点はほかにもあります。今回は筆者が目にしてきた頻度や、学習のしやすさから題材を選びました。まずは自分のサイトがこの問題を踏んでいないかを確認してみましょう。

なお、調査方法は筆者独自のものです。勘所さえ押さえていれば、独自の方法をとっても問題ありません。ぜひ、皆さんで工夫してみてください。

3.16.1 圧縮転送が有効になっていない

gzipなどの圧縮転送が有効になっていないのはよくある問題です。

サイトのHTMLやCSSといったテキストコンテンツのContent-Encodingヘッダをブラウザの開発者ツールで確認しましょう。Content-Encoding: gzipなどいったように圧縮形式が入っていれば問題ありません。期待するヘッダが返ってこなければ、圧縮転送されず、無駄が発生しているでしょう。

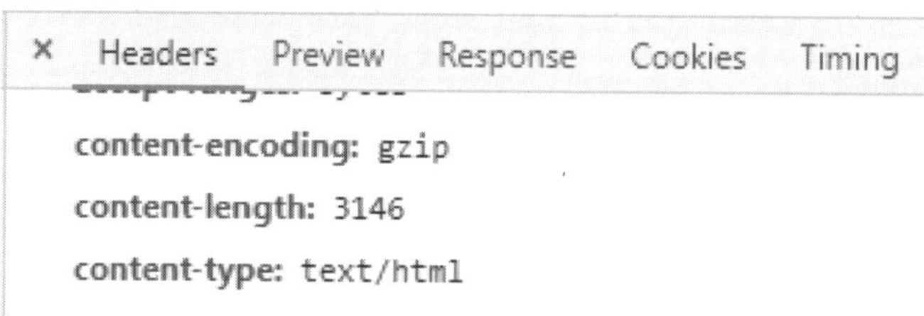

図3.23 gzip圧縮がされているHTML

個別にみるのが面倒な場合は、フィールドに追加すると一覧に表示されるため見やすいです。

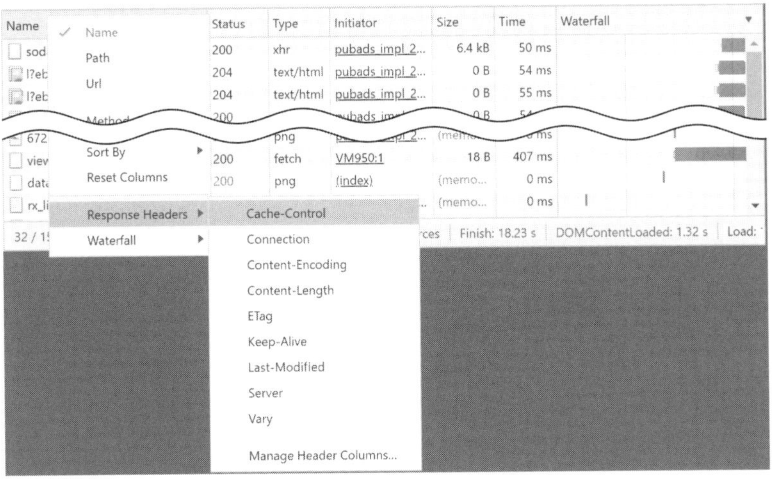

図3.24　フィールドに追加（Chromeの開発者ツール）

チェックについてはコードで生成されるコンテンツと、サーバー上のファイルを配信しているだけのコンテンツリソースの両方を見てください。

前者のコードで生成されるコンテンツはContent-Typeを自身で指定するため、圧縮対象としているMIMEタイプに含まれていないものをレスポンスしているケースを頻繁に見かけます（コラム「拡張子とMIMEタイプ」参照）。特にWeb APIでよく使われるJSONの圧縮が片方で抜けていることが多いです。サーバー上に配置した.jsonのファイルは圧縮転送されているものの、コードで生成されたJSONはMIMEタイプが異なり圧縮されていないということがあります。

3.16.2　ETag/Last-Modifiedがおかしい

ETag/Last-Modifiedのいずれか、あるいは双方が適切に設定できていないケースもよく目にします。調査はそこまで難しくありません。めったに変更されないコンテンツリソース（特定の記事内の画像など）のURLを控えて、キャッシュ無効化をチェックした状態のブラウザ、curlなどのコマンドで何回かETagとLast-Modifiedを確認します。

```
$ curl -s -I [チェックしたいURL] | egrep -i "etag|last-modified"
ETag: "341ca5-b518-55e799487386d"
Last-Modified: Tue, 23 Feb 2010 05:15:04 GMT
```

これらの値は、本来ファイル更新がなければ変更されません。つまり、ファイル更新がない限りは常に同じ値を返すはずです。

しかし、不適切な設定で起きた事例において紹介したように、次のいずれかの場合、何度かアクセスをしていると変わる可能性があります。

- ETag設定が不適切
- LB配下に複数のWebサーバーがいてコンテンツリソースのタイムスタンプの同期がとれていない（Last-Modifiedのズレ）

こういった調査では、複数の環境（EC2などを利用した異なるIPアドレス）からチェックできると望ましいです。LBの設定によっては、同じ環境からのリクエストは特定サーバーへ振り分ける可能性もあるためです。

これらの値が予想に反して変化するようなら、修正しなくてはいけません。それぞれの対応を見ていきましょう。

» ETagに問題があるケース

ETagは複数の情報からフィンガープリントを生成します。これらの情報に意図しない差異があると、同一のファイルとしてキャッシュを効かせたいのにETagが異なってしまいます。ApacheはデフォルトではINode/MTime/Sizeの組み合わせでETagを生成します（3.12.2）。INodeはサーバー間で同期をとれないため、LB配下で複数サーバーを運用する際、ETagにINodeを含めるとサーバーごとに異なる値となります。この場合はINodeを設定から外せば問題ありません。ApacheでINodeを外し、MTimeとSizeをFileETagに指定する例です。たいていは、このMTime/Sizeの組み合わせで生成していれば問題ないでしょう*79。

```
FileETag MTime Size
```

リスト 3.18 ApacheでINodeをETag生成から外す

ただ、この設定による不都合もまれにあります。まず、mod_dav_fsを使っている場合、INodeは削ってはいけません*80。また、INodeを削る以上、ファイルを更新してもMTime/Sizeの組み合わせが変わらないパターン（MTizeの精度は秒）があってもいけません。どちらかが当てはまる場合はほかの方法を検討する必要があります。複数サーバーで、INodeが有効でも問題がなければいいので、URLベースで特定のサーバーに割り振る設定などの対策があります（5.15参照）。

*79 ちなみにnginxは、同等のLast-Modifiedとファイルサイズから ETagを生成しています。
*80 ドキュメントにも記載があります。 https://httpd.apache.org/docs/2.4/ja/mod/core.html#fileetag

» Last-Modifiedに問題があるケース（タイムスタンプの同期がとれていない）

Last-Modifiedの問題の多くは、コンテンツリソースのデプロイに起因します。

複数のサーバーにコンテンツリソースをデプロイするとき、ツールによっては、そのサーバーにデプロイした時刻をそのままファイルの最終更新日時とすることがあります。これだと、ETagもMTimeを生成に使っていれば、ずれてしまいます。

ファイルの最終更新日時をどう設定するか、ツールによって違うので、詳細は各ツールのドキュメントなどを参照してください。

広く使われるrsyncの例を紹介します。rsyncの場合は-tオプションがタイムスタンプを保持するオプションです。ただ-tだけを指定することはあまりなく、多くの場合はタイムスタンプだけでなく、パーミッションなどほかの状態も維持するアーカイブモードの-aを使います。rsync -aを使えばデプロイのタイミングによらず、元ファイルのタイムスタンプが保持されるので、すべてのデプロイ先でLast-Modifiedが同一になるはずです。

3.16.3　画像コンテンツが大きい

不必要に大きいコンテンツリソースは適切にリサイズしたり、置き換えたりする必要があります。検出の方法はいくつか考えられますが、簡単で効果が大きいものを紹介します。

アクセス数が多いなどサイトの代表的なページを閲覧し、サイズでソートをかけて大きな画像がないかなどを確認します。サイトのつくりにもよりますが、通常のサイトであれば300KBを超える画像、画像主体のサイトでも1MBを超えてくるものがあればチェックすべきです。

Name	Method	Status	Type	Initiator	Size	Time	Waterfall
89372982638167...	GET	200	jpeg	pubads_impl_...	159 kB	25 ms	
pubads_impl_202...	GET	200	script	gpt.js:6	99.3 kB	153 ms	
downsize_200k_v1	GET	200	jpeg	(index)	91.9 kB	16 ms	
17776333132565...	GET	200	gif	amp4ads-v0....	83.7 kB	12 ms	
17776333132565...	GET	200	gif	pubads_impl_...	83.7 kB	43 ms	
amp4ads-v0.mjs	GET	200	script	pubads_impl_...	51.5 kB	19 ms	
amp4ads-v0.mjs	GET	200	script	pubads_impl_...	51.5 kB	17 ms	
amp4ads-v0.mjs	GET	200	script	pubads_impl_...	51.5 kB	25 ms	
amp4ads-v0.mjs	GET	200	script	pubads_impl_...	51.5 kB	33 ms	

161 requests | 1.8 MB transferred | 4.1 MB resources | Finish: 6.44 s | DOMContentLoaded: 2.00 s | Load: 2.61 s

図3.25　サイズ順にソートした例

ローカルにコンテンツリソースのフルセットがあったり、サーバーにログインしてコマンドをたたけたりするのであれば、アクセス前にそれでファイルサイズを検索するのが確実でしょう。

3.16.4 キャッシュが有効に使われていない

サイトを開発者ツールを有効にして閲覧し、リロードを何度か行います。キャッシュ無効化をチェックしている場合はいったん外しておきます。キャッシュされている場合は、キャッシュから読み込んだことが表示されます。ChromeではSize欄に`(disk cache)`、Firefoxでは転送量欄にキャッシュなどと表記されます。

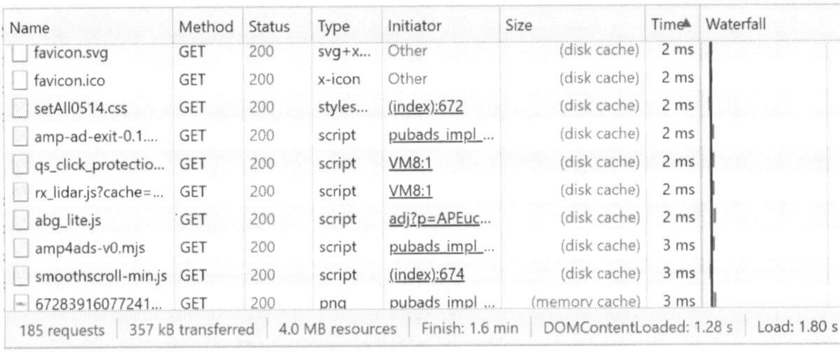

Name	Method	Status	Type	Initiator	Size	Time▲	Waterfall
favicon.svg	GET	200	svg+x...	Other	(disk cache)	2 ms	
favicon.ico	GET	200	x-icon	Other	(disk cache)	2 ms	
setAll0514.css	GET	200	styles...	(index):672	(disk cache)	2 ms	
amp-ad-exit-0.1....	GET	200	script	pubads_impl_...	(disk cache)	2 ms	
qs_click_protectio...	GET	200	script	VM8:1	(disk cache)	2 ms	
rx_lidar.js?cache=...	GET	200	script	VM8:1	(disk cache)	2 ms	
abg_lite.js	GET	200	script	adj?p=APEuc...	(disk cache)	2 ms	
amp4ads-v0.mjs	GET	200	script	pubads_impl_...	(disk cache)	3 ms	
smoothscroll-min.js	GET	200	script	(index):674	(disk cache)	3 ms	
67283916077241...	GET	200	png	pubads_impl_...	(memory cache)	3 ms	

185 requests | 357 kB transferred | 4.0 MB resources | Finish: 1.6 min | DOMContentLoaded: 1.28 s | Load: 1.80 s

図3.26 Chrome DevToolsのNetworkパネルの例

キャッシュが有効か確認するにはステータスコードの確認も重要です。リクエストが発生していても`304`が返ってきている場合もあります。`304`自体は必ずしも悪いステータスコードではありません。頻繁に更新するため、あえて短いTTLや`no-cache`を指定しているなら、`304`でも一切問題ありません。しかし、そこまで更新しないものに対しても、`304`が頻発しているなら問題です。

まずは、この状態からドメインやサイズ（転送量）フィールドでソートをかけ、何をキャッシュしている／していないのかを把握します。

特に注目すべきはCSS/JavaScript/画像といった静的コンテンツがキャッシュで返されているかです（静的コンテンツについては5.11.1も参照）。動的なコンテンツのキャッシュは難しくても、こういった静的コンテンツのキャッシュは行いやすいです。もしほとんどキャッシュされていなかったり、`304`ばかりが返ってきたりするのであれば、改善できる可能性があります。`Cache-Control`の注意点については4.9や4.6でも触れています。

これでいったん出ていくヘッダをきれいにできました。次の章ではブラウザキャッシュだけではなく、Proxy側で行うキャッシュについて説明します。

第4章

キャッシュによる負荷対策

4 キャッシュによる負荷対策

前章で、クライアントに保存されるローカルキャッシュを有効に使えるようになりました。これで負荷対策は完璧でしょうか？

実際に起こりうるケースで考えてみましょう。突然SNSでサービスが話題になってユーザーが増えたらどうでしょう？ 2章で触れた通り、ローカルキャッシュはそのクライアントのみで再利用されます。つまり、すでにサイトを見ているクライアントには有効です。

ところがユーザーが増えるということは、新規の、ローカルキャッシュを持っていないクライアントからのリクエストが増えるということです。当然、ユーザーが増えれば増えるほどオリジンへのリクエストが増え、直撃する負荷は上昇します。ここまで主に解説してきたクライアント側のキャッシュだけでは、ユーザー数の単純な増加にはどうやら対応できなさそうです。

ここで役に立つのがProxyやCDNで行う、経路上のキャッシュです。

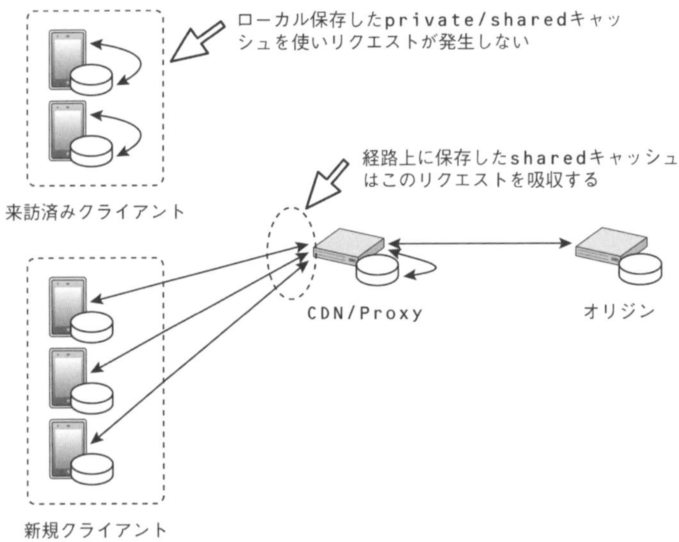

図4.1 ローカルと経路上のキャッシュが効くところの違い

図のように新規クライアントからのリクエストもProxy/CDNが経路上のキャッシュを持っていれば、そこからレスポンスします。持っていなくても、オリジンに問い合わせてキャッシュすれば、そのあとは経路上のキャッシュからレスポンスします。ローカルと経路上のキャッシュは効いてくる箇所が違います。

本章では経路上のキャッシュによって、ローカルキャッシュで吸収できないような負荷、すなわちクライアント数が増える際の負荷を軽減する手段を解説します。経路上のキャッシュをうまく使うにはさまざまな点の検討が必要です。

- キャッシュキーの適切な取り扱い
- 動的コンテンツと静的コンテンツの違いについて
- `Vary`の取り扱い
- TTLの取り扱い（これはローカルでも同様）
- キャッシュの消し方

ローカルキャッシュとは違い、複数のユーザー間でキャッシュを共有するため、経路上のキャッシュには細心の注意が必要です。いわゆるキャッシュ事故が起こりえます。どのように回避するのかについて解説します。

なお、3章の内容はローカルキャッシュに限定したものではなく、本章の理解にも役立ちます。また、どうしても解説内容はProxyだけでなくCDNに関する解説も混ざりますが、根本的にそこまで変わりはありません（CDNは6章で詳細に解説）。

4.1 キャッシュの構成・設定例

本章では簡易的な構成として、特に明示がなければProxyとオリジンが1台ずつの構成をとります（複雑な構成は5章で解説）。

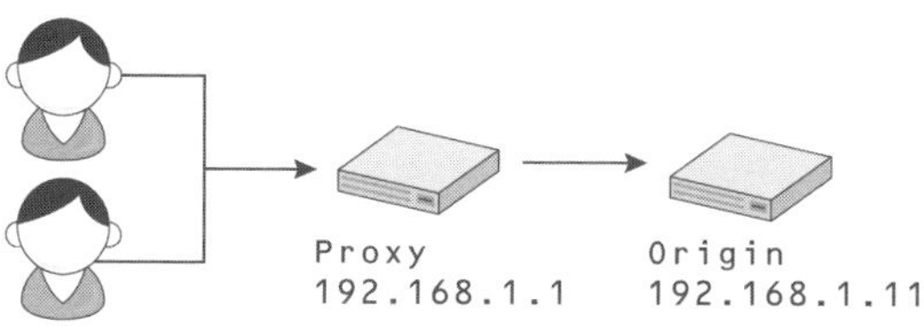

図4.2 簡易な構成

ProxyにはVarnishを採用し、ベースとして下記を設定します。Varnishは`vcl 4.1;`とbackend（オリジンの定義）の指定だけでも動作します。

```
vcl 4.1;

backend default {.host="192.168.1.11";} //オリジンのIPアドレス指定
```

リスト 4.1　Varnish の config 例

これは、デフォルトのVCLにキャッシュのための基本的な定義があるからです。

```
sub vcl_recv {
...
    if (req.method != "GET" && req.method != "HEAD") {
        /* We only deal with GET and HEAD by default */
        //メソッドがGET/HEAD以外はキャッシュをしない(pass)
        return (pass);
    }
    if (req.http.Authorization || req.http.Cookie) {
        /* Not cacheable by default */
        //AuthorizationかCookieが含まれる場合はキャッシュをしない(pass)
        return (pass);
    }
     //それ以外はオリジンからのレスポンスを受け取った際キャッシュ判定
    return (hash);
}

...

sub vcl_backend_response {
    if (bereq.uncacheable) {
        return (deliver);
    } else if (beresp.ttl <= 0s ||
      beresp.http.Set-Cookie ||
      beresp.http.Surrogate-control ~ "(?i)no-store" ||
      (!beresp.http.Surrogate-Control &&
        beresp.http.Cache-Control ~ "(?i:no-cache|no-store|private)") ↩
            ||
      beresp.http.Vary == "*") {
        //TTLが0秒以下、set-cookieヘッダを含む、
        //no-cache/no-store/privateのどれかを含む
        //varyの指定が*
        //（すべてのヘッダを意味するので事実上キャッシュが無意味）
        //上記のどれかを満たす場合はキャッシュしない
        # Mark as "Hit-For-Miss" for the next 2 minutes
        set beresp.ttl = 120s;
        set beresp.uncacheable = true;
    }
    return (deliver);
}
```

リスト 4.2　builtin.vcl の基本的な定義部分を抜粋のうえコメント追加

上記はデフォルトのVCLのうちキャッシュをするかしないかの判定部分を抜き出し*1、大まかにコメントをしたものです。Authorizationや Cookieヘッダがある場合はキャッシュされないなどの条件が定義されています。若干拡張はあるものの、ほぼ3.4.1で紹介したキャッシュの条件と同じように動作します。

まずはこの設定（といってもオリジンの定義だけですが）をベースに各解説の箇所で設定例を紹介します。Varnishについては Appendixも参照してください。なお、設定についてはできるだけ簡易なものにしており、効率は追求していません。ぜひよりよい書き方を探してみてください。

4.2 さまざまな負荷とその事例

Webサービスを運営していると、普段のトラフィックとは違う、大規模な流入が起きることがあります。

広告出稿やTVでの紹介といった予測可能なものから、SNSで話題になるような予測不可能なものまで、さまざまなケースがあります。正常にサイトを継続させ、新規に来ていただいた方にきちんとコンテンツを配信し、サービスに定着してもらいたい。これはどのケースでも変わりません。

突発で起きた負荷に対し、キャッシュで助かった筆者の経験を3つ紹介します。

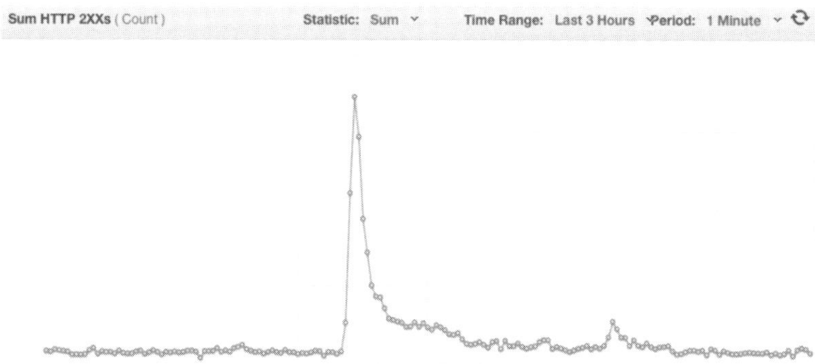

図4.3 TV番組での特集（ケースA）

このグラフは筆者勤務先のあるサービスが、ビジネス系のニュース番組の特集で

*1 https://github.com/varnishcache/varnish-cache/blob/6.5/bin/varnishd/builtin.vcl Copyright (c) 2006 Verdens Gang AS. Copyright (c) 2006-2020 Varnish Software AS. All rights reserved. This work is licensed under the terms of the BSD-2-Clause. For a copy, see <https://opensource.org/licenses/BSD-2-Clause>.

取り上げられた際のリクエスト数です（ケースAとする)。ビジネスに強い番組ということもあり、放送後にアクセスが増加しました。

グラフ内には、サーバーのリソース負荷の少ない静的コンテンツリソースへのアクセスも含んでいます。それを勘案したとしても、通常の数倍とかそういうレベルではない膨大なリクエストが来ていることがわかります。

このケースは、放送自体は把握していたため、流入をある程度は予測できました。

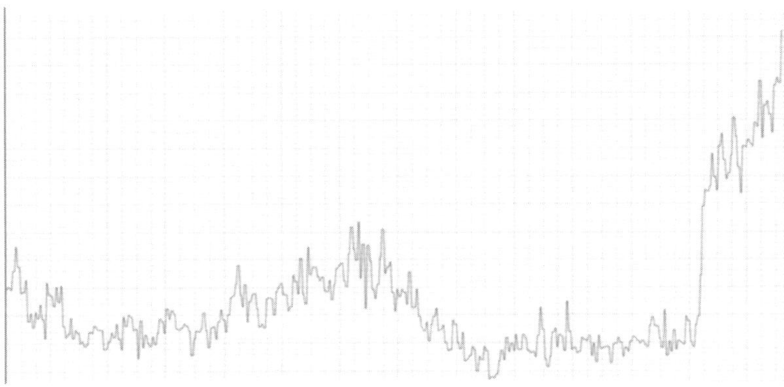

図4.4　突然SNSで話題になったとき（ケースB）

こちらは個人で手伝っているサイトが突然Twitter上で話題になり、いくつかのメディアで記事になるなどして一気に流入が増えたトラフィックのグラフです（ケースB)。こちらも同様に静的コンテンツリソースについてもグラフに入れています。真ん中あたりの山が普段のピークですが、インフルエンサーのツイートで急に流入が増え、さらにはいくつかのメディアで記事にされるといった背景からグラフは伸び続けています。

急激に見える流入ですが、グラフのx軸の1目盛りが30分なので、実際には10分ぐらいかけてじわじわと上がっています。また、見切れていますが、最終的にピークは普段の4倍程度にまで達しました。これはまったく予想できない流入でした。

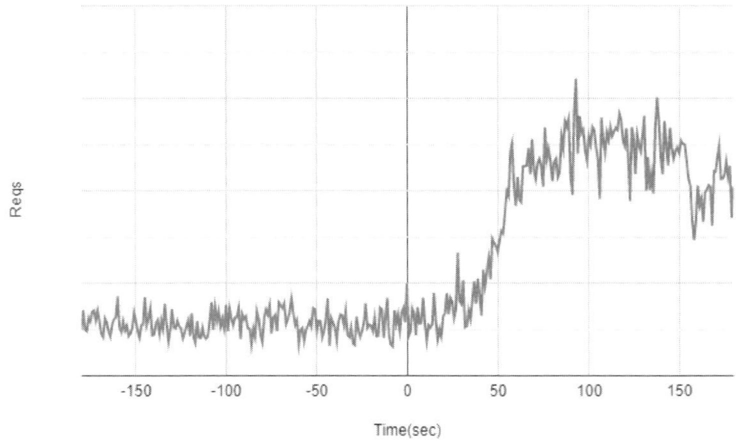

図4.5　YouTuberが生放送中話題にした際（ケースC）

これはケースBと同サイトに、とあるYouTuberが触れた際のグラフです（ケースC）。横軸の単位は秒で、0秒の時点でサイトについて触れています。触れてから40秒程度でリクエストが増え始め、そのあとの20秒で元のリクエスト数の3〜4倍に達したあとピークアウトし、15分後には2倍程度のリクエストまで落ち着きました。この流入に気づいたのは翌日でした。あまりの短時間のスパイクだったため、当初は何かcronでも動かしてたかな？　と負荷原因を勘違いしたほどです。

いずれのケースも、事前の対策が不足しているサイトではつながらない、落ちるといった事態に陥っていたはずです。しかし、筆者の関わったこれらのケースでは、どちらもサイトが丸ごと落ちるといった事態は避けられました。これらのサイトでは、なぜ大量のアクセスをさばけたのでしょうか？　もちろん本書で紹介する種々のテクニックを併用した結果ですが、経路上のキャッシュによるところが大きいです。

筆者は、ほかにもさまざまな流入増を経験しています。大規模な流入に共通するのはクライアント数が増加するため、1:1の効果しか持たないローカルキャッシュは効果が限定的だという点です。ここで、章の冒頭で紹介した経路上のキャッシュが生きてきます。以後はキャッシュによる対策を中心に、大規模流入対策を考えていきます。

4.3 負荷をさばくこととキャッシュ

そもそも負荷をさばくとはどういうことでしょうか？ Webサービスの現場では日常的に用いられる表現ですが、あらためて整理してみましょう。

さばくとは、ごくごく単純に言うと、**リクエストで使用するさまざまなリソースのキャパシティを超えないようにできている状態**[*2] です。ユーザーがコンテンツを快適に受け取ることは必須条件で、それだけでなく**システムが想定通り安定的に動作していることを重要視すべきです**。

単純にリソースといってもいろいろなものがあります。CPUやメモリは当然として、クラウドでもLBキャパシティ、Appのコネクション数、DBのコネクション数、ログの出力先のディスク容量、エフェメラルポート数など考慮すべき点は数多くあります。

配信においてはこれらすべてを適切に運用する必要があります。たとえばCPUやメモリに余裕があったとしてもアクセスが殺到し、ログでディスクが溢れてしまったという事態も避けなくてはいけません。

リソースのキャパシティが一番小さい箇所が詰まった段階でサイトは落ちるわけです。普段から自身のサイトはどのようなリソースを使うのかを把握し、枯渇させないように事前に計画しておくことが大事です。

なぜ枯渇させない、キャパシティオーバーさせないことが重要なのでしょう。短期間のリソースの枯渇でも、その回復には非常に時間がかかる可能性があるからです。どこかのリソースが一時的に枯渇すると、そこから連鎖的にシステム全体が「遅く」なります。

よく似たものに、高速道路の渋滞があります。交通量の多い3車線の道路が事故で2車線になった場合、車線が減っている間は渋滞が発生し、その期間が長くなれば渋滞は際限なく伸び最終的にはほぼ動かなくなるでしょう。その後事故処理が終わって3車線に戻ったとしても、詰まっていた箇所がある以上、渋滞の回復には時間がかかります。一度滞ると、回復には時間がかかります。

Webシステムでもこれは同様です。どこか一ヵ所が詰まると、そこから復帰させたとしても、システムが想定する水準で動きだすまでには時間がかかります。

渋滞が解消されない限りは車が際限なく待つ渋滞とは違い、Webシステムの場合はタイムアウト値が設定されていることが多く、どこかでエラーを返します。際限なく待つことはありません。それでも、一度詰まったら復帰までに時間がかかります。ほかにも配信システム中のさまざまな箇所（Proxy、Appサーバー、DB

---

*2　キャパシティプランニングとサイジングが適切になされていること。

サーバーなど）には最大接続数が設定されています。どこかが遅くなれば、接続を長く維持して接続数の空きが増えません。そのため、制限を超えやすくなります。

キャパシティオーバーが一瞬のことで、すぐに落ち着けば、多少遅くなる程度で済むでしょう。しかし、キャパシティオーバー状態が長く続けば、ますます遅くなっていきます。最終的にはこのようにシステム全体が落ちてしまいます。

このため、リソースはある程度余裕を見て用意するのが大事です。とはいっても札束で殴って、100倍の負荷に耐えうるシステムを用意するのは無駄というもの。適切にサイジングをする必要があります。

サイジングに関しては、事前検討に加え、サービス運用後のメトリクス取得に伴って適切なところを見出すべきでしょう。もし、負荷試験を今まで行ったことがないのであれば、一度行うべきです。どこまで耐えられるか、ボトルネックがどこにあるのかを確認するのがお勧めです[*3]。

4.3.1 キャッシュ導入でどの程度パフォーマンスが向上したか

キャッシュを行う目的としては、負荷対策はもちろん、パフォーマンスの向上も考えられます。先に示したケースBのサイトでキャッシュ導入前後のレスポンスタイムを示します。なお、このサイトではキャッシュにVarnishを利用しています。

表4.1 ページ読み込み時間のうち秒数ごとの割合（括弧内のパーセントは積算）

導入	～1秒	1～3秒	3～7秒	7～13秒
前	42.05% (42.05%)	48.70% (90.75%)	6.34% (97.09%)	2.00% (99.09%)
後	72.40% (72.40%)	21.34% (93.74%)	4.74% (98.48%)	1.07% (99.55%)

*3　取得していないメトリクスが溢れることや、2倍の負荷をかけた際にそれ以上のリソースを使う（線形でない）といったこともあるので1度行うのが良いでしょう。負荷試験の概略は https://withgod.hatenablog.com/entry/2020/11/09/131930 が参考になります。

導入	13〜21秒	21〜35秒	35〜60秒	60秒〜
前	0.53% (99.62%)	0.13% (99.75%)	0.13% (99.88%)	0.13% (100%)
後	0.22% (99.77%)	0.17% (99.94%)	0.00% (99.94%)	0.06% (100%)

キャッシュ導入後に1秒以下の割合が大幅に増えていることがわかります。

それでもかなり時間がかかっているケースがあります。ここを疑問に思う方もいるでしょう。このサイトはESI（5.13参照）という技術を使いページを分割して、分割したページごとにキャッシュする／しないを決めています。そのためページ構成要素の一部分はキャッシュができているものの、そうでない箇所もあるという状態になっています。このため、ばらつきが出ています。もし丸ごとすべてキャッシュができていれば、おそらくほぼすべて*4を1秒以下で返せていたでしょう。

これはあくまで一つの例で、効果はWebサイト・サービスの性質やほかの条件でも変わってきます。それを踏まえても、キャッシュをうまく導入することでパフォーマンス向上が狙えることには変わりありません。

4.4 キャッシュを使わない場合どうさばくか

ケースBやCのような流入は0ではないもののそう頻繁に起こるものではなく、実際に遭遇するのは、事前に流入が予想されるケースAであることがほとんどです。

基本的にアクセス増は予期できることが多いという前提に立つと、2段構えで対策を行うことが適切です。

- 想定される流入に対してさばけるだけのリソースを準備する
- 流入が予想以上だった場合はオートスケールする

オートスケールがあればリソースを事前に十分準備しなくても耐えられそう、と考える方もいるでしょう。もし秒単位で高速にスケールするのであれば、それでもかまいません*5。しかし、実際には分単位の時間がかかるのが一般的です。流入

*4　2章で触れたようにクライアントとの通信環境も影響するためほぼすべてとしています。

*5　AWS Lambdaなど、高いスケーラビリティが期待できるFaaSで構築されていれば別ですが、そういうサービスは少ないでしょう。

が急激であれば、スケールアウトが間に合わず、サイトのダウンもありえます。

また、Appサーバーのように比較的スケールアウトしやすいサーバーであれば問題ありませんが、DBなどのようにリアルタイムでのスケールアウトが難しいものもあります。やはり事前対策が重要です。

オートスケールはアクセス数を見誤った時のカバーとしても役に立ちます。そもそも流入の予測は難しく、ケースAと同じ番組に取り上げられたもののまったく流入がないケースもありました。予測はできるだけ正確であるのが望ましいものの、現実的には難しいです。下準備の際にはスケールアウトを行うまでの時間を稼げるかという観点で考えてみるのもよいでしょう。

4.5 キャッシュを使う

負荷をさばくのに重要なのは、スケールアウトの基準に達してから実際にスケールアウトされるまでの時間をいかに稼ぐのかということに尽きます。

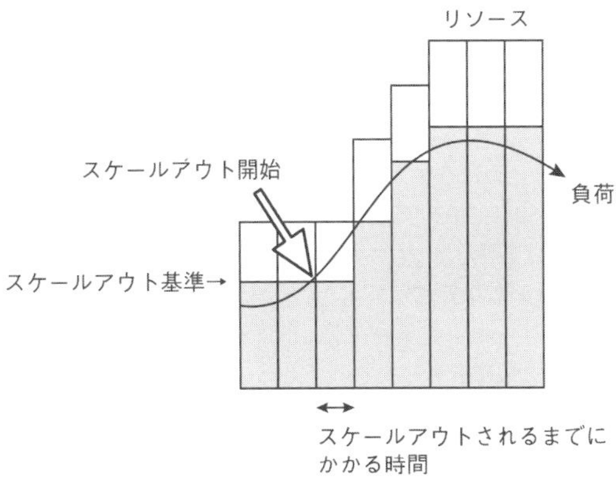

図4.6 スケールアウトは即時ではない

ケースAは事前に準備できましたが、ケースBCは突然で事前に増設ができません。ここでキャッシュを使った対策を考えてみましょう。

経路上のキャッシュはアクセス増への対策として、最も有効なものの1つです。スケーリングはリソースを増やすことで負荷に耐えますが、対するキャッシュは負荷そのものを軽減できます。スケーリングと比較して、増設の必要性を大幅に減少させる可能性があります。

100RPS（RPSは秒間リクエスト）中に、同じリクエストで同じレスポンスを返しているものが半分あるとしましょう。これをキャッシュしてしまえば、ページ生成の回数は半減するため、ごく単純に考えるとAppサーバーで使用するリソースが50%浮くわけです。

もちろんページの生成にはAppサーバーだけではなく、ほかのサーバー（DBなど）も使うためシステム全体の負荷耐性の強化につながります。しかも、キャッシュから返す場合は生成にかかっていた時間が不要となるため、非常に高速にコンテンツを返せるという利点もあります。

キャッシュによって、配信システムのリソースの節約、高速化が同時に達成できます。

もちろんキャッシュを用いる場合でも、生成時や実際の配信時にCPU含む多少のリソースを利用します。とはいえ、そこで使うリソースはページ生成するリソースよりは大幅に少なくなります。キャッシュがヒットする状態をつくれれば、ヒットすればするほどシステム全体が低コストになるわけです。

Column

ProxyやCDNはなぜ大量のリクエストをさばけるのか

突発的な負荷に耐えられなかったサイトと、Proxy/CDNでキャッシュして多大な負荷に耐えた例を示しました。キャッシュといってもさまざまな方法があります。なぜProxyとCDNを使うべきなのでしょうか？ Appサーバーでページ生成したあと、Appサーバー内に保存（キャッシュ）して、それをレスポンスするというのも有効に思えます。しかしながら、これはうまくいかないことが多いです。多くのAppサーバーはアクセスをさばくための効率的な設計をしていないからです。

Appサーバーでコードを動かすのはそれだけでなかなか重い処理です。サーバー側のリソースに余力がないことが少なくありません。

C10K問題もあります。一部のアーキテクチャでは、同時接続数が増えるとハードウェアの限界の前に性能が大幅に低下します。たとえばApacheとPHP（mod_php）の組み合わせは、preforkを用いるため、アクセス数増加に比例してプロセスも増加します。このためコンテキストスイッチの増大などによるパフォーマンス悪化が想定されます。Node.jsなどこの問題に強い言語もありますが、Proxy/CDNと比較すると、配信面では物足りません。

また、キャッシュすること自体の複雑さも意識しなくてはいけません。ごく少数のURLなら、Appサーバーでもなんとか管理できるかもしれません。しかし、数万や数十万を超えるURLを効率よくキャッシュしてさばくのは困難です。キャッシュを効率的に扱うには、そのための機能があるProxyやCDNが望ましいです。

こういった背景から、Appサーバーでは100RPS程度は想定通りに処理できても、言語によっては1KRPSや10KRPSともなると限界が見えてきます。

そこで、そもそも大量のリクエストを効率的にさばくためのProxyやCDNが活躍します。Varnishやnginxといったプロキシは大量のコネクションやリクエストをさばけるよう設計されています。たとえば、VarnishはHTTPのみ対応のリバースプロキシとして用途を限定し、設計も最適化しています。商用版のVarnish Enterpriseは、単一サーバーで150Gbpsをさばいたというホワイトペーパーがあるほどです*a。

CDNは、コンテンツをより速くより効率的に配信するために構築されたネットワークです。各CDNはハードウェア面の投資はもちろん、ソフトウェア面でも多くの投資を行っています。Proxyミドルウェアを独自に開発するなど、最高のパフォーマンスを発揮すべく最適化を重ねています。Akamaiは2020年3月のピークトラフィックが167Tbpsに達しました*b。

Proxy/CDNを必ず使うべきとは言いませんが、うまく使うことでAppサーバーのみで構成するより大量のリクエストを同時にさばくことが期待できます。

*a https://www.varnish-software.com/press/varnish-6-with-native-tls-support-delivers-over-150-gbps-per-server/

*b 「前月比 30 %増、Akamai のトラフィックが新型コロナの影響で急増 - INTERNET Watch https://internet.watch.impress.co.jp/docs/news/1254196.html」

4.5.1 流入が増えるケースを追って考える

キャッシュが50%ヒットすれば、オリジンの負荷は半分になります。しかし、そもそもページのキャッシュをして、そのキャッシュがヒットするのかを考慮しないといけません。当たり前の話ですが、キャッシュがヒットしなければ、むしろ余計なサーバーを経由するだけです。かえってコストは上がり、パフォーマンスは下がる可能性があります。

いくつかのケースでは、素朴にキャッシュするだけでは効果が薄いことがあります*6。しかし、ケースABCのような急激な流入にはキャッシュは非常に有効です。ケースABCでのユーザーの行動パターンを考えてみましょう。

まずは、TVで取り上げられたケースAの行動パターンを考えてみましょう。詳細はどういうサイトかによって微妙に違いますが、このような形が多いはずです。

1. サービス名で検索してサイトにアクセス（多くはランディングページ、LP）
2. そのページを起点に回遊
3. 気に入れば会員登録したり、さらに深いページを回遊したり

次にSNSで話題になったケースBの行動パターンを考えてみましょう。

1. 投稿に記載されているリンクを押してサイトにアクセス

*6 よりキャッシュを活用するための考え方については5章で解説しています。

2.そのページを起点に回遊
3.気に入れば会員登録したり、さらに深いページを回遊したり、SNSに投稿したりする

最後に、YouTuberに取り上げられたケースCの行動パターンを考えてみましょう。

1.サービス名で検索してサイトにアクセス（LP）
2.そのページを起点に回遊
3.気に入れば会員登録したり、さらに深いページを回遊したり

両者を比べてみると、ユーザーの行動は非常に似ています。最初の流入は、特定のページに集中するということです。

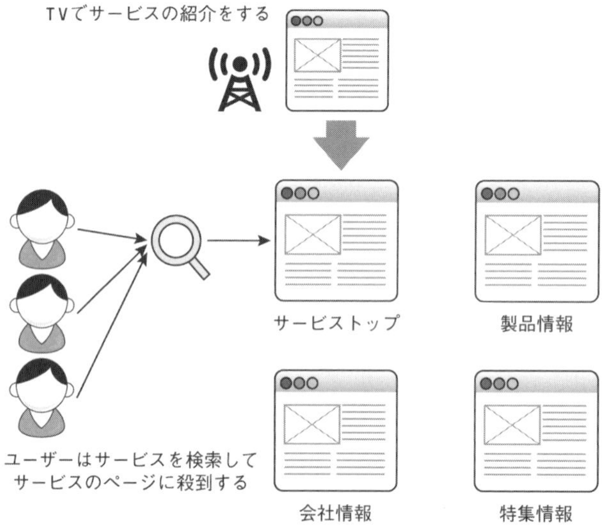
TVでサービスの紹介をする
ユーザーはサービスを検索して
サービスのページに殺到する
サービストップ
製品情報
会社情報
特集情報

図4.7　ケースA（TVで話題）の流入イメージ

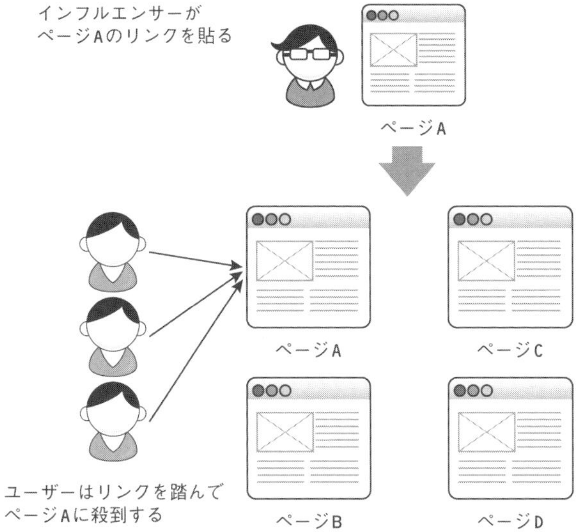

インフルエンサーが
ページAのリンクを貼る
ページA
ページA
ページC
ページB
ページD
ユーザーはリンクを踏んで
ページAに殺到する

図4.8　ケースB（SNSで話題）の流入イメージ

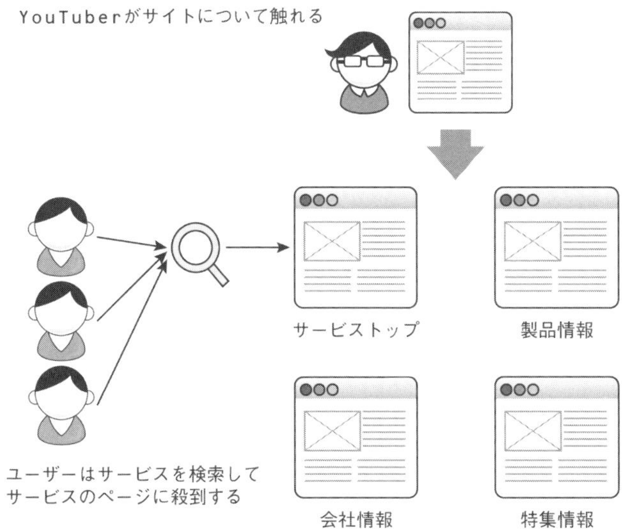

YouTuberがサイトについて触れる
サービストップ
製品情報
会社情報
特集情報
ユーザーはサービスを検索して
サービスのページに殺到する

図4.9　ケースC（YouTuberで話題）の流入イメージ

もしアクセスが最も集中する部分、この特定のページでキャッシュができればどうでしょうか？ 検索流入やSNS流入ならほぼすべての人が特定のページ、検索エンジンに表示された最初のページやSNSで共有されたURLを回遊の起点とします。

ユーザー100人がWebサイトを訪れ、90人が特定のページ（LP）を見るとします。キャッシュなしなら、本来AppやDBサーバーのリソースを使って90回ページを生成し、さばく必要があります。キャッシュさえあれば、リクエストをほぼすべて初回の生成だけ、つまり1/90のリソースでレスポンスできます。

配信システム全体で考えると、負荷そのものがキャッシュによって軽減されていると考えられます。

このような突発的なリクエスト急増の要因は、TVやSNSなどさまざまなものがありますが、そのイベントからの流入は特定ページのみであることがほとんどです。すべてのページでまんべんなく急激にリクエストが上昇するということはまずありえません。適切にキャッシュができれば、初期流入でスパイクするような急増のほとんどを、キャッシュで吸収できるでしょう。適切な経路上のキャッシュのためには、VarnishやnginxのProxyを事前にかませることが重要です。適切にこのような準備ができれば、Appサーバーをただ増設するよりも圧倒的に低コストです。

4.5.2 キャッシュの役割

キャッシュは、AppサーバーやDBサーバーなどリソースの負荷を全体的に低減する役割を担います。もう一つ重要な見方があります。それはキャッシュを用意して、スケーリングの時間を稼ぐことです。

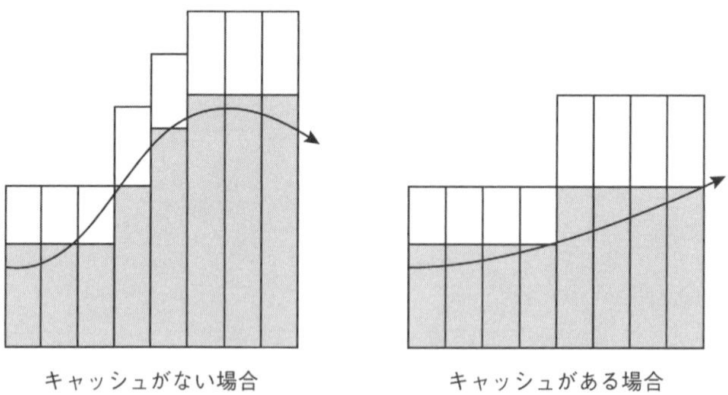

図4.10　キャッシュで時間を稼ぐ

キャッシュがない状況だと、すべてのリクエストを処理する必要があります。流入が急激であればあるほどスケーリングが間に合わず、リソースが枯渇する可能性も高くなります。キャッシュを用いると初期流入を吸収でき、負荷の伸びが緩やかになるため、スケーリングの時間を稼げます。初期流入をさばいた後に重要なのは、増えたユーザーをさばくために必要なリソースを確保することです。これにはスケーリングで対処することとなります。

Proxyがキャッシュからレスポンスするには、Proxyにキャッシュがなければいけません。つまり、あるページをProxyにキャッシュさせるとき、一度はProxyがすでに立っている状態で当該ページへのクライアントからのアクセスが必要です。

もしキャッシュがなければオリジン（Appサーバー）にリクエストし、レスポンスを受け取り、レスポンスのキャッシュを行います。次からのリクエストは、キャッシュから返します。このことを頭に入れて、ユーザーの行動を考えます。

ユーザーはLPを起点に回遊し、そしてさらに深いページを見にいきます。このときアクセスの多いLPはキャッシュされますが、あまり人気のない、アクセスされることのないページはキャッシュされていません。

特定ページへの負荷はキャッシュで軽減できても、そこから回遊するタイミングでキャッシュができていないということはありえます。もちろん一度アクセスされれば、キャッシュはされますが、人気がないためあまり再利用されません。こうなると、負荷は徐々に上昇していきます。事前のProxyやCDNによるキャッシュ構築が不十分だと、この段階でキャッシュだけの対策では苦戦し、スケーリングが必要となります。

キャッシュを十全に行き渡らせるためには、ProxyやCDNをなるべく長い期間動作させて、キャッシュ漏れのないようにしておくと安全です*7。普段からキャッシュし、キャッシュ済ページ数が増えれば、突発的な負荷への耐性はより強くなります。

Webサイトには、ユーザーごとのマイページのようなキャッシュできない（難しい）ページもあります。ここはキャッシュしていないため、アクセスはAppサーバーまで到達し、負荷が増大していきます。

事前のキャッシュが十分でなく、流入がどんどん増えていく状況だと、キャッシュしていないページへのリクエストもまた増えていきます。キャッシュできるページのキャッシュを可能な限り進め、少しでも配信システム全体での負荷を減らしたいところです。

TVで取り上げられたケースAは、前日に筆者までインフラ対応依頼があり、当日に急遽Varnishを導入しました。直前だったため、主要なページ以外はキャッシュされていないところもありました。そのため、ユーザーがある程度回遊しだし

*7　負荷が上がるのがわかっていて、ページ数がそこまで多くないか多い場合でもアクセスが見込まれるページをcurlなどで取得してキャッシュに乗せることも可能です。この場合は負荷が上がるタイミングでTTLが切れないように注意しましょう。

てキャッシュしていないページへのリクエストが増えた段階で、数％のリクエストを取りこぼしました。

キャッシュを急遽システムに組み込むのは非常に難しいため、初期からキャッシュできる、しやすいサイトを構築することも重要です。たとえば非ログインユーザーにはSet-Cookieを送らないように設計するだけでも、キャッシュのしやすさは大きく変わります。最初からキャッシュ前提で、キャッシュ親和性の高い設計にできていると、余計な苦労が減らせます。

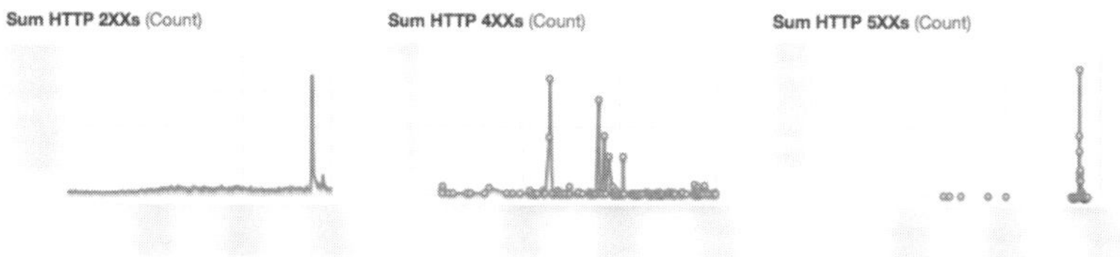

図4.11　5xxが取りこぼし

» キャッシュでコスト削減

突発的な負荷対策の目的でなく、コスト削減目的でもキャッシュは有用です。

突発的な流入の時ほどではありませんが、サイトにおける人気ページは、多くのユーザーに見られることが容易に想像できます。これらをキャッシュができれば、システム全体の負荷軽減に役に立ちます。負荷軽減によって、Webサービスをより少ないインスタンス数で動かせるため、通常時のコストも安くなります。

またキャッシュを普段から行うことで、突発的な流入に対しても強くなり、機会損失を削減できます。ビジネス面でも貢献できます。

» キャッシュが吹き飛ぶ

ここまで見てみるとスケーリングに比べて、キャッシュは投入時期さえ適切なら、万能な負荷対策に思えます。しかし、実際は万能ではなく、注意すべき点があります。第一に注意すべきは、キャッシュとは吹き飛ぶ（すべて消える）ものだということです。消える要因はさまざまです。代表的な例を挙げます。

・キャッシュサーバー不具合で入れ替え実施、既存キャッシュが使えなくなる
・キャッシュサーバーの設定更新を行い、既存のキャッシュが使えなくなる*8
・サイトの更新や不具合対応でキャッシュを丸ごと消した

---

*8　CDNによってはキャッシュキーに設定のバージョンが含まれており、設定更新でキャッシュキーが変わるため既存キャッシュが使えなくなります。

キャッシュをしているから安心といって、インスタンス数などを絞り、ギリギリまでコストを削った状態でWebサイトを運用しているとします。ここでキャッシュがすべて消えたらどのようになるでしょうか？

今までキャッシュされていたリクエストをすべて再生成してキャッシュする必要があるため、負荷が上昇します。もちろんリクエストを受けるたびすぐにキャッシュするので、負荷の上がり方はProxy/CDNがないときよりは緩やかです。それでも、リソースを削減しすぎると、この負荷は軽視できません。ギリギリを攻めすぎると、負荷に耐えられず、サイトは落ちてしまうでしょう。最低限、キャッシュがすべて消えたとしても耐えられるような余裕は持たせるべきです。この負荷は、多段Proxyによる階層化（5.15参照）で軽減可能です。

» キャッシュは万能ではない

もう一つ注意しておきたいのは、**キャッシュを導入すれば負荷問題はなんでも解決するわけではない**ということです。この点は強く認識しておきましょう。

あくまでキャッシュは負荷耐性を強くするための1つの方法です。負荷に対して無敵になるわけではありません。すべてのページを事前にキャッシュできるサイトでない限り、クライアントが増えるにつれてキャッシュできないページへのアクセスは増えます。負荷も上昇します。そのため、キャッシュとスケーリングを両輪で進めていくことは欠かせません。スケーリングしやすいシステムをつくること、キャッシュしやすいサイトにすることのいずれも重要です。

4.5.3 静的ファイルの配信でもキャッシュは有効

ここまではリクエスト時に生成するような、動的ページのキャッシュを中心に取り上げてきました。ここをキャッシュすることで、負荷耐性が向上し、リソースも節約できます。

静的ファイルはどうでしょう？ HTMLを動的に生成していたとしても、CSS/JavaScript/画像などの静的ファイルは単純にそのまま配信しているはずです。これなら、そこまでCPUを使うこともないですし、キャッシュの意義を疑う人もいるかもしれません。

静的ファイルをキャッシュすることには明確に利益があります。**キャッシュできるということはオリジンと離れた場所でそのコピーを持つことができるということだから**です。これは非常に大きな利点です。

配信システムにおいて、リソースとは、CPUやメモリやディスクといったものだけを指す言葉ではありません。ほかにも接続数や帯域など、ネットワーク関連のリソースが深く関わってきます。

たとえばVPSを使っていて、ローカル（VPS内）に静的ファイルをたくさん保持してそれを公開しているとしましょう。普段は問題なく使えていても、コンテンツが人気になり、VPS備え付けの100Mbpsの帯域で通信が収まらなくなった場合はどうすればよいでしょうか？ このように1つのサーバーにアクセスが集中すると、CPUに余裕があってもほかのリソースが使い切られてしまう可能性があります。このとき、間にキャッシュサーバーを入れることで、コピーを持っているキャッシュサーバーがオリジンの代わりにレスポンスします。その際は当然キャッシュサーバーのリソースを使い、オリジンサーバーのリソースは使用しません。

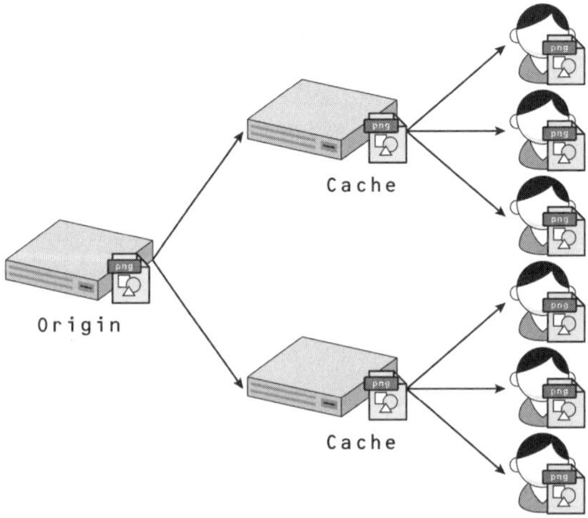

図4.12 キャッシュサーバーがレスポンスする

キャッシュサーバー（Proxy/CDN）はスケールアウトしやすいことが最大の特徴です。

キャッシュを使わない対策を考えてみましょう。まずはオリジンのスケールアップによる増強です。単純な手段ですが、スケールアップには限界があります。VPSもクラウドもさまざまなプランがありますが、最上級のプランを使えば、その先はありません。そもそも、足りないリソースがスケールアップで期待通り増えるのかという点も考えなくてはいけません。VPSなら、CPUやメモリはプランが高くなればなるほど増えていきますが、対インターネットの帯域は変わらないことがありえます。

ならば、オリジンをスケールアウトするといった方法はどうでしょうか？ オリジンが保有するコンテンツリソースの総サイズがごくごくわずかなら可能ですが、そうもいかないでしょう。オリジンが数百GB程度コンテンツリソースを有している場合、スナップショットからのデプロイは現実的ではありません。そもそも、オリジンはスケールアウトしやすいつくりになっていないことが多く、見直し等含めコスト的にメリットも薄いでしょう。

素直にProxyやCDNといったキャッシュサーバーを使えば、キャッシュがなければオリジンへ取りにいって自身にコピーを持つわけです。オリジンから各クライアントへの配信せずに済み、スケールアウトもしやすいです。

Webサービスで使うリソースはCPUやメモリだけではありません。例に示した帯域もその1つです。キャッシュを行う場合、どのリソースをオフロードする（負担を押し付ける）ために使うのかを考えて使うとよいでしょう。

4.6 キャッシュ事故を防ぐ

キャッシュは非常にすばらしいものです。キャッシュから返せれば高速ですし、突発的な流入にも耐えやすいし……、さまざまなメリットがあります。しかし、一歩間違えると破滅的な事故、キャッシュ事故を起こすことがあります。

- 誤って`Set-Cookie`をキャッシュしてしまい、キャッシュされたページにアクセスしたユーザーのログイン状態が共有されてしまい個人情報が漏洩
- `Cache-Control`の不備とCDN側の`Cache-Control`の解釈で意図せずキャッシュされてしまい結果として個人情報が漏洩

上記は個人情報漏洩のセキュリティインシデントですが、ほかにも特定パス以下のレスポンスがすべて同じ画像になってしまったとか、さまざまなキャッシュにまつわる事故を見聞きしてきました。

このような事故はなぜ起きたのでしょうか？ 詳細はもちろん事故ごとに違いますが、以下のどちらかを踏んでいることが多いです。

- 中間（Proxy/CDN）を信頼しすぎる
- オリジンを信頼しすぎる

4.6.1 中間（Proxy/CDN）を信頼しすぎる

Proxy/CDNは信頼しすぎてはいけません。この点を考慮せずに配信システム

を構成すると、事故につながります。

Proxy や CDN はオリジンから見るとクライアントであり、最終的なユーザーから見るとサーバーでもあります。オリジンと Proxy の間には、クライアント／サーバーの関係ができます。つまりこの Proxy/CDN はクライアントであり、レスポンスした内容をどのように解釈するかはそれらに一任されています。サーバーが RFC 的に正しいレスポンスを返したとしても、それを解釈して次の動作を行うのはクライアントです。クライアントが実際にどう処理するかを、サーバーからは強制できません。

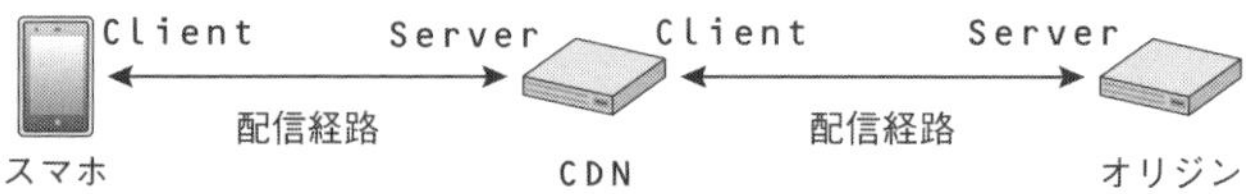

図4.13 クライアントとサーバー

わかりやすいところだと 301/302のリダイレクトの処理です。サーバーはクライアントが指定したLocation を参照するのを期待してレスポンスしますが、そのレスポンスを解釈して Location 先を参照するのはクライアントが行うことです。サーバー側はあくまでも Location を仕様に従って指定しているだけで、クライアントの処理や動作を決定できるわけではありません。

もちろん RFC という標準仕様で決まっている以上、バグでもない限り Proxy や CDN というクライアント側が無茶苦茶な実装をしているということはまずありません。ただし、無条件に（こちらの想定通り）RFC に準拠していると信頼できるというわけでもありません。

前章で「仕様はすべて実装されているとは限らない」と書いたのは、まさしくこのことです。たとえばキャッシュしたくないということで `Cache-Control: no-store`を指定したとします。仕様通りならこれで完了ですが、実は `private`指定がないとキャッシュしてしまうといったことが、Proxy や CDN の実装によってはありえます。極端な例だとステータス 200であれば `Cache-Control`を一切見ず、通したコンテンツをすべてキャッシュするようなCDN も見かけました。

こういった差異や、予期せぬ動作はどうしても存在します。今まで期待通り動いていたから移行先でも同じヘッダで動くだろうと考えていると、ひどい目にあいます。導入時や移行時に、どのように動作するのかを、きちんと調べることが重要です。実際の運用時や調査時にも、この点は頭の隅に置いておくべきです。

そのうえで、考慮漏れを少しでも防ぐために、明示的にキャッシュしない指定を一部導入するといった対策を重ねます。

4.6.2 オリジンを信頼しすぎる

サーバーから見たクライアント（Proxy/CDN）は、必ずしも信頼できません。では逆にProxy/CDNから見てオリジンは信頼できるのでしょうか？

サイトのオリジンではさまざまなコードが動きページを生成しており、また開発等でコードの更新が行われています。リリース前にはさまざまなテストやQAは行われるでしょうが、バグをすべてなくすことはできません。

たとえばキャッシュをしてはならないページで`Cache-Control`ヘッダを返し忘れていて、暗黙的にキャッシュがされる状態になっているということもあるでしょう。

ヘッダクレンジング（3.13）において、出入口で対策を行うべきとしているのは、こういった事情も踏まえてのことです。オリジン側から怪しいヘッダが来たとしてもきちんと出入口でフィルタをしてあげるということは大事です。

- 仕様はすべて実装されているとは限らない
- 汚れているヘッダではProxyやCDNを混乱させ、意図しないキャッシュがされるなどで事故を起こす可能性がある

このことを念頭に入れてどのように事故が起こらないキャッシュを行うか考えていきます。ここからは事故を起こさないキャッシュを考えていきましょう。

4.7 キャッシュ戦略・キャッシュキー戦略

キャッシュの事故でよくあるのが、Aさん向けのコンテンツがBさんにも見えてしまったというキャッシュ混じり・衝突です。このような事故を防ぐために、注意すべきなのはどこでしょうか？

一番重要なのは、*1*つのキャッシュするオブジェクトに対して複数の意味を持たせない、つまりユニークネスを保証することです。

RFCではキャッシュキーは**主に**リクエストメソッドとURIの組み合わせから生成されますが、HTTPキャッシュは`GET`のみが対象となる実装が多いためURIのみをキャッシュキーとして利用している場合もある RFC 7234#2 と定義されています。Varnishのデフォルトのキャッシュキー生成は[*9]、次のようになっていま

*9 Varnishは`vcl_hash`でキャッシュのユニークネスに関する定義を行います。`hash_data`でキャッシュキーに追加したい項目（パスやホストなど）を指定していきキャッシュキーを生成していきます。

す（Varnishの処理の順序についてはAppendixも参照）。

```
sub vcl_hash {
    //パス情報をキャッシュキーに入れる
    hash_data(req.url);
    if (req.http.host) {
        //ホストヘッダがあればホストをキャッシュキーに入れる
        hash_data(req.http.host);
    } else {
        //ホストヘッダが無ければ
        //クライアントからリクエストを受け付けたIPアドレスを
        //キャッシュキーに入れる
        hash_data(server.ip);
    }
    return (lookup);
}
```

リスト 4.3 builtin.vclよりキャッシュキー生成部を抜粋のうえコメントを追加

Varnish は HTTP のみを対象としているため URL に含まれるスキーム（http/https）をキャッシュキーとして利用せず、ホスト名とパスから生成しています[*10]。このように、リクエストメソッドと URL を基本として、実装によってはキャッシュキーは取捨選択されます。とはいえ、最低限の項目としてホスト名とパスはどの実装でも含まれるのとサンプルコードなどで VCL を利用するため、「ホスト名」と「パス」もしくは「URL」をキャッシュキーとして解説します。

`http://example.net/foo/bar.jpg`という静的ファイルのキャッシュキーがどのようになるのかを考えてみましょう。先ほどの VCL を適用すると、キャッシュキーとして使われる項目は次のものとなります。

```
[example.net] + [/foo/bar.jpg]
```

`vcl_hash`ではリクエストが何をもってユニークなのかをキャッシュキーの生成によって定義しています。`vcl_hash`を`return(lookup)`で抜けると、保持しているキャッシュのうち、生成したキャッシュキーに一致しているものがあるかを確認します。一致していればキャッシュヒットしたということでキャッシュを使ってレスポンスを行う処理に進みます。

`http://example.net/mypage`というページについて考えてみましょう。これは、

*10 Varnish は HAProxy や Hitch などのミドルウェアと組み合わせることで https を処理可能です。この場合で、かつコンテンツが http/https で変化するときはスキームをキャッシュキーに含める必要があります。

mypageという名前の通り、自分（ログインユーザー）のユーザー情報を含むページです。先ほどと同様にキャッシュキーを求めれば、次のようになります。

```
[example.net] + [/mypage]
```

これをもとに、Proxyでキャッシュすると、事故につながります。このページをAさんが見た後にBさんが見ると、ProxyにキャッシュされたAさんのmypageが出る可能性があるからです。

mypageはAさんのページでもあるし、Bさんのページでもあるという状態になっています。つまり、ユニークであるべきキャッシュキー[example.net] + [/mypage]が、複数の対象を指してしまっています。**ユニークなことを保証する**原則に反しています。

本来望ましい、正しいキャッシュキーは次になります。ここで追加する[ユーザーID]のようにコンテンツのユニークネスを保障するために必要な、補足的なキーを本書では候補キーとして呼びます（4.7参照）。

```
[example.net] + [/mypage] + [ユーザーID]
```

VCLで記述すると、あくまで簡易な書き方ですがこのようになります。

```
import cookie;

sub vcl_hash {
    //パス情報をキャッシュキーに入れる
    hash_data(req.url);
    if (req.http.host) {
        //ホストヘッダがあればホストをキャッシュキーに入れる
        hash_data(req.http.host);
    } else {
        //ホストヘッダがaなければ
        //クライアントからリクエストを受け付けたIPアドレスを
        //キャッシュキーに入れる
        hash_data(server.ip);
    }
    if(req.url ~ "^/mypage/"){
        if (req.http.cookie) {
            cookie.parse(req.http.cookie);
            //クッキーに含まれるuserの項目をキャッシュキーに入れる
            hash_data(cookie.get("user"));
        }
    }
    return (lookup);
}
```

1つのキャッシュ対象に対し、キャッシュキーのユニークネスを保証すべきという考え方はProxyやCDNでの経路上のキャッシュに限った話ではありません。memcached・Redisといった KVS を使う場合でも同じです。むしろ、経路上のキャッシュ自体がKVSと同様の考え方をするととらえたほうがわかりやすいでしょう。

以下の関数の処理結果をmemcachedに保存する例で考えてみましょう。

```
function work1($foo, $bar, $buz){
  return $foo + $bar + $buz;
}

function work2($foo, $bar, $buz){
  return $foo - $bar - $buz;
}
```

この場合、キャッシュキーは次になります。

```
[関数名] + [$foo] + [$bar] + [$buz]
```

この考え方を例に用いたmypageへ適用した擬似コードを示します。

```
function Origin($domain, $path, $userid){
    ...
    return $ret;
}

$ret = Origin("example.net", "/mypage", "userA");
```

ここでは、ユニークさを担保するために、その結果を得るために使った入力をすべてキャッシュキーに入れています。この考え方が非常に重要です。

4.7.1 クライアントからのリクエストを実際に組み合わせる

クライアントからのリクエスト（リクエストヘッダ）を見て、実際にキーを生成する手順を紹介します。例として、Yahoo! JAPAN*11の閲覧時にどのようなリクエストヘッダがあるかを見ていきましょう。

```
▼ Request Headers
  :authority: www.yahoo.co.jp
  :method: GET
  :path: /
  :scheme: https
  accept: text/html,application/xhtml+xml,application/xml;q=0.9,image/avif,image/webp,image/apng,*/*;q=0.8,application/signed-exchange;v=b3;q=0.9
  accept-encoding: gzip, deflate, br
  accept-language: ja
  cache-control: max-age=0
  〜〜〜
  sec-ch-ua: "Google Chrome";v="87", " Not;A Brand";v="99", "Chromium";v="87"
  sec-ch-ua-mobile: ?0
  sec-fetch-dest: document
  sec-fetch-mode: navigate
  sec-fetch-site: none
  sec-fetch-user: ?1
```

図4.14 Yahoo! JAPAN閲覧時のリクエストヘッダ（Cookie部のみ省略）

究極的にはクライアントから送られたリクエストをすべてを候補キーとして

*11 https://www.yahoo.co.jp

URLに結合したものが、理想のキャッシュキーです。とはいえキャッシュは再利用されてこそ価値があるものです。特に経路上のキャッシュの場合はほかのクライアントでも、条件が合えば再利用されやすいような候補キーを選択する必要があります。やみくもにクライアントから送られたすべての情報を候補キーにして、ほかのクライアントが一切利用できないキャッシュを量産しても意味がありません。どのユーザーも見るトップページやロゴ画像を、ユーザーIDごとに分けてキャッシュする必要もないでしょう。

そこで、すべてとはせずに、そのコンテンツを表示するために利用した項目のみを候補キーとする必要があります。経路上のキャッシュの難しさは、この点にあります。クライアントはリクエストに際して、さまざまなヘッダを送ってくるのに、コンテンツの表示（結果）にかかわるヘッダはごく一部でProxyなどでは特定しづらいということです。

たとえば、静的な画像なら、URLが結果にかかわるキャッシュキーでしょう。ヘッダなど候補キーを追加する必要はありません。ところが動的なページは、ユーザーIDなどの情報が候補キーとして必要になる可能性があります。

そこで、どのようにキャッシュの候補キーを抽出し設定するかの、設計が必要になってきます。これは、いわば戦略のようなもので、キャッシュキー戦略と言えるでしょう。サイトによってさまざまな考え方がありますが、筆者が重要視しているのが次の項目です。

- フェイルセーフである
- オリジンを信用しない
- 基本的に許可リスト（Allowlist）で行う
- 確実にキャッシュされない方法を調べる

» フェイルセーフである

まず第一に重視したいのは致命的な障害を確実に防ぎ、安全側に倒す（フェイルセーフ）ということです。キャッシュ事故において最も致命的なのは、個人情報の漏洩にもつながるユーザー間でのキャッシュ混じりです。

この問題の根本原因は、キャッシュのユニークネスが不足していることにあります。具体的には、クライアントからのユーザーを特定できる候補キー（`Cookie`などのヘッダ）を、キャッシュキーに含めていないことです。

どのように安全側に倒すのか。ユーザー情報をキャッシュキーに含めない場合は、それらが含まれる可能性のあるリクエストヘッダ自体を消してしまうのが妥当です。ユーザー情報を渡すとその情報を使う使わないの判断をコード側に任せることとなるため、生成されたページに個人情報が含まれる可能性を0にできません。しかし、ユーザー情報を含んでいるリクエストヘッダを消去すれば元となる情報がないため生成されません。

もし消してしまえば、例に上げているマイページのような箇所は、ユーザーが特定できないのでエラーページが表示されたりログインページへリダイレクトされるでしょう。これ自体も障害ではありますが、他人のマイページが見れてしまうといった致命的な障害を防ぐことができるのでフェイルセーフです。

個人情報を含むデータはWebサイトのつくりによって、どこに含まれているか異なります。最低限注意すべきリクエストヘッダを紹介します。

- Authorization
- Cookie

また、レスポンスにも危険なヘッダがあります。Set-Cookieです。Set-Cookieはユーザーのセッション情報やワンタイムトークンなどさまざまな情報が含まれます。キャッシュを行い、セッション情報を別クライアントにレスポンスをすれば関係ないクライアントがそのセッションを持つユーザーとしてログインした状態となります。ユーザーごとにキャッシュをしている場合でも、定期的にセッションを更新していれば、古いセッションを使うことで突然ログアウトされるなど不可解な動きになることもあります。そのためキャッシュを行う場合は、基本的にSet-Cookieレスポンスヘッダを削除するのをお勧めします。なお、削除する場所はキャッシュに保管する直前です（5.8参照）。

もちろんCookie、Authorization、Set-Cookieは最低限気をつけるべき項目で、ほかにも注意すべき項目は多数あります。

- ACLの判定結果（特定のIP帯のみ許可するケースなど）
- 端末種別（PC/Mobile）
- CORSのOriginヘッダ
- スキーム（https/http）
- リクエストメソッド

サイトのつくりによって、これ以外の項目も検討候補に上がる可能性があります。たとえばACLで保護されているページはそもそもキャッシュ対象外なので、キャッシュキーにはならないということもあるでしょう。キャッシュする、しないにかかわらず、これらの項目を考慮しておくことは重要です。

また、実装によっても何をキャッシュキーにするかは異なります。ProxyやCDNを組み合わせて使う場合はそれぞれのキーの違いを意識する必要もあるでしょう（4.7参照）。

キャッシュキーの考え方を表にまとめます。

キャッシュ	ユーザー情報	最低限設定すべきキャッシュキー	オリジンに流すヘッダ	クライアントに流すヘッダ
する	含む	[ホスト名]+[パス]+[ユーザー情報]	そのまま	Set-Cookie削除
する	含まず	[ホスト名]+[パス]	Cookie、Authorization削除	Set-Cookie削除
しない	含む	-	そのまま	そのまま
しない	含まず	-	そのまま	そのまま

これらをどのように設定するか、つまりどうキャッシュキー戦略をコードに落とし込むかを、VCLで紹介します。仕様は以下の通りです。

- /mypage/以下はユーザー情報付き（Cookie）でキャッシュを行う
- /static/以下はユーザー情報なしでキャッシュを行う
- /admin/以下はキャッシュをしない
- デフォルトの動作はキャッシュをしない
- キャッシュを行うステータスコードは200のみ

基本的にキャッシュキー戦略をコードに落とし込むときは、キャッシュキー生成に用いたパスごとなどに処理を分割します。以下にその例を示します。この例はこのまま本番で使うのは厳しく、実際は本番環境に合わせたより詳細な設定が必要です。イメージとしてはこのような形になると考えてください。

```
sub vcl_recv{
  unset req.http.x-v-user;
  if(req.url ~ "^/static/"){
    unset req.http.Cookie;
    unset req.http.Authorization;
    return(hash);
  }elseif(req.url ~ "^/mypage/"){
    set req.http.x-v-user = "1";
    return(hash);
  }elseif(req.url ~ "^/admin/"){
    return(pass);
  }
  return(pass);
}
sub vcl_hash{
  if(req.http.x-v-user){
    hash_data(req.http.cookie);
  }
}
sub vcl_backend_response{
  if(!bereq.uncacheable){
    if(beresp.status == 200){
      unset beresp.http.Set-Cookie;
    }else{
      set beresp.uncacheable = true;
    }
  }
}
```

» POSTリクエストのキャッシュ

キャッシュが可能なメソッドはGET/HEAD/POSTです。ただしPOSTは通常キャッシュしないもので、基本的にはキャッシュしないことをお勧めします(3.4.1参照)。

それでもPOSTリクエストのキャッシュを行いたいときがあるとします。どのような点を考慮する必要があるでしょうか? 実のところ考え方はGETもPOSTもそこまで変わりはなく、キャッシュキーが正しく設定できれば運用は可能です。

難しいのは、キャッシュキーに含める候補キーの作成です。

POSTリクエストのパラメータはリクエストボディに含まれており、さまざまなContent-Typeが使用されています。多くのProxyやCDNはこれらのパースに対応していません。ここを自前で何とかする必要があるのが、第一の問題です。

- application/x-www-form-urlencoded
- multipart/form-data

- application/x-msgpack
- application/json
- ......

第二の問題はボディサイズです。POSTは大きなサイズのリクエストを送ることも可能です。その考慮も欠かせません。POSTリクエストをキャッシュするときは、APIをたたくものがほとんどです。このため、極端にボディサイズが大きいことはないでしょうが、もし数100MBのPOSTが来た場合どのように扱えばいいのでしょうか？

POSTリクエストをキャッシュする上での大きな問題は、リクエストボディのパースとサイズの2点です。実はそれぞれ対処は単純です。

ボディのパースについてはそもそもパースせずに、次の3パターンの対策を取れば回避できます。もちろん気合を入れてパースするのも可能ですが、このどれかが手っ取り早いです。

- リクエストボディを無視する
- リクエストボディのハッシュ値を取り候補キーとする[*12]
- application/x-www-form-urlencodedの時のみクエリ文字列と同等の扱いで候補キーとする[*13]

また、この際に注意が必要なのはmultipart/formdataです。

```
Content-Type: multipart/form-data; boundary=-----------------------d29↩
    dcc36f2fc7dec
```

これはPOST送信時のmultipart/form-dataの例です。POSTリクエストで複数項目を送信した際の区切りとして使われるのですが、ブラウザによって形式は違いますし、リクエストごとにランダムです[*14]。そのため、multipartを利用する場合は、リクエストボディを無視する以外先に示した3パターンでのキャッシュは不可能です。ほかのContent-Typeを使う必要があるでしょう。

ボディサイズも対処は難しくありません。特定のサイズ（たとえば16KB）まで

*12　ハッシュ値を候補キーとする場合、不要なパラメータはクライアント側でそもそも送らない、ソートを行うなどの対策が必要。

*13　GETにおけるクエリのように、foo=1&bar=2といったデータをリクエストボディに含んでいます。

*14　Chromeだと Content-Type: multipart/form-data; boundary=----WebKitFormBoundaryZPAb36nj3HB1mUT5といった形式でした。

は受け取って処理し、それ以上はキャッシュしない扱いとすれば安全に取り扱いできるでしょう。ここで重要なのはサイズを超えた場合にリクエストを破棄しないことです。

問題点と対処は上記の2つが主です。ただし、ほかにも、意識すべき点はあります。同じURLに対してGETを行うことも可能なのでキャッシュキーにmethod（GET/POSTなど）を含める必要があります。また、クライアントからの`Expect: 100-continue`を利用した分割リクエストが行われないようにする必要があります。

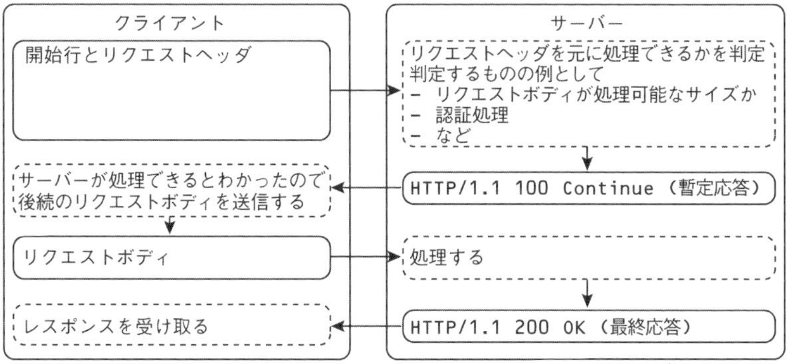

図4.15 Expectを使った分割リクエストの例

POSTリクエストで分割リクエストを使う目的は、サーバーに対してこのサイズ（`Content-Length`）を送信したいが問題ないかをまず確認することです。そのためまずリクエストヘッダまでをサーバーに送信し、サーバー側が問題なければ`100 Continue`をレスポンスしてきたらリクエストボディを送信します。そして最終的なステータスコード（`200`など）を受け取ります[*15]。

`100`は暫定応答のためキャッシュができません。

クライアントから意図せず`Expect: 100-continue`が送られているかをチェックするには、オリジン側で確認すれば良いと考えがちです。しかし、AWSのELBでは`Expect: 100-continue`を受け取ると即座に`100 Continue`を返し、配下には転送しません[*16]。このような実装もあり、オリジンでは確認できないケースが考えられます。これらを踏まえてクライアント側で確認する必要もあるでしょう。

POSTをキャッシュするにはさまざまな考慮するポイントがあるということが

*15 暫定・最終応答については3章のコラム「暫定応答の1xxと最終応答の1xx以外」を参照。
*16 https://docs.aws.amazon.com/elasticloadbalancing/latest/userguide/how-elastic-load-balancing-works.html

理解できたでしょう。どうしても行いたい場合はきわめて注意深く取りあつかうべきでしょう。

» オリジンを信用しない

ヘッダクレンジングの説明で、出入口での対策の重要性を示しました。背景としては、オリジンのコードの変更を管理しきれないなど、そもそもオリジンが信用できないという事実があります。

完全に凍結されたコードで一切変更がないのであれば、その時点（オリジン）でヘッダを確実にきれいにしてしまえば信用はできます。ただ、こういった状態はそうないでしょう。サイトを運用していくうちに開発はどんどん進みますし、その過程でバグが混入して何か悲惨な事故が起きるということは否定できません。

`Vary`はセカンダリキーとして利用するリクエストヘッダのフィールド名を通知するものです（3.11.1）。`Vary: Origin, Cookie`なら、クライアントの`Origin`と`Cookie`ヘッダの値をセカンダリキーとして利用します。いわばキャッシュを出し分ける条件の引数の一覧と言えるでしょう（4.7.2参照）。

そしてオリジンが適切な`Cache-Control`をレスポンスし、それが信頼できるのであればキャッシュキー戦略を立てるまでもなく、その通りにキャッシュすることも可能でしょう。とはいえ、開発をするうえでバグは混入するものですし、実際そんな細かい制御をオリジン側でやるのは難しいでしょう。

もしも信用して使わないはずの`Cookie`をオリジンに送って、オリジンが`Cookie`のユーザー情報を使いページをつくり、その結果をキャッシュすればそこで個人情報の漏洩が起こります。だからこそ、オリジンを信用せずに経路上のキャッシュを行う側で制御を行うわけです。

» 基本的に許可リスト（Allowlist）で行う

前章でキャッシュはHTTPのデフォルトの動作であることを紹介しました。

> RFC 7234ではキャッシュはHTTPのオプション機能ではあるが、キャッシュの再利用は望ましいものであり、それを防止するような要件・設定がない場合は「デフォルトの動作」であるとされています。

しかしながら、運用するうえで事故が起きないことを第一に考えるのであれば、Proxy/CDNにおいてはデフォルトでキャッシュをしない設定をとるべきでしょう。明らかにキャッシュしても問題ないドメインやパスだけキャッシュする、許可リスト（Allowlist）方式で行うのが安全でしょう。

- 静的コンテンツリソースを別ドメインで切り出しているため丸ごとキャッシュをしても問題ないドメイン
- 静的コンテンツリソースをおいているパス（/image/）などの明らかにキャッシュをして問題ないパス

許可リストでキャッシュする際に重要なことは確実にキャッシュされない方法を調べ、設定するということです。たとえばVarnishでは`return(pass)`をすればキャッシュをしません。これを用いて、許可ドメイン（`static.example.net`）とパス（`/image/`以下）以外はすべてキャッシュしない設定を書いてみました。

```
sub vcl_recv{
  //ホストヘッダを小文字に統一する
  if(req.http.host){set req.http.host = req.http.host.lower();}
  if(req.http.host == "static.example.net"){
    //static.example.netの場合はキャッシュをする
    return(hash);
  }elseif(req.url ~ "^/image/"){
    //image以下はキャッシュをする
    return(hash);
  }
  return(pass);
}
```

このように記載することで、許可リストでキャッシュできます。

され、これだけ示すと、許可リスト中心の運用は容易に思えます。ところが、実のところは意識しない限り**確実にキャッシュさせない**のは難しいことです。

`Cache-Control`を適切に指定すれば万事解決というわけにはいきません。`no-store`を解釈しない、`Cache-Control`すべてを解釈せず通ったコンテンツをすべて2時間キャッシュするようなCDNも見たことがあります。

他にもUI上から「キャッシュをしないこと」を明確に指定できるものがあれば、キャッシュしない設定を達成するための条件が複雑すぎてサポートに問い合わせないと理解しづらいようなCDNもあります。

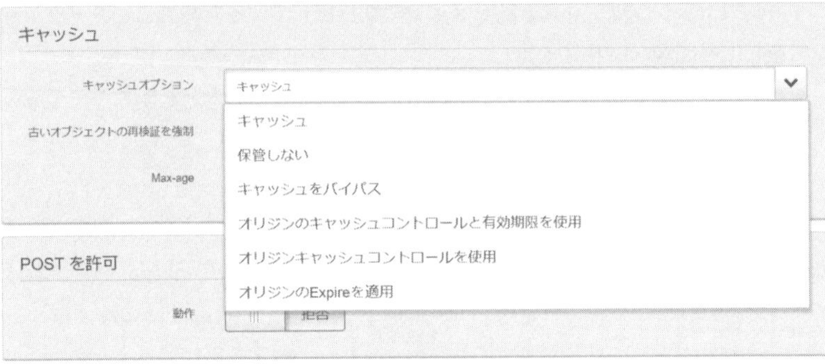

図4.16　Akamaiのキャッシュ設定は分かりやすい

キャッシュさせないためにも、キャッシュの知識は欠かせず、また各サービスやミドルウェアへの習熟も必要となります。重要なことなので調べておきましょう。

4.7.2　キャッシュキーとVaryのどちらに設定するか

本章では、セカンダリキーを指定するVaryについて、ここまで具体的な解説は避けてきました。まずはキャッシュキーとVaryの関係性について説明します。

キャッシュキーはそのコンテンツを識別するためのキーでユニークネスが必須です。多くはURLです。また本章でこれまで解説してきたようにURLでユニークネスを担保できなければ、ユーザーIDなどの候補キーを含めることもあります。

Varyはセカンダリキーとして利用するリクエストヘッダのフィールド名を指定するヘッダです。

セカンダリキーはその名の通り、別のプライマリキーで絞り込んだあと、さらに絞り込むために利用するキーです。このプライマリキーにあたるのが**キャッシュキー**となります。

キャッシュキーとVaryがどのように使われてキャッシュに格納されるか確認していきましょう。次の図はクライアントのリクエストとオリジンのレスポンス、そしてキャッシュキーとキャッシュがどのようにProxyに格納されているかを示しています。

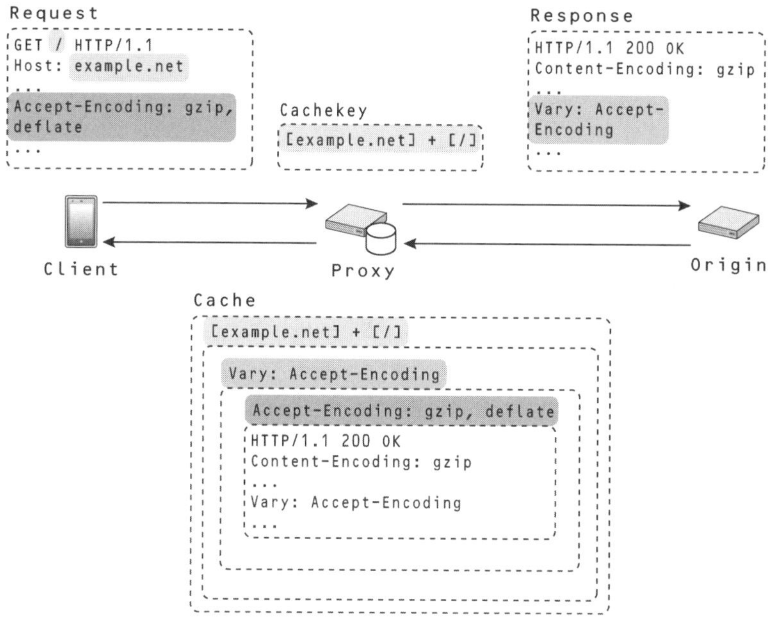

図4.17　Vary利用時のキャッシュの格納のされ方（Proxyに格納）

項目	データソース	値
キャッシュキー	クライアント	example.net + /
Vary	オリジン	Accept-Encoding
セカンダリキー	クライアント	gzip, deflate

キャッシュキーはリクエスト中に含まれているexample.netと/を利用して構成されます*17。オリジンからレスポンスされるVaryは**どのリクエストヘッダの項目（フィールド）をセカンダリキーとして使うか**を指定するものです。このVary: Accept-Encodingの指定はクライアントのAccept-Encodingの値をセカンダリキーとして利用する（そのセカンダリキーでコンテンツの内容が変わる）ということを指します。そしてセカンダリキーはクライアントのAccept-Encodingの値であるgzip, deflateとなります。

ここで覚えておきたいのが、次の点です。

*17　実装によって何をキャッシュキーに使うかは異なります（4.7参照)。

- キャッシュキーはクライアントのリクエストに含まれる情報のみで構築する
- Varyはオリジンのレスポンスヘッダに含まれている
- セカンダリキーはクライアントとオリジンからの情報（Vary）を組み合わせて構築する

Varyはあくまでセカンダリキーの指定のみで、実際にキャッシュの照合に使われるキーはセカンダリキーとなります。

またキャッシュキーの編集もVaryも、同じURLで条件によってコンテンツが変わるようなケースで利用されますが、有効範囲が異なります。

Varyはレスポンスヘッダで使うべきセカンダリキーを指定できます。オリジンでVary: User-Agentと返せば、経路上のキャッシュはもちろん、終端のクライアントのローカルキャッシュでもUser-Agentごとにキャッシュを持とうとします*18。

対するキャッシュキーはレスポンスヘッダに含まれるものではないため、Varyのように使うキーの指定を行うことができません。たとえばキャッシュキーにユーザーIDを追加する場合、経路上に複数のキャッシュ（ProxyとCDN）があればそれぞれでキャッシュキーを明示的に追加する必要があります。また、ブラウザではキャッシュキーの操作ができないため、ローカルおいては影響しません。

また、セカンダリキーはその名の通り、プライマリーキー（キャッシュキー）に従属するものです。

若干イメージが湧きづらいのでどのようにキャッシュが格納されるかを、擬似コードとしてJSONの形で説明します。

```
{
   "[example.net]+[/img/1.txt]":{
      "Chrome":"foo",
      "Firefox":"bar"
   },
   "[example.net]+[/img/2.txt]":{
      "Chrome":"foo",
      "Firefox":"bar"
   }
}
```

example.net/img/1.txtおよび2.txtがキャッシュキーで、Chrome/FirefoxがVaryで指定されたセカンダリキーUser-Agentの値です（長いため省略）。セカ

*18　キャッシュキーに対して１つのキャッシュしか保存できない実装もありますが、Varyで指定された値を見て保持しているキャッシュと違う場合は上書きして使うといった動きをします。

ンダリキーはあくまでキャッシュキーにぶら下がっていることがわかります。

通常 Proxy/CDN のキャッシュに対する操作は、キャッシュキー単位で行います。この操作の一つにキャッシュの消去があります。たとえばexample.net/img/1.txtを消去した場合、当然ぶら下がっているChrome/Firefoxのキャッシュも消去されます。

次に、キャッシュキーにブラウザ情報を入れるケースを考えてみましょう。

```
{
    "[example.net]+[/img/1.txt]+[Chrome]":"foo",
    "[example.net]+[/img/1.txt]+[Firefox]":"bar",
    "[example.net]+[/img/2.txt]+[Chrome]":"foo",
    "[example.net]+[/img/2.txt]+[Firefox]":"bar"
}
```

この場合、キャッシュを消去しようとしてもexample.net/img/1.txtだけの指定では消去できません。Chrome/Firefoxの指定が必要です*19。

このようにキャッシュキーとVaryはさまざまな違いがあり、うまく使い分けたり併用する必要があります。

» キャッシュキーのほうが望ましい場合

PCとスマートフォン（SP）でレスポンス内容を変えたいので、Vary: User-Agentをレスポンスするとしましょう（3.11.1も参照）。

```
User-Agent: Mozilla/5.0 (Windows NT 10.0; Win64; x64) AppleWebKit/537.3↩
    6 (KHTML, like Gecko) Chrome/84.0.4147.135 Safari/537.36
```

上記はChromeのUser-Agentヘッダです。ブラウザ名・バージョンが含まれていて、ほかにもOSのバージョンなどの情報も記載されています。

ブラウザやOSによってはさらに拡張的な情報を入れていることもあります*20。PCとSPを区分けしたいだけなのに、User-Agentを素直にVaryで用いると、OSやブラウザのバージョンでセカンダリキーが無数に存在することになってしまいます。そのセカンダリキーごとにキャッシュがつくられてキャッシュ的に効率が悪いです（回避方法は5.4参照）。

---

*19 実装によって指定の仕方は違うのですが単純に結合すればいいこともあります。このとき、example.net/img/1.txtChromeといった指定で消去できるケースもあります。

*20 たとえば、Android の Google Chrome では、User-Agentに端末の機種番号や OS バージョンが含まれるなど単純なスマートフォンの出し分けには使いづらいです。

こういったケースでは、キャッシュキーを「URL」「PC/SPの区分」だけで生成し、持ったほうが取り回しがいいです。キャッシュの再利用性が上がります。

通常の使い方*21なら、クライアントが突然PCからスマートフォンに変わる、あるいはその逆の事態はありません。同一クライアントのUser-Agentは、少なくともセッション中は一定だと期待できます。 それならば、わざわざクライアント側に、Varyでリクエストのたびに通知することもありません。

なおキャッシュキーの操作ができない CDN も存在し、その場合はVaryを駆使して同等のことを行うことも可能です。また、Varyに特定の項目（Accept-Encodingなどのごく少数）以外が含まれるとキャッシュをしないCDNが存在します。これはVary: User-Agentのようなものを指定された場合に効率が悪くなるためです。こういったケースではそもそもVaryが使えません。キャッシュキーの編集もVaryも難しい場合、クエリ文字列を使い実質的にキャッシュキーを編集する方法もあります。これらの方法の特徴は5章で詳しく解説します。

» Varyのほうが望ましい場合

キャッシュキーを操作した場合、どのような操作を行ったか外部に通知する手段はありません。キャッシュキーの操作は基本的にProxy/CDN内で完結し、外部に情報を提供するしくみを持たないからです。

対して、Varyはレスポンスヘッダです。HTTPヘッダに情報を格納する性質上、クライアントに、このヘッダがセカンダリキーでこの値を元にレスポンスが変化するということを通知できます。

Varyを必要とする代表例は、CORSで用いるOriginヘッダです。

複数のドメインを運営していて、共通的なコンテンツを同一ドメインで配信しているケースにおいては、CORS*22の設定が必要です。単純リクエストの場合*23、クライアントはこのフェッチ元からコンテンツに対してアクセスしてもいいか問い合わせます。問い合わせのために、Originヘッダにスキーム＋ホスト＋ポート（ポート省略可）を組み合わせたもの（Origin: http://foo.example.net）を送信します。サーバーはそれを見て、コンテンツへのアクセスを許可する場合はAccess-Control-Allow-OriginにOriginで指定されたホストもしくは*を返します。ブラウザ側は返ってきたヘッダを見て、一致するもしくは*で許可している場合はコンテンツを利用します。

---

*21 PCでスマートフォン向け画面を表示する、スマートフォンでPC向け画面を表示するというケースも考えられますが、全体のアクセスから見れば多くは無視できるものでしょう。

*22 「オリジン間リソース共有 (CORS) - HTTP | MDN https://developer.mozilla.org/ja/docs/Web/HTTP/CORS」

*23 単純リクエストでない場合はプリフライトリクエスト（OPTIONSメソッド）が実際のリクエスト前に行われます。

http://resource.example.net/img/foo.jpgを、http://foo.example.netとhttp://bar.example.netから利用すると仮定します。URLに対し、Originヘッダと、期待されるAccess-Control-Allow-Originヘッダは以下の通りです。

URL	Origin	Access-Control-Allow-Origin
http://foo.example.net	http://foo.example.net	* or http://foo.example.net
http://bar.example.net	http://bar.example.net	* or http://bar.example.net

CORSはその性質上、同じコンテンツに対してリクエストする場合でも、フェッチ元のサイトが違えば必要なAccess-Control-Allow-Originは異なります。

あるコンテンツに対してキャッシュがされる場合で考えてみましょう。foo.example.netからリクエストがあり、Access-Control-Allow-Origin: http://foo.example.netのヘッダで先にキャッシュAが格納されたとします。その後にbar.example.netからリクエストがあっても、すでにキャッシュAはfoo.example.net向けとなっているため、利用できません。同一のコンテンツなのにキャッシュを活用できないという事態が生じてしまいます。

適切に設定しないと、同じコンテンツの配信でもフェッチ元が違うためにキャッシュとして利用できません。これは、経路上のキャッシュはもちろんローカルキャッシュにおいても起きます。

これを踏まえてキャッシュキーとVaryについて考えてみましょう。Originヘッダで内容が変わることは、経路上・ローカルキャッシュのどちらでも把握する必要があります。ここでキャッシュキーにOriginの値を追加する形にすると、経路上のキャッシュについては問題はありませんが、ローカルキャッシュには通知されません。このため不具合がおきます。Vary: Originと指定すれば、経路上・ローカルキャッシュ双方で、Originがセカンダリキーであることを把握できます。このため、今回のケースではVaryが必要でした。

このように、クライアント側のキャッシュの持ち方について制御したければ、Varyを使う必要があります。

» 両者を併用するのが望ましい場合

ここまで述べたように、両者を併用する場合もあります。たとえばサイトで日本語・英語の表示切替が可能で、Cookieにどちらの言語で表示するかという情報が入っているとします[*24]。Cookieにはほかの情報も含まれているため、経路上ではCookieから抽出した言語情報を候補キーとして使い、クライアントにはVary: Cookieをレスポンスします。こうすることでクライアントでは言語を切り替えた場合に古い言語のキャッシュを使わずに済み、Proxy/CDNにおいてもCookieの言語以外の情報を候補キーに含めなくて済むため効率が良いです。なお、この場合はProxy/CDNがVaryに影響しなくなるよう細工が必要です（詳しくは5.2など参照）。

4.7.3 キャッシュフレンドリなパス設計

安全なキャッシュのために、許可リスト方式を提案しました。しかしながら、これも完璧ではありません。やはり許可リスト方式は面倒ですし、設定ミスも起きやすく、オリジン側の変更に影響される可能性も捨てきれません。

ここまでの解説内容に従えば、仮に設定ミスがあっても安全側に倒れます。そのため、クリティカルな障害はおきづらいですが、やはりミスは減らしたいものです。

こと配信において、ミスが起きる最大の原因は、インフラとバックエンド開発の間で認識齟齬があるからです[*25]。このURLはユーザー情報を含む、このドメインは静的ファイル配信のみ......といった配信に必要な情報のやりとりが適切に行われないケースは多くあります。

解決策は単純です。最初から齟齬が起きづらいように設計すればいいのです。たとえば、許可リスト運用で、パスにそのままキャッシュキー生成の情報を含めてしまうのも一つの手です。

```
/cache/user/
```

たとえば上記のようなパスを設定します。キャッシュキー（ドメイン＋パス＋ユーザー情報）は一目瞭然です。さらに、キャッシュ可能なパスであり、ユーザーごとにキャッシュするという運用ルールもそのまま導けます。パスそのものに意味をもたせることで、インフラとバックエンドの共通言語・ルールができ、齟齬が起こりづらくなります。

ごく簡易なものですが、VCLで記載すると次のようになります。

＊24　通常こういう場合は/jaや/enといったパスで分けますがあくまで例として考えてみましょう。

＊25　Typoや設定コードの誤解など人為的なミスもありえますが、こういったミスは機会的検出がある程度は可能です。

```
sub vcl_recv{
  unset req.http.x-v-identity;
  if(req.url ~ "/cache/"){
    if(req.url ~ "/cache/static/"){
      //静的なコンテンツリソース類なのでcookieは消去
      unset req.http.cookie;
    }elseif(req.url ~ "/cache/user/"){
      //クッキーなどから抽出したユーザ情報をx-v-identityに格納
      set req.http.x-v-identity = "...";
    }

    return(hash);
  }
  ...
}
sub vcl_hash{
    //キャッシュキーにユーザ情報を含める
    if(req.http.x-v-identity){
        hash_data(req.http.x-v-identity);
    }
}
```

ほかにもPC/SPのデバイスタイプ別の出しわけがあるパターンなど、現場にはさまざまなURLがあります*26。どのようなパターンでも、今回紹介したキャッシュキーをパスに含める設計をとれば、インフラ担当もバックエンド担当もお互い悩まず済むはずです。

また、外部からアクセスできない内部向けのキャッシュ（APIやESIなど）であればクエリ中にTTLやstale-while-revalidate相当のパラメータなどを含めるのも有効です。

```
/cache/user/foo?ttl=3300s
```

*26　スマートフォン版はすべて/sp/以下に配置、あるいは別ドメインにするといったケースが考えられます。

```
sub vcl_recv{
  ...
  if(req.url ~ "(\?|&)ttl=[0-9]+[smhdwy]"){
    set req.http.x-ttl = regsub(req.url,"^.*(\?|&)ttl=([0-9]+[smhdwy])↩
         .*$" , "\2");
  }
  ...
}
sub vcl_backend_response {
  ...
  if(bereq.http.x-ttl){
    set beresp.ttl = std.duration(bereq.http.x-ttl, 10s);
  }
}
```

このように指定しておくことで、呼び出し側で柔軟に指定できます。

ESI（5.13参照）でキャッシュを行う場合もパスで分ける、あるいはクエリで指定する設計が望ましいでしょう。筆者自身もこの設計を採用していて、現在まで事故は起きていません。

4.8 キャッシュのTTLとキャッシュを消す

キャッシュを行う場合、基本的にオブジェクトのTTLは○時間といった単位で設定します。TTLが長ければ、当然オリジンに再度取得することは減ります。できるだけ長く設定するのが望ましいのは感覚的に理解できます。

サイトのコンテンツは日々更新します。このようなサイトのキャッシュを長めに設定すると、TTLが短かいと気にならない、キャッシュの入れ替わりまでの時間も気になってきます。古いキャッシュが残っていると困るときに備えて、経路上のキャッシュを扱うProxy/CDNにはキャッシュを消す機能があります。

ここからはTTLをどのように設定すればよいのか、キャッシュを消すには何に注意すればよいのか、またキャッシュを消す作業をなるべく減らすためにどのようにTTLを設定すればよいのかについて解説します。

4.9 キャッシュのTTL計算と再利用—RFC 7234#4.2

前章で説明した`Cache-Control`の`max-age`はキャッシュオブジェクトの生存期間（TTL）です。ほかにもオブジェクトのTTLに関する指定はいくつかあります。`Expires`ヘッダで期限が指定されていたり、TTLが切れた後の振る舞いを指定するstale-while-revalidateやstale-if-errorもあります。ここではそれらを整理し、キャッシュがどのように作成され・使用され・更新され・消えていくかといったライフサイクルについて解説します。

キャッシュのTTLを指定する方法は主に、2種類あります。

- max-age=3600のように1時間経過したら消えるといった相対的な指定（ほかにはs-maxage）
- expires: Mon, 04 Feb 2019 00:00:00 GMTのように特定の時刻（2019/02/04 9:00:00 JSTに消える）で消えるという絶対的な指定

さて、max-ageのような相対的な指定の場合、どの時点を開始時間としたTTLなのでしょうか？ コンテンツを受け取って際にすでにTTLが切れている可能性はないのでしょうか？ Cache-Controlのmax-ageがどの時間を起点とするか整理しましょう。起点は、「リクエストをオリジンに対して開始した時刻」になります。この時刻を、実質オリジンでコンテンツが生成された時刻（生成時刻）として扱います。このため、生成時間が長いコンテンツの場合だとレスポンスボディまで受け切った時点でそのぶんのTTLを消費しています。max-ageはこの点だけ押さえておくとあとは非常にわかりやすく、そのままTTLとして利用できます。

絶対値であるExpiresはオリジンから渡ってくるDateヘッダを引くことでTTLを計算できます。

```
TTL = expires - date
```

これら、相対指定（max-age）と絶対指定（Expires）のTTLへの関係を図にするとこのような形になります。

図4.18 TTLの相対指定と絶対指定

Proxyを多段構成にし、TTLを相対指定するケースを考えます。多段Proxyは負荷軽減などを目的に行われます（5.15参照）。

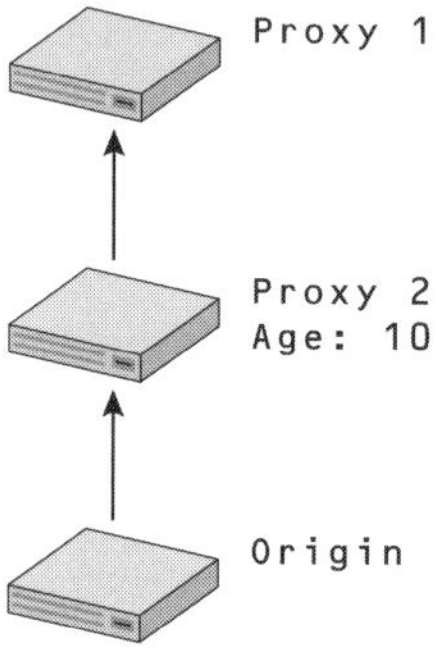

図4.19　多段構成でTTLを判断するにはAgeヘッダが重要

max-ageなどで指定するTTLは全体で超えてはいけない値です。たとえばmax-age: 3600という指定があった場合、Proxy1/2それぞれ1時間で計2時間ではなく、Proxy1/2あわせて1時間のTTLです。したがって、Proxy1のTTLを考えるときは、オリジン側のProxy2でキャッシュされた経過時間も考慮が必要です。そこを差し引いてTTLを求めます。

このようなとき、経過時刻をサーバーからクライアントへ伝えるために、Proxyでの経過時刻をレスポンスするAgeヘッダが使われることがあります[*27]。この値をリクエスト開始時刻から引くことで、生成時刻を求めることができます。

```
生成時刻 = リクエスト開始時刻 - Age
```

生成時刻とそこからのTTLを求めることができました。図にすると以下の通りになります。

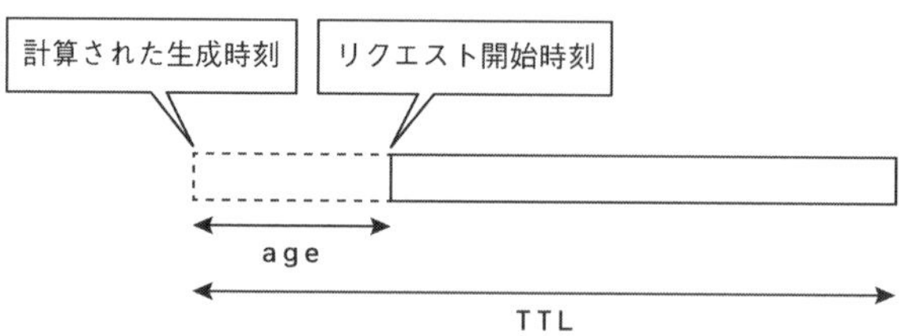

図4.20　TTL＋生成時刻

＊27　実装によってはAgeを返さずに経過した時間分max-ageを減らすケースもあります。たとえばmax-age=3600で600秒経過したキャッシュであればmax-age=3000がレスポンスされます。

TTLが3600秒あったとしても、Ageがすでに3500秒経っていればクライアントなどでの下流で使えるTTLは残り100秒とほとんどありません。このため、max-ageが大きくても、下流では短いという現象が起こりえます。

相対指定、絶対指定、いずれの場合でもキャッシュがFreshな期間を計算する方法がわかりました。

Column

生成時刻とTTLを決める際の基準

レスポンスヘッダにはそのコンテンツの生成時刻であるDateヘッダがあるのになぜ「リクエストをオリジンに対して開始した時刻」を基準とするのでしょうか？ クライアントとオリジンの時刻が同期している保証があるなら、それでもかまわないのですが、実環境ではずれていることもあるためこうなっています。逆に、オリジン由来のExpiresヘッダから計算する場合は同じくオリジン由来のDateヘッダを元にTTLを計算するわけです。

4.9.1 キャッシュの状態とStale

キャッシュのTTLが切れたStaleという状態について、あらためて解説します。TTLが切れたならキャッシュはすぐに削除されるのでは？ 削除したほうがいいのでは？ と、考える方もいるでしょう。

しかし、VarnishなどProxyの実装やCDNでの実際の動作を見る限り、TTLが切れた段階で即時にキャッシュが消えるということはありません。これは、期限が切れたキャッシュでも有効な使い方がある（Stale）のと、そもそも即時で消すのはコストが高いというのもあります。実際に消えるタイミングは次のパターンが多く、指定ができるものは多くありません。

- 新しいオブジェクトをキャッシュするのにストレージ容量が足りないので押し出される
- 回収を専門に行っているワーカーが順次回収していく

Staleキャッシュは有害なものではありません。以下のように利用されています。

- 条件付きリクエスト（3.10.2参照）でStaleキャッシュを再検証し、可能なら再利用する（Freshになる）
- オリジンに接続できない、500系エラーを返しているときに古いキャッシュをレスポンスする動作イメージを図に示します。

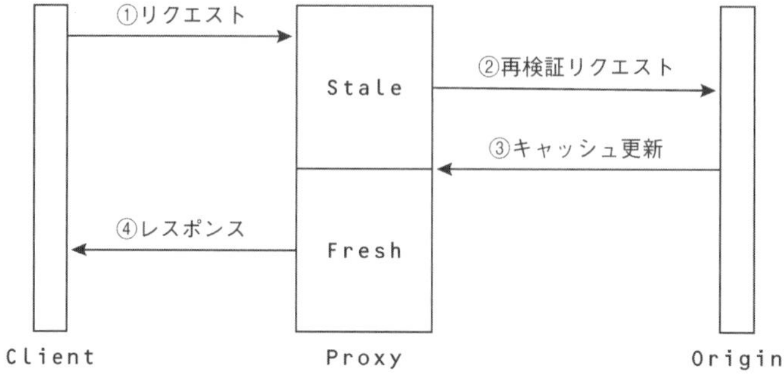

図4.21 Staleキャッシュを再検証して再利用

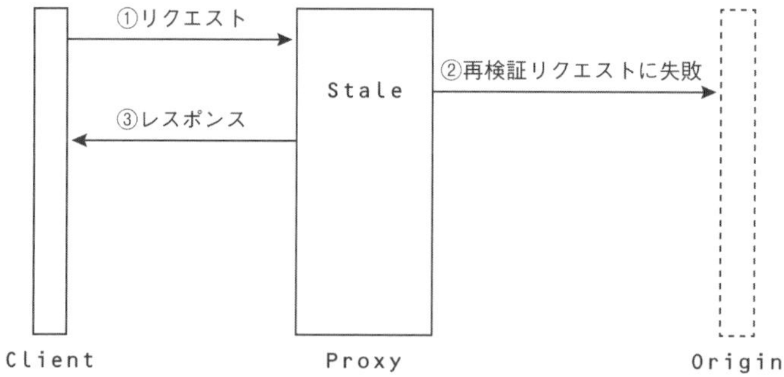

図4.22 接続できないケースで古いキャッシュをレスポンス

条件付きリクエストの方はパフォーマンスを向上するのには欠かせません。またエラー時にStaleとはいえコンテンツを返せるのは利点があります。しかし、これらには1つ問題があります。こういった挙動を細かく制御できないことです。

Staleなキャッシュに対して、より柔軟な取り扱いをするために生まれたのが`stale-while-revalidate`と`stale-if-error`です。

`stale-while-revalidate`はStaleしていても指定した期間の間はStaleオブジェクトをレスポンスし、再検証を非同期で行います*28。非同期で行っていた再検証が終わった後のリクエストにはFreshを返します。

*28 条件付きリクエストや`stale-while-revalidate`については3章参照

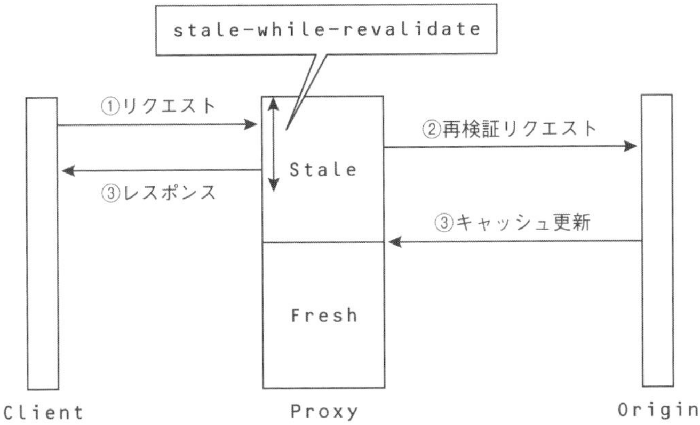

図4.23 stale-while-revalidate期間内

通常、Staleオブジェクトをレスポンスする場合、再検証を待つ必要があります。しかし、これはとりあえずStaleで返します。このことにより、通常必要な再検証の結果を待つことなくレスポンスでき、安定した配信が可能になります。

» stale-while-revalidateの指定

stale-while-revalidateの数値の設定は、そもそもどのように考えるべきでしょうか。TTLと合わせて考えてみるのは1つの手です。たとえば従来TTL1時間で設定していたのであれば、TTLを55分まで短くして5分をstale-while-revalidateの指定に充ているといった形です。こうすることで、クライアントからみてTTL1時間と同じように動作しつつ、裏側では（最後の5分）リクエストを飛ばしてキャッシュできます。

```
Cache-Control: max-age=3300, stale-while-revalidate=300
```

stale-while-revalidateについて、具体的にどの程度の時間を取ればよいかは、リクエストの頻度にもよります。

毎秒リクエストがくるのであれば、数秒の設定でも効きますが、1分に1回程度のリクエストしかこないのであれば1分以上を設定しないと効果がありません。

コンテンツの生成時間も関係してきます。重いコンテンツで生成に1分かかるケースで30秒と設定すると、stale-while-revalidateの期限が切れた後の30秒は基本的に再検証を待つため引っかかります。

そのため、このあたりの要素を考えつつ余裕をもって設定できるとよいでしょう。

なお、この指定期間外なら、通常の方法で再検証します。

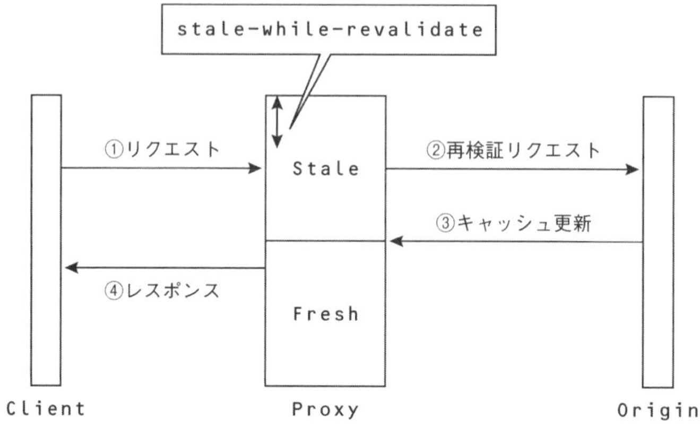

図4.24 stale-while-revalidate期間外

» stale-if-errorの指定

stale-if-errorは、エラー時にStaleオブジェクトをレスポンスできる期間を指定できます。オリジンへの接続に失敗したときや、エラーステータスが返ってきた際でもコンテンツを使用できます。

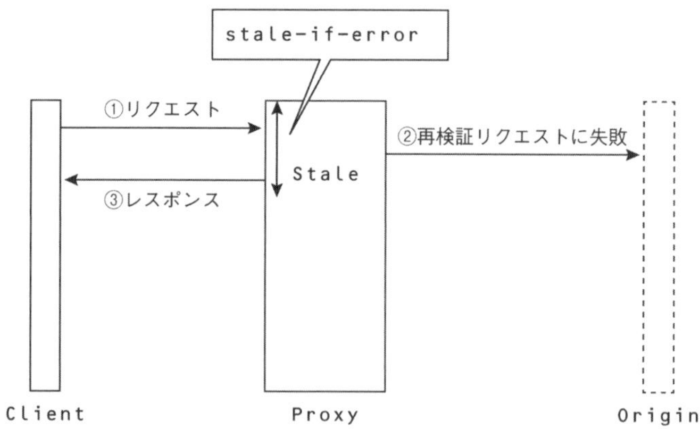

図4.25 stale-if-error期間内

期間内であればStaleオブジェクトをレスポンスします。

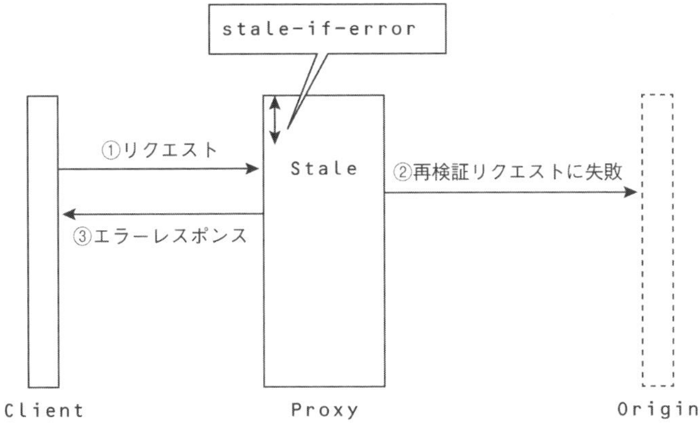

図4.26 stale-if-error期間外

期間外になると再検証が失敗した場合、クライアントにエラーレスポンスを行います。stale-if-errorがないときは再検証を必須としている指定でのみ*29、エラー時に極端に古いStaleオブジェクトを返すリスクを回避できませんでした。

この指定により、オリジンが一瞬落ちた際でも比較的安全にStaleを使うことができます。

stale-while-revalidateとは違いあくまでエラー時の動作なので、指定する場合は既存のTTLを削ってではなく追加で指定するのがよいでしょう。

```
Cache-Control: max-age=3600, stale-if-error=600
```

4.9.2 TTL=0（max-age=0）とは何か

ここまでTTLの原則的な説明をしました。次にキャッシュ事故が起こりやすいTTL=0（max-age=0）について解説します。

max-age=0とはどういう状態なのかを考えてみましょう。TTLが最初から切れているのでキャッシュを行わない......と考えると事故が起こります。

キャッシュの状態にはFreshとStaleの状態があります（4.9.1）。max-age=0はStale状態でキャッシュを行うといえます*30。

ここまで説明してきた通りStaleキャッシュは再利用されるケースがあります。

*29 no-store（これはそもそもキャッシュしないですが）、no-cache、must-revalidate[RFC 7234#4.2.4]。

*30 そのうえでリクエストを行ったクライアントは検証が済んでいる状態のため使うことができます。3.4.1も参照してください。

前章で説明したようにオリジンに接続できない場合などが典型例です。ほかに、問題になるのはstale-while-revalidateの動作です。CDNやミドルウェアによっては、デフォルトでstale-while-revalidateの動きが有効です。期限が切れてオリジンから再取得が走り切るまではStaleキャッシュをレスポンスします。

このようにTTL=0（max-age=0）はキャッシュをしないという指定ではありません。前章で解説したようにキャッシュしないことを意図するなら次のような指定が良いでしょう。

```
Cache-Control: private, no-store, no-cache, must-revalidate
```

Column

max-age=0とno-cacheの違い

max-age=0とno-cacheの動きは似ているようで微妙に違います。no-cacheでは、再検証が成功しないと再利用してはならないという点で異なります。この動きはmust-revalidateです。つまり、max-age=0を用いるとき、no-cacheと同等の指定は次になります。

```
[no-cache] = [max-age=0, must-revalidate]
```

厳密には、この指定は完全に同じというわけではありません。must-revalidateはオリジンへ接続ができない場合は504を返すことが定義されていて、no-cacheはされていません。ただその点以外ではほぼ同等と言えるでしょう。

4.9.3 TTLの決め方

これまでTTLの計算のしかたやFresh／Staleキャッシュの状態について解説をしました。TTLは長ければ長いだけリクエスト減が期待できるため、より長いほうが望ましいというのは理解できるでしょう。しかし、すでに運用中のサイトにおいていきなり長いTTLを設定すると、問題が起きた際に面倒なことが起こりかねません。TTLを長くしてこなかったことに伴う考慮漏れや作業フローの問題などが発生すると、問題特定に時間がかかることが予想されます。そこで、徐々にTTLを長く設定していく必要があります。

ここでは、安全に、効果的にTTLを設定する方法について解説します。

まずTTLの指定はクライアントキャッシュであるローカルキャッシュと、ProxyやCDNでの経路上のキャッシュで考え方が変わります。クライアントでのキャッシュの目的を端的に言うと、3章冒頭で触れたように、可能な限りボディ転送を減らしてできればリクエストを行わないことです。

» セッション中にTTLが切れないように設定する

いままでTTLをまったく考えていなかった場合、まず目標とすべきなのは、サイトの閲覧中に一度キャッシュしたものについては再度リクエストが発生しないようにするということです。

図4.27　GAのセッション継続時間

Google Analytics（GA）ではセッション継続時間というmetricsがあります。この時間の倍以上を設定することでたいていのユーザーがサイトを見ている間はローカルキャッシュを使うことができるでしょう。

» 次セッション時にTTLが切れていない

セッション中の目標が達成されたら、次に目標とすべきなのが、再訪時にクライアントのキャッシュが残っていることです。

これもGAのセッション間隔を見ることでおおよその目安がわかります。それ以上のTTLを設定できるようにしましょう。

» 長時間のTTLが難しい場合でも不要なボディ転送を減らす

さて、ここまで徐々にTTLを伸ばす方向で案内してきましたが、すべてのオブジェクトのTTLを1日や1月とか長期間に設定できるとは限りません。

中には頻繁に更新するようなコンテンツもあるでしょう。そのような場合にどうすればよいのかというと2パターンの考え方があります。

- 頻繁に上書き更新されるが、多少古い内容が表示されてもかまわない。
- 古い内容が表示されるのは好ましくない。

前者であれば max-ageを短めに指定するのもありでしょう。後者ならno-cacheの出番です。

TTLが切れたとしてもキャッシュは即時で消えるわけではなく、再利用されることもあります（4.9.1参照）。短TTLでも、no-cacheの場合でも、ページの更新や遷移の際に頻繁に条件付きリクエストでの再検証が行われます。

当然、再検証の結果変更がなければ（304）ボディが転送されません。転送量を減らすことが可能です。たとえば1KB程度の比較的小さいデータだとしても、塵も積もればで効果が出てくるでしょう。

頻繁に更新されるのでキャッシュが難しいと思っても、no-cacheは指定できるかなど検討してもよいでしょう。no-cacheを用いてキャッシュを有効に使うためには、ETagかLast-Modifiedが必要なことは留意しましょう（5.12.4も参照）。

» ローカルキャッシュと経路上のキャッシュでの考え方の違い

Proxy/CDNでの経路上のキャッシュでのTTLの考え方を検討しましょう。経路上のキャッシュの目的はそのサービスの特性によってさまざまですが、突き詰めるとオリジンへのリクエスト数減が目的です。リクエストが減れば、オリジンでの負荷は減りますし、キャッシュしているので高速にレスポンスできます。

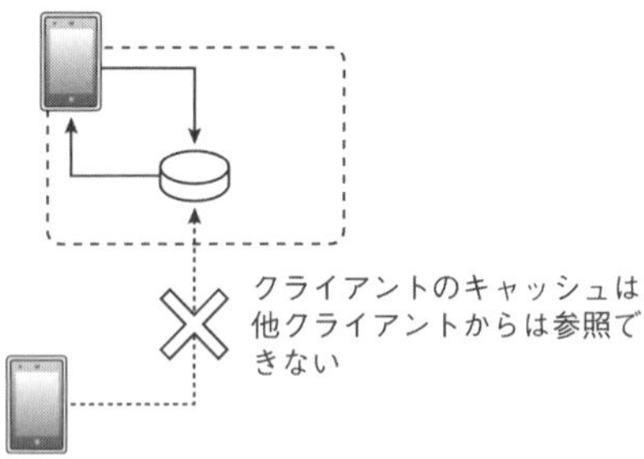
クライアントのキャッシュは
他クライアントからは参照で
きない

図4.28　クライアントのキャッシュは自身のもの

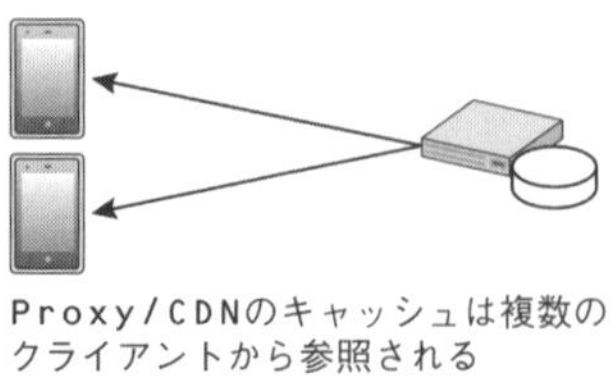
Proxy/CDNのキャッシュは複数の
クライアントから参照される

図4.29　Proxy/CDNのキャッシュは共有するもの

基本的にローカルキャッシュでのTTLの考え方とさほど変わりません。変わるのはどの間隔をとるかです。

ローカルキャッシュの時はクライアント内でしかキャッシュの再利用ができな

いため、単一のクライアントがどの頻度でアクセスしてくるかというセッション時間/間隔をベースに検討しました。経路上のキャッシュの場合は複数のクライアントを対象としているため、見る間隔の指標が異なります。**次のリクエストまでにキャッシュが残ってればよい**ということころです。

もし1分に1回ぐらいしかリクエストがないなら、1分以上のTTLを設定しておくと次のリクエストが来た際には効果があるでしょう。もし、秒間10回もリクエストがあるのなら1秒という短いTTLでも非常に効果が見込めます。また、キャッシュは即時で消えるわけではありません。1分に1回のリクエスト間隔のところに10秒のTTLを設定しても効果がないわけではありませんが、指標という意味ではこの間隔が参考となるでしょう。

わざわざ長いTTLを設定する必要はなく、短いTTLだけでいいのかというとそうでもありません。ローカルキャッシュで長いTTLを設定することで再検証リクエスト自体を減らすことが期待できます。クライアント数が多いサイトであればあるほど、再検証リクエストも多くなります。ローカルキャッシュのTTLを長くすれば、リクエスト数減が期待できます。経路上のキャッシュでも、TTLを長くすればオリジンに向かうリクエスト数を減らせます。

ただ、TTLを長くすることには、疑問のある人も多いでしょう。秒間10リクエストのとき、TTLを1分から1時間に変更しても、1時間に60リクエスト→1リクエストといった一見すると些細な差しか生まれないからです。

実際には、経路上のキャッシュでも長いTTLが望ましいケースは多いです。CDNで考えてみましょう。CDNは多数のエッジサーバーがあります。秒間10リクエストといっても1台で10リクエストをさばいているのではなく、100台、もしかしたら1000台でさばいている可能性があります。リクエストは平均的に分散されるわけではなく、日本からのアクセスが多いが、海外はそこまで多くないなど地域による偏りが通常起こります。このように各エッジサーバーでさばくリクエストは変動するため、TTLが短いと次にリクエストの際にキャッシュが残っていないこともあります。多段構成(5.15と6.3.9参照)でリクエストを集約する機能もありますが、海外配信でエッジオリジン間の物理的距離があればエッジにキャッシュが格納されるまで時間がかかります。そのためTTLを伸ばし、エッジにキャッシュがある状態をできるだけ長く保つことが望ましいです(6.6.5参照)。

ゲートウェイキャッシュはオリジンとの物理的距離が離れていることは通常なく、また台数規模もそう多くはありません。そのためCDNで長いTTLを設定するのと比較すれば効率は低いと考えられますが、効果がないわけではありません。

» ローカル・経路上のTTLを考える

ただ、むやみやたらに長くするのではなく、コンテンツとローカル・経路上のそれぞれの性質に合わせた適切なTTLを設定することが大事です。

ローカル・経路上のどちらも、先ほど説明したstale-while-revalidateが重要です。特に短い場合で有効になっていないと頻繁に配信が引っかかるなどの影響がでます。stale-while-revalidate対応のProxy/CDNを使うべきでしょう[*31]。

また、Proxy/CDNとクライアント双方でキャッシュをする場合に注意すべきなのが、実際にそれぞれどの程度のTTLが使えるかです。たとえばmax-ageを1時間と指定してProxy/CDNでキャッシュをして、50分経過後にリクエストしてきたクライアントに残されたTTLは10分です。

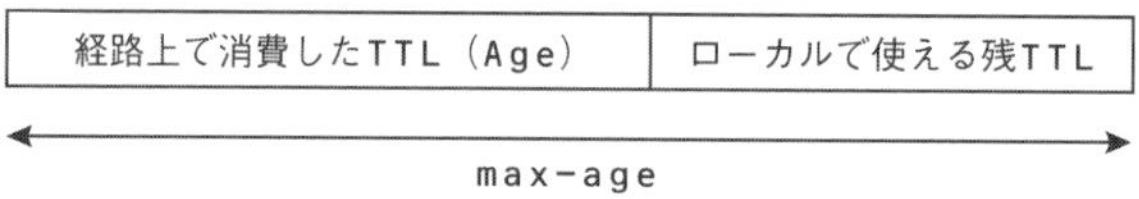

図4.30 max-ageはローカル/経路上共通のTTL

これが問題なのは時間の経過とともに、304だったとしても、クライアントからのリクエスト数が増えるということです。CDNによってはリクエスト数での課金があります。そのため、ここでコストが増えることもありえます。

これを避けるには、2パターンの考え方があります。

- Ageヘッダを消す
- s-maxageを活用する

この50分経過したという情報はAgeヘッダに含まれています。そのため、このヘッダ自体を消すというのがまず1つ。乱暴ではありますが、めったに更新されないといったことがわかっているなら、これも一つの手です（5.8.2参照）。

もう一つの考え方は、s-maxageを指定することです。s-maxageを指定することで、経路上とローカルで使えるTTLを分けることができます（3.6.5参照）。

*31　stale-while-revalidate非対応のProxyを使う場合は、なるべく長いTTLを指定する必要があります。

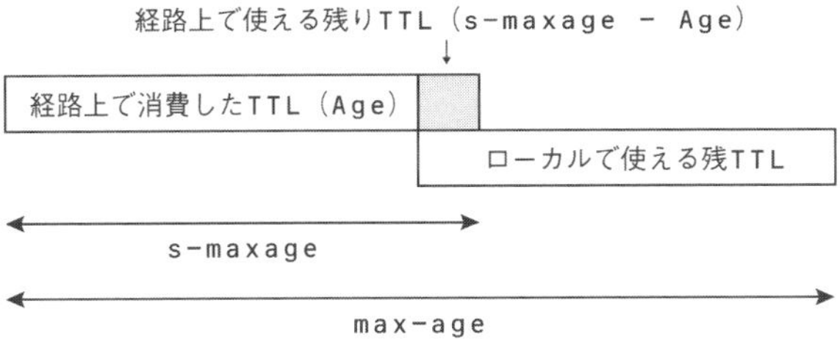

図4.31　s-maxageを指定してローカル/経路のTTLを分ける

次のように指定すれば、全体で1時間、経路上・ローカルでそれぞれ最低30分はキャッシュができることを示します。

```
Cache-Control: max-age=3600, s-maxage=1800
```

4.9.4　もうひとつのキャッシュ エラーキャッシュ

サイトのリリース時、一部の画像のアップロードを忘れてしまい、404が大量に発生するといった問題が起こりえます。

もしこのリクエストをキャッシュしていないのであればすべてのリクエストがオリジンに直撃してしまいます。それを防ぐためにProxyやCDNでは一部のエラーレスポンス（3.4.1参照）について、オプションもしくはデフォルトでキャッシュするようになっています。これをエラーキャッシュやネガティブキャッシュと呼びます。

この機能自体は有用なものの、注意が必要でもあります。CDNによってはデフォルトのTTLが長すぎて*32、404が発生したURLの画像をアップロードしてもしばらくエラーキャッシュしか返さず、問題が解決しないことがあります。用途に合っているかを見て調整するとよいでしょう。

4.10　キャッシュの消去

キャッシュの消去を行いたいケースというのはいくつか存在します。画像など大元のコンテンツリソースを更新したとき、先に上げたキャッシュが残ってしまっていて急ぎ入れ替えたいというのは代表的な例でしょう。

サイトのコンテンツリソースを差し替えた際の反映方法として、クエリ中に更新

*32　といっても普通は長くても数分程度です。

日時などを入れURLを変更することでキャッシュキーを変えるCache Bustingという手法があります。

```
変更前
http://example.net/img/foo.jpg?h=202001010101

変更後
http://example.net/img/foo.jpg?h=202001020202
```

Cache Bustingを行う場合には、コンテンツの更新があったときにクエリ部分が変わるような対応があらかじめ必要です。

この方法はローカル、経路上のすべてのキャッシュにおいて反映される便利な方法ではありますが、以前に参照していたキャッシュは残ります。そのため、変更前のコンテンツも、直接URLに対してリクエストすることで参照できます。投稿サイトを運営していて、著作権上問題のある画像が投稿された際など、確実にキャッシュ削除を行わなければいけないことがあります。

一口に消去といっても方法は2種類あります。ここでは、2種のキャッシュ消去の方法、無効化と削除を紹介します。個々の実装には立ち入らず、考え方の解説にとどめます。どうやって能動的にキャッシュを消すのか、その際の注意について押さえましょう。

4.10.1 無効化と削除

Proxy や CDN でキャッシュを消すことに際し、purge、invalidate、delete、ban などさまざまな言葉がでてきます。一見すると同じように見えますが、キャッシュを使えなくしたいとき＝消去したいときには、無効化と削除の2つの対策があることに注意が必要です。

なお本書では説明する際に無効化と削除を区別する必要がない場合は、キャッシュを**消去**という言葉を利用します。キャッシュ消去といったときは、無効化ないし削除を行い、キャッシュを使えなくするのだと考えてください*33。

» キャッシュの無効化

まずはキャッシュの無効化から考えてみましょうキャッシュの無効化というのは、当該キャッシュをStale状態にすることです。

あくまでStale状態にするだけです。このため次のリクエストを受けた際に、オ

*33 本書の消去（Purge）＝無効化（Invalidate）ないし削除（Delete）の定義はAkamaiを参考にしています。CDNによってはPurgeが削除となっている場合もあります。

リジンへ条件付き問い合わせを行います。

この際オリジンのコンテンツに変更がなければ、Stale状態のキャッシュはFreshになります。またあまり多くはないのですが、ProxyやCDNによってはstale-while-revalidate・stale-if-errorも動くことがあります[*34]。無効化が完了したのにstale-while-revalidate・stale-if-errorにより、古いキャッシュがレスポンスされるというケースも考えられます。

» キャッシュの削除

キャッシュの削除はキャッシュそのものを削除します。削除するため、次のリクエストを受けた際は初回リクエストと同様に通常のリクエストを行い、リクエストボディを受け取りキャッシュを行います。

多くの場合は無効化で事足ります。しかし、先に上げたように何らかの事情で確実に消したいといった場合は削除を選ぶべきでしょう。

最初にinvalidate、purge、deleteを取り上げたようにキャッシュの消去にはさまざまな名前がついています。このため、ProxyやCDNによっては少し見ただけでは無効化なのか削除なのかはわかりません。

用語の指すところは、ドキュメントに書いてあることがほとんどです。もしも書いてない場合でも、操作完了後のリクエストで検証リクエストをオリジンに飛ばしてくるかで判定できます。

4.10.2 キャッシュ消去の注意点

キャッシュを消去した際に障害となりやすいのが、消した直後のリクエストの急激な増大です。今まではキャッシュで解決できていたものを、オリジンが返さなくてはいけなくなるからです。

もちろん数URLの消去であれば何も問題はないのですが、一度に大量に消す場合はリクエストが上がります。次に示すのは、キャッシュの全削除を行った際のトラフィックです。直前のトラフィックに比べるとなかなかの上昇具合です。

＊34 Varnishには複数のキャッシュ消去の方法がありますが、そのうちpurge.soft()をデフォルト指定で行うとStale状態にするのみでstale-while-revalidate相当の動きを許容します。

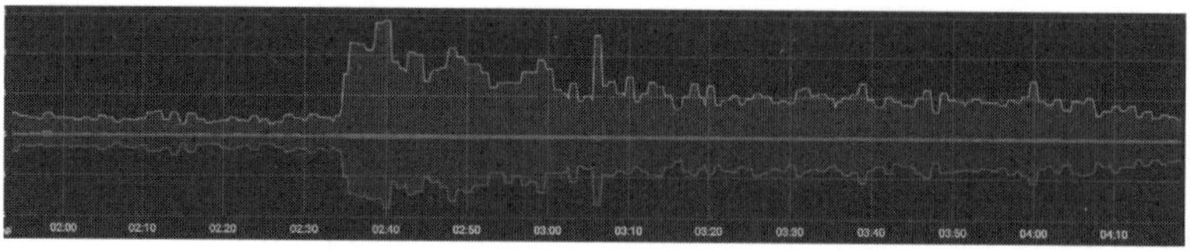

図4.32　キャッシュの全削除でのトラフィック急増

対策は、消去を複数回に分けるなどいくつか考えられます。

キャッシュの消去方法でも、実はこの負荷はだいぶ違います。削除の場合は図4.32のようにトラフィックが急増しやすいですが、無効化を使うとだいぶ緩和できます。無効化なら、再検証リクエストで済む場合もあるため、オリジン側の負荷も軽減されます。ただ、先述のように無効化の場合はStaleキャッシュがそのままレスポンスされることもあります。それだと困る場合は、削除を複数回に分けて行うなどで、トラフィックの急増をできるだけ回避する必要があるでしょう。

キャッシュを消去する場合はオリジンに近いところから消していく必要があります。たとえばCDNとProxyでのキャッシュを併用している場合、先にCDNのキャッシュを消すと、Proxyからキャッシュを持ってきてしまうので無意味です。

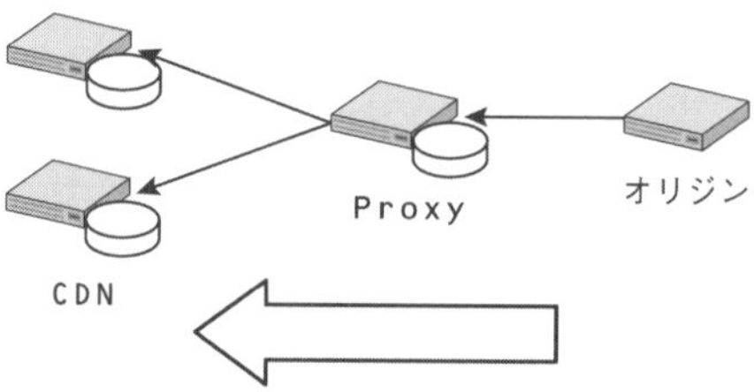

図4.33　上流から消していく

4.10.3　キャッシュ消去にどこまで依存するか

以前はCDNのキャッシュの消去に数分～数十分かかることも珍しくなく、即時性がありませんでした。そのため、キャッシュの消去は何か問題があったときの最終手段であったといえます。

ところが最近ではFastlyのミリ秒での消去やAkamaiの数秒レベルの消去など、キャッシュ消去が非常に高速になりました。ここまで高速になると、使い方も変化してきます。ゲームのマニフェストを長めにキャッシュしておいて、更新があったら消去するといった運用も見られるようになりました。

こういった動きが見られるものの、筆者自身は、そもそもキャッシュの消去は異常時に行う操作だと考えています。正常系ではあまり積極的には用いるべきではないでしょう。

キャッシュの消去について少し考えてみましょう。あるキャッシュのもとのTTLが1日（86400秒）だとします。これだとコンテンツ更新時に反映があまりに遅いので何かしら対策を立てようという話になりました。そこで、更新時にキャッシュを消去する運用と、TTLを3分（180秒）に変更するだけで放置しておく運用とどちらが望ましいでしょうか？

ごくごく単純に考えると、TTLを変更すれば86400/180で480倍のアクセス増の可能性があります。ただ、これはあくまでも再検証のリクエストです。この程度の再検証のリクエストが来たとしても、オリジンの負荷は問題ないでしょう。

日常的にキャッシュをクリアしている運用[*35]なら、多くの場合はTTLを適切に設定することでコントロールできると考えています。安易にキャッシュ消去に頼らず、まず適切なTTLを考えてほしいです。

また、キャッシュ消去は比較的負荷が高い処理であり、無制限に呼び出しできるCDNはあまりありません。たとえばCloudFrontは無料で呼び出しができる回数には制限があります[*36]し、Akamaiも同様です[*37]。Fastlyもドメイン単位のパージのみですが呼び出し回数には制限があります[*38]。

多すぎるキャッシュ消去が事故につながったケースもあります。あるCDN事業者でキャッシュ消去リクエストが大量に発行されたために、数時間に渡ってエッジがダウンし急遽リミットをかけたということがありました（2019年に経験）。

またCDNで障害が起きた際にコンテンツ配信自体は正常でもキャッシュ消去に遅延が生じるケースは少なくないです[*39]。

これらの点からも、TTLの設定はキャッシュ消去が何らかの理由で使えなくなったとしても運用上許容できる範囲とし、能動的なキャッシュ消去は最小限の利用や異常時の手段として使うべきだと考えています。

4.10.4 サロゲートキー・キャッシュタグ

キャッシュを消去する場合は基本的に以下のような指定が可能です。

---

*35 ここでは、日常的にTTLを短くするなど適切にキャッシュを消去している運用を指します。

*36 https://docs.aws.amazon.com/ja_jp/AmazonCloudFront/latest/DeveloperGuide/Invalidation.html#PayingForInvalidation

*37 https://community.akamai.com/customers/s/article/JapanUserGroupKnowledgeBase31572API20181117113808?language=en_US

*38 https://docs.fastly.com/en/guides/resource-limits

*39 他には設定の反映までに時間がかかるといったことが多いです。

- キャッシュキー（URL）の完全一致
- 部分一致
- 正規表現一致
- ドメイン丸ごと

一部のProxyやCDNによっては、サロゲートキーやキャッシュタグという名前で別の消し方を提供しています。

どのような機能か見ていきましょう。オリジンがコンテンツをレスポンスする際、ヘッダにサロゲートキーやキャッシュタグを設定します。たとえば動的な画像サムネイルで以下のようなURLがあるとします。

```
https://example.net/thumbs/120x120/image/foo.jpg
https://example.net/thumbs/240x240/image/foo.jpg
※サムネ前のパスは/image/foo.jpg
```

この際それぞれのレスポンスヘッダに、次のようなタグを付けます。

```
X-Cache-Tag: thumbs-120x120, /image/foo.jpg

X-Cache-Tag: thumbs-240x240, /image/foo.jpg
```

元の画像を更新したのでキャッシュを消したい場合はタグ`/image/foo.jpg`の指定で済みます。逆に120x120のサムネだけを消したい場合は`thumbs-120x120`を指定するといった使い方ができます。キャッシュを消す際、キャッシュキーを超えた範囲でグルーピングの必要がある場合、使いやすいです。ProxyやCDNで実際どのようなヘッダがタグに使用されているか一部紹介します。

Proxy/CDN	ヘッダ名
Akamai	Edge-Cache-Tag
Fastly	Surrogate-Key
Cloudflare	Cache-Tag
Varnish＋vmod_xkey	xkey

第5章

より効果的・大規模な配信とキャッシュ

5

より効果的・大規模な配信とキャッシュ

これまでの内容でクライアント側もProxy側のキャッシュも設定し、サイトの負荷を減らせるようになりました。キャッシュが真に効果的にできているかの判断には、計測をもとにした客観的な指標と配信システムに関する理解が必要です。配信システム、キャッシュやProxy/CDNの特徴を押さえることで、より効率を高められます。

一般的にキャッシュをうまく使えているかの指標としては、ヒット率（キャッシュヒット率、Cache Hit Ratio）が用いられます。ヒット率は可能な限り100%に近いところまで高めていくのが重要とされています。

キャッシュヒット率は一般に以下で求められます。ここでのキャッシュミスは、一般に、そもそもキャッシュできないリクエスト*1を含みます。

```
キャッシュヒット率=キャッシュヒット/(キャッシュヒット+キャッシュミス)
```

また、CDNではオリジンの負荷を下げるという意味で、キャッシュヒット率をオフロード率としていることがあります。Varnishでは`varnishstat`というコメントで表示される統計情報から、CDNではコントロールパネル（操作画面）などでキャッシュヒット率を確認できます。

全アクセスのうちからキャッシュ対象へのアクセスを区別する必要はあるものの、比較的算出しやすく、計算も簡単です。このようにわかりやすく、かつ改善に効果のある数値なので広く参照されます。

本章ではこういった指標改善のための考え方をはじめ、Proxy/CDNの動作の特徴を押さえた運用の改善などを解説します。配信システム全体をより効果的に活用し、大規模な配信も実現できることを目指します。大規模配信を行わなくても、コスト削減などの面で役立つ内容です。

なお、本章ではProxy/CDNの動作の説明に、VarnishのVCLを例に用います。解説内容はVarnishに限定したものではなく、広くほかのProxy/CDNにも適用可能な一般的な内容です。VCLの設定や文法についてはAppendixを参照してください。

---

*1　たとえば`Cache-Control: no-store`指定。

5.1　ヒット率だけによらない効率的なキャッシュの考え方

ヒット率は、キャッシュ効率を語る上でよく出てくる指標です。キャッシュの効率を測るのに、この一指標だけ追っていればいいのでしょうか？

以下のWebサービスを例に、キャッシュの効率とヒット率について考えます。

- 配信しているのは静的なスプライト画像とユーザーごとに動的に生成されるアバター画像
- スプライト画像はトップなどページ共通で使われるものを事前に生成済みの静的ファイル
- アバター画像はユーザーごとの画像でマイページやコミュニティページなどで使用され、（キャッシュにない場合）適宜生成される
- アバター画像の生成に使うリソースは主にCPUとメモリ
- キャッシュストレージの容量が足りないため、TTLが切れる前にあまり使われていないオブジェクトから消される（LRU）

この場合、スプライト画像のように共通で使われるものはよくリクエストされ、キャッシュすればヒット率も極めて高くほぼ100%になるでしょう。

対して、ユーザーごとに生成されるアバター画像のようなものは、人気のコミュニティに書き込みしているユーザーのものは比較的リクエストされるでしょう。しかしながら、それでもスプライト画像に比べると少なく、キャッシュしてもヒット率もそこまで高くないでしょう。

このときLRUであれば、スプライト画像はよく使われるので優先度が高く、アバター画像は使われないので優先度が低くなります。押し出される際はアバター画像から押し出されてしまいます。

たしかに、ヒット率だけを考えるのであれば、これで問題ないかもしれません。しかし、静的なスプライト画像に対して、アバター画像はオリジン側で画像合成しなくてはいけない点に注意が必要です。オリジンの負荷を考えると、アバター画像をキャシュしないのは非常に高コストです。スプライト画像は生成済みの画像を配信するだけなので、オリジンのリソースをそこまで使いません*2。

*2　スプライト画像をキャッシュするなという話ではありません。キャッシュのヒット率だけに依拠する設計だと、リソースへの負荷が減らないかもしれないという例を示すためのものです。

画像種別	キャッシュヒット率	リソース利用
スプライト	高い	あまり使わない
アバター	低い	CPUとメモリを比較的多く使う

LRUによるキャッシュの選別はヒット率だけ考えると効果的です*3。しかし、ヒット率が高いのにオリジンの負荷はそこまで低くならないといったこともあり得ます。もし、アバター画像を有効にキャッシュできるのであれば、生成に使われていたサーバーのCPU・メモリを節約でき負荷を軽減できるでしょう。

キャッシュの目的はいくつかあるものの、究極的には**サービス全体の負荷軽減を目指している**と筆者は考えています。**ヒット率を上げることが目的ではない**のです。

キャッシュヒット率だけに依拠しない、サービス全体として効果的で、スケールアウトしやすい配信のしくみをいかにつくっていくかを解説します。

Column

キャッシュアルゴリズム（LRU/LFU）

キャッシュアルゴリズムにはさまざまなものがありますが、多くの場合はLRU/LFUとその変形や派生が使われます。LRUはLeast Recently Usedの略語です。名前の通り最近最も使われなかったもの（最も古い）を判別し、キャッシュから押し出します。ただし、最も古いものを確実に追跡するのはコストが高いので、一般的には最近使われていないものを押し出されることが多いです。たとえばVarnishはLRUを採用していますが、キャッシュを使うたびにLRUリストの先頭（最近使われた）へ即時移動はさせません。最後に移動してから2秒（デフォルト値）経過しないと移動しないようになっています。この場合、押し出されるのは最も古いものではなくなりますが、実用上さほど問題ありません。
LFUはLeast Frequently Usedの略で、最も使用頻度が低いものをキャッシュから押し出すものです。
変形や派生の具体例としては、LRUとLFUを組み合わせたLFRU（Least frequent recently used）などもあります。キャッシュストレージの容量は無限にあるわけではないので、このように容量を確保するためのアルゴリズムが用いられます。

*3　そもそもLRUのパラメータに生成コストが含まれていないので当然といえば当然です。

5.2 どのようにリクエストを処理してレスポンスをするのか

前章で、キャッシュにはキャッシュキー[*4]やVaryの設定を的確に行うことの重要性を強調しました。ただ、キャッシュキーやVaryをどこで設定すべきか、どこで行うのが効果的なのかといった具体的な掘り下げはしませんでした。ここでは、その点を掘り下げていきます。

そのために、まずはProxy/CDNの話から入りましょう。Proxy/CDNの動作には、次の一連の流れがあります。

1. クライアントからのリクエストを受ける
2. キャッシュがなければオリジンにリクエストを行う（キャッシュがあれば4へ）
3. オリジンからのレスポンスを受ける
4. クライアントにレスポンスを行う

前章でキャッシュキーを操作できないCDNが存在し、その場合はVaryを駆使して同等のことが実現できると触れました（4.7.2参照）。ほかにもVaryで特定項目以外があるとキャッシュしないCDNがあるのにも触れました（3.11.1などで言及）。

こういった前提を踏まえ、Varyを操作するとき、具体的にどこでどのような操作をすべきでしょうか？

たとえば、キャッシュの有無をチェックした後にキャッシュキーの操作をしても無意味なことは想像がつくはずです。このように操作をする場所は重要なため、ProxyやCDNがどのようにリクエストを処理してレスポンスしているか、操作をするならどこが有効なのかを知る必要があります。

5.2.1 Proxy/CDNの機能を整理する

キャッシュを行うProxyやCDNはさまざまな機能がありますが、行っていることを単純化すると、そこまで違いはありません。

クライアントからのリクエストを受け付けて、キャッシュがあるかチェックしてあればレスポンス、なければオリジンに取りへ行ってキャッシュに保存してレスポンス。この一連の流れがProxyとCDNの基本的な機能です。

---

*4　キャッシュキーはコンテンツを識別するためのユニークなキーで、多くの場合はURL（Varnishはhttpなどのスキームを含まないURLの一部）です。

多くのProxyやCDNは、リクエストを受けたりレスポンスしたりするといった一連の流れの各時点（各イベント）で、ヘッダなどの操作を行えるようになっています。

下図にヘッダなどの操作を行える各イベントをまとめます。イベント名は個別のサービスに依拠しない一般的な表現です[*5]。

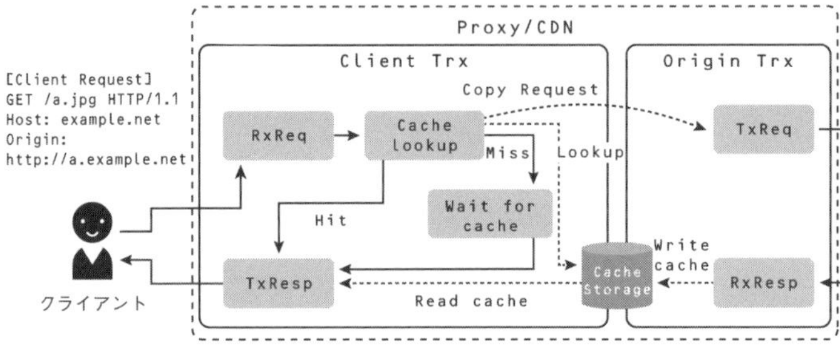

図5.1　Proxy/CDNの基本的な処理フロー

RxReq、TxReq、RxResp、TxRespのイベントを覚えておきましょう。自身（この場合はProxy/CDN）を中心として、受信する場合はRx（Receiver）、送信する場合はTx（Transmitter）と表記します。

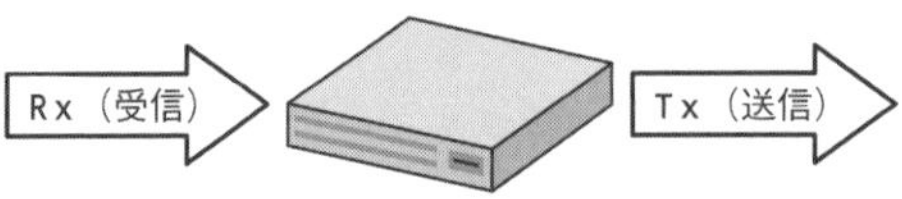

図5.2　Rx/Tx

つまり、RxReqであればリクエスト（Request/Req）を受信するの意味になります。Proxyが受けるリクエストはクライアントからなので、クライアントからのリクエストを受信するといえます。

---

*5　Cache lookupはキャッシュがあるかどうかの確認段階を示します。イベントというより判定ですが、見やすくするために入れてます。Wait for cacheもイベントというより状態に近いですが同様の理由で入れています。

表5.1 イベント一覧

名称	処理内容
RxReq	クライアントからProxy/CDNへのリクエスト
Cache lookup	キャッシュがあるかを判定する
Wait for cache	キャッシュストレージにオブジェクトが格納されるまで待つ
TxReq	Proxy/CDNからオリジン（ないし上流のサーバー）へのリクエスト
RxResp	オリジン（ないし上流のサーバー）からProxy/CDNへのレスポンス
TxResp	Proxy/CDNからクライアントへのレスポンス

表5.2 正確にはイベントではないが処理フローに関連するもの

名称	処理内容
Cache lookup	キャッシュがあるかを判定する
Wait for cache	キャッシュストレージにオブジェクトが格納されるまで待つ

図5.1にあるように、キャッシュのありなしで経由するイベントが変わります。

- キャッシュあり
    1. RxReq: クライアントからをリクエストを受け取る
    2. Cache lookup: キャッシュを探して（Lookup）見つかった（Hit）
    3. TxResp: ストレージからオブジェクトを読み出して（Read cache）レスポンスする
- キャッシュなし
    1. RxReq: クライアントからをリクエストを受け取る
    2. Cache lookup: キャッシュを探して（Lookup）見つからなかった（Miss）
    3. Wait for cache: キャッシュストレージにオブジェクトが格納されるのを待つ
    4. TxReq: オリジンにオブジェクトを取得しに行く
    5. RxResp: 取得したオブジェクトをストレージに格納する（Write cache）
    6. TxResp: ストレージからオブジェクトを読み出して（Read cache）レ

スポンスする

このように整理すると見えてくるものがいくつかあります。たとえばキャッシュキーを操作する場合はキャッシュを探す前、つまりRxReqで操作する必要があるといったことです。詳しくはこれから解説しますが、操作を行う際、全体の流れのどこで行おうとしているかを意識するとわかりやすいです。

» Proxy/CDNのイベントの対応

図5.1の各イベントは、キャッシュを行うProxyやCDNの多くにそのまま援用できる考え方です。相当するイベントとそのイベント時に処理できるしくみを持っています。

図5.1に示した以外のイベントを設定しているサービスもあります。たとえばFastlyはキャッシュヒット/ミスそれぞれで操作できる箇所があります。詳細は利用するProxyやCDNのドキュメントを適宜参照してください。

この処理フローでのイベントを各ProxyやCDNの用語に当てはめると以下のようになります。

イベント	Akamai	CloudFront (lambda@edge)	Fastly	Varnish 6
RxReq	着信リクエスト	viewer request	vcl_recv (+vcl_hash)	vcl_recv (+vcl_hash)
TxReq	発信リクエスト (※1)	origin request	- (※2)	vcl_backend_fetch
RxResp	着信レスポンス	origin response	vcl_fetch	vcl_backend_response
TxResp	発信レスポンス	viewer response	vcl_deliver	vcl_deliver

表を見ていくと、名前はさまざまですが、各Proxy/CDNで同じような処理をしている・できることがわかります。

なお、FastlyにはTxReqに相当するものがないというわけではありません(※2)。`vcl_hash`では`set req.hash += req.url;`といった形でキャッシュキーにURLなどを追加していきます。この追加が終わった後に値を変更することで（この場合は`req.url`の変更）実質的にTxReqに相当する操作が可能です。ただし、`vcl_deliver`で`req.url`を使う場合は変更が影響します。

また、この表の分類には例外や多少扱いがあいまいな箇所もある点には留意してください。たとえば、Akamaiの発信リクエストパスの変更はキャッシュキーに影響するため、発信リクエスト**パス**のみはRxReqと考えるべきです（※1）。

» Cache Storageの構成

Cache Storageがどのように機能するか簡単に解説します。

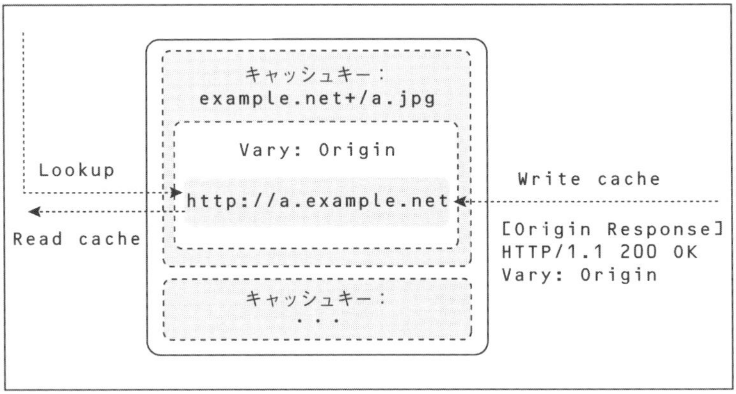

図5.3 Cache Storageの拡大図

上図はどのような形でキャッシュストレージに保存され、また読み出すかを示しているものです。JSONの形で考える（4.7.2参照）とこのようになります。

```
{
   "[example.net]+[/a.jpg]": {
       "a.example.net":"contents.."
       },
   ...
}
```

» トランザクションの独立性

Proxy/CDNはサーバーでもあり、クライアントでもあります。ここで、一緒くたに処理をしているわけではなく、サーバーとしての処理とクライアントとしての処理は別個に行われます。つまり、2つのHTTPトランザクションに独立しています。

- クライアントとやりとりを行い、自身はサーバーとして動作を行うClient Trx

（クライアントトランザクション）
- オリジンとやりとりを行い、自身はクライアントとして動作を行うOrigin Trx（オリジントランザクション）

分かれているというのが非常に重要です。両Trxが非同期で動作することがあります。これまでも何度も触れてきたstale-while-revalidateの動作です。

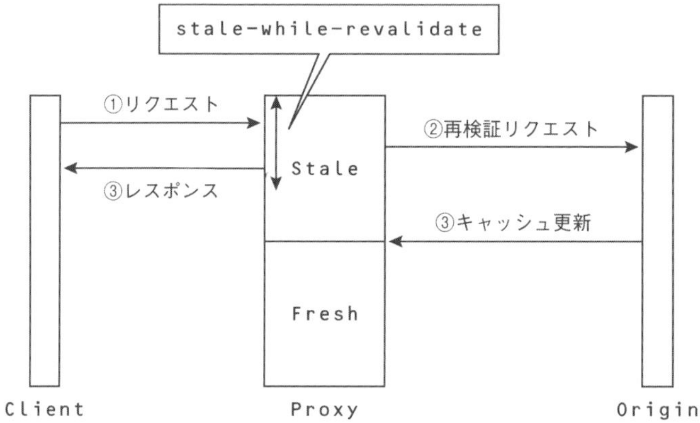

図5.4 stale-while-revalidate期間内

オリジンへの再検証のやりとりは非同期で行われており、クライアントのレスポンスには影響していないことがわかります。これはトランザクションが独立しているからこその動作です。

5.3 RxReq―クライアントからのリクエストを受信する

ここからは各イベントで行う代表的な処理について解説します。まずはRxReq、クライアントからリクエストを受信した際のイベントです。

5.3.1 ACLの処理

特定のパスには特定のIPからのみアクセスを許可したいなど、ACL（Acces Control List）処理を行う場合はクライアントからのリクエストを受け取った際に行うのが通常です。

5.3.2 キャッシュキーの操作およびVaryで指定されたセカンダリキーに関連するヘッダの操作

RxReqの次に行われる処理がCache lookup（キャッシュ有無判定）です。そのため、Cache lookupに影響する、キャッシュキーの操作およびセカンダリキーに関連するヘッダの操作はRxReqで処理します。ここでの操作というのは候補キーをキャッシュキーもしくはセカンダリキーへ追加するということになります。次のような処理は、ここで行う必要があります。

- キャッシュキーに使われるようなホストやURLパスの編集
- `Cookie`などから候補キーとなる項目を抽出してキャッシュキーへの追加

`Vary`はセカンダリキーとして利用するリクエストヘッダのフィールド名を指定します。

たとえばオブジェクトのキャッシュ時のオリジンからのレスポンスヘッダが次のような場合は、リクエストの`Accept-Encoding`で内容が変わることを示しています。

```
Vary: Accept-Encoding
```

`Vary: Accept-Encoding`自体はキャッシュに含まれているため編集ができません。`Vary`で指定されるセカンダリキー（`Accept-Encoding: gzip, deflate`の`gzip, deflate`部分）はクライアントからの値のためそのまま使うと効率が悪いことがあります。

たとえば、リクエストヘッダの`Accept-Encoding`を正規化することでキャッシュの効率を向上させるということはよく行います（5.10.1参照）。

5.3.3 リクエストに含まれる情報に対する操作

RxReqはクライアントからのリクエストを受けた際のイベントのため**必ず**呼ばれます。そのため前章で触れたような`Cookie`の削除や、この後のヒット率を上げるで触れるクエリソートなどのリクエストに対するヘッダ・パスなどの操作を行うのに適しています。安全のために確実にフィルタするには、**入口の*RxReq*で処理を行うのが鉄則**だと筆者は考えています。したがって、リクエストヘッダに対する処理はRxReqに集中させるのが良いでしょう。

このように、基本的にリクエストに対する操作はRxReqで行えばいいのですが、若干取り扱いが難しいケースがあります。

たとえば、CloudFrontのlambda@edgeは関数へのリクエスト数での課金があります。すべてのリクエストがくるviewer request（RxReq）より、キャッシュミスしたリクエストしかこないorigin request（TxReq）で処理するほうがリクエスト数は少なくなります。この場合、TxReqに操作を寄せるほうが安価になります。

このように、コスト面から、可能ならTxReqで行いたいということもあるはずです。ただ、安全側に倒すなら、やはりRxReqで行うべきと筆者は考えています。

5.3.4 キャッシュ可否の判定

キャッシュを行う・行わないの判定は、通常フロー中にRxReqとRxRespで計2回行われます。

最初がリクエストを受け取った時点（RxReq）です。これは、リクエストに含まれるさまざまな情報を元に判定します。次の処理を行います。

- 特定のパス以下をキャッシュするしない
- 特定のヘッダを含む場合はキャッシュしない（`Cookie`など）

もう一つが、オリジンからのレスポンスを受け取った時点（RxResp）です。次の処理を行います。

- `Cache-Control`に従いキャッシュを行わない（`no-store`など）
- エラーレスポンスなのでキャッシュを行わない（`403`や`503`など）

基本的には`Cache-Control`やエラーレスポンス以外、キャッシュ可否の判定はRxReqに寄せるべきです。

RxRespでもクライアントからのリクエスト情報を判定に使えます。そのため、RxReqではなく、RxRespにキャッシュ可否の判定を寄せることも可能です。ただ、RxRespにキャッシュ可否の判定を任せきるのはお勧めしません。

多くのProxyやCDNはキャッシュ可能な同一リクエスト[*6]が来た場合、後続リクエストはキャッシュができるまで待機させる機能があります（Wait for cache、5.5も参照）。もしRxReqでキャッシュ不可とわかれば、後続リクエスト

*6 同一リクエストとは同じキャッシュキー、かつ`Vary`を含む場合は同じセカンダリキーのリクエストのことを意味します。

は待つことなくオリジンへのトランザクションを開始します。しかし、RxRespにキャッシュ可否の判定をよせている場合は、後続リクエストは判定がされるまでは待機します。RxReqでキャッシュ不可とわかれば後続リクエストもすぐに処理できますが、RxRespでキャッシュできないことがわかると後続リクエストは無駄に待機することになります。パフォーマンス向上のためにも、可能な限り、RxReqでキャッシュ可否の判断（指定）をすべきです。

5.4 Cache lookup―キャッシュヒットの判定を行う

Cache lookupはキャッシュキーとキャッシュにVaryがあればセカンダリキーの値を見てキャッシュから返せるかどうかを判定します。あくまで判定部分なので、開発者（Proxy/CDN利用者）側で、ここで何かすることはありません。どのように判定しているのかについてを知っておくといいでしょう。

1. キャッシュキーから一致するキャッシュを選択する
2. 選択されたキャッシュのヘッダにVaryが含まれている場合（`Vary: Accept-Encoding`など）
    1. リクエスト中の対応するヘッダフィールド（`Accept-Encoding`）の値とキャッシュのセカンダリキーが一致するキャッシュを選択する
3. 一致すればキャッシュヒット、不一致ならキャッシュミス

重要なのがVaryとセカンダリキーの評価方法です。たとえばキャッシュキーの編集に対応しておらず、Varyで複雑なことをしなくてはならないケースがあります[*7]。

この場合、Varyの編集もする必要がありますが、キャッシュヒット判定で使われるのはすでにキャッシュされているVaryの値（`Vary: Accept-Encoding`）です。Cache lookupおよびその前のRxReqでは編集ができません。

そのためVaryに対して、キャッシュキーと同様の操作を行おうとすると、複雑な手順をとる必要があります（コラム「Varyもキャッシュキーも編集できない場合」参照）。

たとえばPCとスマホの出し分けをキャッシュキーとVaryのそれぞれで行うとき、手順はそれぞれ下記のようになります。

*7　編集に対応していないというのは、正確にはキャッシュキーに新規項目の追加ができないことを指す場合が多いです。この場合、キャッシュキーを生成される前（RxReq）にパスなどを変更することで、キャッシュキー変更は可能です。

- キャッシュキー
    1. RxReqでPCかスマホの判定を行いキャッシュキーに判定結果を追加
- Vary
    1. RxReqでPCかスマホの判定を行いセカンダリキーとして適当なヘッダ（x-device: pcなど）に格納
    2. TxReqで追加したヘッダの削除、ただしオリジンに送ってもかまわないのであればそのままでも問題ない
    3. RxRespでVaryに先ほど作成したヘッダ名（x-device）を追加指定する（Vary: x-device）
    4. TxRespでVaryから先ほど追加したヘッダ名（x-device）を削除する（必要があればVaryにデバイス判定に使ったヘッダを追加）

たしかにキャッシュキーの操作と比べて複雑ではありますが、キャッシュヒットの判定前にすべての材料をそろえておけばよいと考えればわかりやすいです。特に重要なのがVaryとセカンダリキーを編集する箇所が異なり、Varyはキャッシュに格納する前（RxResp）、セカンダリキーはキャッシュの評価前（RxReq）で操作を行うことです。

5.5 Wait for cache―キャッシュができるまで待つ

クライアントのやりとりと、オリジンとのやりとりは、トランザクションの独立性で触れたように分離しています。返すべきキャッシュがない、キャッシュはあるが期限切れ（Staleキャッシュ）で検証の必要がある場合*8、その時点でのリクエスト情報をOrigin Trxにコピーしてオリジンとのトランザクションを開始します（Copy Request）。

そして、このとき、キャッシュストレージにオリジンからのレスポンスが格納されるのを待機するのが、Wait for cacheです。

4章でSNSに取り上げられるなどでリクエストが同一のページに殺到する例を紹介しました。この場合レスポンスを待機中に同一リクエストが来ることも考えられますが、Wait for cacheで待機させるもしくは設定可能になっていることが多いです*9。

---

*8 stale-while-revalidateの期間中でStaleキャッシュをレスポンスに使っていい場合はトランザクションは開始しますが、ここで待機せず次の処理に移ります。

*9 Varnishのbusy flag、nginxのproxy_cache_lock。

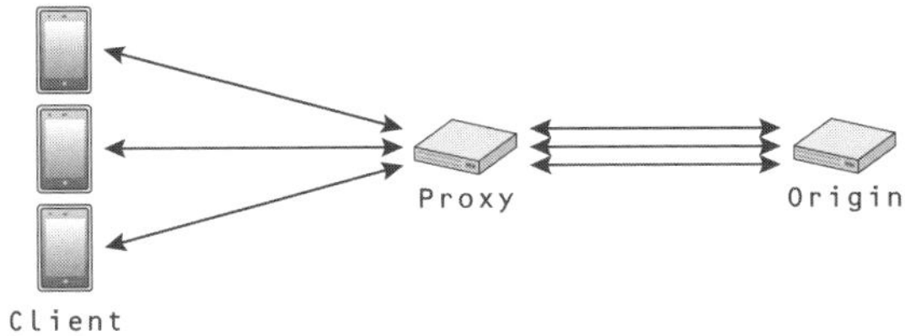

図5.5 同一リクエストをWait for cacheで待機させない場合

もし待機させない場合は図のようにキャッシュに格納されるまでは同一リクエストがオリジンにすべて転送されるため負荷が高まります[*10]。

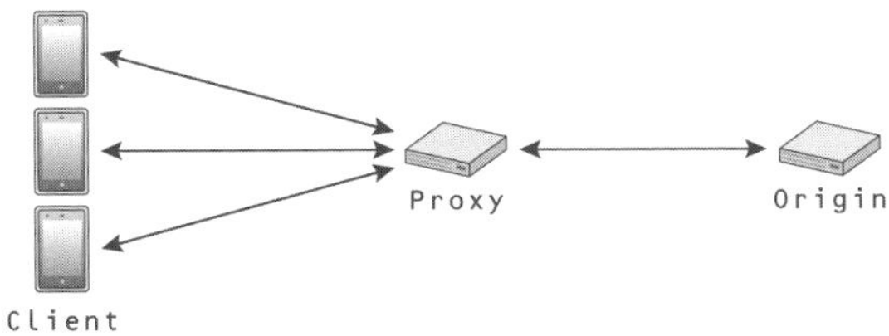

図5.6 同一リクエストをWait for cacheで待機させる場合

待機させることでオリジンへのリクエストを1つにまとまるため効率が良く、また負荷軽減にも役に立ちます。なお、このようにリクエストをまとめる機能は、キャッシュできるコンテンツが対象となります。キャッシュができない場合は、同一リクエストでも他リクエストの結果の再利用ができないからです。

この機能は非常に強力で、たとえば同一リクエストが100来たとしても1つにまとめられるため、オリジンの負荷軽減に役に立ちます。ですが、気をつけないと逆にパフォーマンスを劇的に落とす原因ともなります。

たとえばmypageのようにキャッシュができないページで考えてみましょう。クライアントからのリクエストを受け取った段階（RxReq）ではキャッシュできるリクエストとして扱えば、この機能の対象となり待機します。そして、オリジンからのレスポンスを受け取り（RxResp）キャッシュできないとなれば、待機していたリクエストはオリジンへリクエストを開始します。この場合、待機していた時間が無駄になります。mypageのように最初からキャッシュができないとわかっている場合は、RxReqで指定して、待機を回避できます。

Varnish VCLでの設定例を示します。

---

*10　このようなことをThundering herd問題といいます。

```
sub vcl_recv {
  if(req.url~"(?i)^/mypage/"){
    // /mypage/以下はキャッシュしない
    return(pass);
  }
}
```

ミドルウェア・CDNによってはレスポンスを受け取った際に、「このキャッシュキーはキャッシュしないフラグ」をキャッシュします。こうすることでTTL中はRxReq中でキャッシュを行わないのと同様の動作をします*11。

5.6 TxReq―オリジンにリクエストを送信する

TxReqは、キャッシュミスして、Proxy/CDNからオリジンに問い合わせを行う必要がある際のイベントです。そもそもオリジンへ送信するリクエストは、多くの場合RxReqで編集されたものなので、ここで行う処理は若干特殊です。

5.6.1 複数のオリジンがある場合の選択

パスごとにオリジンを変更したいケースなど、複数のオリジンがある場合の選択はTxReqもしくはRxReqで処理します。

多くのProxy/CDNではRxReqでも行えますが、トランザクション（の独立性）を考えると本来はTxReqでやるものです。

```
sub vcl_recv{
  if     (req.url ~ "^/foo/"){
    ...ヘッダ処理など...
  }elseif(req.url ~ "^/bar/"){
    ...
  }
}
sub vcl_backend_fetch{
  if     (bereq.url ~ "^/foo/"){
    ...オリジン選択処理...
  }elseif(bereq.url ~ "^/bar/"){
    ...
  }
}
```

*11 Varnish/Fastlyのhit-for-pass。

ところが、パスごとにオリジンが違う場合だとこのようにRxReq/TxReqの両方においてパスの条件文を書く必要があり面倒です。RxReqで指定可能であればそちらで、できなければ本来のTxReqでという使い方が良いでしょう。

5.6.2 キャッシュキーに影響を与えないオリジン問い合わせ時のホスト名・パス変更

リクエストパス	リライト後のパス
/thumbs/img_240x240.jpg	/thumbs/index.php?p=img.jpg&w=240&h=240

このようなリライトが必要なとき、RxReqで行うとキャッシュキーに影響します。RxReqで行ってしまうと、キャッシュ消去を行う場合はリライト後のパスを指定する必要があります*12。

さまざまな理由で実際のパスとは異なるものをキャッシュキーとしたいことがあります。TxReqはCache lookup以降の処理のため、ホストやパス名などのキャッシュキーに含まれる項目を変更しても、キャッシュキーには影響しません。

5.6.3 イベントの呼び出し数を減らしたい場合のヘッダ操作

RxReqでないとできない処理*13をしておらず、イベントの呼び出し数で課金される（FaaSなど）ためできるだけ呼び出し数を減らしたいのであればTxReqで処理することも可能です。

5.7 RxResp―オリジンからレスポンスを受信する

RxRespは、オリジンからレスポンスが返ってきたタイミングでのイベントです。

RxRespはオリジンへのリクエストがあったとき、キャッシュを行う・行わない、いずれの場合でも呼ばれます。キャッシュを行う場合は、キャッシュストレージに保存する前の処理となります。

*12 キャッシュ消去に使うキーは様々な種類がありますが（4章参照）、基本はキャッシュキー単位です。なおこのケースであればキャッシュタグを使うことで回避はできます。

*13 例えばACL処理をTxReqで行うと既にキャッシュされている場合レスポンスされるためRxReqで行う必要があります。他にもキャッシュキー関連の処理があります。

5.7.1　キャッシュ可否の判定（2回目）

RxReqで詳しく触れたキャッシュ可否の判定はRxReqとここRxRespの2か所で行います。こちらでの判定はオリジンから返ってきたレスポンスを元に次のような条件でキャッシュ可否を判定します。

- Cache-Controlに従いキャッシュを行わない（no-storeなど）
- エラーレスポンスなのでキャッシュを行わない（403や503など）

5.7.2　TTLを設定する

多くのProxy/CDNではCache-Controlで設定されたTTLや、デフォルトのTTLを使います。パスやステータスコードなど何らかの条件で、TTLを上書きしたい場合はRxRespで操作を行います。

```
sub vcl_backend_response {
  if(beresp.status == 404){
    //404の場合は10秒キャッシュする
    set beresp.ttl = 10s;
  }
}
```

なお、stale-while-revalidate相当の値を変更する場合も、ここで行います*14。

5.7.3　キャッシュするオブジェクトに対する操作

キャッシュストレージの直前で、オリジンからのレスポンスを受け取っているため、キャッシュするオブジェクト（ヘッダ/ボディ）に対する操作は主にRxRespで行います。

ここで変更する代表的なヘッダはSet-Cookieです。キャッシュを行う場合は消さないと非常に危険なためです（4.6参照）。

```
sub vcl_backend_response {
    if(キャッシュする条件){
        unset beresp.http.Set-Cookie;
    }
}
```

*14　Varnishではこれをgraceと呼んでおり、beresp.grace = 10sのように設定します。

クライアントにオブジェクトをレスポンスする直前のイベントはTxRespなのでそちらでまとめて操作を行ってもいいのですが、あえてRxRespで行うことをお勧めします。TxRespで行うとレスポンスの度に編集が必要ですが、Set-Cookieのように必ず消すなどの同じ編集をするのであればキャッシュストレージに入れる前のRxRespであれば1回で済みます。

5.7.4 キャッシュヒット判定に関係するVaryヘッダの変更

キャッシュヒットの判定は次にように行われます（5.4も参照）。

1. キャッシュキーから一致するキャッシュを選択する
2. 選択されたキャッシュのヘッダにVaryが含まれている場合（Vary: Accept-Encodingなど）
    1. リクエスト中の対応するヘッダフィールド（Accept-Encoding）の値とキャッシュのセカンダリキーが一致するキャッシュを選択する
3. 一致すればキャッシュヒット、しなければキャッシュミス

セカンダリキーがどのリクエストヘッダフィールドと対応するかの情報はキャッシュ中のVaryヘッダに含まれています。よって、Varyをキャッシュキーとして代用するために変更を加えるなら、RxRespで行う必要があります。なお、キャッシュヒットの判定に関係しない（クライアントのみを制御したい）というケースもあります。その場合はTxRespで編集します。

5.8 TxResp―クライアントにレスポンスを送信する

キャッシュからオブジェクトを取得し、クライアントにレスポンスする直前のイベントがTxRespです。ここで行うのは最終的なヘッダの操作です。

RxRespでもヘッダの操作は行っています。TxRespが有効なのは、CORSのヘッダのようにコンテンツは変わらないがクライアントごとにヘッダ編集したいケースです。ほかにもいくつか編集したいパターンがあります。

5.8.1 キャッシュは変わらないがクライアントごとにヘッダを変える必要がある（CORSなど）

CORSを利用する際、クライアントのOriginの値が許可しているドメインであれば、Access-Control-Allow-Originの値としてレスポンスする必要があ

ります。この際はクライアントのOriginの値によってレスポンスが変わるためVary: Originが必要ですし、オリジンサーバー側からもVary: Originがレスポンスされることが期待されます。ところが、多くの場合コンテンツ自体は変わらず、あくまでAccess-Control-Allow-Originだけが変わるため、Originごとにキャッシュを格納するのは無駄です。

1. RxResp: Vary: Originの消去
2. TxResp: Vary: Originの付与
3. TxResp: Access-Control-Allow-Originの生成

こうすることでセカンダリキーの評価がされないため[*15]、コンテンツに対しては単一のキャッシュだけを用意しつつ、レスポンスの直前のここで変更するのが効率が良いです。

5.8.2 不要なヘッダの編集

TxRespでは不要なヘッダの編集も注目すべきポイントです。これまでも、さまざまな箇所で不要なヘッダの編集を行っているのに、ここであらためて行うのでしょうか？ 実運用上は次のようなケースが考えられます。

» Proxy/CDN側でつけるヘッダが不要な場合に削除する

ProxyやCDNが自動でつけるヘッダがあります。それらのほとんどはわざわざ消すこともないのですが、中にはクライアント側の動作に影響するものがあります。こういったものはTxRespで削除したいです。

たとえば、前章でも触れたAgeヘッダです。これはクライアントのキャッシュのTTL計算でも使用されます。もちろん、max-ageを十分長く設定し、s-maxageも正しく設定していれば問題ありません。ただ、Ageが原因で混乱が生じるなら、消してしまうのも手段の一つです。

» 内部での処理のためにヘッダをつけていた場合に削除・編集する

内部の処理で、一時的にヘッダを変数的に使うようなケースがあります。たいていはそのまま送ってしまっても問題ありませんが、安全のため、ここでそのようなヘッダを削除・編集するのが良いでしょう。

RxRespでVaryの項目にx-deviceを付与する例を上げました（Cache lookup、

*15 キャッシュに格納される前（RxResp）にVaryを消去することでキャッシュヒットの判定時にVaryおよびセカンダリキーが使われなくなります。

5.4参照)。これは内部処理（PC/スマートフォンでの出し分け）にしか使わないヘッダです。また、クライアントはこのx-deviceを解釈しません。クライアント側に通知をしたいのであれば*16、x-deviceの生成に利用したUser-AgentをVaryでクライアントに送信するのがいいでしょう。

5.9 キャッシュキーをVaryで代用する

同一のURLに対して、クライアントによって出したい内容が異なる場合があります。たとえば、PC/スマートフォンの出し分けなどはわかりやすいでしょう。これを実現するには、2つの方法があります。

- Vary（+キャッシュキー）で処理する
- キャッシュキーで内部的に処理する

Varyを使い、同一URLで異なるキャッシュをつくる際には、キャッシュキーとは違い複数のイベントでの操作が必要です。ここまで解説を先延ばしにしてきました。理解に必要なイベントがすべてそろったので、あらためて解説します。

まずキャッシュキーとVaryの違いについて考えてみましょう。

キャッシュキーはURLやユーザーIDなどの項目から任意に組み合わせたものを利用します*17。これら候補キーとして使われる情報は、クライアントからのリクエストにすべて含まれているため、RxReqだけで操作できます。

対するVaryは何が違うのかというと、どのセカンダリキーを使うかをオリジンからのレスポンスに含まれるVaryヘッダをもとに決定することです。

```
Vary: Accept-Encoding
```

この指定はリクエストヘッダのAccept-Encodingをセカンダリキーとする指定です。

Varyはクライアントのどのヘッダをセカンダリキーとして含めるかという情報をオリジンからのVaryヘッダで指定するため、クライアントの情報だけでなくオリジンからの情報も必要であるということが大きな違いです。これにより、Varyを

*16 クライアントが突然PCからスマートフォンに変わる、またその逆は通常の使い方ではあり得ないので通知する必要はないでしょう。

*17 通常、ホストとパスは最低限キャッシュキーに含まれます。

キャッシュキーの代用とする場合は、RxRespでヘッダの指定とRxReqでそのヘッダへ値を入れる必要があります。

もう一つ重要なのが、Varyはキャッシュキーを置き換えるものではないということです。キャッシュを取り扱う単位はキャッシュキーです。Varyで指定するのは、あくまでセカンダリキーで、単独で使えるものではありません。必ずキャッシュキーと組み合わせて使います（4.7.2参照）。

ここでの代用というのは、キャッシュキーに追加したい候補キーをVaryで補足するような用途を指します。キャッシュキーを編集できない実装の場合、URLなどの基本的な情報を組み合わせてキャッシュキーとしています。ここにさらに候補キー（ユーザー情報など）を追加するためにキャッシュキーではなくVaryで代用するということです。

5.9.1 Varyの利用例

実際にVaryを使い以下のような仕様で検討してみましょう*18。

- 同一URLで、ユーザーの選択した言語によって/asset/以下のパスで出しわけを行いたい
- 言語の情報はCookieのlangというパラメータが入っている（ja/en）
- 言語ごとにパスを変更する
  — /asset/img/foo.jpg -（jaの場合）→ /ja/asset/img/foo.jpg
- ユーザーが言語をメニューから変更したら即適用できるようにしたい

まず最初にCookie中のlangというパラメータが候補キーになることがわかります。次にその候補キーでオリジンの振り分けを行い、クライアントにレスポンスする際はVary: Cookieを付与してクライアント側で言語が変わったときもきちんと反映されるようにする必要があります。

```
GET /asset/img/foo.jpg HTTP/1.1
Host: example.net
Cookie: foo=bar; lang=ja
```

このようなリクエストがくると仮定して、各イベントでどのような操作をするか解説します。なお、あくまで簡易的な説明です。キャッシュするときにCookieは

*18　言語ごとに別パスにすべきなど、いろいろ突っ込みどころはありますが、問題を単純化するためにこれで考えていきましょう。

消さないのか、Cache-Controlはどうすべきかといった箇所には触れていません。

5.9.2 クライアントからの情報でセカンダリキー設定（RxReq）

Cookieからlangパラメータを抽出して新設したx-langヘッダにセットします。RxRespで設定するVary: x-langと合わせることでセカンダリキーとして使うことができます。直接Vary: Cookieとしないのは後述するヒット率を押し下げる要因となるためです。

次のリクエストを想定します。

```
GET /asset/img/foo.jpg HTTP/1.1
Host: example.net
Cookie: foo=bar; lang=ja
```

ここの処理で情報を次のように変更します（x-langの追加）。

```
GET /asset/img/foo.jpg HTTP/1.1
Host: example.net
Cookie: foo=bar; lang=ja
x-lang: ja
```

Varnishでの設定例を以下に示します。

vcl_recvはRxReqに相当する箇所の処理を担います。

```
import cookie;
sub vcl_recv{
    // クライアントから直接x-langを送られてきた場合は無視
    unset req.http.x-lang;
    if (req.url ~ "^/asset/" && req.http.cookie) {
        cookie.parse(req.http.cookie);
        // cookieからlangの値を取得
        set req.http.x-lang = cookie.get("lang");
        // langがja/en以外は弾く
        if(req.http.x-lang !~ "^(ja|en)$"){
            unset req.http.x-lang;
        }
    }
}
```

リスト 5.1 情報を取得・設定するvclサンプル

5.9.3 パスを変更する（TxReq）

TxReqでx-langを見てパスを変更します。RxReqで行わないのは、キャッシュキーが変わることによりキャッシュ消去の利便性が変わること（5.6.2参照）を考えてです。vcl_backend_fetchはTxReq相当です。

```
sub vcl_backend_fetch {
    if(bereq.url ~ "^/asset/" && bereq.http.x-lang){
        set bereq.url = "/" + bereq.http.x-lang + bereq.url;
    }
}
```

リスト 5.2　パスを変更するvclサンプル

5.9.4 キャッシュに格納されるVaryを変更する（RxResp）

RxResp、オリジンからのレスポンスの時点で、Varyヘッダにaccept-encoding，x-langを指定します。accept-encodingを指定しているのは、アセットにcssやjsが含まれる（圧縮される）ことも想定しているためです。

```
HTTP/1.1 200 OK
Accept-Ranges: bytes
Content-Type: image/jpeg
Content-Length: 11926
Vary: accept-encoding, x-lang
```

vcl_backend_responseは次のようにします。

```
sub vcl_backend_response{
    if(bereq.url ~ "^/asset/"){
        set beresp.http.vary = "accept-encoding, x-lang";
    }
}
```

リスト 5.3　Varyを変更するvclサンプル

5.9.5 クライアントに送るVaryに変更する（TxResp）

Varyからx-langを削除して、VaryにCookieをセットします。最終的には次のレスポンス（一部抜粋）が得られます。

```
HTTP/1.1 200 OK
Accept-Ranges: bytes
Content-Type: image/jpeg
Content-Length: 11926
Vary: accept-encoding, cookie
```

```
sub vcl_deliver{
    if(req.url ~ "^/asset/"){
        set resp.http.vary = "accept-encoding, cookie";
    }
}
```

リスト 5.4 Varyを差し替えるvclサンプル

ここでvaryの項目をx-langからCookieに変更します。下記が理由です。

- クライアントはx-langを解釈しない
- ユーザーが言語変更をしたら即座に切り替えを行うために、何をセカンダリキーにコンテンツが変わるかを通知する必要がある

x-langはCookieから生成されているため、クライアント側でキャッシュを持つ場合はVary: Cookieを通知すれば言語変更*19を行っても即座に適用されます。

Varyを使うケースはたしかに複雑なのですが、どこのイベントで何をやるかを知っておくとすんなり使えるでしょう。

5.9.6 Varyもキャッシュキーも編集できないときのクエリ文字列

Varyを使うとキャッシュができず、なおかつキャッシュキーも変更できないような環境の場合はどのようにすればよいのでしょうか？ そもそもキャッシュキーの変更できないといっても、まったく操作ができないわけではありません。次のようなケースがあります。

- 新規に項目を追加できない（抽出したユーザーIDなどを追加できない）
- デフォルトで使う項目の削除ができない（ホストとパスは必ずキャッシュキーに使う）

このような制限がある環境においても、キャッシュキーを変更することは可能で

*19 Cookieに含まれるlangパラメータの変更。

す。キャッシュキーにデフォルトで使う項目（URL）を、キャッシュキーが生成される前のRxReqで編集することで実現します。

ProxyやCDNでは、クエリ文字列をキャッシュキーに含んでいないこともありますが、オプションで含められることが多いです。若干飛び道具的ではあるのですが、クエリ文字列に候補キーとして追加したい項目を入れてみましょう。

たとえばユーザー情報（user=a）を入れたいのであれば、次のようにRxReqで入れます。

```
?cdnkey=user:a
```

直接URLを編集するので動き的にはキャッシュキーの編集と同一の扱いとなります。注意点としてはクエリ文字列で使えるようにエスケープする必要があることと、オリジンへのリクエスト前のTxReqにおいて追加したクエリを消しておかないと、オリジン側に付与されたクエリが漏れます。多くの場合クエリ文字列はアクセスログに記録されるため、個人情報などを入れておくと事故につながりかねません。TxReqで消すか、場合によっては追加したい候補キーをハッシュにして付与するといったことが必要でしょう。

5.9.7　同一URLで複数のキャッシュを持つ方法の比較

これまで同一URLで複数のキャッシュを持つ方法として、キャッシュキー・Vary（セカンダリキー）・クエリ文字列の3種を紹介してきました。それぞれ目的は同じものの、動作が異なるため混乱しがちです。これらを比較していきます。今回はUser-AgentからPCかスマホかというデバイス情報を抜き出して設定するということで考えてみましょう。

» 書き換える必要があるイベント

重要なのが、Cache lookupが行われる前に、候補キーをキャッシュキー・Vary・クエリ文字列に含める操作を行う必要があることです。そのためキャッシュキー・Vary・クエリ文字列のどれもRxReqでUser-Agentからデバイス情報を抜き出す処理が必要です。また、Varyの場合はどのヘッダに格納された値をセカンダリキーとして使うかを、キャッシュが保存される前に設定する必要があります。RxRespでVary: x-deviceのように指定します（この場合RxReqでx-deviceヘッダにデバイス情報を格納）。なお、x-deviceヘッダはあくまでも内部で処理するためのものです。クライアントに送っても無意味なので、ヘッダをきれいにしたければ、

TxRespでVaryからx-deviceを抜いてもよいでしょう。

方法	書き換えるイベント
キャッシュキー	RxReq
Vary	RxReq ＋ RxResp ＋ （TxResp）
クエリ文字列	RxReq

» オリジンへの影響

RxReqで設定した後にキャッシュミスしてオリジンに問い合わせする場合、Varyとクエリ文字列は追加した候補キーがオリジンにわたります。特にクエリ文字列の場合はアクセスログに保存されますので、格納する候補キーによってはケアが必要です。もちろんCache lookup以降に追加した候補キーを削っても判定に影響が出るわけではないため、そのような操作が必要な場合はTxReqで行います。

方法	オリジンへの影響
キャッシュキー	なし
Vary	あり、ヘッダに追加した候補キー情報が渡る
クエリ文字列	あり、クエリに追加した候補キー情報が渡る

» クライアントへの影響

レスポンスヘッダにはキャッシュキーとクエリ文字列は含まれません。したがって、クライアントからは知ることができず、これらはクライアントの動作に影響しません。ですがVaryはレスポンスヘッダです。Vary: User-Agentとレスポンスした場合、クライアントもUser-Agentの値をセカンダリキーとして扱い、値が異なれば個別のキャッシュとして扱います。キャッシュキーとクエリ文字列を操作していたとしても、クライアント側で別キャッシュとして扱う必要があればVaryをレスポンスするのがいいでしょう。その場合はRxRespではなくTxRespで追加する必要があります。RxRespで編集するとキャッシュに格納されますので、Cache lookupに影響します。Varyを操作している場合、クライアントには通知しなくていいものなら、クライアントにはVaryを返さないというのも一つの手です。

方法	クライアントへの影響
キャッシュキー	なし
Vary	あり、指定されたセカンダリキーごとにキャッシュを持とうとする
クエリ文字列	なし

» キャッシュ消去への影響

通常Proxy/CDNのキャッシュに対する操作（消去など）は、キャッシュキー単位で行います（4.7.2参照）。このキャッシュキーはURLから生成するのが基本のため、**キャッシュキー** = URLと言えます。CDNにおいてキャッシュを消去する際にURLを指定するのは、キャッシュキーとURLが同一で編集されていないという前提があって動作します。

たとえばキャッシュキーにユーザーIDを入れた場合、**キャッシュキー** ≠ URLとなるためURLを指定してもキャッシュキーの特定ができず、消去できません。そのためキャッシュタグを設定し、消去時に指定したり、諦めてドメインすべてで消去するといったことが必要です。

クエリ文字列はURLの一部のため、編集を行った場合URL ≠ **編集後の**URLとなります。よって、編集前のURLを指定しても消せません[*20]。たとえば`http://example.net/img/foo.jpg`にデバイス情報の`?cdnkey=pc`を追加し、Proxy/CDNにキャッシュさせたとします。この場合、キャッシュを消す際に`http://example.net/img/foo.jpg`と指定しても消すことができません。変更後の`http://example.net/img/foo.jpg?cdnkey=pc`と指定する必要があります。`cdnkey`のパラメータがそこまで多くなければ（pcとsp程度）消す際にすべてを指定するのでもよいのですが、パラメータが多い場合は運用上難しいです[*21]。そのためキャッシュタグなどでの工夫が必要です。

`Vary`を使って導出されるセカンダリキーは、プライマリキー（キャッシュキー）に付随するキーです。セカンダリキーが変更されてもキャッシュキーは変化しないため、キャッシュ消去に影響しません。たとえば`http://example.net/img/foo.jpg`に`Vary: User-Agent`が指定されれば、ChromeやFirefoxなど`User-Agent`ごとにキャッシュが作成されます。しかし、キャッシュキーの`example.net`＋`/img/foo.jpg`は変化しません。そのためキャッ

*20 今回はクエリ文字列に候補キーを入れている（条件がある）ため当てはまりませんが、**無条件**でURLを編集する（`/img/`を常に`/image/`にリライトするなど）場合はCDNによっては解釈して元のURL（`/img/`）の指定でリライトURL（`/imege/`）も消せることがあります。

*21 CDNによっては一度に消すことができるURL数に制限があったりします。

シュを消す際にはhttp://example.net/img/foo.jpgを指定すれば、User-Agentごとに作成したキャッシュすべてが消えます。

方法	キャッシュ消去への影響
キャッシュキー	あり、キャッシュタグなどの工夫が必要
Vary	なし
クエリ文字列	あり、消去時にクエリの付与が必要

5.10 効果を高める対策

これまで、Vary: User-Agentのような指定で生まれるムダなキャッシュを避ける方法（3.11.1参照）、キャッシュの効果を高める方法を解説してきました。

キャッシュをする際のちょっとした工夫でキャッシュの効果は高められます。ここでは、そもそものヒット率を上げるための工夫や、どのようにキャッシュするコンテンツの取捨選択をするべきかについて触れます。

5.10.1 ヒット率を上げる

本章では、最初にヒット率だけを見ることへの疑問を提示しました。これはヒット率の高さだけを追及するのではなく、見るべき負荷という軸を示したものです。

とはいえヒット率は重要な指標の1つであることは間違いありません。できるだけ引き上げたいものです。

ヒット率が低いとき、素朴な対策としてキャッシュストレージをできるだけ増やそう（可能な限りキャッシュを持つ）という考え方があります。こういった対策も有用ですが、これを行う前に、設定の工夫で改善できることがあります。

たとえば前章で軽く触れたVary: User-Agentのように同じような効率が悪いセカンダリキーの見直しもその1つです。

Column

意図せず入るVary

Varyが入るとキャッシュをしなくなるCDN（4.7.2内参照）が経路上にあったり、頻繁に変わる値（refererなど）をVaryに設定したりすると、キャッシュのヒット率が落ちてしまいます。ここは注意深く設定したいものです。
実は、Varyを明示的に設定しなくても、ミドルウェアやサービスが親切でつけてくれることがあります。このため、慎重に設定したつもりでも、意図しない形でヒット率が落ちることがあります。
CDN利用時、オリジンへの直アクセスを禁止するために、CDN側で固定値のリファラを付与してCDNからのリクエストのみ通す（直アクセスは弾く）設定をすることがあります。オリジンでApacheを利用しているなら、次の設定で実現できます。

```
Require expr %{HTTP_REFERER} == "foobar"
```

ただ、これをやると Vary: refererが自動的に入ってしまいます。この点はApacheのreq_novaryを使ったり、同じくApacheのSetEnvIfとRequire envを組み合わせたりすれば回避可能です。配信システムを見るには、オリジンを調査できる能力も必要です。
他にも、AWSのS3においてCORSの設定を行うと、次のようなヘッダが付与されます。

```
Vary: Origin, Access-Control-Request-Headers, Access-Control-Requ↩
    est-Method
```

もちろんこの動作自体は安全側に寄せているもので理解できるものです。ただ、やはり知らないうちにヘッダが付与されることでキャッシュ効率などに影響があることは見逃せません。
ミドルウェアやSaaSで、意図しないうちにヘッダが付与されることがあります。配信システムにはオリジンへの理解も欠かせません。設定や構成変更時はあらためて、ヘッダなどを調べるべきでしょう。

» クエリ文字列の正規化

APIのURLに次のようなアクセスがあると想定します。

```
http://example.net/api/foo?group=buzz&type=bar
http://example.net/api/foo?group=buzz&type=bar&
http://example.net/api/foo?type=bar&group=buzz
```

クエリ文字列（以下クエリ）の並び順こそ違いますが、実際にはhttp://example.net/api/fooに対してtype=bar group=buzzというパラメータを渡しているという点ではすべて同じものです。

ところが、素朴にアクセスされたURLをそのまま文字列としてキャッシュキーにしてしまうと、この3種類は別のキャッシュキーとして扱われます。このようなクエリをRxReqで正規化することによりヒット率を上げることができます。

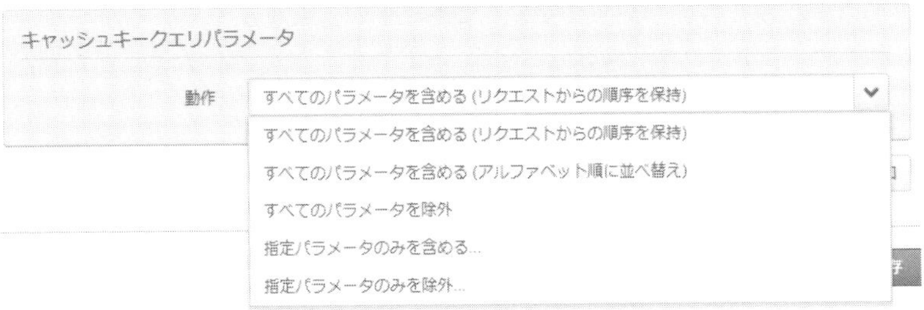

図5.7　Akamaiのクエリをキャッシュキーに含める際の取り扱い方

正規化の方法はいくつかあります。

クエリ自体を消してしまう/必要な候補キーのみに絞り込む

パラメータを必要としない静的なコンテンツリソースに対して、クエリを入れているケースを見かけることがあります。筆者の見た最も極端なケースに、ブラウザ上で動くjsがすべてのリクエストに現在時刻を付与していたというものがあります。さすがにこれはバグだと考えられますが、見返してみると不要なクエリがついているというケースは少なくありません。そういた、そもそもクエリが不要なときは、RxReqで丸っと消してしまうというのも1つの手です。

```
http://example.net/img/foo.jpg?aa → http://example.net/img/foo.jpg
```

もちろんクエリを削除すると想定通りに動作しなくなるケースもあります。クエリで表示内容を変更するとき、Cache bustingの識別用にクエリを使っているときは、クエリを消すと想定しない動作が起こるでしょう。

また全部消すのではなく、必要な候補キーだけを残す、不要な候補キーを消す*22という方法もあります。もし必要な候補キーがわかっているなら有効です。

```
http://example.net/api/foo?group=buzz&type=bar
→http://example.net/api/foo?group=buzz
※group以外のパラメータを消す

http://example.net/api/foo?group=buzz&type=bar
→http://example.net/api/foo?type=bar
※groupを消して残りのパラメータは残す
```

*22　トークンなどでクライアントがリクエストのたびに生成するパラメータを候補キーに含めないといった使い方をします。

URLのゴミ（末尾の&や?の意味をなさない部分）をきれいにする

ゴミというのは、URL末尾の&や?といったURLとして機能していない余計な部分のことです。下記のURLのペアはそれぞれ同じ意味を示すものですが、末尾に余計な文字があるために文字列としては別物になってしまっています。

```
http://example.net/api/foo?group=buzz&type=bar&
→http://example.net/api/foo?group=buzz&type=bar

http://example.net/api/foo?
→http://example.net/api/foo
```

こういったURLのゴミはリクエストを見ていると意外と多く、それぞれ末尾の?&を削るだけで効率が良くなります。RxReqで処理します。

```
sub vcl_recv{
    set req.url = regsub(req.url,"[?&]+$","");
}
```

リスト 5.5 URLのゴミを取り除くvclサンプル

クエリをソートする

同じパラメータであってもクエリの順序が違えば、違うキャッシュキーとして認識されてしまいます。それならば、クエリをソートすれば解決します。

```
http://example.net/api/foo?group=buzz&type=bar
→http://example.net/api/foo?group=buzz&type=bar

http://example.net/api/foo?type=bar&group=buzz
→http://example.net/api/foo?group=buzz&type=bar
```

Varnishはデフォルトでこのための`std.querysort()`が存在し、RxReqで簡単に処理できます。

```
sub vcl_recv{
    set req.url = std.querysort(req.url);
}
```

リスト 5.6 クエリソートするvclサンプル

紹介した手法の中でクエリ自体を消す・必要な候補キーのみに絞り込む・不要な

候補キーを消すのは、その動作についてきちんと把握したうえで指定しなくてはいけません。ゴミをきれいにするのとクエリをソートするのは副作用が少ない（問題となりづらい）ため設定しやすいです。

ソートについても、（オリジン側の）アプリケーションではクエリパラメータの並び順を見ているケースはあまりありません。Proxy/CDNで設定をしても、動作上ほとんど問題ないでしょう。このようにクエリの正規化を行うことで、重複したキャッシュを少なくできます。

» Varyを効果的に使う

これまで何度か触れていますがVaryは使い方が難しいです。

User-AgentやCookieをVaryに指定すると、ブラウザやユーザーのCookieの状況によってさまざまな値がクライアントから降ってくるため、キャッシュが無数に増えていきます。本来は共通してキャッシュできるものなのに、キャッシュが効かない、ヒット率が下がるということが多々あります。

重要なのはVaryで指定されたヘッダの中身の何が候補キーであるかを把握するということです。

たとえばVary: Accept-Encodingはよく指定されますが、ブラウザによって送ってくる内容が異なります。

- https時のChrome, Edge, Firefox, Safari
  — Accept-Encoding: gzip, deflate, br
- brに対応していない古いブラウザ（Internet Explorerなど）とhttp時のChrome, Edge, Firefox, Safari
  — Accept-Encoding: gzip, deflate

サーバー側がgzipしか対応していない場合どちらにしてもgzipされたデータを返すため、Accept-Encodingにgzipが含まれているかどうかしか見ていません。しかし、Accept-Encodingの中身が違うので別個にキャッシュされてしまいます。

```
{
  "[example.net]+[/js/foo.js]": {
      "":"生データ",
      "gzip, deflate, br":"gzipされたデータ",
      "br, gzip, deflate":"gzipされたデータ",
      "gzip, deflate":"gzipされたデータ"
      }
}
```

リスト 5.7 JSONによる擬似例（""はAccept-Encoding指定なしと示す）

これを防ぐにはRxReqにおいてAccept-Encodingにgzipが含まれる場合はgzipのみに上書きするといった対策ができます。そもそも画像や動画のフォーマットは圧縮がかかっていることが多いので、そういう場合は生データを返すようにするのも手です（コラム「圧縮は万能ではない」参照）。

```
sub vcl_recv{
    if (req.http.Accept-Encoding) {
        if (req.url ~ "\.(jpe?g|png|gif|mp3|mp4)$") {
            //圧縮があまり効かないものはgzipしない
            unset req.http.Accept-Encoding;
        } elsif (req.http.Accept-Encoding ~ "gzip") {
            //Accept-Encodingにgzipが含まれていたらgzipのみにする
            set req.http.Accept-Encoding = "gzip";
        } else {
            //gzipが含まれていない場合は空にする
            unset req.http.Accept-Encoding;
        }
    }
}
```

リスト 5.8 gzipまわりの処理に関するvclサンプル

ほとんどのブラウザはgzip対応です。この設定で、Accept-Encodingの種類ごとにキャッシュがつくられることもなくなり、効率が良くなります。

今回はVary: Accept-Encodingを例にしましたが、このようにVaryを使う場合は、基本的に内部で何らかの正規化は必須と考えておいたほうが良いでしょう。

もちろん正規化した場合はオリジンにわたるヘッダも変わることを意識する必要があります。

```
sub vcl_recv{
    if (req.http.User-Agent) {
        if (req.http.User-Agent ~ "(?i)(iphone|android)") {
            //iphoneかandroidの場合はspとする
            set req.http.User-Agent = "sp";
        } else {
            //それ以外はpc
            set req.http.User-Agent = "pc";
        }
    }
}
```

リスト 5.9 デバイス出し分けのvclサンプル（簡易）

たとえば Vary: User-Agent を効率よく使いたいがために、RxReqで上のように設定するとします。これをすると、オリジンに渡されるUser-AgentはPCかSPのみになり、ログのUser-Agentの項目もPCかSPのみになって情報量が減ってしまいます。どのような端末からリクエストがあったのかをログから調べたいときなど、あとから種々の問題が起きます。

このような事態を防ぐには、先に紹介したようにいったん別のヘッダを使うなど対策が必要です（5.9参照）。

ヘッダの一部から候補キーを抽出してセカンダリキーにした場合、クライアント側でもキャッシュを分けるために、Varyに抽出元を指定してレスポンスする必要があります。今回はUser-Agentをもとにpc/spでキャッシュを分割したいので、Vary: User-Agentをレスポンスします。

また、CORSはクライアントからのOriginヘッダによってAccess-Control-Allow-Originを変更する必要があります（4.7.2参照）。ところが、CORSで参照するのは画像などの静的なコンテンツリソースということが多いです。このため、コンテンツの中身は変わらず、変わるのはレスポンスのAccess-Control-Allow-Originヘッダのみということがあります。この場合、Varyを使ってヘッダのみが違うキャッシュを複数持つと、キャッシュストレージを余分に使うことになります。あえてVaryを使わず、キャッシュは一つだけ持つようにし、クライアントにレスポンスする直前（TxResp）でAccess-Control-Allow-Originを組み立てるのもいいでしょう。以下のような処理になります。

- RxResp
    1. オリジンから送られてきたVary: Originを消す
- TxResp

1. リクエストヘッダのOriginをみてAccess-Control-Allow-Originを組み立て返す
2. Vary: Originを付与

```
sub vcl_backend_response {
    //サンプルのため固定としています
    set beresp.http.vary = "accept-encoding";
}
sub vcl_deliver {
    //http://example.net https://example.net からのみ許可する
    if(req.http.origin ~ "^https?://example.net$"){
        set resp.http.Access-Control-Allow-Origin = req.http.origin;
    }
    set resp.http.vary = "accept-encoding, origin";
}
```

リスト 5.10 Acces-Control-Allow-Originを組み立てて返すvclサンプル

RxRespでVary: Originを消してTxRespで復活させています。これは、キャッシュにVary: Originを含むとクライアントのOriginヘッダごとにキャッシュがつくられるため、いったんは消しています*23。復活させているのはクライアント側では適切にVaryを効かせ、Originごとにキャッシュを持つ状態にしないとサイトの閲覧に支障がでるためです。

» そのほかの対策

今まで紹介したのは設定、HTTPヘッダやProxy/CDNの個別の設定値などの対策でした。さらなる対策として、インフラ構成の改善による、システム全体としてのヒット率向上も可能です（5.15や6.3.9参照)。

5.10.2 キャッシュするものを適切に選ぶ

本章の最初でも触れましたが、サイト全体の負荷軽減を目指すのであれば、ヒット率だけではなく生成コストも見るべきです。

これを踏まえて、どのようにキャッシュするオブジェクトを選定すべきでしょうか？ 一般的なWebサービスにおいては、生成時間が長いコンテンツほど生成コストが高いと言えるでしょう。しかし、単純に生成コストが高い順にキャッシュすればよいというわけではありません。キャッシュは再利用されて初めて効果があるものです。

*23 Cache lookup時はキャッシュに含まれるVaryの値を見るため、キャッシュ格納前に消すことで影響を受けなくなります（5.4も参照)。

そのため、いきなり生成コストで絞り込みをはじめるのは避けましょう。ある程度のリクエストがあるURLを絞り込んだうえで、**平均レスポンスタイム x 一定期間でのリクエスト数**が多い順にソート、上位から見ていくとキャッシュ時に効果が高いURLが見えてきます。

これは調べ方のオーソドックスな例です。サービスの構成、キャッシュすることで減らしたいリソースの使い方や性質によって、見方は多様に変化します。このような調査をする場合はアクセスログから行うことが多かったのですが、最近ではNew Relic[*24]など計測ツールが便利に使えます。New Relicでは絞り込みに`most time consuming`（**消費時間の多い順**）が使えます。各種の指標などを確認し、自分たちのユースケースに最適なものを選んでください。

5.10.3 ローカルキャッシュがある状態で即時のコンテンツ更新（Cache Busting／no-cache）

クライアント側のローカルキャッシュをうまく使いつつ、コンテンツの更新時はできるだけ即時で反映したいというのはよくある話です。

サイト更新時にCSSやJavaScriptで古いキャッシュを使っている状態だと最悪デザインが崩れたりしてしまいます。そこでローカルキャッシュを消したいわけですが、何度か触れているとおりローカルキャッシュを消すのはかなり難しいです。Cache Bustingと呼ばれる手法は、現実的な解決策の1つです。

» Cache Busting

キャッシュがクライアントにある状態では、サーバーでファイルを更新しても、`Cache-Control`や`Expires`で指定したTTLが切れるまでは再検証しないため更新されません。そのため、キャッシュを活用するサイトでは、古いキャッシュが使われてしまいかねません。デザイン変更でCSSを差し替えた場合など、古いものが参照されれば最悪デザインが崩れます。なんとか防ぎたいものです。

こういった問題に対し、Cache Bustingの考え方は非常に単純です。

ブラウザで行われるローカルキャッシュは、URL（キャッシュキー）と`Vary`で指定されたセカンダリキーの組み合わせで行われています。そこで、ファイルを更新するたびにURLを変更することで別のキャッシュキーが使われるようにします。URLを変更するにはファイル名を変える（`foo.jpg`を`foo2.jpg`に差し替えそれを参照させる）、パス名を変えるなどいくつかの方法が考えられますが、最も単純なのはパラメータの付与です。URLの末尾に`?v=1`などのパラメータを付与すれ

*24　https://newrelic.co.jp/

ば、ファイル名はそのままに、URLだけを変更できます。

次に示すのは、クエリにvというインクリメントするパラメータを付けて更新時に増やしていく方法の例です。例ではクエリを使用していますが、キャッシュキーが別になればいいので、パス中に/v2/ などバージョンを識別する情報を入れても実現可能です。この方法はHTMLなどでその画像を参照している箇所すべてに適用しなければ意味がないため、普通は自動化します。

```
http://example.net/img/foo.jpg?v=1
http://example.net/img/foo.jpg?v=2
```

こうすればURL=キャッシュキーが異なるので、ファイル名は一緒でもクライアントから再度取得されます。

きわめて単純で効果的な方法ですが1つだけ注意点があります。バージョンを上げる際に指定するパラメータはなるべく類推しづらいものを選ぶべきだという点です。例のようにパラメータにv=2といったようにわかりやすいものを採用していると、推測が容易になってしまいます。悪意のあるユーザーが先にv=2、v=3......とリクエストして、こちらのProxyやCDNに古いコンテンツをキャッシュさせてしまうことも可能です。そのため、ハッシュやタイムスタンプなど推測が難しいものを使うのが良いでしょう。

» no-cache

もしも頻繁に更新が走るが、可能な限りキャッシュを使いたいというのであればno-cacheを使うことも効果的です。no-cacheは「キャッシュを行わないディレクティブ」では**ありません**。キャッシュを再検証なしに再利用してはならないというディレクティブです（3.5.2を参照）。

たしかにリクエストは毎回飛びますが、更新がなければ304 Not Modifiedを返します。そこまで遅くはならないでしょう。

no-cacheは、クライアントとProxy/CDNのどちらでも設定してもいいですが、クライアントだけに設定することでオリジン負荷を抑える手法があります。更新後に数秒程度遅延が許されるなら、s-maxageとstale-while-revalidateでProxy/CDN側は短時間のキャッシュを持ちつつ、クライアント側のみno-cacheにします。こうすることで、オリジンの負荷をかなり抑えつつ、ほぼリアルタイムのクライアントへの反映が実現できます。

ただし、これを前提に行う場合はHTTP/2を使うことを強くお勧めします。

HTTP/1.1だとドメイン当たりの接続数がブラウザ側制限されているため*25、いくら304とはいえこの手法を使う場合はそこがボトルネックになる可能性があります。HTTP/2であれば気にならない程度まで並列で処理できることが多いからです[RFC 7540#6.5.2]。

» 使い分けについて

Cache Bustingとno-cacheはどちらか一方が万能というわけではありません。両者の使い分けが大事です。

CSS/JavaScriptといったファイル類はそこまで更新されることもないのでTTLは長めに設定しておいて、いざ更新されたタイミングで一気に反映できるCache Bustingが良いでしょう。逆に、ニュースフィードなどのリアルタイム性の高いコンテンツは、毎回リクエストを行い更新がなければ自身のキャッシュを使うno-cacheが良いでしょう。

5.10.4 操作する場所を意識する

コンテンツに対して操作を行うことには、必ずコストがかかります。

何度か触れていますが、リクエスト数での課金がある場合（Lambda@edgeなど）、ダイレクトに費用にかかわってきます。それぞれのイベントがどのような条件で呼ばれるか考えてみましょう。

イベント	呼び出し条件
RxReq	クライアントからのリクエストの度に呼ばれる
TxReq	オリジンに問い合わせる度に呼ばれる
RxResp	オリジンからのレスポンスの度に呼ばれる
TxResp	クライアントのレスポンスを行う度に呼ばれる

たとえばキャッシュミスした場合は、次のフローで呼ばれます。

```
RxReq → TxReq → RxResp → TxResp
```

キャッシュヒットした場合はオリジンの問い合わせが必要ないため、次のようになります。

*25　ブラウザによっては設定変更も可能ですが、ドメイン当たりの接続数は6です。

```
RxReq → TxResp
```

ここで注目したいのは、RxReqとTxRespはキャッシュがあろうがなかろうが呼び出されるということです。

RxReqはキャッシュキーにかかわる操作など、複雑な処理を行いたい場合はどうしても外せないイベントです。対して、TxRespはどうでしょうか？

もちろんCORSの処理などで使いたいケースもあるのは事実です。しかし単にヘッダを固定で変えたいのであれば、キャッシュを格納する前のRxRespで行うことにより、TxRespを呼ばなくても済むかもしれません。このようにキャッシュヒットした場合はどのイベントが呼ばれないのかを意識して、できるだけ処理を少なくすることは重要です。

5.11 動的コンテンツのキャッシュ

事前に生成済みのCSS/JavaScript/画像などのコンテンツリソース類は静的、サイトのページのようなアプリケーションサーバーで生成するものは動的コンテンツという分類は広く用いられます。

このうち、動的コンテンツのキャッシュは難しいと感じている人も多いでしょう。

前章で触れたサイト（ケースAとB）は、ユーザーやアクセスする時間帯などによって異なる情報が表示されうるページ、つまりPHPやRubyによって生成された動的コンテンツをキャッシュしています。

静的コンテンツに比べると動的コンテンツのキャッシュには注意する点がいくつかあり、難しいのは事実です。しかし、**サイト全体の負荷対策を考えるとき、動的コンテンツのキャッシュは避けて通れない話**です。どのように考えてキャッシュを行えばよいかを解説します。

5.11.1 動的コンテンツとは何か

そもそも動的コンテンツとはなんなのでしょうか？ 静的コンテンツについて検討したうえでどういったものか明らかにしていきましょう。

CSSは、スタイルの変更などでファイルを更新します。そのため、同一URLの配信でも内容が変わることがあります。変化するファイルでありながら、CSSは一般的には静的コンテンツと考えられています。つまり、コンテンツが更新される／されないというのは動的静的の分類には用いることはできません。

コードで生成されるサムネイルについて考えてみましょう。ブログなどのサムネイル画像は、オリジナルに対し、縦横比や解像度などの設定をURL中に含めて動的に生成することが多いです。オリジナル画像が更新されなければ、サムネイル画像も変更されないため、アクセスのたびに生成される必要があるものではありません。これは動的コンテンツなのか、判断に迷うところです。詳しくは後述しますが、本書ではサムネイルは静的コンテンツとしてとらえます。つまり、コンテンツがコードで生成される／されないだけでも動的静的の分類には不適ということです。

そもそも静的動的の区別を厳密にするのであれば、immutable（変更できない）/mutable（変更できる）を判断基準に用いるべきです*26。しかしながら、実運用での静的と動的の境界線はあいまいで、人によって解釈のしかたは違います。

そこで、本書では静的コンテンツと動的コンテンツを以下のように定義します。TTLと状態（ステート）に注目した分類です。

5.11.2 静的コンテンツ

次の2つの特徴のいずれか、もしくは双方を持つものを本書では静的コンテンツと定義します。

- TTLを長く設定できる
- 明確にTTLが決められる

» TTLを長く設定できるもの

静的コンテンツの第一の特徴が、TTLを長く設定できることです。次のようなものが該当します。

- CSSなどのコンテンツリソースのように更新が頻繁ではないもの
- サムネイルの動的生成のようにオリジナルのコンテンツが存在し、オリジナルが変更されない限りは変更されないようなもの

一般的に、これらは安全にキャッシュでき、比較的長めのTTLを設定することが多いです。比較的長めのTTLとして、1時間以上が一つの目安だと考えています。1時間以上設定でき、なおかつさらに伸ばしてもそこまで問題にならないのであれば、静的といえるでしょう。

1時間以上というのは、あくまで筆者の感覚値ですが、ある程度効果のあるTTL

*26　そういう意味ではCache-Controlでimmutableを指定したコンテンツは静的でしょう。

として目安になると考えています。

» 明確にTTLが決められるもの

静的コンテンツの第二の特徴が、TTLを明確に決められることです。

たとえばバッチで毎時つくられるフィードのようなものであれば、アクセスされた時点で残りのTTLが計算できます。バッチの頻度によってはTTLは短いかもしれませんが、重要なのは明確にTTLを決められるという点です。少なくとも、そのTTL中は静的であることの保証ができるため、静的コンテンツと言えます。

5.11.3 動的コンテンツ

次の2つの特徴のいずれか、もしくは双方を持つものを本書では動的コンテンツと定義します。

- 明確にTTLが決められない
- ユーザーの状態で動作が変わる

» 明確にTTLが決められないもの

本書では、明確にTTLが決められないものは動的コンテンツとします。

たとえばニュースサイトのトップページをキャッシュすることを検討した際、どのようなTTLを設定すればよいかパッとわかる人はいないでしょう。天気や頻繁に更新されるニュース、突如入る速報など考える要素が多く、一意にTTLは決められません。仮にTTLを設定するとしてもごく短時間の、自明なものというよりはしかたなく設定したものになってしまうはずです。ほかにも、株価のようなリアルタイムの情報が求められるところに、TTLを設定したくても難しいでしょう。

このような、明確にTTLが決められないものは動的コンテンツといえます。

» ユーザーの状態で動作が変わるもの

ユーザーの状態で動作が変わるものも動的コンテンツです。

よくあるのがログイン/非ログインで動作が変わるものです。こういったコンテンツはユーザーごとに生成せねばならず、動的と言えるでしょう。

なお、これまで何度か触れているPCとスマホで出し分けをするコンテンツについてもユーザーの状態（端末）によって動作は変わるため動的コンテンツといえます。

5.11.4 なぜ明確にTTLが決められないのか

このように定義すると、動的コンテンツのキャッシュが難しい理由も見えてきます。

キャッシュは、あるコンテンツがTTLの期間中は変化しないことを前提とします。ところが、動的コンテンツはさまざまな条件で変化し、どの程度の期間は不変といいきれません。許容できるTTLの設定が難しくなります。

しかし、動的コンテンツは静的コンテンツと比べるとコードが動いてコンテンツを生成していることが多いため、キャッシュができればシステム全体の負荷軽減につながることが期待できます。

サイトの負荷を減らすために動的コンテンツをキャッシュしようとすると、次の問題が出てきます。

- TTLを決めづらいため、極端に短くせざるを得ない
- そもそもキャッシュができない

このような問題があるため、静的コンテンツと同じような方法をとることはできません。別の方法を考える必要があります。

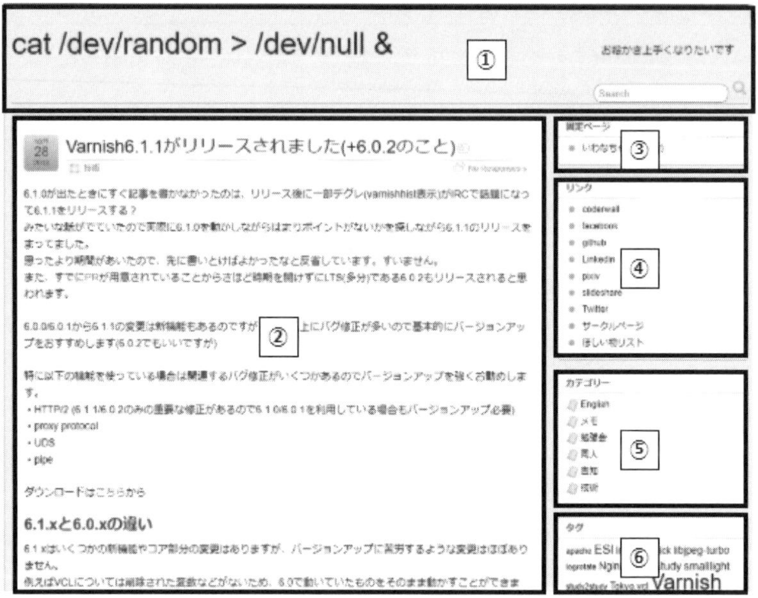

図5.8　筆者のブログ

これは筆者のブログです。WordPressで構築されており、特に静的化は行っていない、動的コンテンツです。

このような動的コンテンツを掘り下げると複数の小コンテンツがあることに気づきます（枠で囲んだ部分）。たとえば①③④の部分は管理画面からタイトルを変えたり、リンクを変えたりといったことをしたタイミングで更新されます。また②⑤⑥については記事の投稿・編集によって更新されます。

すべての動的コンテンツがそのようなものとは言いませんが、**動的コンテンツはこのように異なったライフサイクル（更新タイミングなど）を持つ小コンテンツが組み合わさったもので構成されている**ことが多いです。

更新タイミングが複数あるものをキャッシュしようと考えると、TTLを決めづらかったり、短いTTLが採用されたりします。複数の要素をまとめてキャッシュしようとすると、ほかのすべての要素がキャッシュできるとしても、リクエストのたびに更新の必要な要素が入ったとたんに当然キャッシュはできなくなります。

図5.9　こんにちは～さん

また、このようにログインした後の情報をバーにだすといったことをされると、キャッシュしてもその人にしか有効でなくなるため効果が薄くなります。

動的コンテンツのキャッシュがなぜ難しいのかというのを掘り下げていくと、次の事実が浮かび上がります。

- コンテンツが複数の小コンテンツから構成されている
- 小コンテンツは次の属性を持つ
  1. どのタイミングで更新されるかなどのライフサイクルを個別に持っている
     — ただし個別でTTLは決めやすく静的コンテンツと言える
  2. ユーザー単位で生成されているなど、ステートフルな動作（同一のアクションでもユーザーによって異なる反応）をする
  3. リクエストの度に取得する必要のあったり、きわめてリアルタイム性の高いものがある

この中でキャッシュができないのは3のみです。リクエストの度に取得する必要があるものの代表例は決済画面です。整合性を保つために、キャッシュできないのがわかります。リアルタイム性の高いものとしては、先に上げたように、株価などが該当します。

2はキャッシュ可能ですが、どれだけ再利用されるかを検討する必要があります。

5.12　分割してキャッシュする

このような動的コンテンツをキャッシュしようとしたときどうすればよいのでしょう？ 答えは単純です。混ざっているから難しいなら、分割すればよいのです。

動的コンテンツとは、単一のページではなく、複数のコンテンツが混ざりあったものだととらえ直します。コンテンツを分割したのちに個別の対策を施していくことで部分的にはキャッシュ可能になります。

筆者のブログの例（図5.8）なら、管理画面からの設定変更時に更新される部分（①③④）、記事を執筆した際に更新される部分（②⑤⑥）とに分けて処理すれば、

TTLはそれぞれの最大値を想定できます。単一のページではなく、それぞれTTLが定められたパーツの集合がページと考えることで、動的コンテンツの柔軟性は大きく向上します。

具体的には次のような施策が有効です。これらを組み合わせてもよいでしょう。

- Edge Side Includes（ESI）を利用して分割する（サーバーサイド、5.13参照）
- スクリプトで非同期にデータ取得してレンダリングする（クライアントサイド）
  — ベースページをHTMLとしてキャッシュ、各コンテンツはJSONで提供。これらを適切なTTLを定めキャッシュしておく

生成コストが高かったり、さまざまな場所で使いまわしができたりするものを切り出してキャッシュできれば、それだけでも負荷は減るでしょう。もちろんこれは理想論で、コンテンツの切り分けをアグレッシブに行うのはなかなか難しいこともあります。静的コンテンツのキャッシュに比べると考慮する点も多くなりますし、簡単に分割できない例も多いでしょう。そうだったとしても、可能な範囲で分割して対処することの効果は少なくありません。たとえばユーザーごとに変わるようなキャッシュができないところだけを切り出して、残りは短いTTLでキャッシュするだけでも負荷はかなり変わります。

動的コンテンツを効率よくキャッシュするには、次の2つを念頭に分割を行えば、比較的容易でしょう。

- キャッシュできるものとできないものを混ぜない
- 異なるライフサイクルのものはなるべく混ぜない

5.12.1　キャッシュできるものとできないものを混ぜない

キャッシュできるものとできないものを混ぜない、区別することは鉄則です。これらが混ざっていて、リクエストごとに生成されるコンテンツのようなキャッシュ不可の箇所が一部分でもあれば、ほかの部分がいかにキャッシュが可能だとしてもすべてキャッシュ不能となります。

当たり前のようですが、動的コンテンツのキャッシュにあたって、キャッシュできないものはできないものとしてきちんと切り出すことは重要な第一歩です。

5.12.2 異なるライフサイクルのものはなるべく混ぜない

異なるライフサイクルのものはなるべく混ぜず、切り分けるべきです。

TTLの設定は、基本的にコンテンツのライフサイクル（寿命あるいは生成ペース）ごとに行われます。頻繁に更新される1分だけキャッシュできるものと、あまり更新されないので1日キャッシュできるものが混じっていれば、短い1分に寄せられます。

TTLやキャッシュの可否は低いほうに引きずられます。

5.12.3 分離が困難だがとにかくキャッシュがしたい

ここまで述べてきたように、動的コンテンツのキャッシュには動的コンテンツ内での適切な分離が重要です。しかし、コードが入り組んでいて分離が容易ではない、流入増が予想され緊急でキャッシュしたいということもあります。

ここでは、筆者がこういった事態に直面したとき、動的コンテンツのキャッシュを少しでも改善するために行ったことを説明します。

先述のTVに取り上げられたサイト（4章のケースA）は、インフラ側に配信対応の依頼が来たのは放送前日でした。そこからキャッシュを行いました。前日ということでシステム全体をくまなく見る時間は当然ありません。

この際、早い段階で取り組んだのは、このサイトが何を条件にキャッシュできなくなるかを調べることでした。

キャッシュできないものの切り出しです。

このケースでは、サイト自体はログイン・非ログインで返すコンテンツが変わったため、ひとまず非ログインの時だけキャッシュを行いました。切り分けとしては比較的単純なものですが、TVを見てリクエストをしたユーザーは非ログインの状態のため非常に効果的でした。

分割というのはページのコンテンツを分けることだけを指すわけではありません。このようにキャッシュできるできないを、ユーザーの状態やURLから分割することも含みます。

5.12.4 APIなどコードで生成されたコンテンツのキャッシュ

最近では`Cache-Control`だけではできなかった複雑なキャッシュの制御も可能になりました*27。これによりコードで生成されたコンテンツのキャッシュも以前に比べると行いやすくなりましたが、画像などのファイル由来のコンテンツ（以下ファイル由来）をキャッシュしていた時とは違うポイントに注意する必要がありま

*27 VarnishのVCLやCDNのEdge Computing。

す。それは**TTLが切れた場合の取り扱い**です。

ローカルにあるTTLが切れたStaleキャッシュを利用したい場合は、条件付きリクエストを行い、更新を試みます（3.10.2参照）。

その際にEtagやLast-Modifiedといった識別子を利用します。ただし、コードで生成されたコンテンツにおいてこれらヘッダをレスポンスしているのを見かけるのはまれです[*28]。

識別子がない状態でTTLが切れた場合は、条件付きリクエストが行えないため通常のリクエストを行います。では、識別子を返すようにすればそれでいいのかというと、単純にそうとも言えません。ファイル由来の場合はApacheやnginxがファイルのメタ情報（ファイルサイズや更新日など）から生成してレスポンスしていますが、コードで生成されたコンテンツはそのようなメタ情報が存在しないため動いているコード自身で生成する必要があります。

動的にコンテンツの最終更新日やETagを生成する際に問題なのが、何をもって識別子を変更するかです。

たとえばコンテンツのレスポンスボディをハッシュにETagを生成したとき、条件付きリクエストが来たとしても同様にコンテンツを生成してハッシュをとる必要があります。コンテンツのレスポンスボディが生成されないと比較用のETagも生成できないからです。

コンテンツのレスポンスボディを参照せずとも、関連するデータの最終更新日を結合してハッシュにする手段など考えられますが、どちらにせよファイル由来と比較すると高コストです。つまり、ファイル由来ではあまり気にならなかった条件付きリクエストの負荷もコードで生成されたコンテンツでは無視できない負荷となります。

そのため、コードで生成されたコンテンツではno-cacheと条件付きリクエストをうまく利用し即時更新を行う手法は難しいです（4.9.3の「長時間のTTLが難しい場合でも不要なボディ転送を減らす」参照）。

したがって、コードで生成されたコンテンツはとにかく短くてもいいのでTTLを設定する必要があります。これがファイル由来との大きな違いです。TTLの設定が必須なら、リアルタイムなコードで生成されたコンテンツはキャッシュできないのかというと、 そうでもありません。そもそもリアルタイムだと考えていたものが、実際は数秒程度であれば許容できる範囲で、キャッシュができる場合もあり

*28　たまにLast-Modifiedをレスポンスしているケースも見かけますが、リロードしてみるとコンテンツは同じでLast-Modifiedだけ毎回更新される、単に現在時刻をレスポンスしているだけと思われることがほとんどです。

ます[*29]。

リクエスト数が多い環境であれば、数秒といった短いTTLでもキャッシュができれば非常に効果が高いため、検討する価値はあります。

また、5.10.3で触れたようなProxy/CDNではキャッシュを行い、終端のクライアントにはProxy/CDNからno-cacheをレスポンスするといった工夫も有効でしょう。こうすることで、オリジンへの問い合わせの負荷をある程度軽減しつつ、終端のクライアントからはno-cache同等で動作させられます。この際にstale-while-revalidateも合わせて設定することで、よりスムーズにキャッシュの更新ができます[*30]。

他にもコードで生成されたコンテンツの場合はPOSTリクエストもよく使うと考えられますが、POSTのキャッシュはなかなか難しいです（4.7.1参照）。必ずしもPOSTである必要がないのであれば、パラメータをクエリ文字列に出すことでGETとし、キャッシュしやすい環境をつくるのも効果的です。

APIのレスポンスはさまざまな形式で行われます。MessagePackのように圧縮されているものなら問題ないですが、JSONのようにテキスト形式の場合で圧縮を忘れているケースをよく見受けられます。キャッシュしなくとも、圧縮してコンテンツサイズが小さくなれば、より速くクライアントに配信できるため行うべきです。クライアントが多く、APIへのリクエストが非常に多い場合は無視できないトラフィックとなるためチェックしてみるとよいでしょう。

5.13 Edge Side Includes（ESI）

クライアントサイドによるコンテンツの分割とそのキャッシュについては、Ajax＋Webアプリケーションサーバーの設定で可能です。ここまで紹介してきたような手法でJSONをキャッシュすれば、ほとんど問題ないでしょう。比較的想像しやすい内容のため詳細な解説は省略します。

ここでは、Edge Side Includes（ESI）を用いた動的ページの一部キャッシュについて解説します。ESIとは、小コンテンツ（コンテンツを分割した要素）ごとにキャッシュを行い、Proxy/CDN（Edge side）で結合して（include）1つのコンテンツとして返す技術です。このようなキャッシュのことをフラグメントキャッシュ（断片化したキャッシュ）と呼びます。

＊29 もちろん株価情報のようにリアルタイムであることが重要なものもあり、そういうものはキャッシュすべきではありません。

＊30 コンテンツの生成にかかる時間以上の値を設定するのをお勧めします（4.9.1の「stale-while-revalidateの指定」参照）。

ESIは広義には上に示したような意味とその関連仕様を指します。狭義には上に示したようなエッジでの結合のために用いられるHTMLないしXML互換のマークアップを指します。本書では基本的にESIといったときは広義のESIを指します。ESIはAkamaiなどを中心として、W3Cで公開されています*31*32。

Varnish*33、Akamai、Fastlyといった Proxy/CDNはESIを(一部)サポートしています。ESIのための機能がWebアプリケーションフレームワークに実装されていることもあります。ただし、すべてのProxy/CDNやWebアプリケーションフレームワークでサポートされているわけではありません。

ESIの動作イメージを図にまとめます*34。小コンテンツごとに分けることで、それぞれをキャッシュできます。

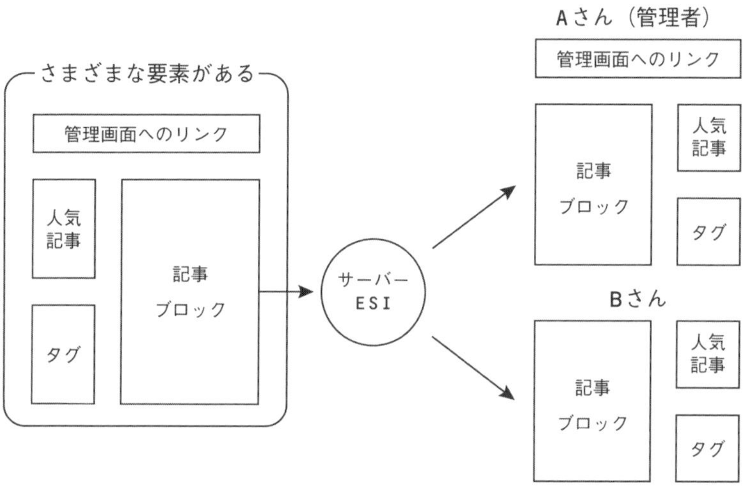

図5.10 ESIの動作イメージ

実際に見たほうが理解しやすいでしょう。まずESIの記法を紹介します。

*31 https://www.w3.org/TR/esi-lang/
*32 ただし、この仕様は参考情報、資料扱い（W3C Notes）です。そういった背景もあり、すべてのProxy/CDNがサポートしているわけではありません。
*33 Varnishがサポートしている ESIの記法は全てではなく一部です。 http://varnish-cache.org/docs/6.5/users-guide/esi.html
*34 筆者作成のスライド、https://www.slideshare.net/xcir/varnishesi より作図。

```
<html>
  <head>
    <link rel='stylesheet' id='dashicons-css'
      href='/css/hoge.css' type='text/css' media='all' />
    <script type='text/javascript' src='/js/mage.js'></script>
  </head>
  <body>

    <esi:include src="/foo.php">

  </body>
</html>
```

<esi:include src="/foo.php">が、ESIの記法です。実際にはこの箇所に/foo.phpの結果が展開されます。テンプレートエンジンなどを利用したことがあれば、なんとなくわかるでしょう。この記法を用いることで、最終的には1つのコンテンツになるにもかかわらず、もとのhtmlとfoo.phpのそれぞれを別個にキャッシュできます。

ESIによって、先に紹介したように、キャッシュしにくいページを分割してキャッシュすることが可能となります。特に効果的なのは複数のページで共通パーツ的に使われるものです。

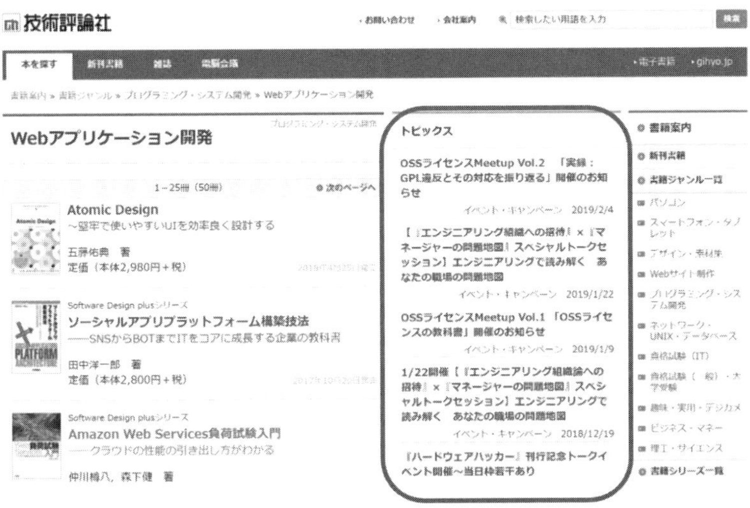

図5.11 ジャンル別のトップ

図5.12　個別書籍のページ

枠で囲んだトピックスはそのジャンルの各ページで使われています。そのため、ここを部品化してキャッシュすれば多くのページで再利用ができ効果的です。

5.13.1　ESIのメリット

ESIのメリットを実際の例とともに、考えていきましょう。

筆者がとあるサイトに対してESIを導入したときの効果です。

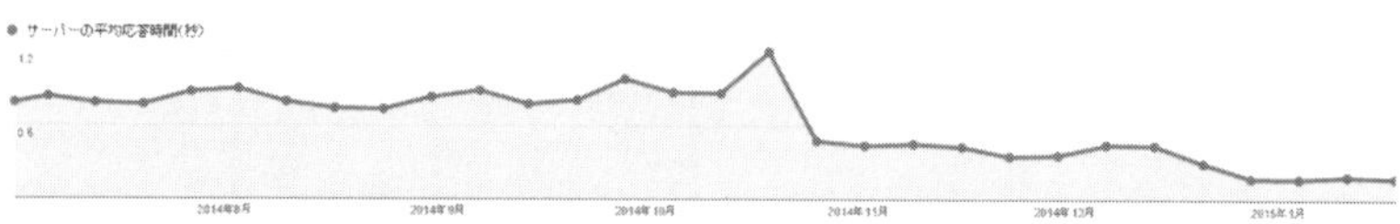

図5.13　平均応答時間

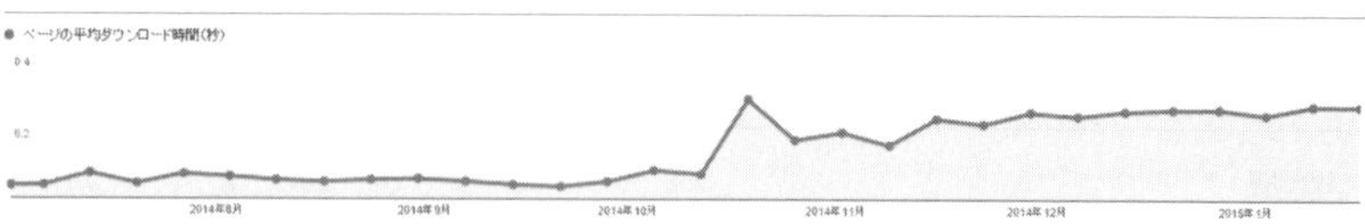

図5.14　平均ダウンロード時間

平均応答時間は、いわゆるリクエストを送信して最初の1バイトが返ってくるTime to first byte（TTFB）です。平均ダウンロード時間は、TTFBからページのダウンロードにかかった時間となります。

ここで注目すべきが、平均応答時間が短く（0.8s→0.1s）なって平均ダウンロード時間が伸びた（0.1s→0.3s）ことです。グラフにはありませんが、平均応答時間＋平均ダウンロード時間≒ページの読み込み時間（0.9s→0.4s）も改善したことになります。なぜこのような傾向になったかを考えてみましょう。

もともとESIを導入する前は、次の流れになっていました。

1. コンテンツを構成するデータをDBなどから取得して加工
2. テンプレートエンジンに加工したデータを渡す
3. テンプレートエンジンが受け取ったデータを元にHTMLを生成してレスポンス

これだと、レスポンスを開始する前にすべてのデータをそろえる必要があります。したがって、生成のための応答時間が長く、すべてそろったあとなのでダウンロード時間が短いわけです。

対して、ESI導入後は共通で使えるコンテンツを外出ししたことで、一般にページ生成のコストは分散されます。ここでキャッシュが活きることも多くなるでしょう。ESIを導入すると、ページ内の要素すべてがそろう前にレスポンスが行えます(5.13.2参照)。これによって応答時間（TTFB）の向上が見込めます。

しかしながら、外出しにしたコンテンツを合成する際のオーバーヘッドやミスヒット時の待機時間が発生します。そのため、ダウンロード時間がトータルでは長くなることもありえます。

ダウンロード時間が長くなることで気になるのは、トータルの時間がどう変化するかです。このサイトではトータルで速くなっているものの、もし変わらなかったとしたらESIは効果がないのでしょうか？ そんなことはありません。平均応答時間が短くなることはそのあとのブラウザの処理にいい影響を与えます。続く5.13.2で解説します。

5.13.2 ESIのしくみ

ESIが実際にどのように処理するか解説します。ここから、ESI導入のメリットが読み解けます。

下記のようなサイトがあり、時間のかかる動的な部分は、`/foo.php`としてすべてESIで外に出しているとします。

```
(A) ↑ <html>
    |   <head>
    |     <link rel='stylesheet' id='dashicons-css'
    |     href='/css/hoge.css' type='text/css' media='all' />
    |     <script type='text/javascript' src='/js/mage.js'></script>
    |   </head>
    ↓   <body>

(B) ↕     <esi:include src="/foo.php">

(C) ↑   </body>
    ↓ </html>
```

図5.15　ESIがどこで動作するか

クライアントからリクエストが来た場合はとりあえずESIの構文（この場合はesi:include）が出てくるところまではクライアントにレスポンスを行います（Aブロック）。そのあと、foo.phpのキャッシュがあればそれを使い、なければオリジンに取得してレスポンスします（Bブロック）。最後に、処理が終わってからCブロックをレスポンスします。

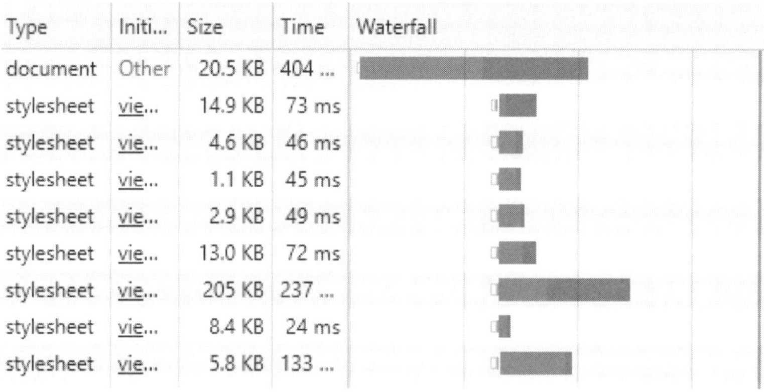

Type	Initi...	Size	Time	Waterfall
document	Other	20.5 KB	404 ...	
stylesheet	vie...	14.9 KB	73 ms	
stylesheet	vie...	4.6 KB	46 ms	
stylesheet	vie...	1.1 KB	45 ms	
stylesheet	vie...	2.9 KB	49 ms	
stylesheet	vie...	13.0 KB	72 ms	
stylesheet	vie...	205 KB	237 ...	
stylesheet	vie...	8.4 KB	24 ms	
stylesheet	vie...	5.8 KB	133 ...	

図5.16　ESIを使っているサイト

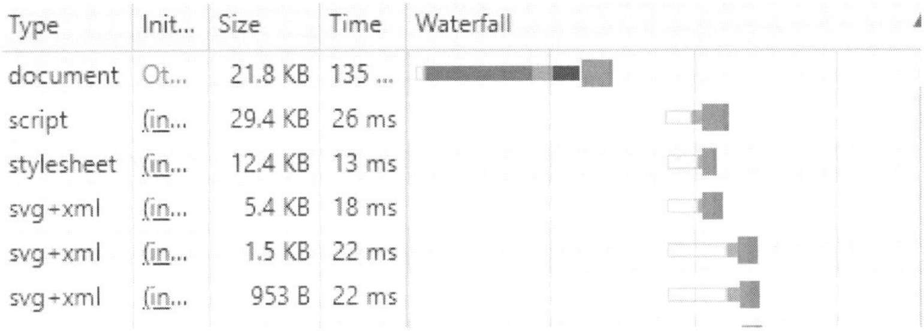

図5.17 ESIを使っていないサイト

これはESI使用サイト・不使用サイトそれぞれの開発者ツールの画面です。Waterfallに注目してください。

ESI使用サイトでは、stylesheetをTTFBからコンテンツダウンロード完了までの間に読み込んでいることがわかります。これはAブロックの箇所を先にレスポンスができたことで、ブラウザ側でそれまでに出てきたCSSやJavaScriptなどの読み込みが走っているからです。

対して、ESI不使用サイトはいったん`document`を読み込み終わってからそのあと`script`などの読み込みが走っています。ブラウザの処理へのいい影響とはこのことです。ESIで分割することにより`head`などに記載されているコンテンツをブラウザがダウンロードしつつ、サーバー側では時間のかかるBブロックを処理（ないしキャッシュから返すことが）できます。当然ページが表示されるまでの速度は速くなります。

ESIを使わずとも、Webアプリケーション上で逐次レスポンスすれば同じことは可能です。ただ、多くのWebアプリケーションはそういった処理の方式を、使いやすいかたちでは提供していません。さまざまな処理を行い、レスポンスに必要なデータがすべてそろってからレスポンスすることが多いでしょう。

分割し部品化した箇所がキャッシュできれば、それぞれのライフサイクルごとに最適なTTLを設定できます。ESIは、動的コンテンツのキャッシュに重要な分割を実現するために効果的です。

5.13.3 ESIのデメリット

いいことずくめのように思えるESIですが、当然デメリットもあります。

最大のデメリットは、一度ESI化をするとESIから離れるのがなかなか難しいということです。部品化された処理を、1つの処理に戻していくのは面倒です。一度導入したテンプレートエンジンから移行しにくいのと同様の課題です。また、

ESIは現状、広くサポートされているとも言えません。

キャッシュヒットしづらいものを部品にして、オーバーヘッドで逆に遅くなるケースがあります。分割したことで発生するオーバーヘッドは主に2つです。

- Proxyで合成を行う際のオーバーヘッド
- リクエストごとにかかるフレームワークなどのオーバーヘッド

他にもESIの合成方法によっても、パフォーマンスに違いがでます。OSS版のVarnish CacheはESIの合成をシーケンシャルで行います。そのため、たとえばESIを5個利用してそれぞれ1秒ずつかかった場合は単純に考えて5秒かかります。対して有料版のVarnish Enterpriseは合成をパラレルで行うため、同じような場合でも1秒ですみます。

やみくもにESIで細かく分割するのではなく、まずは**ベースページ**（*head*）+ *body*に分けてしまうだけでもある程度の効果は見込めます。こうすれば、仮にbody部がキャッシュできなくても、head部を先にレスポンスできます。ブラウザが先にコンテンツを読み込むことが可能となり、パフォーマンスの向上が狙えます。それから、先ほど触れたように時間がかかっている箇所を部品化してキャッシュすればよいでしょう。

5.13.4 応用的な使い方

近年、Webサイトはブラウザ側でJavaScriptを動かし、サーバーとはJSONでやりとりしてページを組み立てることが多くなりました*35。

こうなってくると、今まで例に上げた、HTMLを合成するESIに使いどころが多いのかと疑問がある方もいるでしょう。ESIはデータを後から差し込んでいるだけで、実は出力形式がHTMLである必要はありません。

そのため、JSONで返すAPIを、ESIで合成可能です。JSONにESIを適用した例を示します。

```
{
    "foo":<esi:include src="foo.php">,
    "bar":<esi:include src="bar.php">
}
```

リスト 5.11　Web APIを叩いたときに返ってくるJSONの例

*35　React、VueやjQueryなど。

こうすると、APIをたたくと即座に上述のJSONが応答し、そこから`foo.php`や`bar.php`を参照して返します。ここでキャッシュがあればキャッシュから返します。このように使うことでAPIについてもESIでの高速化を図れるでしょう。

5.14 配信構成の工夫

もし外部のCDNを用いない、もしくは併用する形で自前の配信環境を構築する場合、さまざまなことを検討する必要があります。

たとえば大量のトラフィックをどのようにさばくか、キャッシュのストレージ容量をどう確保するか、インスタンスが落ちてキャッシュが消えたときの突入負荷はどうするかといった項目です。対策として、自前でCDNに相当するシステムを構築するDIY CDNについて7章で解説します。ここでは構築する際に考慮するべきポイントは工夫などを紹介します。

5.14.1 ストレージ

すべてのコンテンツがキャッシュストレージに収まるということは実運用ではありません。限られた容量をいかにうまく使い、システム全体の負荷を減らすかを検討するのが重要です。

キャッシュがいっぱいになった際は、既存キャッシュを追い出す必要があります。削除対象を選択するアルゴリズムとしてLRUやLFUやそれを組み合わせたものなどが使われます。本章の冒頭で触れたような、そこまで頻繁にはアクセスされないがコストをかけて生成したコンテンツはなるべく保持したいといった要件にはこのアルゴリズムは合わないでしょう。

先に示したように、キャッシュできるコンテンツにはいくつか特性があります。

- 頻繁にアクセスされるが生成コストが低いスプライト画像
- そこまでアクセスされないが生成コストが高いアバター画像

特性が違うコンテンツを同一のストレージに格納し、共通のアルゴリズムで評価した場合、生成コストの高いアバター画像がキャッシュから押し出されることが想定されます。共通で使われるスプライト画像はそこまでアクセスされないものでも、アバター画像よりも頻繁にアクセスされることが予想できるからです。

ミドルウェアが対応していれば、動的コンテンツのキャッシュ時のように、特性ごとに分けてしまうべきでしょう。この場合、分割の基準は、低コストでよくヒットするものと高コストであまりヒットしないものとするのが妥当です。

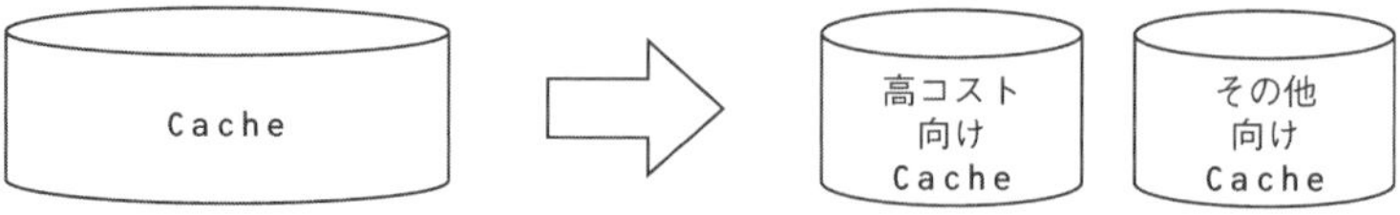

図5.18 ストレージを分割する

このように分けることで、特性ごとに一定のストレージ容量が確保できます。いざストレージ容量が足りなくなり押し出される場合も、ほかの特性のコンテンツの影響を受けることがなくなるため、システム全体の負荷を減らすことができます。

このようなストレージの分割を行う切り口の考え方をいくつか紹介します。

- 生成コスト
- リクエスト／ヒット特性
- コンテンツサイズ特性
- ストレージ特性

実際はサイトによって千差万別なので、適宜工夫して使ってください。生成コストについてはここまで紹介してきたので省略します。

» リクエスト／ヒットの特性によって変える

リクエスト／ヒットの特性による変更を、ニュースサイトを例に考えていきます。

ニュースサイトはさまざまなコンテンツが含まれています。これをキャッシュするとしてさまざまなページはどのような特性があるか検討してみましょう[*36]。

- 記事ページの公開時はリクエストが殺到し高ヒット率だが、時間経過とともにリクエスト数が減る
- 記事検索ページは自由文での検索のため人気の一部ワードはともかく、全体としてヒット率は多くない
- そのほかのページ（会社紹介など）は恒常的にアクセスされる

これらをまとめて同じストレージに入れてしまえば、先ほどと同じように、押し出されることが容易に想定されます。記事ページのようにリクエストが殺到するの

＊36　あくまで思考実験なので実際のニュースサイトの傾向とはまた違うかもしれません。

は一定期間のみ、検索結果ページのようにそもそもヒットすれば運がいいなど、特性をもとに分割することで全体の効率がよくなります。

» コンテンツサイズの特性によって変える

コンテンツサイズの特性による変更を考えます。

キャッシュストレージの容量が足りなくなった場合は、今キャッシュされているコンテンツを押し出して空き容量をつくります。Varnishでは次の順序で押し出されていきます。

1. TTLが切れているもの（Stale）
2. TTLが切れていないもの（Fresh）でLRUにもとづきしばらく使われていないもの

恒常的にストレージ容量が足りない状態だと、TTLが切れる前にどんどんキャッシュが押し出されるのが常となるでしょう。

ストレージ容量が足りない状態で、平均サイズ10KBのコンテンツが格納されているストレージに、10MBのコンテンツを保存すると仮定します。新規に1つ格納するために、既存の1000ものキャッシュが押し出される可能性があるわけです。この事態が起きやすいのは、サイトを丸ごとキャッシュした場合です。

テキストのコンテンツはさほど大きいものではないですが、画像などのコンテンツ類は比較的ファイルサイズが大きいです。

このため、両者を一緒に扱うと、意図せず押し出されるコンテンツが多くなるといったことが起きえます。したがって、大まかなコンテンツサイズの特性によって分割するのもお勧めです（5.17.1も参照）。

» ストレージの種類によって変える

少し着眼点が変わりますが、キャッシュストレージのハードウェアそのものにも注意すべきです。一口にストレージといってもさまざまな種類があります。

高速なストレージは低速なものに比べると、たいてい容量が小さかったり、高価だったりします[*37]。頻繁に読まれる、TTLが短く頻繁に書き込みが発生するようなコンテンツは、高速なストレージに置くことに利益があります。より高速にレスポンスしたり、Proxyの負荷を軽減したりすることが期待できます。

これまでいくつかの特性によってストレージを分けることを紹介しました。これ

---

*37　RAMとSSDやSATA-SSDとNVMe-SSDを比較すると想像しやすいでしょう。

らは組み合わせ可能です。生成コストが高いものを分けつつ、画像等のコンテンツもコンテンツサイズの観点から分けるといった対策も有効です。

5.14.2 Proxyの増設（スケールアウト）

Proxyで使うリソースはさまざまなものがありますが、増設（スケールアウト）を検討する際はたいてい帯域枯渇からです。ヘッダやコンテンツの効率化（3章）も重要ですが、それ以上にサイトのトラフィックが増えた場合は増設が必要です。

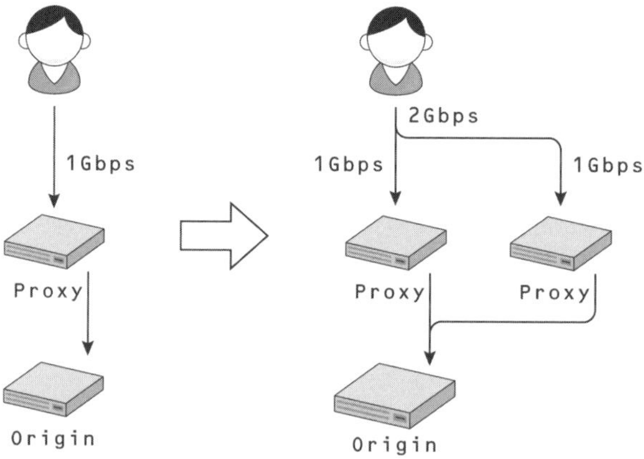

図5.19 スケールアウト

たとえば1Gbpsの回線を持つサーバーを2台並べれば2Gbps、4台にすれば4Gbps......といった形で総帯域を増やすことができます。ただ、この方法で4Gbpsとした場合でも、あくまでも総帯域が増えるだけです。Proxy単体の帯域は1Gbpsで変化ありません。それを超える速度を出すことはできません。

1Gbpsもあれば問題になることは少ないでしょう。ただ、実際にはそれよりはるかに少ない帯域のProxyを使っていることが少なくありません。サイトによっては、サーバーの費用を抑えたいために転送量での従量課金がないVPSを並べてProxyとし配信を行っていることがあります（7章参照）。

このようなVPSは、たいてい1台あたりの帯域は100Mbpsです。たとえ10台並べて見かけ上1Gbpsとしても、クライアントとの通信速度は100Mbps以上となりません。どれかにアクセスが集中すると、帯域が枯渇します。ドメインシャーディングを行い、複数のProxyにつながることを期待するのも手としてはありますが、解決策としてやや強引な感は拭えません。

そこまでするなら、CDNを使うことを検討したほうが良いでしょう。

5.15 多段Proxy

Proxyの増設にはデメリットが存在します。そのデメリットを防ぐための工夫としてProxyを多段にする、多段Proxyを紹介します。

5.15.1 Proxyを増設すると何が起きるのか

Proxyを何も考えず増設する問題点を取り上げます。cdn.example.netというドメインがあり、そのドメインをさばくProxyを増設するとしましょう。

```
$ dig cdn.example.net +short
AAA.AAA.AAA.AAA
AAA.AAA.AAA.BBB
AAA.AAA.AAA.CCC
```

この状態でdigを行うと増設した分のProxyがすべて出てきます。ブラウザでWebページにアクセスするには、ドメインをDNSで解決し、そこで得たIPアドレスに向かいます（2.3.1参照）。このようにドメインに複数のIPアドレスが紐づいている場合は、1つのIPアドレスを選択する必要があります。OSにもよりますが、IPアドレスの選択ロジック[RFC 6724#6]によって自身のIPアドレスに近いIPアドレスを選ぶため、必ずしもランダムやラウンドロビンではありません[*38]。もちろんProxyに接続してくるクライアントは多数あるため、全体を見るとほぼ均等に見えます。

IPアドレスの選択ロジックにはURLに含まれるパスは当然関係しないため、複数のクライアントからのリクエストが来た場合は、特定のProxyに集中するわけではなく並べたProxy全台がリクエストされます。

*38　いわゆるDNSラウンドロビンですが、このような理由で必ずしも機能するというわけではありません。

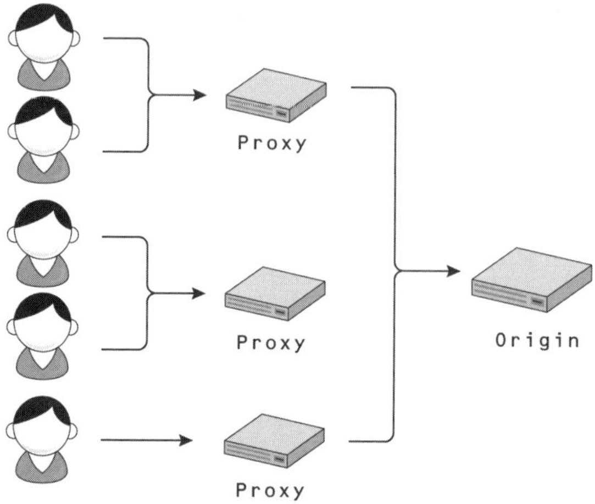

図5.20 どこにアクセスされるかは制御できない

Proxyはサーバー的に独立しているため、キャッシュストレージを共有していません。すでに別のProxyでキャッシュされたコンテンツだとしても、そのProxyにキャッシュがなければ、オリジンに取りに行くしかありません。そのため増設すればするほど、オリジンへのリクエストが増えていきます。

オリジンの立場から考えるとクライアント（Proxy）が増えるわけですから当然です。コンテンツが静的であれば、これでもそこまで問題はないのですが、動的コンテンツの場合はさらにやっかいです。

たとえばショッピングサイトでたまに見かける「東京の方が〜を購入しました」といったストリームデータをキャッシュさせることを考えてみましょう。

オリジンはリクエストを受けた時点での直近10件の購入履歴をレスポンスしており、また厳密なリアルタイムは求められないのでProxyで1分のTTLを設定しているとしましょう。

この状態でProxyが複数いた場合何が起こるかというと、Proxyによって異なる時点（10秒前、20秒前など）のキャッシュしているため、コンテンツが一貫していないということです。最悪、リロードを行ったときに、データが巻き戻ったかのように見える事態が起こりかねません。

5.15.2 多段Proxyのメリット―一貫性

Proxyを増設する場合、単に増やしただけだと不整合などの問題がでることに触れました。これらの問題を解決するにはどうすればいいか考えます。そのままだと、クライアントからのリクエストは並べているProxy全台にくるので、何らかの方法でリクエストを特定のProxyに集約する必要があります。

実は単純な話で、Proxyが増えたとしてもオリジンのリクエストは特定のProxyからのみ行うようにすればよいのです。あるコンテンツに対しては、オリジンにアクセスできる唯一のProxyがあれば、キャッシュの不整合やオリジンへの不要なリクエストを削ぐために使えます。

Proxyを増やしつつ、オリジンにアクセスできる（あるコンテンツに対しては唯一の）Proxyを設定して、ほかのProxyはそこにリクエストする形式を多段Proxyと呼びます。また、Proxyに限らず、このような方式を取ることを多段キャッシュともいいます。

5.15.3 1段方式の多段Proxy

多段 Proxy 実現はいくつか実現方法が考えられます。下図のように/img/foo.jpgへのリクエストはProxyAに集約するといった形がその1つです。

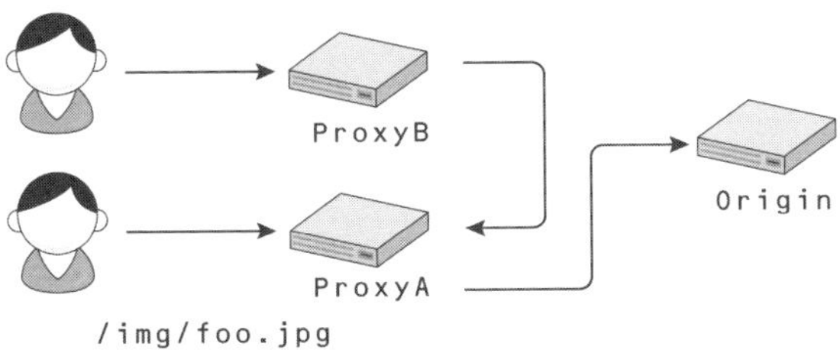

図5.21 1段方式の構成（ProxyAのみオリジンにリクエスト）

これは1段方式の多段Proxyとします。1段なのに多段というのは少し違和感があるかもしれませんが、インフラ構成上、層が一つしかないのに多段のように振る舞えるものと考えてください。1段方式は次のように実現します。

1. キャッシュを保持していればそのまま返す
2. リクエスト中に含まれるURLなどでハッシュを取る
3. ハッシュ値からどのProxyに振り分けるのかを決定する（コラム「ハッシュをとってどのように振り分けを行うか」参照）
4. 振り分け先が自身でなければ、そのProxyに問い合わせを行いレスポンスする
5. 振り分け先が自身であればキャッシュがないのでオリジンに問い合わせる

2のURLなどを元にしたハッシュですが、特に理由がない限りはキャッシュ

キーに使った項目をそのまま使うのがよいでしょう。

上図では、URLのハッシュ値を元に、ProxyAがオリジンへのアクセスを受け持つことが決まります。そのため、`/img/foo.jpg`についてはProxyBはProxyAにアクセスという形でしかやりとりできません。

5.15.4 2段方式の多段Proxy

もう一つの構成として、Proxyからのリクエストを受ける専用のProxyを配置する方法があります。

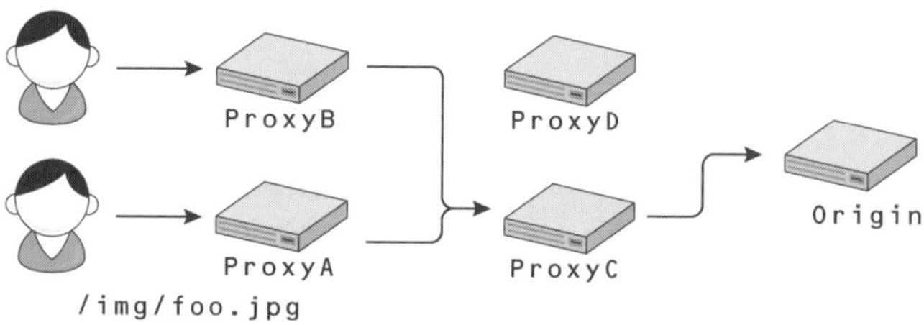

図5.22 2段方式の構成（ProxyC/Dが専用Proxy、URLからProxyCのみオリジンにリクエスト）

これを2段方式の多段Proxyとします。この場合は以下の流れになります。1段目がクライアント側、2段目がオリジンサーバー側です。

- 1段目
  1. キャッシュを保持していればそのまま返す
  2. リクエスト中に含まれるURLなどでハッシュを取る
  3. ハッシュ値からどの2段目のProxyに振り分けるのかを決定して問い合わせを行いレスポンスする
- 2段目
  1. キャッシュを保持していればそのまま返す
  2. オリジンに問い合わせを行う

2段構造の場合、LBがURLベースでの振り分けに対応していれば、LBをキャッシュ機能なしの1段目として利用できます。LBで割り振り（1段目）→Proxyでキャッシュ（2段目）→オリジンといった構成です。

Column

ハッシュをとってどのように振り分けを行うか

URLのハッシュを取った後に振り分けサーバーはどのように決めるのでしょうか？シンプルな振り分けの場合はハッシュ化したものを数値化し、剰余演算をしてその結果で振り分けサーバーを決めます。剰余演算は指定した値で割ってその余りが結果となりますが、この指定した値が振り分けサーバーの台数となります。サーバーの台数が変化しなければ特に問題はないのですが、運用をしているとサーバーの台数は増減します。

そうすれば、振り分け先が変わってしまいます。こうなると一時的にキャッシュのヒット率は急激に悪くなるため大規模な配信システムの場合はコンシステントハッシュなどのヒット率の悪化をできるだけ押さえられるような手法を利用することが多いです。

Varnishではshard director[*a]を使うことでコンシステントハッシュでの振り分けができます。あくまで簡易な設定ですが、以下の設定でキャッシュキーを利用して、振り分け可能です。shard directorはかなりパラメータが多いので、実際に使うときはよく確認すべきです。

```
import directors;
backend b1 {.host = "192.168.1.11";.port = "80";}
backend b2 {.host = "192.168.1.12";.port = "80";}

sub vcl_init {
  new vd = directors.shard();
  vd.add_backend(b1);
  vd.add_backend(b2);
  //コンシステントハッシュのレプリカ（スロット）数設定
  //（デフォルト=67）
  vd.reconfigure(replicas=101);
}
sub vcl_backend_fetch {
    set bereq.backend = vd.backend();
}
sub vcl_pipe {
    set bereq.backend = vd.backend();
}
```

*a　https://varnish-cache.org/docs/6.5/reference/vmod_directors.html#directors-shard

5.15.5　どの方式の多段Proxyを採用すべきか

1段、2段いずれの方式の多段Proxyでも、オリジンからすると特定のコンテンツをリクエストしてくるクライアントは1台、つまりリクエストが集約された状態となるわけです。

1段は単純に2段目がいらないので管理する台数が減らせるというメリットがありますが、筆者としては最初に使うなら2段の単独をお勧めします。

1段方式は設定が複雑になりやすく、パフォーマンスを出すために気をつけるポイントも多く、お勧めしません*39。本書では主に2段方式の多段で解説します。

もうひとつ気になるのが2段方式より多い、つまり3段以上の方式はどうなのかというポイントです。筆者の経験上、通常は2段あれば十分です。

3段以上は、太平洋を跨ぐような長距離かつ大規模な配信をする必要があるなど、特殊な事情がある場合のみ検討すればいいでしょう。

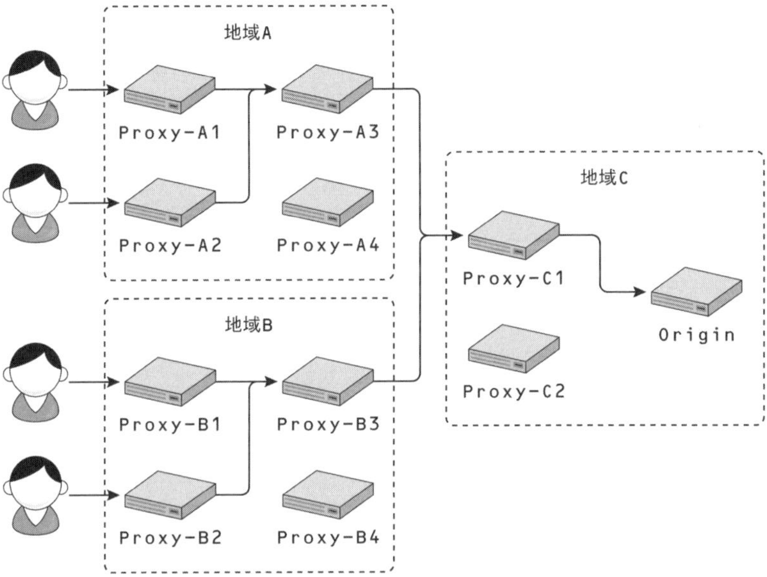

図5.23 3段

3段以上必要なケースの背景には、世界中からアクセスされるため、キャッシュミスしたときにオリジンへの問い合わせに時間がかかるという問題があります。3段にすれば、いったん各地域で集約し、漏れたものをオリジンの地域へ問い合わせるといった利用ができます。リクエストを一貫させたいので、オリジン側でもProxyを挟みます。

最終的には、オリジン→オリジンに近いProxy（3段目）→地域ごとの中間となるProxy（2段目）→地域ごとのクライアント前のProxy（1段目）で計3段とな

*39　1段のみで構成するのがお勧めできないだけであって、ケースによっては一部分として使う場合もあるのでこういう構成も取れるんだなと覚えておくとよいです。

ります。

このような構成は自社ですべてやることはほとんどありません。主にCDNを使うこととなるでしょう。ただ、この考え方自体（どこでリクエストを集約するのか）はCDNを使う場合でも必要なため、6.3.9で触れます。

5.15.6 多段Proxyのメリットをより深く理解する

ここまで、コンテンツの一貫性とそれに伴うキャッシュ利用の推進、オリジンへのアクセス減少を中心に多段Proxyのメリットを紹介してきました。これら以外のメリットについても解説します。

» システム全体でのキャッシュストレージの容量を増やしやすい

2段方式を採用することでシステム全体のキャッシュストレージの容量が増えます。

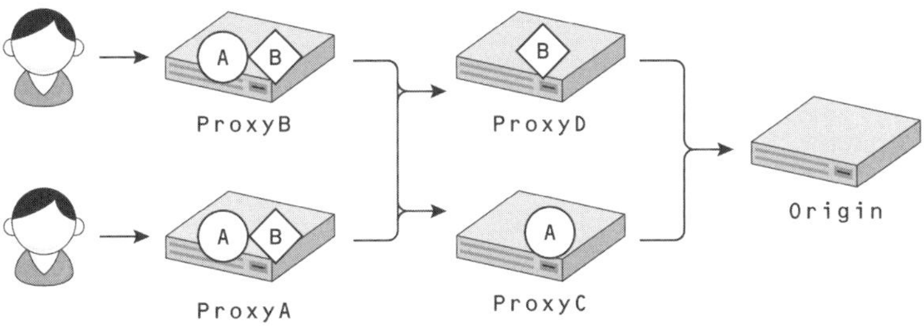

図5.24 2段方式（ProxyA/Bが1段目、ProxyC/Dが2段目）

たとえばコンテンツAとBがあるとします。1段目はクライアントからのリクエストを直接うけるため、AとBのどちらもキャッシュされる可能性があります。

しかし1段目から2段目のリクエストはハッシュで分散しているため、2段目の異なるノードではコンテンツは重複しません。この場合、1段目のキャッシュストレージが溢れても、すぐにキャッシュストレージが潤沢な2段目からキャッシュが取得できます。配信システム全体で考えるとストレージ容量が増えます。

2段目を増設すればリニアに全体のストレージ容量は増えていくため、より多くのキャッシュを格納できます。

» 障害に耐えやすくなる

2段方式は、負荷耐性、耐障害性の向上を期待できます。

配信に限らず、さまざまなキャッシュを使うシステムは高速化や負荷の軽減を期待しています。配信で負荷が軽減されると行いたいのがコストの削減、つまりサーバーなどの削減です。これは望ましいことですが、一つ注意すべき点があります。耐障害性をどう保っていくかです。

キャッシュは吹き飛ぶ（消える）ものです。キャッシュがあるからとサーバー能力を下げすぎると、キャッシュが吹き飛んだときに障害発生確率が上がります。

もし多段構成をとらない、ないし1段の多段Proxyにしていたとき、キャッシュが再起動などで吹き飛んだらどうなるでしょうか？ 当然その吹き飛んだProxyのキャッシュが暖まる[*40]まではオリジンの負荷が増えます。キャッシュが飛んだ際でも負荷に耐えられるようキャパシティプランニングしていれば問題はありませんが、そうでない場合はサイトが落ちてしまうでしょう。

ここで2段になっていれば、1段目のキャッシュが吹き飛んでも2段目がカバーしますし、逆に2段目が吹き飛んでも1段目がある程度カバーします[*41]。キャッシュの階層化が達成できているといえるでしょう。特にキャッシュがないとまともに動かないような高コストなコンテンツ生成をしている場合は2段の多段を検討すべきでしょう。

5.15.7 多段Proxyの注意点

ここまで多段のメリットを強調してきましたが、うまく使えてこそです。さまざまな多段Proxyの注意点が存在します。

» オリジン相手もハッシュ分散を行う際の注意点

通常、配信システムでは、オリジンへのリクエストはランダムやラウンドロビン[*42]で分散します。ただ、まれにハッシュで分散するケースがあります[*43]。

ハッシュで分散する場合、1段目・2段目・オリジンすべてでハッシュ分散を行います。すると、オリジンと直接つながっているProxyでリクエストの偏りが発生することがあります。通常時はほとんど問題にはなりません。

---

*40 キャッシュを用意することを暖める（warmup、ウォームアップ）と表現します。

*41 1段目が吹き飛んだときはまだ2段目にキャッシュがあるため、オリジンへの問い合わせが劇的に増えることはありません。2段目が吹き飛ぶときのほうが、1段目が吹き飛ぶときよりも負荷は明確にあがります。2段目が吹き飛んでも、1段目にTTLの残ったキャッシュがあればある程度はそこから返せますが、1段目はキャッシュストレージ容量が小さくキャッシュミスしやすいです。2段目はオリジンにアクセスするのに通ることが必須なので、ここが埋まるまではリクエストが増えます。

*42 各ノードに順番に振り分けを行う方法。

*43 ETagでどうしてもinodeを使いたいなど、オリジン間でETagの同一性が保証できないといった理由が考えられます。

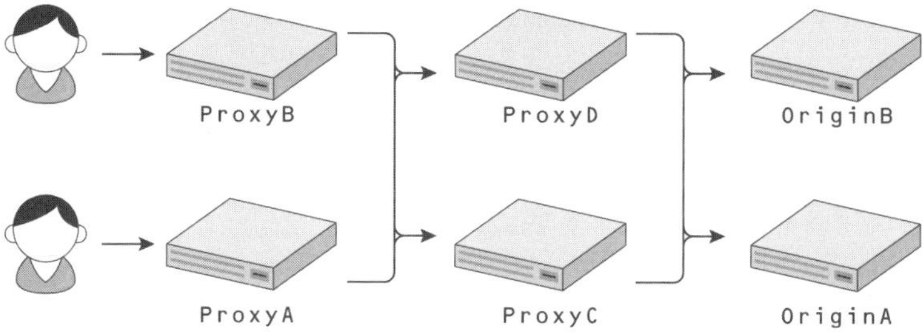

図5.25　複数オリジン

たとえば、図のようにProxy1段目・2段目・オリジンがそれぞれ2台ずつの構成で、ProxyはURLでハッシュを取っているとしましょう。この場合、ProxyA/Bはクライアントからのリクエストをもとにハッシュを作成し、それぞれProxyC/Dに振り分けます。

問題はProxyC/DからOriginA/Bへのリクエストです。

おそらくProxyCがオリジンに問い合わせを行う際はすべてOriginAに行くはずです。振り分け先がProxyC/Dの順で定義されているのであれば、ProxyCにはリストの先頭を選ぶようなURLを持つリクエストが集中します。この状態で同じ項目（URL）でハッシュをすれば、次の振り分け先のOriginA/Bもリストの先頭が選ばれる可能性が高いです（偏っている状態）。

ProxyCはOriginAにしかリクエストがいきませんし、ProxyDはOriginBにしかリクエストを行いません。

これを防ぐためには、ProxyA/BとProxyC/Dでハッシュを変えられればいいのです。具体的にはsalt化を二段目では施すことなどが解決策でしょう。こうすることでトラフィックの偏りはなくなるでしょう。

また、例では2:2:2の構成で説明しました。これがたとえば2:2:4であっても、先述のような対策を行わなければ、偏る可能性は高いです。ロジックにもよりますが、上図でOriginA〜Dがあったとして、ProxyCがリクエストするのは4台のうち、先頭2台OriginA/Bの可能性が高いです。

最初に書いたとおり、ほとんどの場合、実害はありません。トラフィックが偏っているといっても、配信システム全体としては大きな偏りは見られないはずです。

ただ、こういった動作は多くの場合意図しないものなので、調査時に問題が起きる可能性が多少あります。たとえば、ProxyCを見てOriginA/Bの割り振りのチェックをしていたら、実はOriginBについてはまったくチェックできていないといった事態が起こりえます。こういう可能性を考慮しておかないと、無駄な調査時間を持っていかれる可能性があります。

» 多段でキャッシュできないものを流す際のポイント

すべてのコンテンツがキャッシュできればいいのですが、キャッシュできないようなリクエストもあるのが実世界での配信です。

この状態でキャッシュができないリクエストを、そのままハッシュ分散で配信しようとすると問題になりがちです。キャッシュできないリクエストは常に同じURLなので、ハッシュ分散をurlなどで行うと当然常に偏ります。同じリクエストが続けば、2段目の特定のProxyにリクエストが寄ります。

たとえば超人気なページがあって、それがキャッシュできない場合どうなるでしょうか？ 特定のProxyに流れるリクエストが増え、負荷が集中し、最悪落ちる可能性があります。これを防ぐにはキャッシュできないコンテンツについては、ハッシュ分散を行わず、ランダムやラウンドロビンでの分散を選択するのが良いでしょう[*44]。

台数規模が少ない場合はキャッシュできないのであれば、1段目から直接オリジンにつないでもかまいません。ただ、配信システムの規模が大きくなればなるほど1段目・オリジン間の接続数が増えてしまうので、この対策は個人的にはあまりお勧めしません。

» Proxyの増加にどう対応するか

素直にProxyを追加して多段にすれば、Proxyの台数は嵩みます。管理する台数の増加はあまり望ましくありません。小規模なシステムであればあるほど、台数が単純に増える構成をとるのは難しいでしょう。

しかし、必ずしも各Proxyを独立させておく必要があるかというとそうではありません。たとえば2段目をオリジンと同居させて、2段目のProxyで受けたリクエストはそのままlocalのオリジンのApacheやnginxに流すといった方式でも問題はありません。

---

*44　Varnishが標準で提供している振り分け方式はラウンドロビン・フォールバック・ランダム・ハッシュ・コンシステントハッシュです。 https://varnish-cache.org/docs/6.5/reference/vmod_directors.html

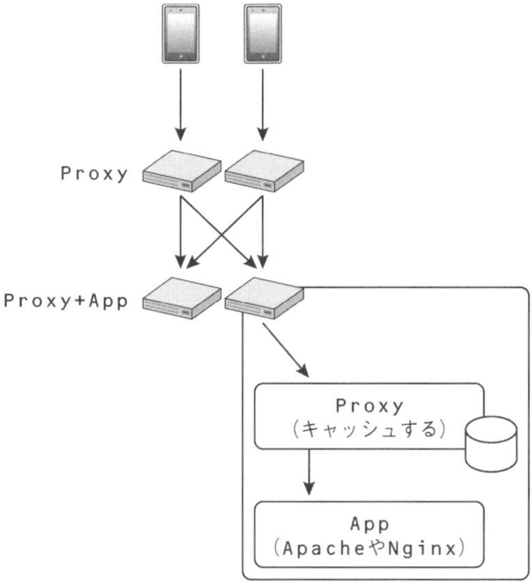

図5.26　localにProxyとApacheを同居させる

もちろんその場合はリソースの使い方を気をつける必要がありますが、もしオリジンの負荷がCPUバウンドなら比較的同居させやすいでしょう。Proxyは一般にそこまでCPUを消費しません。

メリットとしては台数が少なくなるのでコストが低くなります。デメリットとしてはスケールアウトを行う場合は一時的にキャッシュのヒット率が下がるため、頻繁に増減する環境に適用するのは難しいでしょう。

したがって、大規模なシステムの場合、このような構成はお勧めしません。あくまで小規模システムにおける手段の1つです。

» TTLの取り扱い

多段構成においてTTLをどのように扱うかは重要です。

TTLを1時間設定しても、経路上/ローカルキャッシュで適切に制御しないと、TTLのほとんどを経路上で使い切ってクライアントから毎回リクエストが飛ぶような事態になりかねません（4.9参照）。

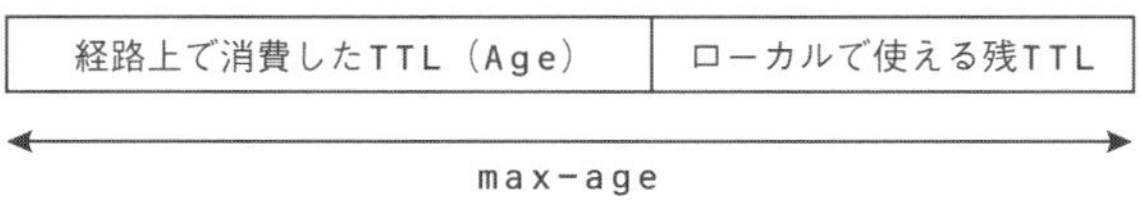

図5.27　max-ageは経路上・ローカル共通のTTL

このことは多段構成でも同様です。限られたTTLをそれぞれの段でどのように消費するかを適切に設定しないと、2段目でほとんど消費してしまいます。1段目から2段目に毎回無駄なリクエストが飛ぶといったことが発生します。

これを防ぐためには1段目と2段目でTTLの適切な割り振りが必要です。ごく単純に、1段目と2段目で、それぞれ50%のTTL（全体で1時間なら30分、30分）を各段でmax-ageやs-maxageで個別指定しておくという手もあるでしょう。

これも間違いではないのですが、よりパフォーマンスを上げるためには、stale-while-revalidateを適切に使うべきです。

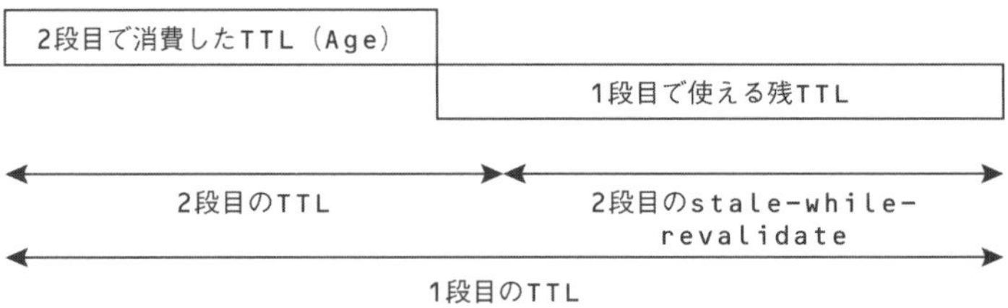

図5.28 stale-while-revalidateを使って各段でTTLを制御

1時間の場合、1段目で1時間、2段目でTTLを30分とstale-while-revalidateを30分と指定します。こうすることで、1段目と2段目で実質30分のTTLになります。1段目を1時間のTTLにするのは、2段目でTTLを消費することを考慮しなくてはいけないからです。頻繁にアクセスされるものであれば、それぞれで30分維持できます。あまり頻繁にアクセスされず、1段目でTTLが消える前にキャッシュから追い出されるようなものでも、2段目で1時間は保持できる可能性があるからです[*45]。

この調整はクライアント（ローカルキャッシュ）も含めて考える必要があります。

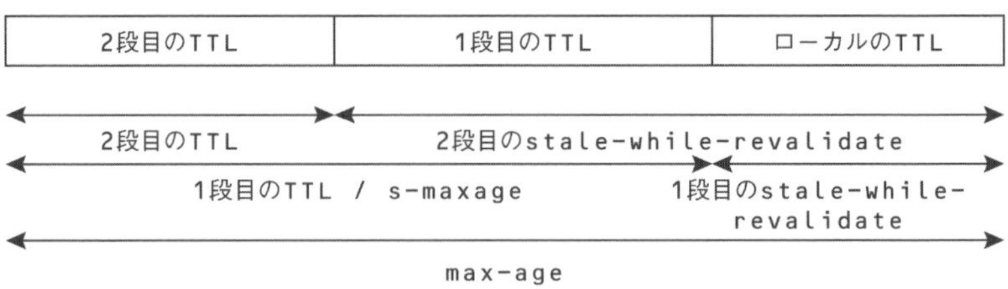

図5.29 全体のTTL

*45 2段目はストレージを増やしやすいため、1段目と比べるとより長い時間キャッシュを保持できる可能性が高いです。

全体で1時間のTTLを分け合う場合、Cache-Controlの設定値は表のようになります。このCache-Controlの値は「位置」がクライアントの場合に受け取るレスポンスヘッダです。max-ageには全体のTTL（3600秒）を指定し、s-maxageでPrxoy上でのTTLを指定しています。2段目で900、1段目で1800とすると、それぞれで25%ずつになります。

位置	TTL割合	Cache-Control設定値	TTL（リクエストが頻繁）	TTL（あまりアクセスがない）
ローカル	50%	max-age=3600	1800〜3600	0〜3600
1段目	25%	max-age=3600, s-maxage=1800, stale-while-revalidate=1800	900〜1800	0〜3600
2段目	25%	max-age=3600, s-maxage=900, stale-while-revalidate=2700	900	900〜3600

ここで重要なのは、キャッシュを行うすべての階層で、キャッシュを取得した時点で期限切れといった事態を防ぐことです。各階層で、キャッシュがきちんとFreshであるようにTTLを割り振る必要があります。もちろんここにCDNが入ってくればCDNに割り振るTTLも検討する必要があります。

また、コンテンツの種類（たとえば画像）によってはいっそのことクライアントへ送る際にAgeヘッダを消してしまうというのも手ではあります。ただし、キャッシュの一貫性は失われるのでトレードオフではあります。

Column

キャッシュ巻き戻りの問題

多段Proxyなら、ある1つのコンテンツについては、ある1つのProxyがキャッシュを保持していることが期待されます。そのため、常に下流のProxyでも同じコンテンツが返されるはずです。こういった特徴により、刻々と変わるストリームデータの場合でも、巻き戻るといった現象は起きにくいです。
なぜ多段Proxyでもキャッシュの巻き戻りは「起きない」ではなく、「起きにくい」なのかというと、実運用ではなかなか難しい以下の条件を満たす必要があるからです。

- キャッシュがTTL前に消えない
- 経路上とローカルキャッシュで異なるTTLを使っていない

ストレージで触れたように実運用ですべてのコンテンツがキャッシュに収まることは多くなく、障害が起きれば消えることもあります。
経路上とローカルキャッシュのTTLを分けて効率をよくする方法を紹介しましたが、経路上とローカルキャッシュでTTLを分けると、ストリームデータの一貫性が保てなくなります。巻き戻りを絶対回避しようとすると、これが使えないのも難しいことです。
ただ、巻き戻るような現象が起きるのは頻繁に更新されるデータであり、そもそもTTLが短いことが予想されます。押し出されて巻き戻るといった現象が起きることは、そこまで多くないでしょう。

Column

max-ageが変動する時の注意

1時間のキャッシュを目的として、Cache-Control: max-age=3600となるよう設定した後、クライアントで実際に見るとmax-age=3128のような設定値以下の中途半端なレスポンスヘッダのことがあります。
原因としては、中間でキャッシュを行っているProxyやCDNがキャッシュの経過時間（Age）を減算してmax-ageをレスポンスしているケースがほとんどです。この場合はオリジンのmax-ageはそのままで、ProxyやCDNを通した際のmax-ageが減算されているだけです。
ところがオリジンのmax-ageも減算されているケースがあります。この場合は設定ミスの可能性があります。たとえばApacheにはmod_expires*[a]というキャッシュの設定をするには便利なモジュールがあります。設定例、そのときのヘッダ出力を示します。

```
<ifModule mod_expires.c>
    ExpiresActive On
    <FilesMatch "\.(jpg|gif|png)$">
        ExpiresDefault "access plus 1 hours"
    </FilesMatch>
</ifModule>
```

```
Cache-Control: max-age=3600
Expires: [1時間後の時刻]
```

次のようにExpiresDefaultの値を変更すると、ここまで紹介した動作となる可能性があります。

```
ExpiresDefault "modification plus 1 hours"
```

こうすると、起点になる時間がアクセスされた時刻からファイルの更新日へ変わります。この場合は時間の経過とともにmax-ageは減算されていき、最終的には0となります。わざわざこのような設定をすることはないでしょうが、コピー&ペーストをした際のミスなどで混入することはありえます。自サイトを閲覧時にmax-ageが意図しない変動をしていることに気づいたら、一度確認するのもいいでしょう。

*a https://httpd.apache.org/docs/2.4/ja/mod/mod_expires.html

5.16 障害時に正しくサーバーを切り離す（ヘルスチェック）

多段構成のメリットに、耐障害性向上があります。障害でキャッシュが消えたとしても、ほかの層のキャッシュで負荷を吸収できるからです。

さて、この話はあることを前提としています。それは異常なサーバーを正しくすばやく切り離すことです。

異常なサーバーを検知し対処するためには、常時サーバーが正常かチェック（ヘルスチェック）し、何らかの基準に引っかかれば異常とみなすのが一般的です。

ヘルスチェックでは、「行う側」の設定についてはよく触れられていますが、当然「受ける側」の設定も適切に行う必要があります。

不適切なヘルスチェックがあると問題がないのに突然切り離されたり、問題があっても切り離されない、切り離しまで時間がかかるといったこともありえます。ここではヘルスチェックを「行う側」「受ける側」の考え方について記します。

5.16.1 ヘルスチェックを行う側の設定

ヘルスチェックを行う側は、対象の正常／異常状態をチェックの結果で切り替えます。切り替え方法はいくつかあります。よく見る2パターンを紹介します。

- 連続の成功・失敗リクエストで切り替わるパターン
- 直近のリクエスト中の成功・失敗で切り替わるパターン

どちらもヘルスチェックではありますが、挙動は別物です。これらの違いを理解したうえで適切な設定が必要です。まずは両方の設定を見てみましょう。

図5.30　AWS ターゲットグループのヘルスチェック設定

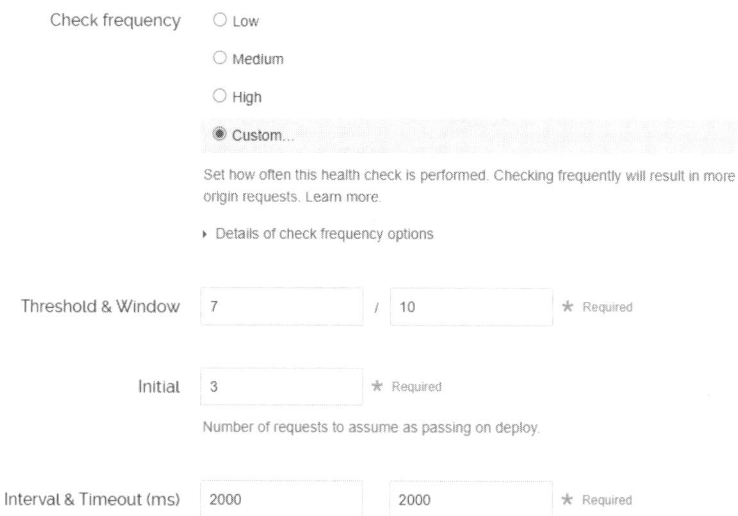

図5.31　Fastly のヘルスチェック設定

AWS では連続で n 回成功したら正常、Fastly では n 回中 m 回成功したら正常といったような戦略をとっています。

それぞれ特徴的なパラメータがあります。これを把握し、ヘルスチェックを行う場合はどのようなタイミングで正常／異常が切り替わるか押さえましょう。

» 連続の成功・失敗リクエストで切り替わるパターン

AWSなど、連続の成功・失敗リクエストで切り替わるパターンでは、パラメータとしては主に3つあります。

- 初期状態（正常/異常）
- 連続n回成功したら成功として扱うか（HealthyThresholdCount）
- 連続n回失敗したら異常として扱うか（UnhealthyThresholdCount）

設定項目などに連続してというキーワードがあったらこのパターンです。このパターンの動きとして重要なのが、連続の成功/失敗で状態がスイッチのように切り替わるということです。

また、このパターンのヘルスチェックで注意が必要なのは正常の状態で成功と失敗を交互に起こる状態が起きるような状態ではなかなか異常判定がされなかったりすることです。対策としては失敗時の閾値を上げすぎないことです。

» 直近のリクエスト中の成功・失敗で切り替わるパターン

FastlyやVarnishなど、直近のリクエスト中の成功・失敗で切り替わるパターンでは、パラメータとしては主に3つあります。

- 初期値（initial）
- 直近n回のリクエストを対象とするか（window）
- 直近n回中に何回成功したら正常として扱うか（threshold）

設定項目などに直近n回のリクエストを対象といったキーワードがあればこのパターンです。

initialは、ノードの初期投入時にすでに何回成功している扱いとするかという設定値です。非常に過敏なヘルスチェックの設定を行う場合はwindowとthresholdを大きくすることで実現可能です。この場合initialも合わせて大きくしないと登録をしてから実際のトラフィックが流れてくるまで時間がかかるといったことがおきます。

» 共通のパラメータ

これらの共通のパラメータを見ていきましょう。

- ヘルスチェック先のURL
- 頻度（interval）
- タイムアウト

ヘルスチェック先のURLや頻度は名前通りの意味です。タイムアウトは、基本的にはそのヘルスチェック先にリクエストを行い完了するまでの時間です。

タイムアウトの時間はなかなか難しいところです。静的なファイルなのですぐレスポンスできるからといって0.1秒と設定するとハマることがあります。

ヘルスチェックのリクエスト元がオリジンと同一場所とは限らないからです。

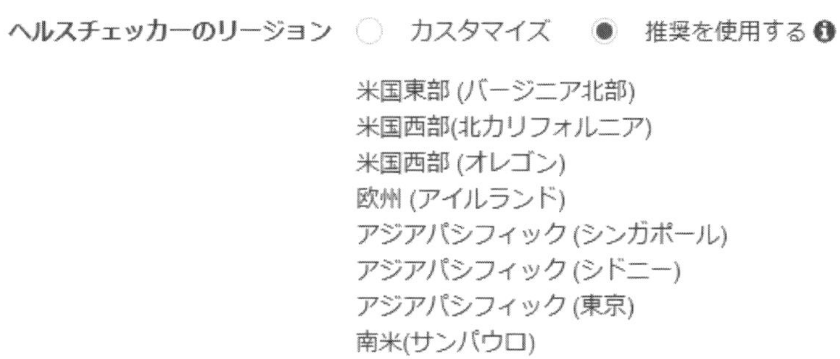

図5.32 Route53のヘルスチェック設定

これはRoute53のヘルスチェックです。書いてあるように複数のリージョンからチェックを行うようになっています。距離が離れれば、当然レスポンスタイムは遅くなるため、0.1秒では効かないことも多くなるでしょう。それも考慮した時間を設定する必要があります。

» 過敏に思える設定をしてもよいのか

異常が起きたインスタンスはすぐにでも外したい！　ということで以下のような設定をするとします。

- 初期状態は成功
- 連続で1回失敗したら異常

・連続で3回成功したら正常

かなり、過敏な設定です。すぐに外すという目的を達成することは可能でしょうが、一度考え直すべきでしょう。

たとえばたまたまレスポンスに時間がかかりタイムアウトしたらどうでしょうか？ すぐに外されるでしょうが、復帰するまで3回成功する必要があるため、復帰には多少の時間がかかります。場合によっては、異常判定されてオートスケール補充されることもありえます。そうなると、さらに復帰に時間がかかるでしょう。

過敏に設定するのであれば、頻繁に外れることを覚悟してキャパシティプランニングをするべきです。また、クライアント側でのリトライなど、過敏な設定以外の解決策がある可能性は意識しましょう。

必ずしも過敏な設定が優れているとは限らず、かえって配信システムの安定性を損なう可能性も高いです。お勧めしません。

5.16.2 ヘルスチェックを受ける側の設定

ヘルスチェックを受ける側を設定するうえで一番大事なことは「そのヘルスチェックでどこの範囲の正常性を担保するか」ということです。

Proxyから接続するAppサーバー内ではApache+mod_phpが動いていて、DB/KVSは他サーバーにあるとします。この構成での、ヘルスチェックのパターンを考えてみましょう。

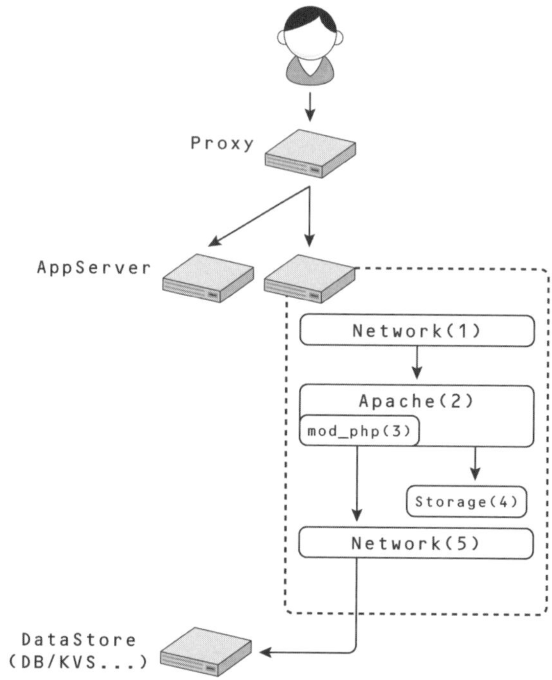

図5.33　構成図

» 静的ファイルでのチェック

静的ファイルでのチェックは、名前の通り静的なhtmlなどを任意のフォルダに設置し、Proxyからヘルスチェックする方法です。次の範囲がチェックできます。

- LProxy⟷App間のネットワーク
- Appのネットワークの状態
- サーバー（Apacheなど）が起動しており、接続できるか
- ファイルが存在して取得できるか

» スクリプトでのチェック

静的ファイルでのチェックではPHPが動いているのかまでは確認できません。簡単なコードでチェックすれば、PHPのある程度の動作チェックができます。

```
<?php
echo "ok";
```

リスト 5.12　/healthcheck/check.php

ここである程度としているのは、使用している extension をチェックしていないなど、完璧なチェックを心がけてはいないからです。

筆者は過去に apc を呼び出すとそこで処理が固まるという事態を見たことがあります。こういった場合、簡単なコードではチェックはできません。ただし、この場合は最終的に固まったプロセスで Apache のスロットを使い切るため、ヘルスチェックにひっかかって切り離されるでしょう。そもそも mod_php の場合は Apache と一体で動きます。Apache のチェックができる静的ファイルだけでも十分足りるという判断もありでしょう。

» より複雑なケースのヘルスチェク

次にこんなケースを考えてみましょう。App サーバーにローカルの memcached を立てておいてそれを使うとします。この場合は当然ですが静的ファイルのチェックだけだと memcached が起動しているかどうかはわかりません。また、「ok」を返すだけのスクリプト（リスト 5.12）でも対応できません。スクリプトでローカルの memcached に接続して stats（統計）を取得するようなコードを書く必要があるでしょう。

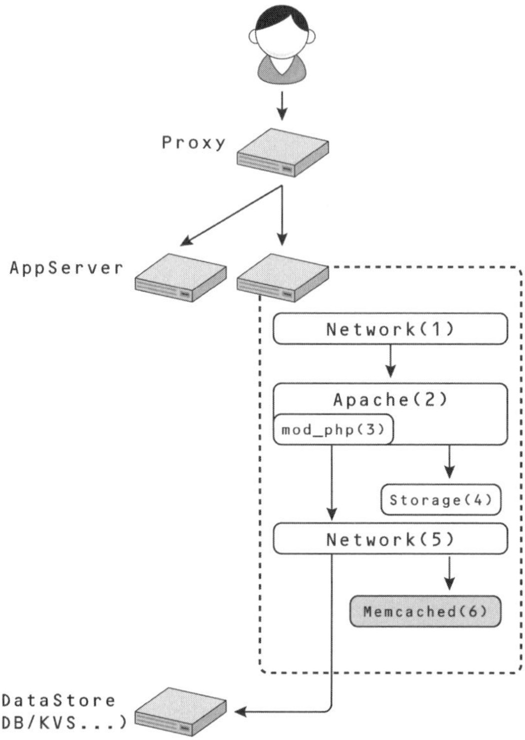

図5.34　単一のノードにapache（httpd）とmemcachedがいる

ほかにもphpがfastcgiでApacheと別プロセスで立ち上がっていれば、スクリプトでのチェックが必要になります。php側までチェックしないとApacheは立ち上がっているがphpは死んでいる際にカバーができません。

ヘルスチェックで重要なのは、そのAppサーバーでサービスを提供するにあたって最低限必要な要素が動いていることをチェックすることです。Appサーバーローカルでmemcachedが立ち上がっていればヘルスチェックのURLでそこも含めてチェックできる必要があります。

また、異なるサーバーで動いているDBなどへの接続チェックはしないほうがいいでしょう。DBの不具合に引きずられて、異常のないAppサーバーのヘルスチェックがFailしていくからです。

5.17 ドメインの分割

HTTP/2が登場する前には、ドメインシャーディング*46といった黒魔術のような高速化手法がありました。しかし、HTTP/2では一本のTCPコネクション内に複数の仮想的な道路（ストリーム）をつくるため、TCPのコネクション数を稼いで高速化というのはほぼ無意味となりました。

ドメインの分割は不要となったのかというと、そうではありません。あくまでも、HTTP/2を使うときに高速化のためにドメインを分けることが無意味になっただけです。ほかの用途ではまだ有効です。ここではドメインを分割しておくと、便利なケースを紹介します。

5.17.1 動的コンテンツと静的コンテンツでドメインを分ける

サービスを継続して運営する場合、アップグレードパスを考えることは重要です。当初はトラフィックも小さく、自前で配信環境を整えるだけで済むかもしれません。人気が出て、それなりのトラフィックが出てきたら、CDNといった外部サービスの利用を検討するでしょう。このようなアップグレードを考えるとき、ドメインを分けておくとすんなり実施できます。

一般に静的コンテンツはファイルであることが多く*47、その中でも画像・動画などのメディアはサイズが大きいものが多いです。ドメインを分けていれば高トラフィックな静的コンテンツ部分のみをCDNに乗せることができます。

HTTP/2ではコネクションの再利用 RFC 7540#9.1.1 が可能です。ワイルドカードやマルチドメイン証明書で1枚の証明書で解決できるものであれば、同一コネクション上で複数のドメインが利用できるため効率的です。HTTP/2下でのドメイン分割について、プライオリティ制御に関する議論*48があるものの、弊害といえるような問題はありません。

小規模な時から分割しておいてもさほど弊害はなく、あとあとのことを考えるとむしろ便利です。HTTP/2を採用するなら、HTTP/1.1の高速化を目的としたドメイン分割（cdn1,2,3......）は無駄です。example.netとcdn.examplen.net程度に分けておけば問題ありません。

*46 ブラウザはドメインごとに接続数の制限があるため（6程度）、cdn1,cdn2,cdn3.example.net......のようにドメインを分割してTCPの接続数を稼ぐ手法。

*47 あくまで静的コンテンツはTTLが長く、また明確に決められるものです（5.11.1参照）。この定義ではコンテンツの種別（画像など）には触れていません。ただ、多くの場合、JavaScriptや画像などのコンテンツリソースがこの静的コンテンツの特徴に当てはまることが多いです。

*48 プライオリティ制御のツリー構築がうまくいくのかというもの。HTTP/3ではプライオリティはオプションとなり、HTTP/2でも十分にサポートしている実装がそこまで多くないので気にしなくてもいいでしょう。

5.17.2 ZoneApex問題への対策

ドメイン分割にはZoneApex問題への対処という側面もあります。まずは、ZoneApex問題について、CDNの適用から考えていきましょう。

CDNをサイトに適用する場合はどのように行うでしょうか？ Akamaiのサイトがどのようになっているか見てみましょう。www.akamai.comはCNAMEでAkamaiのCDNのホスト（www.akamai.com.edgekey.net）を指定しています。

```
www.akamai.com.          300     IN      CNAME   www.akamai.com.edgekey.↩
    net.
```

fastlyのサイトも、やはり同じくCNAMEを使っていることがわかります。

```
www.fastly.com.          2425    IN      CNAME   prod.www-fastly-com.ma↩
    p.fastly.net.
```

このようにCDNを使う場合はCNAMEでCDNのホストを指定することが多いのですがCNAMEには同時にほかの種類のレコードを共存させることができません[RFC 1912#2.4]。これは以下のケースで問題が起きます。

- example.netのようなApexドメインに対してCNAMEを指定
- foo.example.net の Zone を委譲していてその foo.examplnet に対して CNAMEを指定

いずれもZoneの起点（Apex）となるドメイン（example.netの場合はnetからZoneを委譲されている）にCNAMEを指定しようとしています。しかしながら、ZoneApexにはNSとSOAレコードの設定が必須[RFC 2181#6.1]で、CNAMEのほかのレコードと共存させることはできません。ここで矛盾が発生します。これがCNAMEのZoneApex問題です。

単純に解決するなら、サービスはwww.example.netでコンテンツはcdn.example.net......のようにサブドメインを切って、それぞれサブドメインを指定する方法が考えられます。しかし、example.netの起点となるドメインでCDNを使いたいというニーズに対応しません。ドメイン分割それ自体との関連性は薄いですが、ここでこの解決方法を解説します。

» IPアドレスで設定できるCDNを使う

CDNのホストには通常ドメインを指定しIPアドレスは変動しますが、一部のCDNはホストにIPアドレス（**固定IPアドレス**）を指定できます。この場合、AおよびAAAAレコードに提供されたIPアドレスを指定して、ZoneApex問題を回避できます。IP Anycast方式で、全世界で同一のIPアドレスでクライアントから最も近い（良い）サーバーが応答してくれます。CDNではありませんが、Google Public DNSの8.8.8.8もIP Anycast方式を利用しています。

なお、IP Anycastを利用するCDNが必ずしもホストにIPアドレスを指定できるとは限りません。AおよびAAAAで指定するために必要な、固定IPアドレスを提供してもらえないケースもあるからです。CloudflareはIP Anycast対応ですが、ホストにIPアドレス指定はできません。代わりにDNSサービスの活用で問題を回避しています。

» CDNが提供しているDNSサービスを使う

AkamaiやCloudflareはDNSサービスを提供しています。ドメイン丸ごと、CDNのDNSサービスを使えば、ZoneApexでも適切に振り分けられます。

» Aliasが指定できるDNSサービスを使う

Zoneの起点となるドメインには別のドメインを指定して、そこから取得するようにはできないのかというと、そうではありません。DNS側でホスト名を解決してクライアントからの問い合わせが来た際はA/AAAA（IPv6）レコードで返してくれるCNAME Flattingという機能が一部のDNSサービスで提供されています。たとえばAWSのRoute53ではAWS内のサービスに限りますが、指定可能なAliasという機能があります。

他にもdnsimpleなどの制限がないサービスもあります。ただ、この場合注意が必要なのは適切なエッジサーバーに振り分けができるのかという点です。CNAMEを展開するのはユーザーではなくDNSの提供業者です。そのためユーザーの地域ではなく、CNAME展開したDNSの所在地向けのエッジが選択される可能性もあります（2章のコラム「EDNS Client Subnet（ECS）―RFC 7871」で触れたEDNSに対応しているのか）。

このようにZoneの起点となるドメインに対してCDNを使おうとしたとき、レジストラにおまけでついている無料DNSサービスだと対応していることは少ないです*49。そこで、このようなサービスを導入する必要があります。

---

*49　ムームードメインやValueDomainは、Aliasレコードに対応しています。

第6章

CDNを活用する

6

CDNを活用する

全世界のユーザーに向けて配信を行いたい、トラフィックが非常に大きい配信を行いたいという要件は、Webサービスを運営していれば当然のように出てきます。サイトが成長して、トラフィックの伸びに対して、既存構成だと耐えきれないので何とかしたいということもあるでしょう。

その際に便利に使えるのが、ここまで何度も名前を出してきたCDN（Content Delivery Network）です。

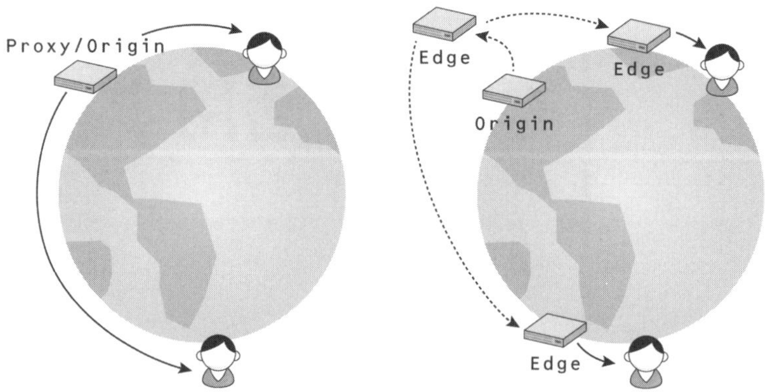

図6.1　CDNのエッジはクライアントの近くにある

もっともわかりやすいCDNのメリットは、配信の高速化、安定化でしょう。

CDNは世界中に高品質のネットワーク、エッジサーバー（クライアントと近い位置にあるサーバー）を有します。そのため、クライアントに地理的に近い位置から、高速かつ安定した配信が可能となります。

CDNをうまく導入すれば、全世界のエッジから、世界中のユーザーに向けて配信がより高速にできます。豊富な回線容量を持つため、大トラフィックもさばけます。

しかし、CDNは入れれば自動的になんとなく配信をいい感じにしてくれるものではありません。さまざまな使い方と注意点があるため、本章では詳細に解説します。

6.1 なぜCDNが必要なのか—自前主義だけだと難しい

これまで配信システムをつくるうえでさまざまなポイントを解説してきました。基礎から解説してきたので、自前のProxyだけでもある程度の配信システムが構築できる知識は身についたでしょう。ただし、配信は自前でやるには見合わないところが多々あります。

筆者の所属する会社ではVarnishで構築した配信システムはありますが、CDNも併用しています。

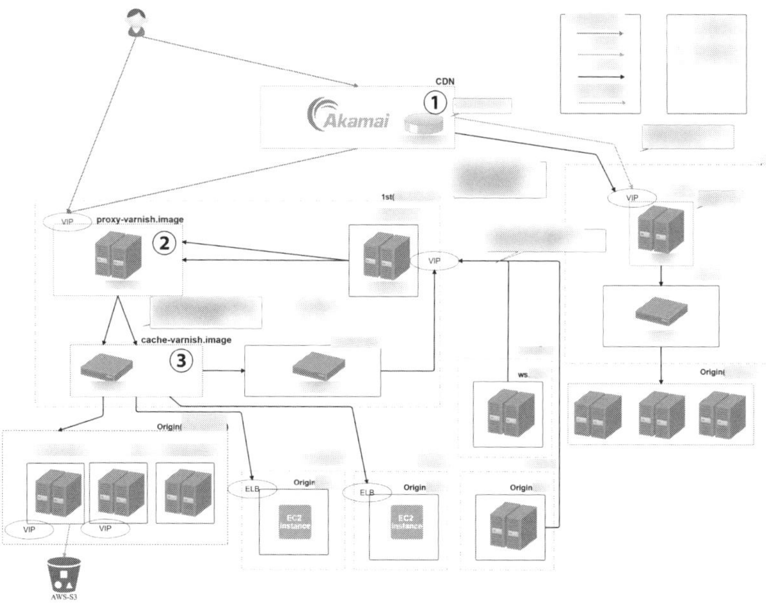

図6.2 GREE配信系（2015年ごろ）

これは2015年当時の配信システムの構成で、現在とは多少異なりますが大筋では変わっていません[*1]。CDNはAkamai（①）を利用しており、`proxy-varnish.image`（②）が1段目で`cache-varnish.image`（③）が2段目のキャッシュとなっています。

当時、自前の配信システムを構築した理由には、さまざまなものがありました。代表的なものを挙げます。

---

*1　現在は別の配信構成もあり、これですべてを配信しているわけではありません。

・数百ドメインをホスティング
・複雑なパス書き換えとルーティング
・インターネットと接続していないオリジンが多い
・キャッシュ消去に対する厳しい要求
・コスト

またこのような自社配信システムを持ちながら、CDNを併用するのは、海外配信やトラフィックが跳ねるときの対策をすべて自社配信システムでまかなうこと（自前主義）は現実的ではないからです。この配信システムでは、すべてをCDN経由にはしていません。ただ、イベント時はこのような跳ね方をするため、それをさばくのにCDNを使っていました。

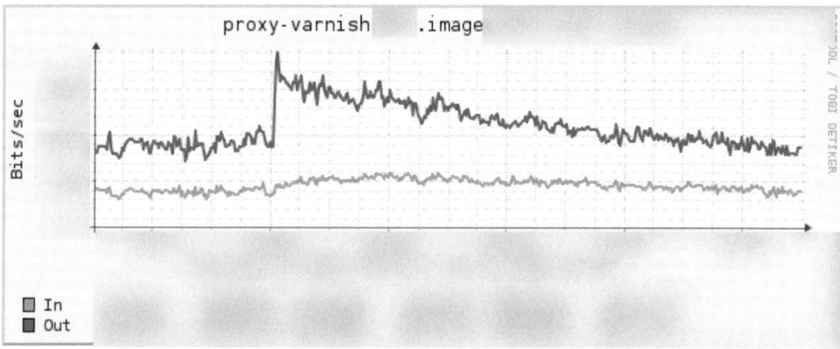

図6.3 GREEのとある時間のトラフィック

6.1.1 自前主義がもたらす高コストとCDN

なぜすべてを自前で行わないかといえば、単純にコストに見合わないからです。

コストというと単純にインフラの利用料金のようなものもあれば、運用にかかる人件費、人材教育・獲得コストといったものもあります。そもそも配信に理解があるエンジニアが少なく（だからこそ本書を執筆していますが）、教育コストや採用コストは安くありません。

インフラの利用料金という面で難しい点を1つあげてみます。2.4で軽く触れているISPやIXで接続する場合、1Gbpsや10Gbpsなどいくつかの接続メニューがあり、複数の料金プランが用意されています。一般に接続帯域が大きくなるほど高くなります。

ゲームアセット配信のように跳ねると100Gbpsを超えるようなものがあるなら、当然それをさばけるような回線やネットワーク機器を用意する必要があります。すべて自前で行おうとすると、高額な料金プランを維持し続け、さらにネットワーク機器をそろえなくてはいけません。

定常的にこれだけのトラフィックがあるなら、ここに投資するのはコストパフォーマンスとして悪くないかもしれません。しかし、実際にはトラフィックは常時一定というわけではなく、跳ねる*2タイミングと平常時で大きな違いがあります。

さらに、それを多拠点（全世界）で展開しようとした場合はどうでしょうか？ そこに投資するだけの強い動機がない限り難しいでしょう*3。

このような突発的なトラフィックや多拠点での配信を考えた場合、自社のみで環境を構築、維持してさばくのは厳しいです。自前主義をつきつめようとするとコスト的に見合わない、配信システムのパフォーマンスが伴わないといった課題に突き当たります。

» CDNのコスト上のメリット

自前でネットワークを用意しようと考えると、基本的には初期コスト＋月次コストの定額支払となります。対するCDNでは、トラフィック課金（配信したバイトサイズ）を基本とし、そこにリクエスト数や証明書などでの追加課金されるケースが多いです*4。基本的には従量課金と考えていいでしょう。

トラフィック課金の場合は、ピーク帯域が1Gbpsでも100Gbpsでも、総転送量が1TBなら同じ金額です。自前で一瞬のスパイクのために100Gbpsのインフラを用意するより、トラフィックに応じて従量で支払いができるCDNは、跳ねることがあるWebサービスにコスト面でぴったりの手段です。一部のB2B向け業務Webアプリケーションなどを除けば、多くのサイトで予測できない、予測を上回るアクセスが発生しえます。これをさばけないのは大きな損失につながりますが、この事態を恐れて必要以上に強固なシステムを構築するのも不経済です。

CDNのコストは大きな魅力です。

6.1.2 CDN + 自社配信という選択肢

ここまでの説明で、ずいぶんとCDNを持ち上げてきましたが、CDNと自社配信を組み合わせるという選択肢もあります。

静的／動的コンテンツのドメインを分けておくと、静的ドメイン部分をCDNに

*2 平常時と比較くして流量が大きく増える。
*3 Netflixなどごく一部の企業は実際にこのような展開をしています。
*4 ほかの課金体系として帯域幅課金（ピーク時の帯域（bps）を基準とする）を提供しているCDN（Alibaba）もあります。

乗せやすくなります（5.17.1を参照）。これもCDNと自社配信の組み合わせですが、大規模な事業者の場合は別の観点からの組み合わせを行うことがあります。

さきほどCDNのメリットとして、トラフィック課金を中心とした従量課金を挙げました。ピークが1Gbpsでも、100Gbpsでも、総転送量が1TBなら同じ金額のトラフィック課金になります。

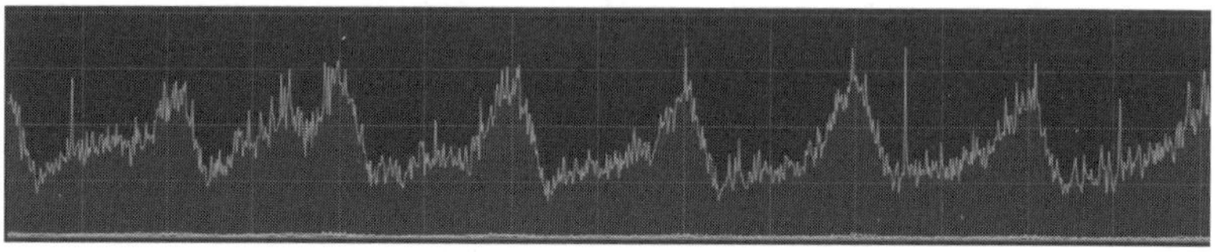

図6.4 トラフィックパタン

一般的なWebサイトの場合、トラフィックは日々変動しています。これをすべて自社配信でまかなおうとした場合は、最低限ピークトラフィックと、想定する突発的なトラフィックに耐えるような構成をつくらなければなりません。当然この費用は高いです。突発的なトラフィックに耐えるために100Gbpsの回線を用意しても、常に100Gbps近くトラフィックが出るわけでもなく、割高になるはずです。

この定額支払の回線を、高稼働できたらどうでしょうか？ 自社配信（定額回線）は比較的高稼働で保ちつつ、CDNを補助的に使うことでピーク時や突発的なトラフィックに対応するCDN+自社配信の考え方は効率的です*5。

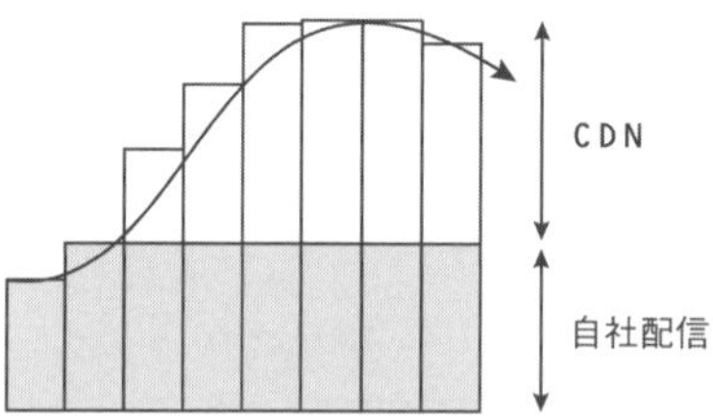

図6.5 CDN+自社配信

ベース部分は自社配信を行い、そこから超えた部分はCDNを使い、コストをさげるということもあります。この考え方は発電（電力供給）におけるベースロード

*5 2章で軽く触れましたが、大規模コンテンツプロバイダは費用を抑える方法があるため、高稼働が実現できるのであれば、CDNの単価と比べると低コストです。

／ピーク／ミドル電源の考え方に非常に似ています[*6]。

他に自社配信とCDNを組み合わせて効果があるケースには、国内は自社配信メイン（国内サーバー）、海外はCDNメインというものが考えられます。こうすることで海外からのユーザーにも比較的速く応答できます。

すべてを自前で行うのではなく、うまくCDNを使う（取り入れる）ことで全体のコストを減らすことを考えるべきです。外部サービスをうまく組み込む考え方は3章のコラム「外部サービスという選択肢」にも通じます。

6.2 CDNを使う前に

CDNは現代的なWebサービスを構築する上で欠かせないものになっています。CDNとは何か、CDNをどう使うべきかをあらためて学んでいきましょう。

6.2.1 CDNとは

CDNといえば、キャッシュを使いコンテンツを配信するためのシステムと思い浮かべる人が多いでしょう。もう少し詳しく、世界中にサーバー（エッジサーバー）が存在し、世界各地のクライアントに対して高速に配信できるといったところまで把握している人もいるでしょう。

よくあるCDNの勘違いとして、CDNとはキャッシュをすることが前提のものであるというものがあります。その考えも間違いではないのですが、それは機能のごく一部にすぎません。

CDNはContent Delivery Networkの略称で、その名の通り**コンテンツを（より速くより効率的に）配信するために構築されたネットワーク**です。*Cache* Delivery Networkではないというのをまず意識しましょう。

CDNの構成要素は最低3つです[*7]。

- エッジサーバー
- 広域負荷分散が可能なLB（GSLB、グローバルサーバーロードバランシング）
- インフラ

---

*6　電力需要は時期や時間帯で変動しうるという事情から、低コストで長時間稼働前提のベースロード（水力など）、高コストの代わりに発電量が迅速に調整できるピーク（石油火力など）、これらの中間の特徴を持つミドル（ガス火力など）の発電を組み合わせています。

*7　この3要素はあくまで最低限のものです。大規模であれば構成管理なしの運用は不可能でしょう。他にも様々な要素があります。

まず1つがエッジサーバーと呼ばれるもの。これは実際のところProxyです。たとえば、Cloudflareはnginx、FastlyはVarnishをそれぞれカスタマイズしたものを使っています。エッジというのは縁（ふち）や端（はし）という意味です。クライアントにより近い端っこの部分にあるサーバーという意味で、エッジサーバーと呼んでいます。

また、クライアントを適切なエッジサーバーへと振り分けるために、LBが必要になります。主に使われるのがGSLB（グローバルサーバーロードバランシングという機能を持つLBです[*8]。

最後にインフラです。莫大なトラフィックを扱うため、品質の良いネットワークをはじめ、各種インフラを適切に構築しておく必要があります。

CDNプロバイダーはこれらを大規模かつ、世界的に行っている（設置している）と考えてもらえるとそこまでズレはないでしょう。

キャッシュは、CDNの機能のごく一部であることを説明しました。CDNにはほかにもさまざまな特徴や機能があります。代表的な機能を挙げます。

- ネットワーク品質の良い場所に分散配置されたエッジサーバー
- 柔軟なキャッシュ設定
- ルーティング
- キャッシュの消去
- アクセス情報の可視化
- HTTPリクエスト／レスポンスの変更
- DDoS対策
- Web Application Firewall
- エッジでのコード実行（JavaScriptなどをCDNのエッジサーバーで実行）
- 画像最適化
- HTML/CSS/JavaScriptのminify

たとえサイトの特性上キャッシュがしづらかったとしても、DDoS対策などのセキュリティ対策としてCDNを導入するのも間違いではありません。あくまでキャッシュは一機能なのです。

高速なアクセスのためにネットワーク品質の良い多数のサーバーが地理的に分散配置されているのがCDNのポイントです[*9]。たとえば、CDN大手のFastlyは

---

*8　ちなみにAWSのRoute53をGSLBとして使うことが可能です。GeoRoutingやLatencyベースの振り分けを使えばCDNに似たような動きをするものをつくることはできます。

*9　どの程度分散配置されているかはCDNによって変わってきます。

日本、アメリカ、ヨーロッパ、オーストラリアなどオセアニア、アフリカ、インド、中国（香港）などにエッジサーバーを配置しています[*10]。Akamaiは130ヵ国に配置しています[*11]。

このように地理的な分散を行い、クライアントになるべく近いエッジサーバーから配信することで、距離に起因するレイテンシの増加に伴うスループットの低下を抑えられます。もちろん、いくら距離が近くても、ネットワーク品質が悪ければ台なしです。CDNはネットワーク品質が良い場所にあることが期待でき、場合によってはISP内にエッジサーバーが設置されている[*12]こともあります。ISP内にエッジサーバーがある場合、高速な通信が期待できます。クライアントからすると非常に好条件です。

Akamai、CloudFront、Fastlyなどの地球規模でサービスを提供しているCDNは、言わば地球規模で分散されたネットワーク品質の良いコンピューティングのプラットフォームです。実際、CDNプロバイダーは自身をIntelligent Edge Platform（Akamai）やEdge Cloud Platform（Fastly）などとプラットフォームと称しています。この視点を獲得すると、とらえ方が変わってきます。

たとえばこのプラットフォームに乗っている、機能としてのCDN（配信システム）を考えてみましょう。クライアントと近い場所にエッジがあるのは分散されているからですし、またコンテンツを効率よく配信できるのもネットワーク品質が良いという特徴をうまく使っています。

また、最近多くのCDNで提供している画像のサムネイル作成サービスがあります。画像のリサイズはCPUやメモリなどを使用しますが、多数のエッジサーバー上のリソースをうまく使っているといえます。

ほかにも、なぜCDN会社がやるのだろう？ と考えるようなサービス、たとえばブロックチェイン[*13]などを展開していることもあります。近年、CDNプロバイダーからさまざまなサービスがリリースされていますが、自身のプラットフォームを活用したサービスをしていることは間違いありません。CDNの本質である、「分散されたネットワーク品質の良いコンピューティングリソースのプラットフォーム」であることを考えるといろいろとらえ方が変わってくるはずです。

CDNについておおよその特徴は見えてきたでしょう。Proxyと共通する部分も少なくありませんが、CDNはそれ自体で独自のとらえ方をすべきでしょう。

---

*10 https://www.fastly.com/network-map
*11 https://www.akamai.com/jp/ja/resources/visualizing-akamai/media-delivery-map.jsp
*12 Akamai AANP、Google GGC、Cloudflareなど。
*13 https://www.akamai.com/us/en/about/news/press/2019-press/akamai-mufg-announce-joint-venture-for-blockchain-based-online-payment-network.jsp

Column

オブジェクトストレージとCDN

最近ではサイトはAWSやGCPなどクラウドで構築するのがほとんどです。そうなると、静的配信はAmazon S3やGoogle Cloud Storageなどのオブジェクトストレージでよいのではと考える方も多いでしょう。実際、S3に直接アクセスしているサイトも多々あります。

オブジェクトストレージによる配信をダメという気はないのですが、本当にオブジェクトストレージを用いる必要（利点）があるか、あるいはオブジェクトストレージで要件を満たしているのか疑わしいことが多々あります。

そもそも、オブジェクトストレージとCDNはまったく異なるものです。オブジェクトストレージへのアクセスはいわばオリジンへの直接アクセスと同じです。

クラウド、マネージドということで高RPS*[a]でもスケールするのかというと必ずしもそうではありません。S3は5500を超えるRPSのGET/HEADリクエストを達成できる*[b]とありますが、これは後述のCDNと比べると少々心もとない数字です。GCSでもスケールはするものの、そのスケール評価は20分以上の間隔*[c]とスケールまでの間隔に不安が残ります。きわめて高RPS環境だったり、跳ねたりする場合に利用するのには不向きでしょう。

また、オブジェクトストレージは東京などのリージョンに紐づいているので、たとえば海外からのリクエストもあるようなサイトの場合は当然パフォーマンスに影響がでます。

対するCDNはそもそもコンテンツの配信に特化しているため、制限はあるものの、高RPS時のパフォーマンスの桁が違います。たとえばAWS CloudFrontでは、ディストリビューション（CloudFrontの配信単位）あたりの制限はありますが、達成できるリクエストは250KRPSです。さらに事前の引き上げリクエストも可能です。*[d]

もちろんCDNがすべての面でオブジェクトストレージに勝っているというわけでもありません。オブジェクトストレージは、コンテンツ更新を行えば、（間にキャッシュを挟まない限り）クライアントに配信するコンテンツは更新後のものになります。対して、CDNを使って高RPSを見越した配信をするなら、キャッシュを行うのが普通です。コンテンツ更新後、即時でCDNのエッジサーバーに反映させることは難しくなります。うまく活用するには今までの章で説明してきた工夫や、CDN提供元のサービスの活用が必要です。

CDNの場合はキャッシュが有効に働くにはある程度のリクエスト数が必要です。たとえばファイルの受け渡しでダウンロードをする人が一人しかいないなど、ほとんどアクセスされないのであれば、わざわざCDNを使わずオブジェクトストレージに置いておくというのも選択肢の1つです。ただ、それでもCDNを使うメリットはあります。クライアントの近くにエッジがあるため、キャッシュを行わなくても多少高速化が見込める可能性もあります。大切なのは、正しくそのコンテンツの特性を理解して、どのように使うかです。

とりあえずオブジェクトストレージでも配信できるからそれで、とりあえずCDN入れておこうといった考えでは、事故や余計なコストといった問題が発生します。

*a	Requests per second。
*b	https://docs.aws.amazon.com/ja_jp/AmazonS3/latest/dev/optimizing-performance.html
*c	https://cloud.google.com/storage/docs/request-rate?hl=ja
*d	https://docs.aws.amazon.com/ja_jp/AmazonCloudFront/latest/DeveloperGuide/cloudfront-limits.html

6.2.2 CDNだからできること

CDNとProxyのどちらもサイトのコンテンツのキャッシュは可能ですが、自前のProxyだと難しく、CDNだからこそできることはなんでしょうか？ 特徴について、これまでも分散、総帯域が大きいなどキーワードに触れてきました。ここからより深く掘り下げて紹介します。

» クライアントの近くにエッジがある

S3の東京・アメリカ西部の比較をしました（2.3.2）。地理的・ネットワーク的に離れているとパフォーマンスに影響が出ます。グローバルで提供しているCDN（Akamai、Fastlyなど）であれば、そのクライアントの近くのエッジサーバーに接続し、問題を軽減できます。

CDNのしくみを考えると、もちろんキャッシュがあれば、そこから返すため高速です。しかし、実はキャッシュがなくても、CDNを用いると通常より高速に配信できる可能性があります[*14]。

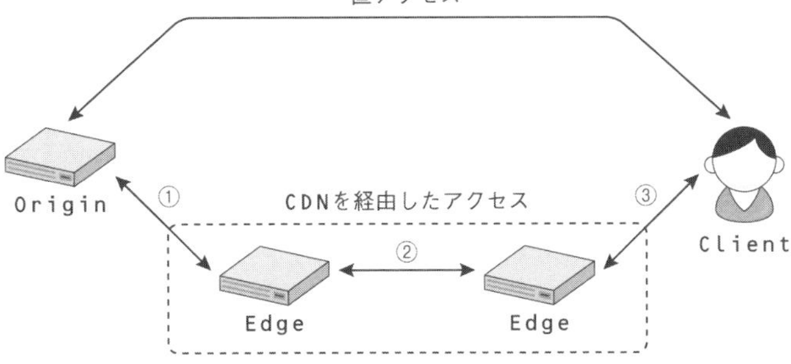

図6.6 直アクセスとCDN経由の比較

図のような直アクセスとCDNを経由したアクセスの違いについて考えてみましょう。クライアントがコンテンツを取得する際には最初TCP/IPでの接続を行

*14 DSA技術の1つによるもの。続く「キャッシュをしなくても早くなる」を参照。

う必要があります。

この接続を確立するのに、クライアントとオリジン間で3回のやりとりを行う必要があります、このことを3ウェイハンドシェイク（3way-handshake）といいます。TCP/IPの基本的な内容なので、聞いたことがある方も多いでしょう。

正直、日本国内であれば、これはそこまで問題になりません。ただ、日本とアメリカのように、地理的に離れていてRTTの数値が高い場合は話が変わってきます。接続を確立するまでに時間がかかることは明白です。

TCP/IPのハンドシェイクに加え、HTTPSで使っていればTLSのハンドシェイクでさらに往復のやりとりが発生し時間がかかります*15。

地理的に距離があると、意外とこのやりとりでの遅延は馬鹿にできません。試しにS3に対してコンテンツの情報のみを取得するHEADリクエストを投げてみました。地理的な距離から、これほどの違いがでました。

HEADリクエスト	HTTP	HTTPS
さくらVPS東京→S3東京（ap-northeast-1）	0.016s	0.042s
さくらVPS東京→S3アメリカ西部（us-west-2）	0.338sec	0.569sec

ちなみに同一リージョンのEC2で同じようにリクエストを行ったところ、HTTPが0.013sでHTTPSが0.08sでした。HEADリクエストなのでコンテンツボディは含まれていないのですがこれだけの違いが出ます。近いというのはそれだけで有利です。さらに、CDNはネットワーク的にも品質が良いことが期待できます。

図6.6でCDNの特性を確認します。CDNを経由したリクエストの場合、クライアントは近くのエッジへ接続しに行くため（③)、この間はそれだけで速いことが理解できます。エッジ・エッジ間（②）や、エッジ・オリジン間（①）はどうなのでしょうか？ ハンドシェイクが発生するので、経由している分遅くなると考える方もいるかもしれません。②について、TCPは接続を使いまわせる（Keep-Alive）ため、同一CDN内なら接続が続いていることを期待できます。①についてもクライアントが複数であれば、すでに接続がされているかもしれません。もしオリジン側がKeep-Aliveに対応していなくてもオリジンに近いエッジとのハンドシェイクなので、やはり高速なはずです。

接続を行うときには、もう一つの要素があります。経路です。

*15　最新のTLS1.3ではこの往復のやり取りを減らすことでより早くデータの通信を行える工夫がされています。

インターネットはさまざまなネットワークを経由しています。たとえば末端が1Gbpsでも中間の経路が100Mbpsなら、どう頑張っても100Mbpsが最大です。さらに、その帯域は複数のユーザーで共有するため、混雑しているかもしれません。また途中の機器の性能が低く、小さなパケット（ショートパケット）が大量に流れた場合は処理しきれず、帯域を使い切れないケースもあります。つまり、接続を確立したとしても、どれだけの通信速度でコンテンツを配信できるかがすぐにはわからないということです。

そのため、さまざまなアルゴリズム（輻輳制御）で使える通信速度をちょろちょろと確認しながらデータのやりとりを行います。確認しながらというのが、ここでは重要です。たとえばリンク速度が1Gbpsでもいきなり1Gbpsで転送するわけではなく、まずは小さく転送開始します（TCP Slow Start）。

エッジ・エッジ間（②）はすでに接続が確立していることが期待できます。そのため、この際すでにスループットについても広がっている（使える範囲をすべて使える）状態です。よってクライアントとオリジンが離れている場合、CDNがキャッシュしていなくても高速になる可能性があるわけです。

キャッシュをしていれば①・②でかかってた部分の通信がなくなるわけでさらに高速です。

CloudFrontを経由[*16]すると、どれだけ速度が変わるかを簡単に計測してみます。HTTPSで同一のファイル（339KB）に対し、CloudFront（オリジンはアメリカ西部S3）と、CDNなしのS3へのアクセス速度を比較しました。

さくらVPS東京からのアクセス先	DL完了時間
CloudFront（キャッシュミス）	0.282s
CloudFront（キャッシュヒット）	0.024s
S3直（us-west-2、アメリカ西部）	0.567s
S3直（ap-northeast-1、東京）	0.054s

*16　オリジンシールド有効でS3へ合わせるため、HTTP/2無効で、gzip圧縮されないようにバイナリファイル（PNG）で比較しています。

注目すべきはCDNにキャッシュがない状態（キャッシュミス）でもオリジンに直接アクセスしたときよりも高速に、半分程度の時間でダウンロードが完了していることです[*17]。もちろんそれでもキャッシュヒットした際の速度にはかないませんし、CDNを使わずとも地理的に近くにあれば当然速いということがわかります。

CDNはパフォーマンスの向上に大きく役に立つのは確かです。たとえキャッシュができないコンテンツでクライアントとオリジンが地理的に遠い状況でも、CDNを使うことで高速になる可能性があります。ですが、オリジンをクライアントが多い地域に移すことができればやはり改善します。単純にCDNを使うだけでなく、オリジンなど全体の構成も含めて検討することで、さらなるパフォーマンスの向上が期待できます。

Column

コラム ネットワークの品質が良いということはどういうことか

これまでも何度もネットワークの品質が良いと触れましたが、そもそもネットワークの品質が良いとはどういうことでしょうか？ 一般的には3要素があります。

- パケットロス（パケロス）が少ない
- レイテンシが小さい
- レイテンシの揺らぎ（ジッタ）が少ない

パケロスやレイテンシやジッタの原因にはさまざまなものがあります。

パケロスであれば、単純に機器が故障している（しかけている）というのもありますし、機器の処理能力[*a]を超えたためパケットを破棄したなどがあります。レイテンシであれば、物理的な距離や、多数の機器を経由しているといった原因が考えられます。輻輳などでパケットがキューイングされると、その分遅延します。ジッタはこのときに現れてきます。

また、使うアプリケーションによってもそれぞれの重要度は変わります。VoIPであれば低ジッタが求められますし、リアルタイム性の高いゲームであれば低レイテンシを重視するでしょう。

この要素は時間がたてば変わります。今良い経路にトラフィックが集中して品質が悪くなることも考えられるからです。ネットワーク品質の良い経路を定期的に探して切り替えるといったこともCDNは行っています。

*a　これは通信速度（bps）以外にもパケットの処理能力（packets per second/pps）などの要素があります。

*17　この特性を活かし、そもそもキャッシュを行えないファイルのアップロードにCDNを利用して高速化を狙うS3 Transfer Accelerationといったサービスもあります。

» 大規模配信に強い

本章の最初に自前ですべて行うのはコストに見合わず難しいと触れましたが、数10や数100Gbpsを超える配信を自社だけで支え切れる会社はそうありません。CDNを使えば、トラフィックの急増などもCDNがさばいてくれるので安心できます。

また、DDoS対策などセキュリティ周りの設定も可能です。大規模に配信を行う場合は心強いでしょう。

» キャッシュをしなくても速くなる

CDNを用いるとキャッシュをしなくても速くなることが期待できます。高速化は、クライアントの近くにあることや途中経路の接続を維持することのみによるものではありません。CDNはさまざまな高速化を行っています。

CDNが高速化を行う方法は、主に2パターンあります。

- 経路・通信の最適化、もしくは可逆圧縮などのコンテンツ自体に手を加えない方法（可逆）
  - 混雑していたりなどの問題のある経路を避ける
  - Keep-Aliveの利用など通信の最適化
  - gzip圧縮のように元に戻せるコンテンツの圧縮
- コンテンツ自体に何らかの手を加える元に戻せない方法（非可逆）
  - クライアントの特性に応じて画像のリサイズを行うなど

可逆のものは、Dynamic Site Acceleration（DSA）と呼ぶことが多いです[*18]。DSAには、さまざまなものがあります。詳細は各サービスの機能案内などから確認してください。

- コンテンツのgzipやbr圧縮を行いコンテンツを小さくすることでパフォーマンスを上げる
- オリジン・中間エッジ[*19]・エッジ間でKeep-AliveをすることでハンドシェイクやSlowStartでの遅延をなくす
- 品質の悪い経路（混雑しているなど）を避けて状態の良い経路を使う

DSAは、クライアントに対していかに高速にダウンロードさせるかということ

---

*18　CDNによっても呼び方が違いますが、AkamaiやFastlyなどではこの名称が使われます。

*19　このあと6.3.9でも触れますが、CDNでも多段構成をとることが可能です。中間エッジは2段目以降を指しています。

に注力しています。Webサイトのリッチ化やマルチデバイス化に伴い、どうしても既存の手法だけでは対応に限界が見えてきました。そこでコンテンツ自体に手を加える、非可逆の手段で高速化を図ろうとしたサービスをCDN各社を出しています。Image & Video Manager（Akamai）、Image Resizing（Cloudflare）、Image Optimizer（Fastly）は画像リサイズなどの機能があります。

» セキュリティ対策として

実はCDN導入はセキュリティ対策上のメリットもあります。

少し古いデータではあるのですが、2017年のAkamaiの事業別売り上げ比率を見るとセキュリティが21%となっています。*20。ことセキュリティの分野でCDNというキーワードを見かけた方も多いのではないでしょうか？

CDNが提供しているセキュリティ対策でよく聞くのがDDoS対策です。実は、ほかにもさまざまな機能を持っています。セキュリティ対策を提供しているCDNでは、多くの場合この3つを（標準やオプションで）利用できます。

- DDoS対策
- Web Application Firewall（WAF）
- Bot対策

DDoSというと、何か特殊なソフトで行う大量のトラフィックによる攻撃だと思うかもしれません。必ずしも間違ってはいませんが、実際にはそれだけだと定義として不完全です。DDoSは、複数のクライアント（Distributed:分散）が、攻撃先のサービスを提供できない状態にする（Denial of Service:サービス拒否）ことを指します。さまざまな攻撃手法が存在します。たとえば、SYN Floodでのセッション食いつぶしや、いわゆる（複数人による）F5アタックもDDoSに含まれます。F5アタックと書くと馬鹿らしく見えますが、正常なリクエストとの区分けが難しく、対処が簡単ではありません。決して軽視できません。

Web Application Firewall（WAF）機能は悪意のあるリクエストの遮断、ログ取得や監視などの機能を有します。CDN側ですでに使いやすい設定や、膨大なログから生成したセキュアなルールが用意されていることが多いです。

また、正常なリクエストでも場合によっては防ぐ必要があるものもあります。通販サイトやイベントチケットサイトで、人気のある商品や公演が転売目的などで一瞬で購入されてしまい、悔しい思いをした方もいるでしょう。このような購入を行

---

*20　https://ascii.jp/elem/000/001/632/1632803/

う悪質なユーザーは自動操作ツール（bot）を使うことが多く、こういったツールを防ぐのがBot対策となります[*21]。このような対策もCDNで可能です。

» さまざまな付加サービス

CDNは単純な配信に加え、ここまで述べたようにさまざまなサービスを提供して付加価値を高めています。

近年、特に多いのがメディア変換サービスです。Webサイトのコンテンツサイズの大部分は画像や動画などのメディアコンテンツです。

これらのサイズを小さくできれば、そのままサイトのパフォーマンスに直結します。ただし、メディア変換をすべて自前でやるのはなかなか面倒です。サムネイル1つをとっても事前につくるのであればデザインが変わった際に全部再生成が必要ですし、動的に生成するにもそのようなシステムをつくるのもなかなか難しいこともあります。

そこで最近のCDNでは、サムネイルの生成や動画の変換といったサービスを提供するものが増えてきました。実際、画像や動画の取り扱いはなかなか難しく、変換から配信までまとめてCDNに任せられるのであれば楽です。

エッジでWebAssemblyやJavaScriptのコードを実行できる、いわゆるエッジコンピューティング[*22]も注目を集めています（6.5参照）。

6.3 CDNの選び方

CDNサービスはいくつかあります。AkamaiやFastlyなどのCDNが中心のサービス[*23]もあれば、AmazonやGoogleのようにクラウドサービスの1メニューとして提供されるものもあります[*24]。全世界的なCDNの提供ではなく、国内にのみエッジを置いているサービスなどもあります。CDNと一口に言っても、サービス内容や規模、コスト面などそれぞれ独自の特徴があります。

CDNはさまざまなサービスが登場しており、何をしたいかで選択肢は変わってきます。ここでは最低限CDNを選ぶ際に見ておきたいポイントを紹介します。

---

*21 イープラスがチケット購入アクセスの9割がbotで、それをブロックしたというニュースに聞き覚えがある方もいるでしょう（https://www.itmedia.co.jp/news/articles/1808/23/news126.html）が参考になります。

*22 VCLもエッジコンピューティングに含まれますが、workersやlambda@edgeなどと比べると自由度は低く、リクエストやレスポンスのルーティングに特化しています。とはいえA/BテストやJWTの検証なども可能です。コンテンツの生成を行いたいのであればVCL（でもできなくはないですが）よりもworkersなどを使うべきでしょう。ただ、workersなどは自由度が高い反面、追加のコストが求められることもあるので、そのあたりを勘案しつつ適切なものを使うのが良いでしょう。

*23 必ずしも正確な言い方ではありませんが、本書では便宜的にCDNを中心にサービス展開している企業を専業CDNプロバイダーと呼びます。

*24 専業のCDNと比較すると機能は比較的シンプルですが、自身のクラウドの機能と強力に連携できるのが特徴です。

6.3.1 代表的なCDNの一覧

CDNの選び方の前に、広く使われるCDNをまとめます。

- Cloudflare*25
  - 専業CDNプロバイダー、Cloudflareのサービス。全世界的にサービスを展開。無料プランがあるため個人にも人気が高い。DNSの1.1.1.1の提供などでも有名。本書で一部利用。
- Fastly*26
  - 専業CDNプロバイダー、Fastlyのサービス。全世界的にサービスを展開。2011年創業の比較的後発のサービス。Varnish由来の柔軟な設定機能（VCL）を持つ。本書で主に解説に用いる。
- Amazon CloudFront*27
  - Amazon Web Servicesの一サービス。全世界的にサービスを展開。
- Google Cloud CDN*28
  - Google Cloudの一サービス。全世界的にサービスを展開。
- Akamai*29
  - 専業CDNプロバイダー、Akamaiのサービス。全世界的にサービスを展開。最初期からのCDNプロバイダーで知名度が高い。機能は非常に多く、設定の柔軟性も高い。個人向けというよりは、一定規模以上の企業向けの色が強い。

大手クラウドベンダーはCDNを一サービスとして提供しています*30。CloudflareやFastlyなどの専業CDNプロバイダーが機能や実績で非常に人気があるため、特定のクラウドサービスを使っていても、別途CDNは専業CDNプロバイダーのものを使うこともあります。

本書では、どのCDNを使うべきか、それぞれのCDNそのものの使い方の詳細な説明などはしていません。読者のユースケースによって、最適なCDNが異なってくるからです。以降、選び方の基準を示していきます。

---

*25 https://www.cloudflare.com/
*26 https://www.fastly.com/
*27 https://aws.amazon.com/jp/cloudfront/
*28 https://cloud.google.com/cdn/docs/overview?hl=ja
*29 https://www.akamai.com/jp/ja/
*30 CDNを自社で持っているクラウドベンダーもあれば、Azureのように専業プロバイダー（AkamaiとVerizon）のOEMの場合もあります。

6.3.2 どの地域に配信をするのか（海外・国内配信）

CDNを導入する背景はさまざまですが、まず重視したいのは、配信したいクライアントがいる地域への対応です。

たとえば海外からもサイトが閲覧されるのであれば、地球上のさまざまな場所にエッジを置いているCDNを使う必要があります。対象が国内だけであれば、国内系のCDN*31も選択肢に入ってくるでしょう。

いくら全世界的に配信して、地球規模で分散しているサービスといっても、限界はあります。どうしても、CDNはサービスごとに強い地域、弱い地域があります。

サービスごとの得意不得意の差の大きさが特に知られているのが、中国を対象とした配信です。欧米企業が多いCDN業者ではそもそも中国をサポートしていない、あるいは中国対応についてはオプション（別サービス）ということがあります*32。中国国内で展開しようとすると、そもそも別途ドメイン単位でライセンスが必要ということもあり（ICP/PSB Filing*33）一筋縄ではいきません。

このような特殊な例以外にも、もちろん地域差はあります。たとえば、有名サービスでもCIS諸国*34は弱いことがあります。PoP*35がどの地域にあるかは各社公開しているため、それを見ると西ヨーロッパやアメリカに比べると少ないということが読み取れます。逆にこれらの地域に妙に強いCDN（CDNetworks*36）もあります。

また地域ごとの強さは、コストにも反映されることがあります。地域によって回線の調達コストや機器/回線維持コストなどは変わるため、CDNによっては、地域別の価格を採用しているケースがあります。この場合は、そのサービスの強い地域では比較的安くなることがあります。

CDNでの配信を検討する場合は、海外配信が必要か、海外であればどの地域に配信するのかをリストアップしたうえで候補を絞るのが良いでしょう。

6.3.3 ピーク帯域がどの程度あるのか　CDNが対応できるか

通常のサイトであれば特に問題はありませんが、大規模サイトの配信は、CDN側が対応しきれないというケースが考えられます。

たとえば小規模CDNに、ピークで100Gbpsを超えるようなドメインを持ち込

*31 さくらインターネットのウェブアクセラレータ（https://www.sakura.ad.jp/services/cdn/）など。
*32 たとえばCloudflareは中国向けに、専用のCloudflare Chinaというサービスを展開しています。これはCloudflare Enterpriseに含まれるオプションです。 https://www.cloudflare.com/ja-jp/network/china/
*33 ICPは中国国内でWebサイトのオペレーションをするのに必要なライセンス。中華人民共和国工業情報化部（MIIT）が発行する。PSB Filingは公安局（PSB）への届け出です。
*34 ロシア中心とした旧共産圏のいくつかの国。
*35 Point of Presence、他ネットワークとの接続ポイント。
*36 https://www.cdnetworks.co.jp/about/global-network-map/

んだ場合、CDN側が耐えられない可能性があります。CDNを使う目的が大量のトラフィックなら、事前にどの程度のトラフィックを流す予定か、そこに問題ないかを確認したほうがよいでしょう。なお、100Gbps程度であれば、メジャーなCDN業者であればクリアーできます。念の為、大規模なトラフィックを扱う場合は事前に問い合わせするのが望ましいでしょう。

メジャーCDNならどれだけ流量があっても何も気にする必要ない、というわけにはいきません。メジャーなCDNでも600Gbpsを超えるトラフィックを流したところ別リージョンに飛ばされた、業者から問い合わせをうけたなど、スムーズに配信できなかった事例を聞いたことがあります。

大規模なトラフィックを流す場合は、サービスリリース後もCDN業者と連絡を取り合うべきです。

そもそも、CDNだからといって、いくらでもトラフィックを流せるわけではありません。当然ですがCDN業者が持っている帯域よりも流量を出すことはできません。帯域は他ユーザーとの共有資源です。帯域が溢れると、最悪迂回させられる（東京のユーザーがオーストラリアのサーバーを参照させられる）ようなこともありえます。CDNの処理能力を無条件に信頼せず、事前の調査や相談*37はしておきましょう（6.4.3も参照）。

6.3.4 どのようにキャッシュを制御するのか

CDNのキャッシュは、基本的にはこれまでの章で説明したCache-ControlやVaryなどで制御します*38。静的コンテンツを流すだけなら、これらのヘッダの利用だけで問題なく動作します。ただ、動的コンテンツを流そうとすると、これらのヘッダだけでは不十分です。

たとえばユーザーごとにキャッシュを行いたい場合、Cookieなどの情報から候補キーを抽出してキャッシュキーに含める必要があります。これをCache-Control/Varyのみで行おうとすると、Cookieを丸ごとをセカンダリキーとして利用することしかできません。しかし、Cookieの中にはさまざまな情報*39が含まれていることが多く、そのままセカンダリキーにすると再利用が非常に効きにくくなります。これではキャッシュとしては使いづらいです。セカンダリキーとして利用する場合はパースして、何らかの処理をする必要があります。

*37 調査といってもCDNの総帯域を調べるといったことではありません。どの程度まで流していいのか（どの程度まで流すと迂回などが発生するのか）を、CDNプロバイダーへ問い合わせるといった実際のユースケースに沿った調査です。相談は実際に流す前の連絡だと考えてください。

*38 Cache-Controlを解釈せず、通過したステータス200なコンテンツを固定でx時間キャッシュするようなCDNもあります。このようなCDNは完全に静的コンテンツ専用です。

*39 たとえばGoogle Analyticsの情報など。

この場合役に立つのがVCL（Fastly）やLambda@Edge（AWS CloudFront）といったエッジコンピューティングです。複雑なルーティングをCDN側で行えます[*40]。

動的なコンテンツをキャッシュする場合、これまでの章で触れてきた通り、繊細なキャッシュキーの取り扱いが必要です。そのため、VarnishにおけるVCL、CDNにおけるエッジコンピューティングといった機能は欠かせません。このような取り扱いができないCDNを選んだときは、複雑なキャッシュを行わないという選択をとるのもいいでしょう。静的コンテンツはキャッシュできますし、先ほど触れたDSAによる高速化やセキュリティ対策も狙えます。また、動的なコンテンツをキャッシュせずにCDNを通すだけという場合、確実にキャッシュをさせない方法をまとめて設定しておきます。さらに、その指定が確実にできているかの調査もセットにすべきです。

なお`Cache-Control`での制御は多くのCDNで対応していますが、複雑なルーティングはCDNによっては対応していません。複雑なルーティングのためのエッジコンピューティングなどの機能は、統一した記述があるわけではありません。そのため、動的コンテンツのキャッシュと制御をCDNで行うと、後述するマルチCDNの実現時にかなり制限が入る[*41]ことは留意してください。

6.3.5　HTTPSの取り扱い

最近のサイトはHTTPSをサポートするのが当たり前になりつつあり、CDNでも多くのサービスが当然HTTPSに対応しています。

ここで問題になりやすいのが、古いクライアントのサポートです。たとえば古いAndroid4.0で対応しているのはSSL v3とTLS 1.0ですが、一部CDNではTLS1.2以上のみをサポートしているというケースがあります。Yahoo! JapanなどがTLS1.0/1.1のサポート切った[*42]こともあり、近い将来気にすることもなくなるはずですが、要件上対応必須のケースもあるでしょう。

ほかにもHTTPS関連で引っかかりそうなポイントを紹介します。

» クライアント側で証明書のpinningをしていてCDN提供の無料証明書を使う

自前で購入していた証明書を切り替えて、CDNが提供する無料の証明書を使用したいことがあります[*43]。その際に注意すべきがpinningです。

*40　このような複雑なルーティングはCDNだけではなくVarnishなどのProxyでももちろん可能です。
*41　マルチCDN構成を取ろうとすると、同等のルーティングの実現に複数のコードを維持・同期する必要が出てくるため。
*42　https://twitter.com/Yahoo_JAPAN_PR/status/994404192239341568
*43　CDNの場合は証明書の持ち込みで費用がかかることがあります。CDN導入のタイミングで、CDN側で提供する証明書に切り替えるケースがあります。

スマートフォンのゲームアプリの一部では、通信データの改ざんを防ぐために使っている証明書をpinning（固定）しています。問題はこのpinningしている証明書がEE（End Entity）証明書の場合です。EE証明書でpinningしていて証明書の更新を行う場合は、新旧証明書のハッシュ値をアプリ側に入れておくなどして入れ替えても問題が起きないようにします。

ところが無料証明書の場合、証明書更新が自動で行われるため、更新前に更新後の証明書を取得できないことがあります。この状態でpinningしていると、突然更新されてハッシュがずれるため通信できなくなります。これを防ぐにはルート証明書でpinning[*44]するか自身で証明書ストア[*45]を保持すればいいのですが、アプリの実装上難しいケースもあります。pinningを行っている場合はこのあたりをどのようにケアするかを十分検討する必要があるでしょう。

» SNI非対応クライアントをサポートする必要がある場合

もうこのケースはほぼないと考えられますが、CDNでサポートするのはSNI対応のクライアントであることが多いです。SNI非対応のクライアントに対応する場合はその証明書用の専用のIPアドレスを用意する必要があるため、そもそもサポートしていない、別費用であることが多いです[*46]。切り替え前に必ず動作チェックをするでしょうが、このあたりのキーワードが当てはまる場合はより注意深く取り組むべきです。

6.3.6 CDNのキャッシュの消去

キャッシュの消去処理は重く、CDNによって消去が完了するまでの時間や、消去リクエストの頻度に制限や追加で費用が発生する場合があります。もし運営のフローで頻繁にキャッシュの消去を行う場合はその頻度と、どれぐらいで消えればよいのかを調べて、採用するCDNで問題がないか確認が必要でしょう。また、4.10でも説明しましたが、消去には無効化と削除があります。CDNによって対応状況は異なります。消去を行うことでオリジンの負荷を急上昇させないためにもどのように消せるのかも確認が必要でしょう。

6.3.7 Apexドメインの扱い

多くのCDNではCNAMEを利用してドメインにCDNを適用するケースが

---

*44　pinningに関するAWSでの案内。 https://docs.aws.amazon.com/ja_jp/acm/latest/userguide/troubleshooting-pinning.html。

*45　筆者はルート証明書のpinningより、証明書ストアを自身で持つ方が良いと考えています。ルート証明書のpinningではCAを乗り換えた際に同じような問題が起きるからです。

*46　https://aws.amazon.com/jp/cloudfront/custom-ssl-domains/

多いです。したがって、CNAMEレコードがほかのレコードと共存できないため、ゾーンの起点となるドメインでは設定できないというApexドメイン問題(5.17.2)は当然CDNでも考慮しなければいけません。そもそもCNAMEのみ対応のCDNも多く、その場合はApexドメインの対応ができません。サイト丸ごとCDNを通したい場合は、CDNがApexドメインに対応しているかの確認も必要です。

6.3.8 信頼できるのか

CDNに対して我々は高い安定性を期待します。しかし、残念なことに必ずしも安定したCDNばかりではなく、CDNの信頼性を調査検討する必要があります。

筆者のエピソードを紹介します。筆者が利用していた、とあるCDNで数時間にわたる障害が起き、CDNが期待したどおりに動作しないことがありました。それだけならまだしも、その後の対応も信頼できないものでした。

その件のあと筆者が報告用に事態を調査すると、SLA[*47]を下回っているようだったのでCDNプロバイダに問い合わせました。ところが、この件はCDN側のサーバープロセスが暴走してそもそもリクエストを受け付けられなかったので、SLAの対象外と返されてしまいました[*48]。

このようにシステムそのものが安定しない、SLAがあっても抜け穴があって、そこまで信頼できないCDNが存在します。

必ずしも安いCDNが問題というわけではないのですが、何も調べず、コストだけ見てCDNを選ぶと思わぬ落とし穴にはまってしまうかもしれません。CDNは落ちないという誤った前提だけで、考えなしにCDNを配信システムに入れてしまうと、かえってWebサイトの高速性や信頼性が低下するという事態に陥りかねません。

もし採用予定のCDNがメジャーではなければ、第三者視点でのチェックはすべきでしょう。サービスを利用しているエンジニアへのヒアリング、CDNに強いところ（会社や個人エンジニア）にスポットで案件の相談にのってもらうことが考えられます。

6.3.9 CDNの多段キャッシュ

CDNは地理的に分散されているため、AkamaiやFastlyなどのCDNだと日

*47 Service Level Agreement。CDNの場合はリクエストに対して応答しないケースが全リクエストのうちの何%か、応答しない時間が全時間のうち何%かなどで保証します。

*48 SLAを再度読んだところ、到達したリクエスト数でのカウントのため確かにそうなのですが、不誠実な基準でしょう。その後も改善の予定もないとの話を聞いて、流石に疑問を覚えました。

本のユーザーとアメリカのユーザーが同一のエッジサーバーが使われることはありません。そのため、日本のエッジでキャッシュされているからと言って、アメリカのエッジがそのキャッシュを持っているとは限らないという現象が発生します。構造上エッジが多ければ多いほどオリジンへのリクエストは増えます。

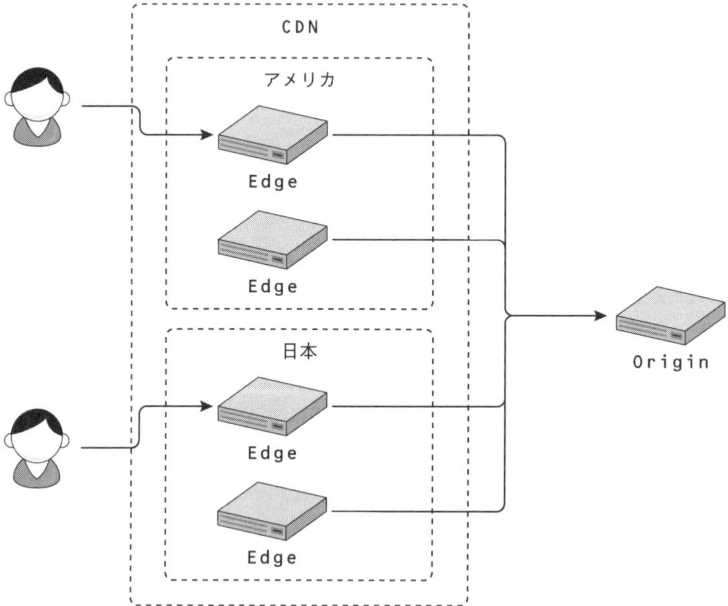

図6.7 複数の地域で独立している

これを防ぐために、CDNにおいても多段キャッシュを提供しています*49。

特にAkamaiのようなエッジが多数あるCDNだと、国内だけの利用であっても有効にしないとヒット率に影響する可能性があるため、有効にすることをお勧めします。

» CDN多段キャッシュの考え方

CDNの多段キャッシュは考え方が大きく2つ存在しているため注意が必要です。なお、これらを組み合わせているケースも存在します。

- オリジンとつなぐ中間エッジ（中間Edge）がオリジンの地域に紐づくもの

*49 Akamai Tiered Distribution, Fastly Origin Shield, CloudFront Regional Edge Cacheなど。

・クライアントリクエストを行ってきた地域やISPごとなどにまとめているもの

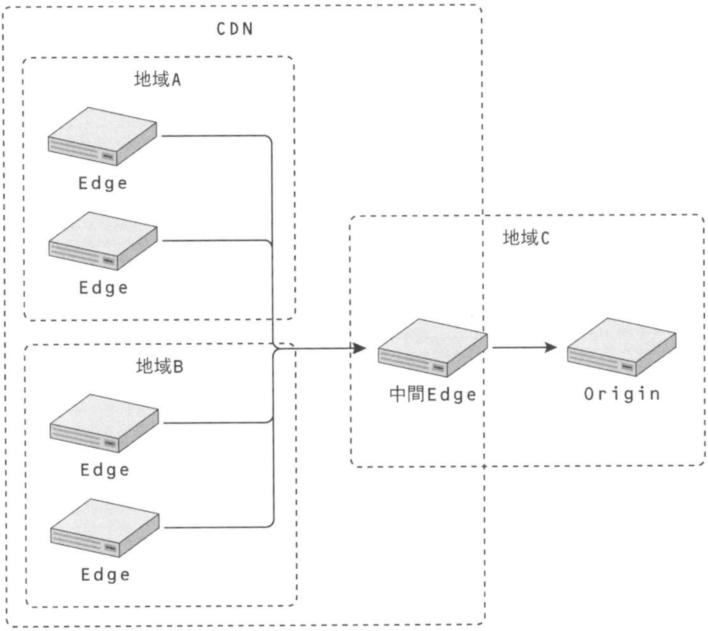

図6.8 オリジンの地域ごとに中間Edgeがある

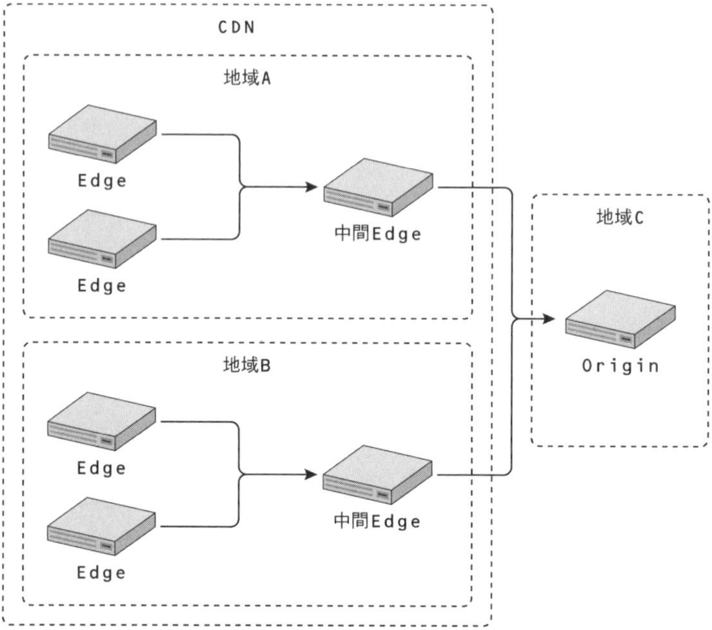

図6.9　エッジの地域ごとに中間Edgeがある

前者は日本のリクエストの後にアメリカからのリクエストが来たようなケースもCDN側のエッジで吸収できますが、エッジ間の距離があるため各エッジの初回キャッシュ時のレイテンシはそれなりにあります。

後者は日本とアメリカの中間エッジが別なため複数のリクエストとなりますが、その中間エッジが使われる地域に所属するエッジは前者に比べるとレイテンシは少ないです。

両者を組み合わせているパターンも存在しますが、前提として、CDNの多段には主に2つの形があることを知っておきましょう。また、この中間エッジの置き場所を指定できることもあります。自身がどのようなキャッシュの方法を求めるかによって設定するのがお勧めです。

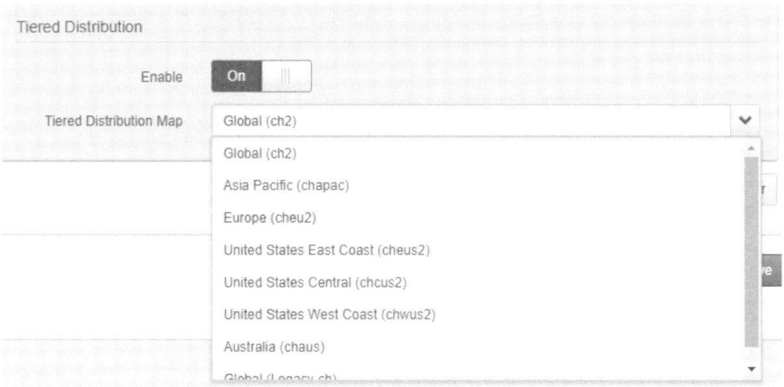

図6.10 Akamai Tierd Distribution

たとえばAkamaiのAkamai Tierd Distributionは、Globalはエッジの地域ごと、それ以外の地域指定はオリジンの地域ごとに近い動作です。

非常に有用な設定で、可能であれば有効にしたいです。ただし、いくつか注意点があります。まず、エッジ・中間エッジ間のトラフィック費用が追加でかかることが多いです。ヒット率が低く、多段にしてもそこまでの向上が見込めないのであれば、有効にするのは無駄なこともあります。

CDNで多段ができているとき、オリジン側のProxyでキャッシュは必要なのでしょうか？ これは場合によります。CDNの多段キャッシュは、必ずしもすべてのリクエストがまとめられるというわけでもありません。図6.9のように、地域ごとに中間エッジがあるケースを考えてみましょう。

```
オリジン（1台） ← 中間エッジ（2台） ← エッジ（4台）
```

オリジンから見える中間エッジは2台なので、同じリクエストが2回発生する可能性があります。そのため、オリジンにもキャッシュ（ゲートウェイキャッシュ）を持てば、負荷軽減が期待できます。ただ、大部分のリクエストがまとめられるため、特段の理由がなければオリジンにわざわざキャッシュを立てる必要はありません*50。

この特段の理由としては、次が考えられます。

*50 ゲートウェイの役割はまったくなくなるわけではなくヘッダをきれいにする（3.13参照）といった事は引き続き行う必要があるでしょう。

- コンテンツの一貫性を強く保ちたい（Ageヘッダを出すことで全体としてキャッシュが一貫する）
- サイト丸ごとCDNに乗せるが、動的コンテンツの一部がCDNでキャッシュするのが難しく、オリジン側で行う必要がある（CDNはDSA目的）

多段キャッシュをしたいときは、設定のつくりこみに注意が必要です。たとえばオフィスのIPアドレスからのリクエストのキャッシュは通常のユーザーのアクセスと分けておきたいとします。一般的には、クライアントIPアドレスがオフィスのものならキャッシュキーを変更するような設定をするでしょう。

ところが、多段構成にすると、終端のクライアントのIPアドレスを取り出すのに工夫が必要になります。そのままだと、中間エッジの一つ前がエッジ、すなわち中間エッジから見たクライアントはエッジになります。そのためクライアントIPアドレスが、エッジのIPアドレスになってしまいます。

オリジン ← 中間エッジ ← エッジ ← クライアント（PCなど終端）

この場合、クライアントIPアドレスで判定してキャッシュキーを変更する処理がされなくなるため通常のユーザーアクセスのキャッシュキーと同一となりキャッシュが混じることがあります。問題の回避方法として、オフィスIPアドレスからのアクセスのみ多段にしないような設定が検討できます[*51]。

この問題はCDNの実装によるため、実際には必ずしも起きるものではありません。しかし、事故を防ぐためにも、多段にしたときの動作には気を配るべきです。多段構成を選択するときは、エッジと中間エッジでどのようなパラメータが変化し、また引き継がれるのかは確認しておきましょう。

特に注意が必要なのが、例として取り上げたIPアドレスです。中間エッジからみたクライアントがエッジなのは、どのようなCDNでも共通します。そのため、IPアドレス判定で問題が起きるというのは、多段ではしばしば見聞きします。

Column

コンテンツの一貫性はどれほど必要なのか

これまでも何度も触れているように動的サイトにおけるコンテンツの一貫性は重要です。ですが、完全に実施しようとした場合はオリジン側でも配信環境をつくる必要があるなど負担が大きいのも事実です。

*51 そもそもオフィスなどの限られたクライアントからのアクセスは特定エッジに集中するため、そこまで多段の効果がありません。

CDNで多段を有効にしている場合に、クライアントがその範囲を超える（使う中間のエッジが変わる）ようなケースはどのようなものが考えられるでしょうか？ 正直ほとんどありません。思い付くケースとしては、ISPが切り替わることで、使用する中間エッジが切り替わる可能性があります。たとえば中間エッジがISP単位で置かれているなら、スマートフォンを使っている最中に自宅へ戻り、自宅のWi-Fiにつないだ場合などはISPが切り替わる影響を受けるかもしれません。
地域単位で中間エッジがあるシナリオでも考えてみましょう。多くの場合、飛行機のWi-Fiサービスは衛星を使います。そのため、搭乗時スマートフォンのLTE通信から機内Wi-Fiに切り替わるタイミングは影響があるかもしれません。ただ、ケースとしては多くありません。そもそも機内Wi-Fiはサービス開始までに離陸してから多少の時間もありますし、あまり気にしなくていいでしょう。
これらを踏まえると、異なる地域のユーザー間では多少のコンテンツのズレはあるものの、同一ユーザーが移動したぐらいではそこまで影響を受けないと考えられます。そこまで厳密である必要がなければ、多少の妥協もよいでしょう。

6.4 CDNを使うときに気をつけたいポイント

CDNの利用にあたって、基本的には今まで紹介してきた内容をきちんと行えば特に問題ありません。特にCDNの場合に気をつける必要があること、CDN特有の注意点がいくつかあるので紹介します。

6.4.1 キャッシュされない設定を調べる

これまでも何度も触れている通り。`Cache-Control`の解釈は各Proxy、CDNで異なります。新規にCDNを投入したり、CDNを乗り換えたりする場合にはここの扱いに注意が必要です。

特に、確実にキャッシュされない設定は、きちんと注意を払って調査・確認すべきです。もしミスを起こして、キャッシュしてはいけないものをキャッシュしてしまうと深刻な事故につながりかねません。

またCDNは自身で管理しているサーバーではないので、どのような状態になっているかがわかりづらく、テストを行うにも苦労します。

こういった事情から、正常系の通常のリクエストが通るなどの動作のテストは行うものの、異常系やタイミングにかかわるテストがけっして簡単ではないというのが頭を悩ませます。たとえば見落としがちな2つのエッジケースを紹介します。

- オリジンがダウンしている場合にキャッシュを返さないか
- 同着リクエストの際にキャッシュを返さないか

前者はまだテストしやすいですが、後者のテストはなかなか難しいでしょう。

自身でチェックすることも大事ですが、まずCDNのドキュメントでキャッシュされない設定を調べたり、問い合わせを行い確実にキャッシュされない設定を探したりすべきでしょう。

6.4.2 クエリ文字列の解釈について

クエリ文字列（querystring）に余計なパラメータがついているとキャッシュ効率が悪くなります（5.10.1の「クエリ文字列の正規化」を参照）。

CDNによってこのクエリ文字列の処理の方針、動作はさまざまです。デフォルトでクエリをキャッシュキーに含める／含めない、いずれの立場のものもあります。含める場合の操作も、並び替えや必要なパラメータのみを指定など、いくつかのパターンがあります。

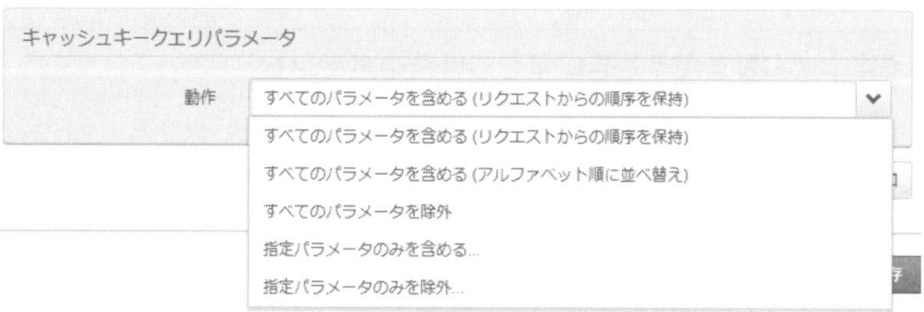

図6.11 Akamaiのクエリをキャッシュキーに含める際の取り扱い方

デフォルトでクエリ文字列をキャッシュキーに含めない、あるいはクエリ文字列を操作するCDNを使っているとき、サイト側で必要なパラメータが取得できずに意図しない動きをすることがあります。その際にはこのような設定が入っていないか、確認するとよいでしょう。

6.4.3 トラフィックなどの制限に注意

いくらCDNが強靭なネットワークを持つとはいえ、CDNのリソースは共有資源です。無制限にトラフィックを流してもさばけるというものではありません。たとえばCloudFrontには150Gbpsの制限[*52]があり、それ以上流す場合は連絡が必要です。

*52 https://docs.aws.amazon.com/ja_jp/AmazonCloudFront/latest/DeveloperGuide/cloudfront-limits.html

このような制限の取り扱いはCDN業者でさまざまです。筆者が見てきたものだけでも、次のようなバリエーションがあり、ただドキュメントを読むだけではうまくいかない可能性があります。

- ドキュメントに記載があり、超過するとエラーがレスポンスされる。
- ドキュメントに記載があり、超過しても即エラーになることはないが制限される可能性がある。
- 特に制限値はないが、大きなトラフィックを流す場合は事前連絡をお願いしている。

これらを踏まえて、最初に以下のことを確認しておくと、安心してトラフィックを流すことができるでしょう。

- トラフィックやリクエストレートの制限値が存在するか
  - 超過した場合即エラーとなるか
  - 制限が明示的にない場合で、大きなトラフィックを流すときに事前連絡したほうがよいか、またその際の基準値
- 事前に大トラフィックが見込まれる場合はどの程度前に連絡をすればよいか

6.4.4 コンテンツのサイズに注意

ゲームのアセットなどは1コンテンツあたりのサイズが大きくなりがちです。CDNはコンテンツサイズが巨大でも問題なくキャッシュできるのでしょうか？これはCDNによってだいぶ変わります。

たとえば、Google Cloud CDNはオリジンがRangeリクエスト（3.10.1参照）に対応している場合は5TBまでキャッシュできます。ところが、対応していない場合は10MBまでしかキャッシュできません[*53]。Akamaiも1.8GBを超える場合、大容量ファイルの最適化といった設定が必須です。

このように意外と制限が小さいケースもあるため、どの程度のファイルサイズで制限がかかるのかといったことは調べておくべきでしょう。

6.4.5 Varyに注意

Varyで`Accept-Encoding`以外が設定されているとキャッシュを行わないという

*53 https://cloud.google.com/cdn/docs/caching?hl=ja#maximum-size

CDNも存在します。どうにもキャッシュがされないといった場合はこれを疑ってみるのも良いでしょう。

Column

キャッシュ汚染DoS（CPDoS）

2019年に発表されたCPDoS（Cache Poisoned Denial of Services）*[a]と呼ばれる、CDNを悪用するキャッシュ汚染攻撃手法があります。CDNを悪用して、キャッシュ汚染し、WebサイトやWeb APIを利用不能にするという攻撃です。大きく分けて、HHO、HMC、HMOの3種の攻撃が存在します。詳細はCPDoSのサイトを確認してください。

HTTP Header Oversize（HHO）という攻撃では、CDNとオリジンの許容できるヘッダサイズが違うことを利用します。CDNでは許容、オリジンでは許容できないサイズのヘッダを送りつけることでオリジンがエラーを返します。この際に返ってきたエラーをCDNがキャッシュした場合、そのあとの問題のないクライアントがそのコンテンツを見ようとしてもエラーが表示されてしまうというものです。

CPDoS発表当初、筆者は、基本的にRFC通りに実装されていればそこまで問題ないものだと思っていました。ところが実際はそうではなく、実情を伝えた論文*[b]を読んだ際に衝撃をうけました。RFC通りに実装していないCDNがいくつも存在し、比較的攻撃が広く通用するものだったからです。たとえば`400 Bad Request`はRFCではキャッシュできないステータスコードです。ところが、これをキャッシュするCDNが存在し、ほかにもキャッシュの条件を守っていないCDNのあることが記載されていました。

現在はいくつか修正されているようですが、このようなこともあるため、CDNがどのようなエラーステータスをキャッシュするかについては調べておくとよいでしょう。

*a　https://cpdos.org/

*b　https://cpdos.org/paper/Your_Cache_Has_Fallen__Cache_Poisoned_Denial_of_Service_Attack__Preprint_.pdf

6.4.6　CDNのデバッグ

どのようなサービスでも、既存システムに新機能を新規投入する際にはテストを行うものです。CDNに対しても同様です。特にCDNに期待するのは、キャッシュが利くべきところは利いて、そうでないところはキャッシュされないことです。CDNのデバッグを解説します。

CDNによってはヘッダに特定のフィールドを追加するとデバッグに役に立つ情報を出力します。

```
$ curl -I https://community.akamai.com/ -H "Pragma: akamai-x-cache-on,a↩
     kamai-x-cache-remote-on,akamai-x-check-cacheable,akamai-x-get-cac↩
     he-key,akamai-x-get-extracted-values,akamai-x-get-request-id,akam↩
     ai-x-serial-no, akamai-x-get-true-cache-key"
HTTP/2 301
x-cnection: close
x-content-type-options: nosniff
x-xss-protection: 1; mode=block
content-security-policy: upgrade-insecure-requests
x-b3-traceid: 0c2a74240fc1a599
x-b3-spanid: 0c2a74240fc1a599
x-b3-sampled: 0
cache-control: no-cache,must-revalidate,max-age=0,no-store,private
location: https://community.akamai.com/customers/s/
content-length: 0
x-check-cacheable: NO
x-akamai-request-id: b4cf0b3.426ed620
date: Sun, 06 Dec 2020 01:33:07 GMT
x-cache: TCP_MISS from a104-74-70-98.deploy.akamaitechnologies.com (Aka↩
     maiGHost/10.2.2.1-31386017) (-)
x-cache-key: S/D/3953/481188/000/community.akamai.com/customers/
x-cache-key-extended-internal-use-only: S/D/3953/481188/000/community.a↩
     kamai.com/customers/ vcd=8141
x-true-cache-key: /D/000/community.akamai.com/customers/ vcd=8141
...
x-akamai-session-info: name=Y_HATS_CIP_HASH; value=389605
x-akamai-session-info: name=Y_HATS_TIME_BUCKET; value=54
x-serial: 3953
x-cache-remote: TCP_MISS from a72-246-52-118.deploy.akamaitechnologies.↩
     com (AkamaiGHost/10.2.2.1-31386017) (-)
```
リスト 6.1　Akamaiのデバッグ情報（一部抜粋）

このヘッダは非常に役に立つ反面、同じくらい危険でもあります。ヘッダの仕様などは公開ドキュメントに記載されているため、本来隠したい情報がデバッグ情報に漏れてしまうと、そこからシステム構成などが容易に推測できてしまうからです。

Column

CDNのヘッダと標準化

CDNはさまざまな非標準ヘッダを利用しています。多くはそのCDN特有のものですが、いくつかのCDNで同様の意味を持つヘッダもあります。x-cacheは複数のCDNである程度同様の意味で使われるヘッダです。x-cacheヘッダはCDNにおいてキャッシュヒットしたかを表すものです。ヘッダ自体は広く使われるものの、標準化されていないため、値はCDNによってバラバラです。

CDN	x-cache
Akamai	`TCP_MISS from a104-74-70-98.deploy.akamaitechnologies.com (AkamaiGHost/10.2.2.1-31386017) (-)`
Fastly	`MISS, HIT`
CloudFront	`Miss from cloudfront`

似たような用途のヘッダにもかかわらず、こういった不統一があるのは望ましくありません。そこで、現在Cache-Status[*a]というヘッダでキャッシュがヒットしたのか、オリジンにフォワードされたのかなどの情報を標準化しようという動きがあります。

他にもSurrogate-Control[*b]という、CDNで広く使われる非標準のヘッダがあります。これはmax-ageに対するs-maxageのように、Proxy/CDNのみに効くCache-Controlといったものです。こちらも標準化されていないため、CDN間で統一性がありません。そこで、新しくCDN-Cache-Control[*c]というヘッダで標準化しようとしています。

CDNにおいて相互運用性を高める標準化が進みつつあります、将来は複数のCDNを組み合わせるのが今より楽になるかもしれません。

---

*a　https://tools.ietf.org/html/draft-ietf-httpbis-cache-header-05

*b　https://www.w3.org/TR/edge-arch/ これはW3C勧告ではなくノート扱い（参考情報・資料）です。

*c　https://tools.ietf.org/html/draft-cdn-control-header-00

6.4.7　CDNで隠したい情報をきちんと整理する

本来隠匿したい情報を隠匿しきれない、公開してしまっているという状況はCDNを使っていてもありえます。

隠匿したい情報はいくつかあります。特に気になるのはオリジンのアドレスです。たとえば、DDoS対策にCDNを導入しても、オリジンのIPアドレスやドメイン名が漏洩していればオリジンにDDoSが来ます。CDNを使ってサイトへの攻撃を避けたいと思っても、迂回されれば元も子もありません。

あるCDNではデバッグ情報としてキャッシュキーの情報を取得でき、キャッシュキー中にオリジンホストが含まれていることがあります。このため、関係ない他者がデバッグヘッダを使うことでオリジンを知ることができてしまいます。これだと本来は隠匿すべきだったオリジンの情報がもれています*54。

このCDNの場合はデバッグヘッダを無効もしくは別名にできるのですが、デフォルトでは設定されないため、そこを設定していないサイトを見かけることがあります。CDNでヘッダを使ったデバッグができるとき、他者がその情報を見ても問題ないか、問題ある場合に隠す方法はないかなどを事前に調べるべきです。

デバッグ情報がないからと言ってオリジンが安心かというとそうでもありません。

CDNを使っていたにもかかわらず、DDoSでサイトが落ちた事例がありました。当初はキャッシュできない箇所へのDDoSかと思っていましたが、関係者によるとオリジンが直接やられたということです。原因は、オリジンドメインがorigin.example.netのような容易に類推できるもので、しかもCDN外からのアクセスを通してしまっていたことでした。後述のように、オリジンの名前を長く・類推不可能なものにする、CDNからのアクセスのみ許可するといった対策は必要でしょう。

他にもオリジンのドメインが漏洩してしまう要因は、わかりやすいところだと証明書のCTログなどがあります。CTログにはその証明書のエントリが記録されているので、たとえばワイルドカード証明書にしておいてサブドメインにしておけば隠すことは可能です。

*54 筆者は以前、ある金融機関でCDNを利用していたにもかかわらず、オリジンがわかってしまうケースを見たことがあります。本来は隠しておきたかったであろう情報ですが、おそらく考慮漏れで公開してしまっていたのでしょう。この件は報告・修正済ですが、慎重さが求められる企業でも見逃してしまうなど、抜けやすい情報であることは留意しておきましょう。

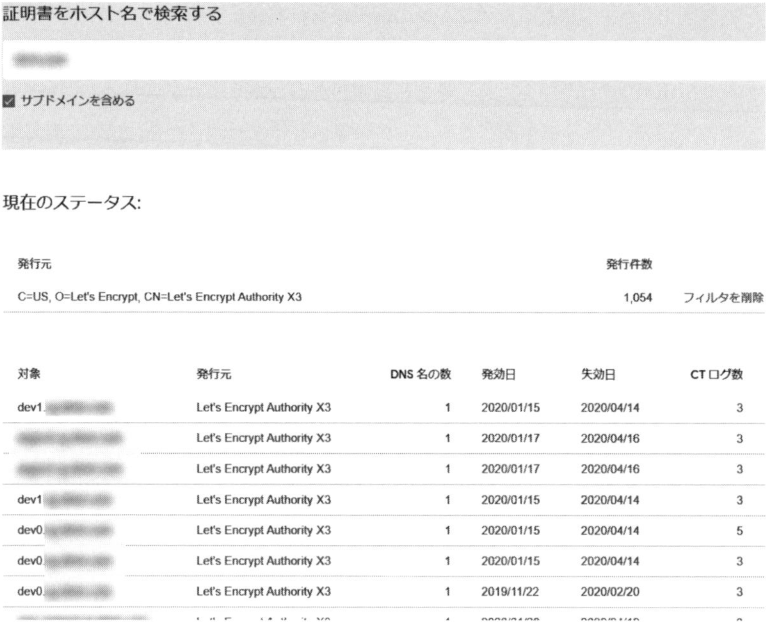

証明書をホスト名で検索する
サブドメインを含める
現在のステータス:
発行元
発行件数
C=US, O=Let's Encrypt, CN=Let's Encrypt Authority X3
1,054
フィルタを削除
対象
発行元
DNS名の数
発効日
失効日
CTログ数
dev1. Let's Encrypt Authority X3 1 2020/01/15 2020/04/14 3
Let's Encrypt Authority X3 1 2020/01/17 2020/04/16 3
Let's Encrypt Authority X3 1 2020/01/17 2020/04/16 3
dev1 Let's Encrypt Authority X3 1 2020/01/15 2020/04/14 3
dev0. Let's Encrypt Authority X3 1 2020/01/15 2020/04/14 5
dev0. Let's Encrypt Authority X3 1 2020/01/15 2020/04/14 3
dev0. Let's Encrypt Authority X3 1 2019/11/22 2020/02/20 3

図6.12　とあるドメインの公開されているCTログに含まれる開発ドメインと思われるもの

こういった事態を防ぐには、まずオリジンへのアクセスをCDNからのみに制限するのがいいでしょう。

このような制限は、IP制限で行いたいものですが、CDNだと特有の問題があります。CDNはIPレンジを公開していないケースが多く、また固定する場合何かしらのオプションが必要だったりとして容易ではありません。そこで、筆者はCDN（やProxy）のヘッダに何かしらの値を入れておいて、それがなければオリジン側で弾くといったことをよくやります。これだとオリジンを直接参照されてもエラーを返せるのですが、クライアントからの接続は可能なので、まだ攻撃可能です。そのため`origin`のようなわかりやすいサブドメインを使うことをやめて、わかりづらいサブドメインを使うというのが合わせて最低限やっておきたい対策でしょう。

6.4.8　ウォームアップ

これは一部ユースケースのみなのですが、アプリケーションの審査などではアセットのダウンロード時間を審査対象としているケースがあります。

日本向けアプリケーションのためオリジンを日本においている場合でも審査は日

本で行われるわけではないので当然ながら初回のリクエストは遅くなります。どうしても審査に引っかかることを防ぎたく、先に審査を行う端末が使用するエッジにキャッシュを入れて置く（ウォームアップ）ことを検討する場合があります。最良なのは、CDNのログにあるエッジを調べて、そのIPアドレスを直指定してリクエストを行うことです。ログに出ない・IP Anycastである場合は、審査が行われる地域に近い場所からリクエストを行い、中間エッジに期待するのもいいでしょう*55。

6.5 クライアントの近くでコードを動かす - エッジコンピューティング

VCLやCompute@Edge（ともにFastly）、Lambda@Edge（CloudFront）、EdgeWorkers（Akamai）のようにCDNのエッジ上でコードを動かせる、エッジコンピューティングが最近のトレンドです。現時点で未対応のCDNにも今後対応予定があったり、すでに対応しているCDNが機能の拡充を計画していたりと非常にホットな分野です。

そもそもなぜCDNのエッジでコードを動かす必要があるのかということを考えてみましょう。

エッジでコードを動かせると聞いた場合、サムネイルをつくるような用途を考える人もいるでしょう。しかし、それは本当にクライアントの近くで動かしてうれしいコードでしょうか？ 動的にサムネイルをつくるサービスはありますし、仮にオリジンでつくるにしてもCDNにキャッシュを乗せてしませば、一度生成すればあとは高速にレスポンスできます。

エッジコンピューティングでないと実現できないことというのはなかなか難しい問題です。

Fastly はCompute@Edgeのコミュニティに対し、どういった用途にエッジコンピューティングをもちいるかのアンケートをとったことがあります*56*57。ルーティングやロードバランシング、ロギング、ACL（アクセスコントロールリ

*55 2章で説明しましたがIP Anycastの場合、日本から米国のエッジをウォームアップするために指定しても日本のエッジに接続する可能性があります。地域的に近い場所からリクエストして中間エッジに期待するのが良いでしょう。

*56 https://www.fastly.com/blog/from-our-community-top-serverless-trends-challenges

*57 ここでの設問は、正確にはCompute@Edgeに限定したものではなく、サーバーレス全般のユースケースに関する設問です。Fastly はCompute@Edgeを一種のサーバーレスとしてとらえています。AWSもエッジコンピューティングにLambda@Edgeと、サーバーレス実行環境のLambda由来の名前をつけているためおそらく同じような観点と思われます。

スト)、フィルタリング、コンテンツ変換[*58]などがユースケースとして挙げられました。エッジコンピューティングが流行る前に、すでにこれらの機能をエッジコンピューティングなしに備えるCDNもありました。ただ、エッジコンピューティングでこれらが実現できることに大きな意味があります。そのCDNにもともとなかった機能を開発できる、コードで柔軟に機能を制御できるというところに、エッジコンピューティングの利点があります[*59]。

また、動的コンテンツをキャッシュする際に重要なキャッシュキー・Varyの柔軟な制御も可能になります[*60]。

他にもエッジで処理することによって、初めてキャッシュできる場合もあります。たとえば、JWT内に有料会員かの情報を含めておき、有料会員であればページをみれるようなつくりのサイトを考えてみましょう。この場合CDNで有料のページを出す、出さないの判断をJWTで行うことができればページ自体をキャッシュができるため、オリジンの負荷を大幅に軽減できます。

しかしJWTの検証はCache-ControlやVaryを正しく設定すればできるものではありません。エッジ側でJWTの検証が必須です。そうしないとキャッシュはできません。そのため、JWTの検証ができない場合は、リクエストはすべてオリジンに流す必要があります。

ほかにも考えらるユースケースと合わせてまとめてみます。

- 動的コンテンツのキャッシュを行うための高度なキャッシュキー・Varyの操作
- JWT検証
- 高度なルーティング（A/Bテストなど）
- 柔軟なリダイレクト
- 入力データのフィルタリング・バリデーション
- 高度なロギング
- ……

重要なのは、これらをコード上で柔軟に制御できるという点です。JWT検証を

---

*58 キャッシュヒットしやすい不特定多数を対象としたサムネイル生成をあえてエッジで行う動機は薄いものの、ヒットしづらいユーザー人一人向け・リアルタイム性高い少数ユーザ向けのデータ生成や差し替えといったことであればエッジで行う動機があります。そのデータを使うユーザが少なくなればなるほど、エッジで行うメリット（低レイテンシなど）が増えるからです。

*59 もちろん、ユーザーの近くでコードを動かすことによる低レイテンシを存分に活かした使い方もあるでしょう。あるいはIoTなどでの活用事例もあるかもしれません。本書では特に配信にフォーカスするため、これらについては触れません。

*60 CDNのキャッシュ制御は基本的にはCache-ControlやVaryを前提としているため、動的コンテツのキャッシュを行うには4・5章で紹介したキャッシュキーの改変やVaryをうまく使うことが必要で、これにはエッジコンピューティングが欠かせません。

行い、ペイロードに含まれるデータを使いA/Bテストのルーティングを行いログを出す。といったことも可能です。

Column

内部向けにCDNを使う - internal CDN

何もクライアントはスマートフォンやPCなどのブラウザに限ったものではありません（2章の冒頭も参照）。マイクロサービスのように複数のサービスがAPIでやりとりをしている場合、CDNで行うキャッシュと相性がいいことを期待できます。このようなCDNの利用を、内部向けCDN（internal CDN）といいます。

Column

CDNのコスト

現在のようにクラウド事業者がCDNを提供する前は、CDNを使うといくらかかるのかはブラックボックスで、価格は要問い合わせでした[*a]。CDNの導入はなかなかハードルが高かったです。

しかし近年では多くのサービスで料金テーブルが公開されています。 登録すればすぐに使えたり、無料枠があったり（Fastly）、基本無料で使えたり（Cloudflare）と、CDNのハードルは確実に低く、導入しやすくなりました。

このように料金テーブルを公開しているCDN業者は、よく○TBまでは○円/GB、超えると○円/GBのような変動する従量制料金を採用しています。つまり、CDNのコストを下げるには、流すバイト数を減らせばいいわけです[*b]。コンテンツの最適化（3.14）を行うことで、コストを大幅に下げられる可能性があります。

実はほかにも対策があります。年間コミット契約です。CDNの多くは大規模利用に対して、ディスカウント対応をしてくれます。毎月○PBを1年間流すので○円/GBに値下げするといった具合です。大規模にCDNを使っている事業者であれば、 ほぼ間違いなく折衝していくうちに、このような契約になるはずです。

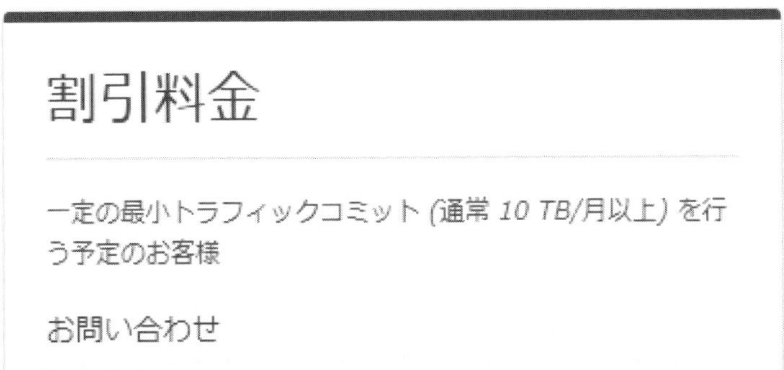

割引料金
一定の最小トラフィックコミット (通常 10 TB/月以上) を行う予定のお客様
お問い合わせ

図6.13 CloudFrontのコミット契約の案内

当然、コミット量に満たなくても当初の枠組みの分は支払いますし、それなりの配信ボリュームが必要です。ただ、一度問い合わせてみるとコストを下げられる可能性があります。CDNとコストという観点では自作CDN（7章参照）も検討してもよいでしょう。

＊a　料金プランに「お問い合わせください」としか書いてない、価格を公開していない業者がほとんどでした。
＊b　リクエスト数での課金もCDNによってはありますので、リクエスト数もあわせて減らせるとよりよいでしょう。

6.6　CDNと障害

CDNを用いることで耐障害性があがるというポジティブな面に目が行きがちですが、CDN自身もシステムである以上、障害は確実に発生します。

CDN自身の障害にどう向き合うべきか考えていきましょう。

6.6.1　CDNの障害

CDNも障害とは無縁ではありません。筆者が実際に踏んだり聞いたりした、CDNの障害をあげます。

- CDNプロバイダーが一部のエッジに問題のあるコードをデプロイし、そのエッジを使うクライアントで接続障害になる
- CDNを使っている他社ユーザーの設定不備で、大量のキャッシュできないリクエストが流れエッジがダウン
- 大量のパージリクエストに耐えられず、エッジがダウン
- 特定のエッジサーバーとオリジン間の途中経路でPath MTU Discovery Black Hole＊61に（これはCDN業者の責任ではないですが……）

これらの多くは過去の事件ですが、現在でもCDNは障害とけっして無縁ではありません。2020年時点でも、CDNが落ちて多くのサイトにつながらないことがニュースになりました。

CDNを導入したからといって後は何も考えなくていいということはなく、障害が起きた際にどう切り分けするかなどの知識は必要でしょう。

＊61　経路上のルータのICMPの拒否などの望ましくない動作によって、一見すると正常に動作しているのにネットワーク上のどこかでパケットが消失する状態。ブラックホールルータとも。

6.6.2 問題の切り分け―それはCDNの障害なのか

CDNの障害で注意したいのは、そもそもそれが本当にCDNの障害かどうかの切り分けです。Webサービスやゲームアプリケーションを提供していると、ユーザーから次のような問い合わせを受けることがあります。

- コンテンツのダウンロードができない（サイトが見れないも含む）
- コンテンツのダウンロードが遅い
- コンテンツが壊れている

このとき、犯人として疑われやすいのがCDNです。

CDNは多くの場合クライアント*62と直接やりとりをしているポイントです。サイトのいわば玄関口としてCDNがある以上、サイトを見れなかったり、アセットのダウンロードに失敗したりという障害が起きたとき、真っ先に疑われるのも理解できます。

しかし、それは果たして本当にCDNの障害でしょうか？ 設定の不備やオリジンの問題などのほかの部分の可能性もあります。決めつけるべきではありません。

そもそもCDNに障害が起こったのか、見極めるための知識を身に着けましょう。

6.6.3 まずはmetricsを見てみる

障害を疑う際にまず見るのはCDNのmetricsでしょう。例を掲載します*63。

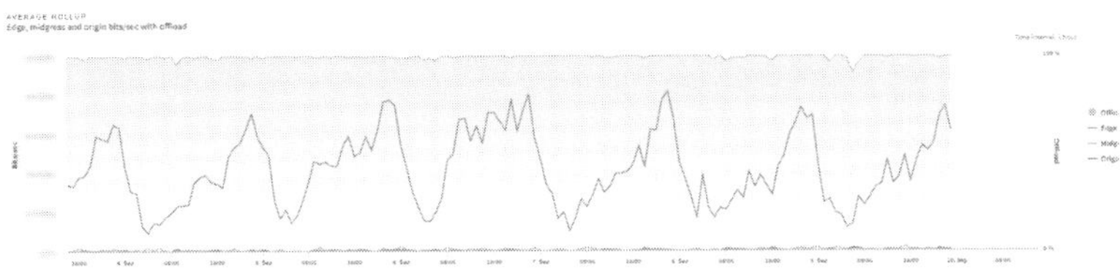

図6.14 Akamaiのエッジのトラフィック・オフロード（ヒット）率など

*62 ここではユーザーのアプリケーションやブラウザー

*63 このグラフは障害時のものではありません。

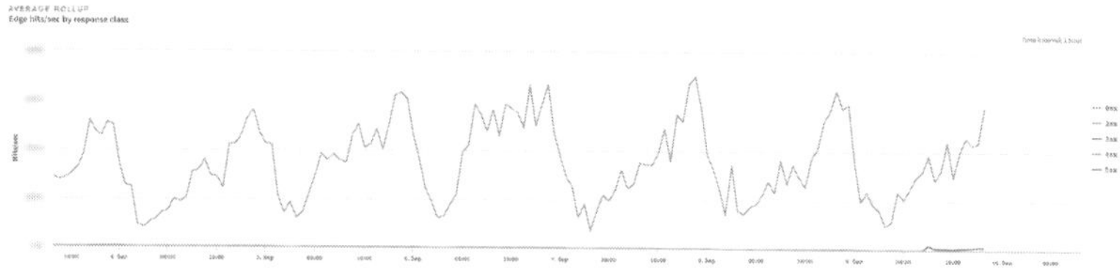

図 6.15　Akamai のエッジが返したステータスコード

他にもさまざまなmetricsはありますが、最低限トラフィック・ヒット率・ステータスコードあたりはどのCDNでも見れることが期待できます。metricsを見ることでわかる障害はさまざまあります。たとえばトラフィックが急激に上がって、一定のところから特定のエラーステータスが急激にあがるのであればトラフィック制限に引っかかった可能性もあります（6.4.3参照）。CDNによってはステータスコードをエッジ・オリジンがそれぞれレスポンスした割合も見ることが可能です。エッジ側のエラーステータスが急激に上がっているからといってすぐにCDNの障害を疑うのではなく、同時にオリジン側も上がっていないかを確認をして上がっていればオリジンも疑いましょう。ほかにもオリジンのステータス0[*64]が急激に増えていれば、オリジンの障害やエッジ・オリジン間の経路障害を疑います。

見ることでさまざまな障害がわかるmetricsですが、普段の波形を把握しておくことで普段と違う動きに気づくことができます。CDNのmetricsを毎日見ようとまでは言いませんので普段の波形を把握することはしておくとよいでしょう。

6.6.4　CDNの典型的な障害

CDNを使っているときに起こりうる障害のポイントはいくつか考えられます。このポイントの中には、CDNはほとんど関係ないもの、CDNが関係している可能性があるものがあります。全体を通してみながら、問題の切り分けをしていきましょう。

- オリジン⟷CDNの通信（ファーストマイル[*65]）
- CDN内の通信（ミドルマイル）
- エッジ自体の障害
- エッジ⟷クライアントの通信（ラストマイル）

＊64　CDNによってもステータスコードは違いますが、エッジであればレスポンスする前に切断された、オリジンであればネットワークに問題があり接続できなかったなどが原因として考えられます。

＊65　本来ファーストマイルはオリジンのISPから別のISPまでですが（2.3.1内の記述を参照）、ここではCDNのエッジまでとしています。またミドルマイルもCDN内のネットワークとしています。

・そのほか（DNS解決ができないなど）

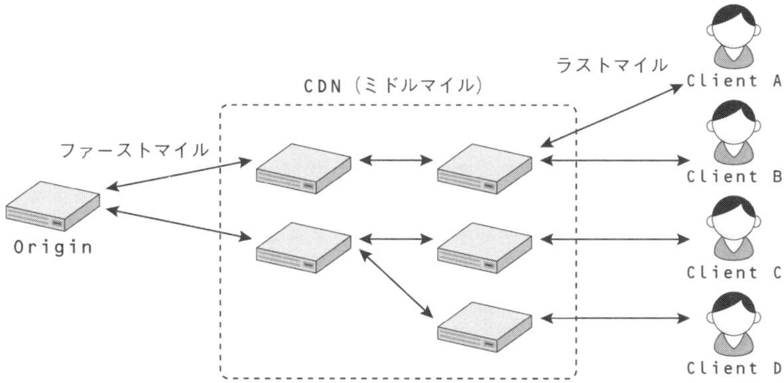

図6.16　ファースト～ラストマイルの図

» 同一ISPユーザーで状態が異なる

たとえば図のAさんに何らかの問題が発生していて、Bさんに問題がない場合はラストマイルの障害の可能性をまず疑うべきでしょう。

ラストマイルはいわば足回りです。携帯であれば電波の強弱にも影響されますし、帯域制限に引っかかっている可能性もあります。自宅でもルーターの設定不備やLANケーブル不良、Wi-Fiの電子レンジの干渉などの問題も考えられます*66。Aさん特有の問題で起きている可能性もあるわけです。

ほかにもクライアント自身の、実装の問題も考えられます。たとえば、大きなファイルを固定のタイムアウトでダウンロードしようとし、回線状況が悪いクライアントが引っかかっているということもあります。筆者は、1ファイルあたり60秒でダウンロードできないと切断するというクライアント側の実装を見たことがあります。この場合10MBのファイルをダウンロードするには平均1.4Mbps、100MBのファイルであれば14Mbps必要です。

We Are Socialの2019年のレポート*67によると、平均ダウンロード速度は固定回線が54.3Mbpsでモバイルが25.1Mbpsです。もちろんこれは世界の平均で、もっと遅い国もありますし、クライアント個々の環境では遅いこともあります*68。十分に設定したと思われるタイムアウト値でも、大きなファイルに対しては足り

*66　Wi-Fiの2.4GHz帯は電子レンジと干渉します。
*67　https://wearesocial.com/global-digital-report-2019
*68　月末に契約容量を使い切って帯域制限に陥っているユーザも個々の環境といえます。

ないというケースもあります。調査、検討が必要でしょう。CDNによってはログに最後まで送りきったかどうかを記録していることもあり、このフラグがoffかつレスポンスタイムがタイムアウト値周辺であればこれが原因である可能性が高いです。このような状態は、クライアントに近い、ISPや携帯通信回線の問題です。これをCDNの障害だと文句言うのはさすがに酷というものです。

» 同一ISPユーザーで状態も同じ

A・Bさんは同一ISPで同時に障害が起きている場合はどうでしょうか?

最初に確認するのは、C・Dさんも障害を起こしているか(複数ISP障害)、そうでないか(特定のISP)です。どちらの場合でもファーストマイルからラストマイルのすべて(もちろんCDNも含む)を疑いますが、より強く疑うべき範囲が変わります。

特定のISPのみで障害が起きているのであれば、まず疑うのがラストマイル障害の可能性です。まずISPやNTTフレッツなどで障害や工事情報やSNSで障害の話題が出ていないかを見ます。これで情報が出ていればラストマイルの中でもISP障害でしょう。次に、A・Bさんがつないでいるエッジに別のISPから問題なく通信できるかを確認してみます。別ISPから問題なく通信できれば、ラストマイルの中でもISPもしくはCDN-ISPの接続ポイントで問題が起きている可能性を疑います。もし通信できなければCDNのエッジ障害を疑います。

次にミドルマイル障害(CDNの障害)です。この障害の特徴として、一般に広い範囲で障害が起きるということです。もしも特定のISPのみの障害であれば、可能性の一つとしては考慮しますが、あまり該当する可能性は高くありません。広い範囲とは、次のようなものです。

- 複数ISP
- リージョン単位
- CDN全体

このためA・BさんだけでなくC・Dさんも影響を受けている可能性が高いです。この部分の障害について確認すべきなのは、CDNの障害情報です。ほかにも、同じCDNを使っている別サイトでも障害が起きている可能性が高いため、SNSで有名なサイトが落ちたなどの情報があれば同じCDNを使っているかをdigなどのコマンドで確認するのもよいでしょう。

最後にファーストマイルです。ここまでの例ではPMTUブラックホール(Path MTU Discovery Black Hole)がこれにあたります。筆者が実際にこの問題を踏んだときは、次の状態から判断しました。

- 特定のISPで全滅
- 他ISPからの通信は問題なかった
- 出ていたエラーがオリジンへ疎通が取れないという内容

tracerouteを行い途中の動作が怪しいISPを特定したうえでそのISPに向けてさまざまな経路でリクエストを行って障害ポイントを特定しました。この際は筆者の所属先が契約しているISPに連絡を行い、経路迂回をしてもらいました。

単純にサイトが見れないといってもさまざまな障害のポイントがあります。

場合によってはCDNへの問い合わせではなく、ISPへの問い合わせが必要なパターンもあります。

今回触れていたのもあくまで切り分けを行う際に参考とする情報の一部です。これらの情報を集めて当たりを付けて追加の調査を行い、確度を高めていきます。CDNを疑う前に適切な切り分けが重要です。ここで紹介した、CDN以外のパターンについては把握しておきましょう。

» 障害の典型的なパターンとCDNが関係するかどうか

調査の参考までに、この症状が起きた場合は、この部分の障害の可能性が高いという例をいくつか紹介します。なお、これはCDNの構成（代表的なところで分散/集中型*69なのかといったところ）によっても切り分け方がだいぶ変わります。あくまでも参考ということはとどめておいてください。

- キャッシュされているオブジェクトのリクエストに失敗して、なおかつ別ISPからのリクエストも失敗するならエッジ障害、別ISPから成功するのであればラストマイル障害
- キャッシュされていないオブジェクトのリクエストが失敗して、キャッシュされているオブジェクトのリクエストが成功するのであればファーストマイルかミドルマイル障害

ファーストマイル・ミドルマイルの切り分けはさまざまな角度から行う必要があるので単純化が難しいのですが、先ほど触れたようにSNSを確認してみるのも手です。

---

*69　CDNにおいて分散型・集中型で分類することがあります。多数のPoPに少量（集中型と比較すると）のサーバーの分散型で、少数のPoPにサーバーを多数配置している集中型です。

» CDNの障害を見分ける―事例から学ぶ

CDNの問題として次のようなものをあげました。

- CDN業者が一部のエッジに問題のあるコードをデプロイし、そのエッジを使うクライアントで接続障害になる
- CDNを使っている他社ユーザーの設定不備で、大量のキャッシュできないリクエストが流れエッジダウン
- 大量のパージリクエストに耐えられず、エッジダウン
- 特定のエッジサーバーとオリジン間の途中経路でPath MTU Discovery Black Hole

この中から最初のCDN業者が問題のあるコードをデプロイした際の障害の事例とグラフを紹介します。

最初の一報はCSから画像が見えないというユーザーの問い合わせがインフラまで上がってきたことからです。まず調べたのは特定のISPに集中しているのか、ランダムなのかです。そうすると特定のISPのみで起きていることがわかったため、ログからISPごとのRPSを集計してみました。

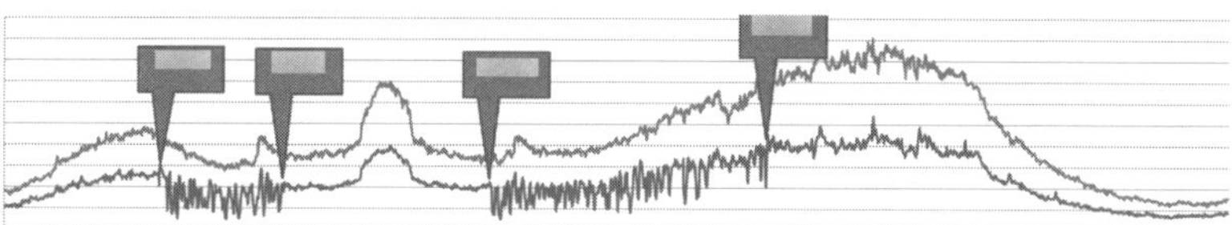

図6.17 とあるCDNの障害グラフ

すると明らかに特定時間において特定ISPで不安定になっていることがわかりました。この時点で不安定なエッジを把握できていたので、別のISPからそのエッジのキャッシュされているオブジェクトに直接リクエストを行ったところ、やはり問題が起きることを確認しました[*70]。そのため、エッジ自体の障害の可能性が高いと問い合わせを行ったところ、CDN側の問題であることが発覚しました。このときはCDNのエッジに新しいコードをテストリリースしたところ問題が発生し、そのエッジを使うクライアントで接続障害を起こしたということでした。

この調査を行った当初、CDN業者はこの障害について、CDN側に問題がある

---

*70 エッジはCDN業者の管理のため特定のコンテンツが必ずキャッシュされていることは保障できません。ただ、今回のケースでは普段から高頻度で参照されることと、自社のトラフィック規模を考えると、キャッシュされていることはある程度期待できました。

ことを認めていませんでした。そのため筆者が調査を重ね、さまざまなログやグラフを提出することで最終的な回答を得ました*71。

この障害調査でも明らかなように、CDNを使っているから万事安全、なんでもおまかせというわけにはいきません。利用する側も一定の調査能力を備えている必要があります。

このような障害調査をするときは、目的を誤ってはいけません。本来の目的は今後より安定したサービスを提供すること、現在の問題をより迅速に解決することです。同様の障害を起こさないように改善をお願いし、お互いに情報をやりとりしてどのような対応を行うべきかをすぐに見極められるようにすることが重要です。障害調査を相手を責めるためにやるのであれば、即刻辞めるべきでしょう。

障害調査は信頼できるパートナーの見極めにも使えます。SLA未達成の件(6.3.8)は、問い合わせに対して、今後も改善予定はないという回答しかありませんでした。明らかにCDN側の過失にもかかわらず、誠意に欠ける対応が続いたため、このCDNの利用見直しを検討することになりました。このように障害調査に関して、誠実な対応が得られないと感じたなら、当該CDNの利用中止(引っ越し)も検討する必要があるでしょう。逆に、適切に改善されるのであれば、障害を起こした事実はあっても信頼できるでしょう。

6.6.5 コンテンツのダウンロードが遅い

コンテンツのダウンロードが遅いという問い合わせが来た際に、CDNを使っているのだからコンテンツのダウンロードが遅いのはクライアントの環境が悪いからだと決めつけるのも早計です。

```
オリジン -(A)→ エッジ -(B)→ クライアント
```

オリジンにあるコンテンツをクライアントに届けるにはこのような経路です。エッジはクライアントに近いので、エッジにキャッシュがあればクライアントは高速に取得できます。キャッシュがないような初回ダウンロードの場合は、エッジがオリジンへ取得にいきます。このため、当然エッジ・オリジン間のスループットが影響します。このエッジ・オリジン間のスループットは、国内であればそこまで問題にはなりません。ただ、海外配信を行う場合は問題になります。

1. エッジ・オリジン間(A)のスループットが距離起因により悪化する(2章参照)。

*71 かなり時間がかかったのですが、そのあとリリース時の連絡体制などの改善計画をもらっているので満足しています。

2.ユーザーがキャッシュを持っていないエッジにあたる可能性が高くなる*72。

やっかいなのがこの両者が同時に起こることです。オリジンが日本にあってアメリカ・イギリスからリクエストされる場合は、2によりそれぞれオリジンに取得が走り、1によりスループットが悪化します。

この問題に対処する方法は単純です。

1.DSAを使うなど*73で(A)のスループット改善を行う
2.多段構成をとり、エッジ・オリジン間の通信をできるだけ発生しないようにする
3.エッジにできるだけキャッシュを乗せ続けられるようにする（TTLを伸ばす）
4.Staleキャッシュの更新をバックグラウンドで行い、(A)の影響を減らす（stale-while-revalidate）

1と2はエッジがキャッシュを持っていない初回リクエスト時の、3と4はエッジにキャッシュが乗っている際の改善策です。1〜3については思いつきやすい設定ですが、4のバックグラウンドでの更新もなかなか効果があるため忘れずに設定しておくと良いでしょう。

6.6.6　キャッシュが壊れる

筆者はインフラ部門に従事していて、プロダクト側（社内別部門）からの問い合わせを受ける立場にあります。その中で、社内から、CDNのキャッシュが壊れているという問い合わせをたまに受けます。

可能性がまったくないとは言わないのですが、キャッシュが壊れることはきわめてまれです。

キャッシュが破損するポイントとしては次のものが考えられます。

- オリジンの問題
- オリジン⟷エッジの通信経路上の問題
- CDN内の問題（エッジ⟷エッジ通信やエッジのハードウェア問題）
- エッジ⟷クライアントの通信経路上の問題

*72　一般的にアメリカ・イギリスといった異なる配信地域の場合異なるエッジが担当します。配信地域が増えれば配信を行うエッジが増えるため、クライアントがキャッシュを持っていないエッジに接続する可能性が高くなります。

*73　ほかには大まかな地域単位でオリジンを複数作成し、エッジとの距離を短縮する方法もあります。メリット・デメリット（費用・更新性能・運用など）それぞれありますのでこの方法を採用する場合はよく検討すべきでしょう。

・クライアントの問題

適切に設定されたシステムでは、基本的にどのポイントでも何らかのエラー検知や訂正があります。通常はエラー訂正で問題が顕在化する前に防ぐ、あるいは問題があれば検知して適切に停止します。キャッシュが壊れたまま配信されるというケースは多くありません。

» 通信経路特有の難しさ

エラー検知や訂正について、設定が漏れがちなのが通信経路です。通信経路においては、特に設定をしなくても自明に利用できる、プロトコルなどによるサポートが必ずしも十分とは言えません。TCPやイーサフレームにはチェック機構はありますが、大容量化するファイルにおいてはいまいち機能しません。

通信経路でチェックを機能させるには、実はかなり効果的な手段がすでにあります。HTTPSを使えばよいのです*74。平文のHTTPでは、達成できないポイントをカバーできます。

HTTPSによって、盗聴・なりすまし・改ざんなどの防止や検知を実現できます。これらのうち、改ざんの検知は、途中でデータが変わっていることの検知＝同一性の確認です。経路上でデータが化けてしまったという場合は、改ざんされたのと同等なので検知できます。そのため、とりあえず経路は全部HTTPSにすればよいでしょう。それでも壊れるなら、あらためて次に紹介する確認を検討してください。

最近コンテンツを更新したかを確認する

もしかしたらコンテンツの更新（差し替え）を行ったがCDNには古いコンテンツがキャッシュされたままで、それで何らかの不整合が起きている可能性もあります。確認しましょう。

CDN経由とオリジンのコンテンツを比較してみる

もし、壊れていると思われる何らかの事象が手元の端末で起きているなら、実際に比較してみるのも手です。事象が起きている端末で試すのは、特定のエッジのみで壊れているようなケースではほかのエッジにつなぐと再現が取れない可能性があるためです。試すときは、とりあえずハッシュ値・`ETag`・`Last-Modified`に注目してみましょう。

---

*74 「平文の TCP/IP において転送されたデータの信頼性を期待してはいけない - 最速配信研究会 (@yamaz) http://yamaz.hatenablog.com/entry/2018/03/03/214221」が参考になります。

```
$ curl -s --verbose http://example.net | sha256sum
* Rebuilt URL to: http://example.net/
*   Trying 2606:2800:220:1:248:1893:25c8:1946...
* Connected to example.net (2606:2800:220:1:248:1893:25c8:1946) port 80↩
      (#0)
> GET / HTTP/1.1
> Host: example.net
> User-Agent: curl/7.47.0
> Accept: */*
>
< HTTP/1.1 200 OK
< Accept-Ranges: bytes
< Age: 436127
< Cache-Control: max-age=604800
< Content-Type: text/html; charset=UTF-8
< Date: Tue, 14 Apr 2020 14:54:51 GMT
< Etag: "3147526947"                                                    ★
< Expires: Tue, 21 Apr 2020 14:54:51 GMT
< Last-Modified: Thu, 17 Oct 2019 07:18:26 GMT                          ★
< Server: ECS (sjc/4E5D)
< Vary: Accept-Encoding
< X-Cache: HIT
< Content-Length: 1256
<
{ [1256 bytes data]
* Connection #0 to host example.net left intact
ea8fac7c65fb589b0d53560f5251f74f9e9b243478dcb6b3ea79b5e36449c8d9  - ★
```

コンテンツが同じであれば、中に★で示した3つの項目は一致するはずです。もしETag/Last-Modifiedが同一でハッシュ値が異なるのであれば何らかの原因でコンテンツが変わっています。すでにHTTPSであれば壊れている可能性があるためキャッシュをパージしましょう。もしHTTPSを利用していないのであれば、データセーバーや通信の最適化の影響を受けている可能性も否めません。確認しましょう。

筆者の経験上、CDNが原因と思われるキャッシュ破損に遭遇したことはありません。ただ、このような破損が疑われるときは対応の緊急性が高いはずです。いったんCDN側のハッシュ値、ETag/Last-Modifiedだけ採取し、パージしてから、あらためてCDNの問題か調べてみるのもアリでしょう。

6.7 動的コンテンツのキャッシュやCDN利用は危険なのか

配信と動的コンテンツという話題でよく見かけるのが次の言説です。

- 動的コンテンツをキャッシュするのは危険であり、やってはならない
- 動的コンテンツをCDNに通すなんてとんでもない（セキュリティ的に考えられない）

動的コンテンツをキャッシュしたりCDNを使ったりすることは危険なのでしょうか？ 現実にキャッシュ事故が起こっている以上、動的コンテンツのはキャッシュしてはならないという言説には一定の信頼がおけるように錯覚しますが、実際は違います。**動的コンテンツはキャッシュしていいし、*CDN*を通してもいい**ものです。

もちろん注意は必要ですが、配信の選択肢として、動的コンテンツのキャッシュを持っておくべきです。

そもそも、なぜこのような言説が出てくるかといえば、キャッシュ戦略（4.7）において触れている内容[*75]を意識せずになんとなくキャッシュをしようとするからです。本来繊細に扱うべきさまざまな項目を、よくわからないから適当に使っている、全部禁止しているようでは、どこかで必ず事故を起こします。

静的コンテンツなら、これらを意識する必要はないのかというとそうではありません。考慮すべきポイントは同一です。動的コンテンツにおける事故の多くはキャッシュ混じりで、これらはCookieやSet-Cookieなどを適切に処理せずにキャッシュを行うことで起きやすいです。静的コンテンツは、そもそも画像などのコンテンツリソース類を置いて、ただそれを配信しているケースが多いです。そこにCookieの解釈して何かを行うことは少なく、Set-Cookieもレスポンスすることも少ないでしょう。

問題を起こしやすい項目をあまり使っていないがために、静的コンテンツは安全に見えるだけです。

動的コンテンツも、適切にキャッシュを行えば問題ありません。これまで解説してきましたが、配信システム全体のリソース消費の削減を考えれば、むしろ動的コンテンツをキャッシュすべきです[*76]。キャッシュしないという選択肢を取る際にも、安全な利用のためにはきちんとキャッシュについて知っておくべきです。

動的コンテンツをCDNに通すなんてとんでもないという意見、これは明確に間違いです。まずCDNでキャッシュを行う観点から考えてみましょう。現在、エッジコンピューティングの進歩もあり、CDNのキャッシュは複雑な制御が可能です。このため、先程述べたのと同じ理由で、動的コンテンツのキャッシュにも不安はあ

---

*75 動的コンテンツであればキャッシュキー/Varyを強く意識する必要がありますし、他にもCookieなど様々な考慮するポイントがあります。

*76 当然、全ての動的コンテンツをキャッシュすべきというわけではありません。private/sharedの区分や、含まれる情報によって適切にキャッシュ対象を見極めるべきでしょう。

りません*77。

もう一つ、キャッシュしないCDNという観点で考えます。キャッシュはあくまでもCDNの一機能です（6.2.1参照）。キャッシュしなくても、セキュリティ対策などためにCDNを通すケースはいくらでもあります。

たとえば、アメリカのシティバンクのログインフォームが置かれているドメインはAkamaiを利用しています。

```
$ nslookup online.citi.com
Server:         127.0.0.53
Address:        127.0.0.53#53

Non-authoritative answer:
online.citi.com canonical name = online.citibank.com.edgekey.net.
online.citibank.com.edgekey.net canonical name = e12322.b.akamaiedge.ne↩
    t.
Name:   e12322.b.akamaiedge.net
Address: 23.194.76.179
```

厳しいセキュリティポリシーを持つ世界的な金融機関もCDNを使っています。これは、CDNを通すなんてとんでもないという意見への、十分な反証といえるでしょう。CDNはセキュリティやプライバシーに関する各種認証（PCIDSSコンプライアンスなど）を取得しています。CDNプロバイダーは、より安全な配信のために真摯に取り組んでいます。

なんでもキャッシュしたり、CDNを通したりすべきかというとそうではありません。メリットが大きいのであれば、使えばいいですし、デメリットやコストが許容範囲を超えるなら使わなければいいのです。あくまでキャッシュやCDNは手段の1つです。重要なのはその手段を選択肢から除外しないことです。

Column

マルチCDN

CDN障害対策の1つの手段として、複数のCDNを併用するマルチCDNがあります。これによって問題が発生した場合、即座にほかのCDNに切り替えることで冗長性を担保します*a。

ただし、「よし、マルチCDNだ！」と飛びついて簡単にシステムが実現できるかというと、そうはいきません。マルチCDNの構築は簡単ではありません。

まず複数のCDN間で同じ機能があるとは限りません。そもそもCache-Controlの

*77　かつてのCDNにおいては、複雑なキャッシュ制御が難しかったため、ある程度はこの意見も理解できました。近年はエッジコンピューティングの進歩、広がりもあり大分容易になっています。

解釈さえ違うこともあります。単純に静的コンテンツを流すだけならなんとかなるかもしれませんが、少しでも高度な利用をしようとすれば行き詰まるでしょう。エッジコンピューティングのコードはJavaScriptで記述できることが多いですが、言語が同じというだけで、ヘッダの書き換えなど実装すべきコードは各CDNで違います。簡単に移植はできません。また各CDN固有の機能を本格的に活用していれば、マルチCDN実現は茨の道でしょう。

CDNのコストは多くの場合は、使えば使うほどGB当たりの単価が安くなります。フォールバックするならともかく、常時併用する場合は高くつくことがあります。フォールバックしようとすると、当然切り替え時にキャッシュがない状態なわけですからオリジンの負荷は増大します。マルチCDNを選ぶと、さまざまな考慮すべきポイントが増えてきます。

マルチCDNにすべきか否かは、サイトの構成次第で、正解はありません。まずは、CDNでも障害が起き得ることを頭に入れて、サービスの性質などと合わせて検討するのが良いでしょう。ユースケースによっては、耐障害性の観点からではなく、コスト対策としてマルチCDNを選択するのもありでしょう。

業者によっても違いますが、CDNは実際そう頻繁に落ちるものでもなく、筆者の経験上年に1回あるかないかです。信頼できる業者を選び、許容できるリスクとして飲み込むのも1つの手です。

＊a　マルチCDNの目的は耐障害性以外にも考えられます。できるだけ地域ごとに単価の安いCDNを使うといったことも検討できなくはありません。マルチCDNの課題とあわせて検討してください。

Column

DNSブロッキングにかかる

CDNの障害ではないのですが、配信に関わる珍しい障害を1つを紹介します。DNSブロッキングです。

一部ISPでは、マルウェアが不正なドメインと通信するのを防ぐために、DNSブロッキングをしている＊[a]ケースがあります。筆者が遭遇した障害では、利用しているドメインが、このブロッキングにfalse positiveで引っかかってしまいました。当然正当な理由で正規に取得したドメインです。これにぶつかるのはかなりのレアケースです。

もちろんサイト自体はマルウェアを配布しているわけではありません。このときは管理していたドメイン名がたまたまマルウェアが自動生成しうるドメイン名と一致していたためにおきました。

マルウェアは配布ドメインを固定するとURLフィルタリングなどで対策されてしまいます。このため、Domain Generate Algorithm（DGA）というしくみを用いて、ドメインを動的に生成するものが存在します。今回のドメインは、そのアルゴリズムと一致してしまったため一部ISPからブロックされてしまいました。

本件についてISPのDNSを指定して確認しても、ドメインは存在しない（NXDOMAIN）と返ってくるだけで、調査は難航しました。最終的に、Quad9＊[b]というDNSサービスで該当ドメインをチェックしたところ、ブロック対象であるという情報が出たことでなんとか把握できました*c。

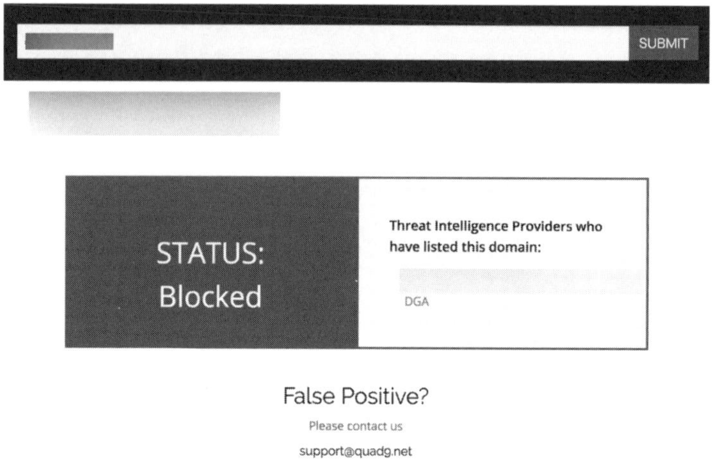

図6.18　quad9

正直このケースは対処が難しいです。まずISPに誤検知の旨を問い合わせる必要がありますが、最悪サービスのドメインそのものの変更も検討すべきです。ただ、これはかなりのレアケースです。そう同じことが起きることはないでしょう。「DNSブロッキングに注意すべき」というよりは、こういうこともあるので「原因が不明な場合はさまざまなレイヤに調査範囲を広げることが大事」だと感じてもらえれば幸いです。

---

*a　https://www.ntt.com/business/services/security/security-measures/malware.html
*b　https://www.quad9.net/
*c　これで判明するのは。あくまでも当該ISPがQuad9と同じリストを使っている場合のみです。

Column

適切に設定しているのにキャッシュされない

サービスのリリース後、監視画面を見るとユーザー数に対して想定以上にトラフィックが出ていて、キャッシュできていない異常に気づくことがあります。
たいていの場合は`Cache-Control`や`ETag`などの不適切な設定が原因です。ただ、中には配信システム側は適切に設定されていてもキャッシュされないといった動きが出ることがあります。これは下流のクライアント*aに原因があります。
クライアント側で、そもそも（意図せず）キャッシュできなかったり、ストレージサイズが小さい設定になっていたりすることがあります。たとえば、筆者は以前、アプリケーション内のWebView（クライアント側）の問題で、表示しているページがキャッシュされない問題に遭遇しました。

Cache-Controlを解釈して、実際にキャッシュを行うのはクライアント側です。キャッシュすることをサーバー側から強制はできません。アプリケーションのWebViewがキャッシュできているかの確認は抜けがちです。開発中はキャッシュをあえて切って開発することも多く、検証漏れが起きやすいです。何かおかしいと思った際は、サーバー側だけでなく、クライアントを疑うことも必要でしょう。

クライアント側に問題があると、いくらサーバー側の設定を確認しても意味がありません。

*a　このクライアントはブラウザやアプリですがブラウザはキャッシュ周りの解釈は信頼できるので、自社で開発したアプリと考えてください。

6.8 実際にCDNを設定する

これまでCDNの注意点を紹介しましたが、実際のところどのように設定するかについては紹介しませんでした。最も単純な設定をFastly（fastly.com）でつくってみました[*78]。

Fastlyは実際に読者の皆さんが利用するにもお勧めです。筆者がFastlyを勧めるのは次の特徴からです。

- 無料で試せる（クレジットカードの登録も不要）
- 動的コンテンツを流すために必須なCDNの高度な制御が無料の範囲で可能（VCL）
- ログがリアルタイムで見える

CDNで何ができるのか、どこまできるのかといったことをログを見ながら試すには最適です。また、設定の書き方は当然各社で違うのですが、CDNの処理フロー（5.2）はそう変わりません。1つ知っておけばほかでも応用が効きます。

アカウントをつくりログインすると画面上に「CREATE SERVICE」というリンクがあります。これを押すことで配信設定をつくります。ちなみに、Fastlyの場合はサービス（Service）という単位で管理していますが、AkamaiはProperty、CloudFrontだとDistributionという単位です。どのCDNの場合でもこれらをつくるところから始まります。

*78　本書では実際に読者が用いるCDNが多岐にわたる、ベストな設定は変わってくるためFastlyでごく初歩的な内容を紹介するにとどめます。どのようなCDNを使う場合にも、参考にはなるはずです。

CDNの設定で最低限必要な項目は2つです。

- 配信ドメイン（クライアントからリクエストを受けるドメイン）
- オリジン（CDNの転送先ドメイン）

もちろん、CDNによっては多少の追加項目はあるものの、この2点を押さえておけばいいでしょう。

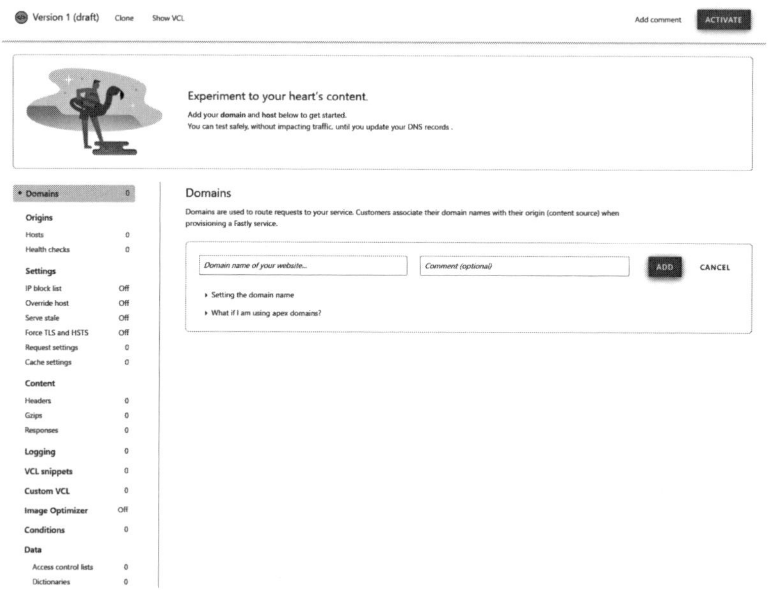

図6.19　fastly domains ドメインを入力する

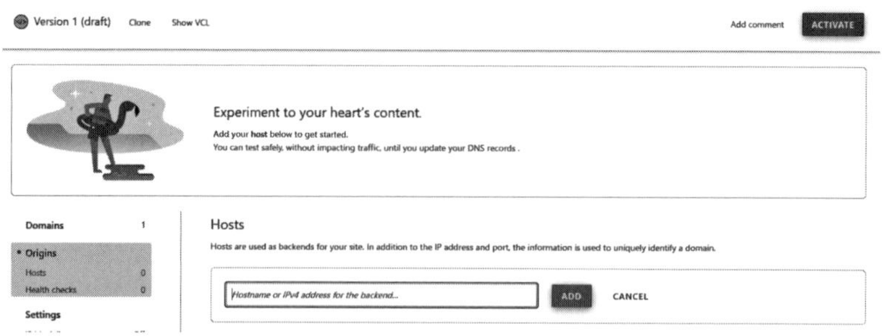

図6.20　fastly hosts ホスト名もしくはIPアドレス（IPv4）を入力する

Fastlyの場合はサービスをつくると、配信ドメインを入力するdomain設定が出てくるので入力します。次にオリジンの設定を行うために左のメニューのOriginsからHostsを選択してオリジンのホスト名やIPアドレスを入力します。

Fastlyからオリジンにリクエストを転送する際には、CDNが受け付けたドメイン、つまり配信ドメインが利用されます。そのため、オリジン側でも配信ドメインを受け付ける設定をする必要があります。

ホストの設定をしたあとに追加したホストの横に編集するリンク（鉛筆）がありますのでそれをおします。そのあとに一番下のAdvanced optionsを開くと「Override host」という項目があるのでここをオリジンのホスト名と同一にすれば防げます。なお、このような挙動はほかのCDNでも見られることがあります。

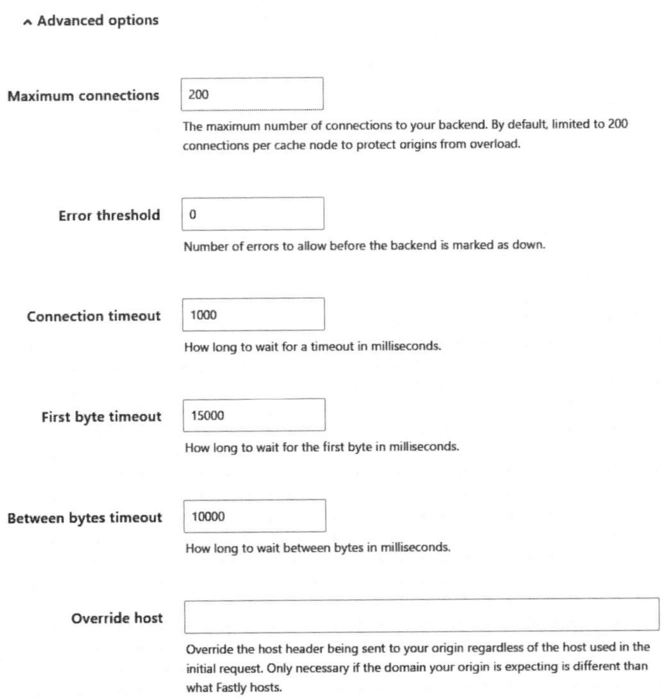

図6.21 fastly advanced host settings

さて、この段階で最低限の設定ができたので右上のACTIVATEが押せる状態になります。押しましょう。

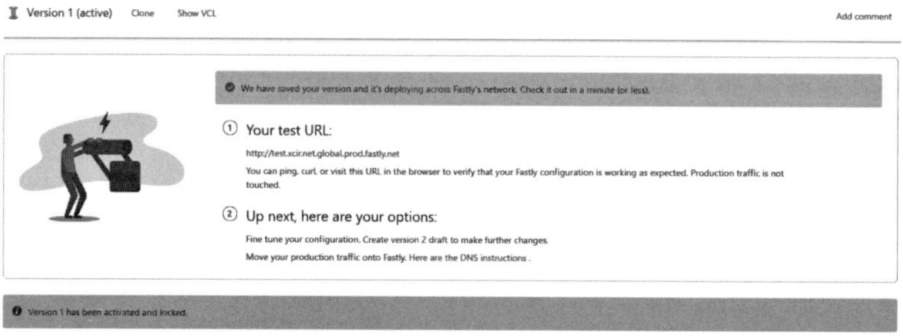
Version 1 (active)
Clone
Show VCL
Add comment
We have saved your version and it's deploying across Fastly's network. Check it out in a minute (or less).
① Your test URL:
http://test.xcir.net.global.prod.fastly.net
You can ping, curl, or visit this URL in the browser to verify that your Fastly configuration is working as expected. Production traffic is not touched.
② Up next, here are your options:
Fine tune your configuration. Create version 2 draft to make further changes.
Move your production traffic onto Fastly. Here are the DNS instructions .
Version 1 has been activated and locked.

図6.22　fastly test url

するとtest URLが発行され、こちらで導通の確認ができます。確認ができたらあとはDNSの設定です。

CNAME先はHTTPSを使わなかったり、証明書オプションを購入していたりすると変わります*79。HTTPSを使わない場合は`nonssl.global.fastly.net`がCNAME先となるので設定しましょう。

たとえばAWSのRoute53で設定するなら、こうなります。

*79　https://docs.fastly.com/ja/guides/adding-cname-records

図6.23 Route53での設定例

また、これまでZoneApexについて触れてきましたが、Apexドメインの場合はCNAMEを利用できません。Fastlyの場合はIP Anycastのオプションがあります。それを使うことでApexドメインでもCDNでの配信ができます[*80]。

ここまでFastlyでの最低限の設定例を紹介しました。ほかのCDN（Akamai、CloudFrontなど）においても、そこまで手順や最低限の設定項目は変わりません。今回つくった設定では動的コンテンツを流すには不十分ですが、静的コンテンツを流すだけなら、これだけでも可能でしょう[*81]。

---

*80 https://docs.fastly.com/en/guides/using-fastly-with-apex-domains

*81 もちろんほかに設定したい項目はありますが、本書で紹介した内容を参考に、Fastlyのブログ記事やドキュメントを参考に組み合わせてください。

6.8.1 動的コンテンツの設定例

動的コンテンツの設定例を紹介します。動的コンテンツもこれまで解説してきた内容とさほど変わりはありません。同じ考え方でキャッシュが可能です。

Fastlyでは VCLを使うことで高度な制御が可能です。これを使い設定を記述しますが1点だけ知っておきたいことがあります。UI上で設定した項目と、記述しようとするVCLとの共存方法です。

まず知っておきたいのは、Fastlyの設定はすべてVCLで制御されていることです。これまでUIで設定した内容もVCLに変換されています。管理画面の上にあるShow VCLで閲覧できます。

これはつまり、VCLを新たに書く場合も、UIなどで生成されるVCLとうまく共存するようにしなくてはならないということです。

共存方法は大きく分けると2種類あります。VCLスニペット*82とカスタムVCL*83です。VCLスニペットはUI上の動きとほぼ変わりなく、指定したvcl_recvなどのアクションの部分に差し込む処理を書きます。カスタムVCLは、一部設定を除いてすべてを書くものになります。

これを何も考えずに書いてしまうと、UI上で設定した項目やデフォルトで使われる定義が抜け落ちてしまい困ります。そこで、Fastlyではボイラープレートと呼ばれるテンプレートが用意されています。

現在は通常のもの*84とImageOptimizerを使う場合*85の2種類があります。今回は通常の一部について解説します。

```
sub vcl_recv {
#FASTLY recv

  if (req.method != "HEAD" && req.method != "GET" && req.method != "FAS↩
       TLYPURGE") {
    return(pass);
  }

  return(lookup);
}
```

これがvcl_recvの部分のボイラープレートです。

*82 https://docs.fastly.com/en/guides/about-vcl-snippets
*83 https://docs.fastly.com/en/guides/uploading-custom-vcl
*84 https://developer.fastly.com/learning/vcl/using/
*85 https://docs.fastly.com/en/guides/image-optimization-vcl-boilerplate

```
#FASTLY recv
```

上のコメントがありますが、ここにUI上で設定した項目やデフォルトの設定が展開されます。このカスタムVCLが実際のVCLになるとこのようになります(VCLスニペットの展開される場所も記載)。

```
sub vcl_recv {
#--FASTLY RECV BEGIN
  if (req.restarts == 0) {
    if (!req.http.X-Timer) {
      set req.http.X-Timer = "S" time.start.sec "." time.start.usec_fra↩
          c;
    }
    set req.http.X-Timer = req.http.X-Timer ",VS0";
  }
  declare local var.fastly_req_do_shield BOOL;
  set var.fastly_req_do_shield = (req.restarts == 0);
# Snippet sample_snipet : 100
//スニペットはここに展開される
  # default conditions
  set req.backend = F_Host_1;
    # end default conditions
#--FASTLY RECV END
  if (req.method != "HEAD" && req.method != "GET" && req.method != "FAS↩
       TLYPURGE") {
    return(pass);
  }
  return(lookup);
}
```

#FASTLY recvは#--FASTLY RECV BEGIN ~ #--FASTLY RECV END内のものに展開されます。

では、カスタムVCLを使ってこのような設定をつくってみましょう。

- デフォルトはキャッシュをしない
- /static/はキャッシュをする[*86]
- /cache/はCookieを消したうえでキャッシュをする

*86 もちろん静的なコンテンツでもキャッシュする際はCookieを消すべきですが、分岐例をサンプルとして出したかったためこうしています。

```
sub vcl_recv {
#FASTLY recv

  if (req.method != "HEAD" && req.method != "GET" && req.method != "FAS↩
      TLYPURGE") {
    return(pass);
  }

  if(req.url ~ "^/static/"){
      //キャッシュをする
      return(lookup);
  }elseif(req.url ~ "^/cache/"){
      //クッキーを削除してキャッシュする
      unset req.http.cookie;
      return(lookup);
  }
  //デフォルトでキャッシュしない(pass)
  return(pass);
}
```

非常に簡単な設定ですが、ここから拡張できます。Fastly自体はVarnish 2.1.5をベースに拡張しているものです。Fastlyのドキュメント*87や本書のAppendixなどを参考に、ぜひいろいろ試してみてください。

» CDNの構成自動化

さてここまではWeb UI上での紹介でしたが、メジャーなCDNはTerraformなどで管理でき、Fastlyもプロバイダが存在します*88。

Fastlyではテスト環境などがなく、プロダクションしか存在しません。複雑な設定を展開する前にテストしたければ、新たに別の設定（環境）をつくる必要があります。このとき、Webでポチポチと手動管理しているとミスが発生しやすいでしょう。先に上げたTerraformなど、何らかの方法で構成管理を行うべきです。なお、本書のダウンロードサンプル*89としてTerraformのファイルを用意しています。

---

*87 https://developer.fastly.com/reference/vcl/
*88 https://www.terraform.io/docs/providers/fastly/index.html
*89 https://gihyo.jp/book/2021/978-4-297-11925-6

第7章

自作CDN（DIY-CDN）

7

自作CDN (DIY-CDN)

自作CDN（DIY-CDN）や自社配信（自作CDNの一部）と外部のCDNを組み合わせるケースについて紹介しました（6.1.2参照）。

自前のCDN（自社CDN）を採用する会社の代表例にNetflixがあります[*1]。莫大なトラフィックが常時ある、配信がコアビジネスであることから、外部のCDNサービスを利用するよりもコストやカスタマイズ性の面でメリットがあるのでしょう。

Netflixのような大規模配信ではなくとも、ほかにも自作CDNがフィットするパターンもあります。そもそも低予算でCDNが使えない、コストを抑えたい、ハイブリッド構築したいパターンです。

本章ではそれぞれのパターンと、実際に低予算で自作CDNをつくるポイントを解説します。

7.1 なぜCDNをつくるのか

CDNを自作するケースは大別すると次の3つです。

- 超大規模サービス。非常に大きなトラフィックや高度なカスタマイズの必要性から、自社構築にコストメリットがある（Netflixなど）
- 低予算。CDNを利用する資金がない
- ハイブリッド構成。CDNと自社配信（自作CDN）のハイブリッド構成によるメリットがある
  - 静的コンテンツのオフロードするためにCDNを使う
  - 定常的に流量があり、自社で低コストで回線調達が可能なため、ベースロードを自社配信として溢れた部分をCDNにオフロードする（DMMなど[*2]）
  - コンテンツを一貫させるために自社配信とCDNの多段構成にする

ほかにもコンテンツの性質上CDNが使えないなど、いくつか例外的なパターンもありえますが、割愛します。上述の3つの中で、多くの読者にとって現実的な

---

*1　Netflix OpenConnectというサービスを自前で運用。 https://openconnect.netflix.com/ja_jp/

*2　ちなみにAppleも自社でCDNを持っており、ハイブリッド構成となっています。 https://arxiv.org/abs/1810.02978

ケースは低予算、ハイブリッド構成の2つでしょう。これらについてもう少し詳しく見ていきます。

7.1.1 低予算

ここまで紹介したように、さばけるトラフィックや管理コストを考えれば、CDNの費用は必ずしも高いものではありません。

とはいっても個人開発など小規模なサイトやサービスでは、どうにもCDNを使うには躊躇するケースがあります。CDNのコストを減らすには2種類の方法があります。

第一に転送量自体を減らす方法です（3章冒頭参照)。

```
総転送量 = リクエスト数 x 平均コンテンツサイズ
```

ローカルキャッシュを使いリクエスト数を減らし、圧縮などでコンテンツ自体のサイズを小さくする対策を行うことで総転送量自体を減らします。これはどのようなサイトでも適用可能なので、ぜひ行いたい対策です。

第二に転送量の単価自体を下げる方法（6章コラム「CDNのコスト」）です。毎月○PB流すので転送量の単価を下げる、というような年間コミット契約が代表例です。この方法は大規模なトラフィックが必要なため、そこまでのトラフィックを持たない小規模なサイトでは不可能です。

単に低予算であれば、執筆現在ではCloudflareのFreeプラン*3が存在します。いくつかのケースにはマッチする選択肢でしょう。ただし、Freeプランではそこまで高度な機能を有していないのが悩みどころです。複雑なルーティングをするのにエッジコンピューティングを使いたかったり、ESIを使いたかったり*4、あるいはほかに特殊な要件がある場合はマッチしません。

予算がなければその範囲でなんとかするしかありません。そこで出てくるのが自作CDNという選択肢です。

配信を自前でまかなおうとしたとき、ネックとなるのは基本的に回線費用です。日本では、これを定額で、しかもサーバーも一緒につけてくれるVPSがいくつかあります。

さくらVPSやGMO conohaをはじめとする国内大手VPSは100Mbps共用

---

*3 https://www.cloudflare.com/ja-jp/plans/

*4 ESI、Edge Side Includes。CDN側でHTMLに特定URLの内容を流し込むような機能、名前の通りエッジにあたるCDNで内容を挿入する。Akamai、Fastlyなどでは利用可能。

で回線が利用でき、かなり安い費用でサーバーを提供しています。複数台並べてDNSでラウンドロビンするなど工夫すれば、ちょっとしたサイトが必要とするような配信環境はつくれるでしょう。

7.1.2 ハイブリッドで使う

自社配信とCDNは併用（ハイブリッド）が可能です。どのような意図をもってハイブリッド構成とするかは、そのサイトの特性によっても異なります。いくつか例を上げます。

» 静的コンテンツのオフロードのためにCDNを使う

一番ポピュラーなCDNの使い方で、動的・静的を分けて静的部分のみをCDN配信とするパターンです。ファイルサイズが大きく、トラフィックが出やすい、画像などの静的コンテンツをオフロードするのが目的です。

» 基本は自社配信で溢れたもしくは苦手な地域のトラフィックをCDNに流す

コストが低い自社配信をベースに、溢れた部分をCDNに任せるといったハイブリッドCDN導入もありでしょう。

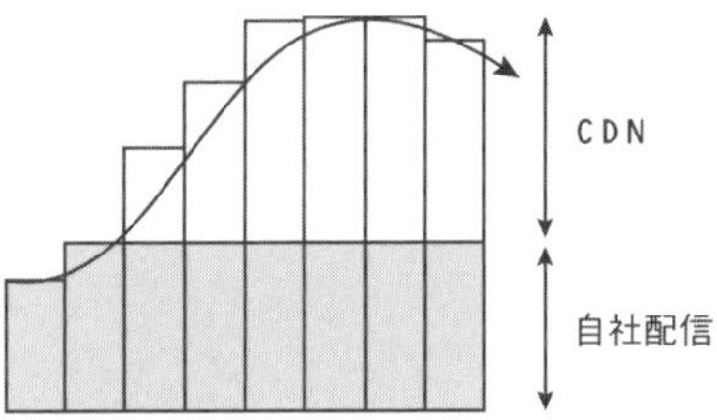

図7.1 CDN+自社配信

この具体例だとDMMがあります。DMMの公開したCDN利用に関する記事[*5]には、コミット値までは定額なのでその範囲をなるべく使い、溢れた部分をCDNに流すとあります。

また苦手な地域のトラフィックというのはたとえば自社配信の設備がない地域（海外など）向けに配信する場合です。これまでも触れているように地域的な距離はパフォーマンスに直接影響します。そこで、その際はCDNに任せるといった方法です。

*5　「配信基盤を支えるオンプレ技術 - DMM inside https://inside.dmm.com/entry/2020/04/17/evolving_content_delivery_platform_11」

» コンテンツを一貫させるために自社配信とCDNの多段構成にする

これまで何度か触れてきたキャッシュを一貫させるために多段とする場合です。特に時系列で変化する動的コンテンツをキャッシュする場合は必要になるケースがあります。

CDNの多段の考えた方はさまざまです。コンテンツを一貫させたい場合には不十分なケースがありますし、そもそも多段オプションがないこともあります。コンテンツを一貫させるという目的以外にも、CDNで吸収しきれなかったリクエストを最終的に吸収する層として自社配信を行うことも考えられます。

Cloudflareでは Argo という有料サービスで多段などの機能が使えます。こういったものがあるとCDNでより多くのリクエストを処理できますが、低コスト運用が前提なら、容易には導入できません。

種々の制限でCDNでだけでは多段にできないが、可能な限りリクエストを吸収したい場合、自前の配信システムを組み合わせて処理する必要があります。筆者が関わっているもののうち、実際にそのような運用をしているサイトを例に挙げます。CDNで80%、自社配信で75%前後、合わせて95%程度のヒット率で運用しています。

図7.2 Cloudflare ヒット率

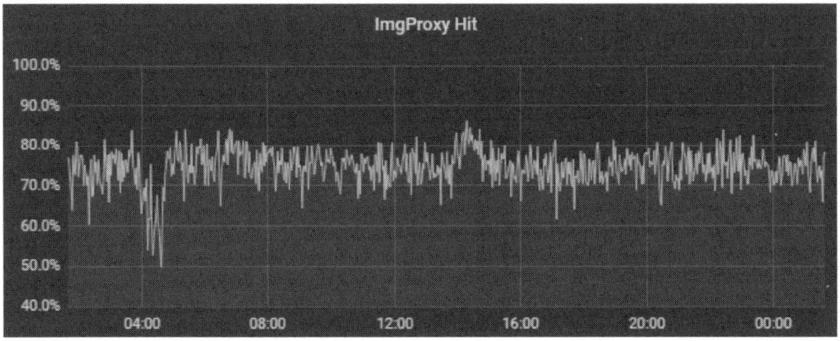

図7.3 自社配信ヒット率

Column

CDN自体を多段で使うときの注意

普通はあまり行わない構成ですが、複数のCDNを多段で組み合わせているサイトを見かけることがあります*a。各サービスでCDNの機能が増えたこともあり、それらを組み合わせたいということもあるのかもしれません。ただ、この構成は注意が必要です。

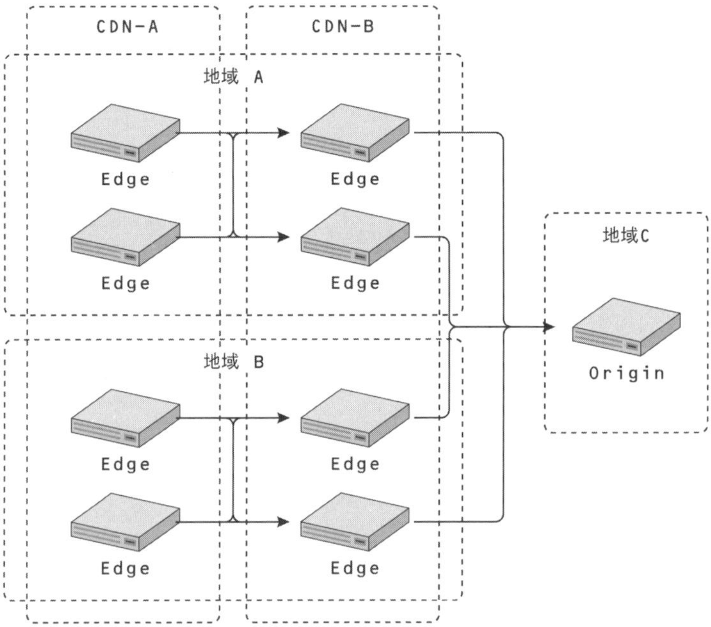

図7.4 CDNの多段のよくない例

CDNはクライアントからのリクエストを近いエッジで受けます。多段CDNにすると、当然CDNのエッジ自身（図のCDN-Aエッジ）もクライアントとなるため近いエッジにリクエストを行います。この状態でそれぞれの地域でクライアントから同じコンテンツのリクエストがあった場合は次のようになります。

```
Client（地域A） → CDN-A（地域A） → CDN-B（地域A） → Origin⏎
    （地域C）
```

```
Client（地域B） → CDN-A（地域B） → CDN-B（地域B） → Origin⏎
    （地域C）
```

CDNを多段にしているにもかかわらず、オリジンへのリクエストは2つとなり、無駄が生じています。CDN-AのエッジはCDN-Bから見るとクライアントです。そのため、CDN-Aのエッジに近いエッジへリクエストを送信します。Proxyの多段（5.15）では、URLなどでハッシュをとることでリクエストの集約を行いましたが、この構成では集約が行われていません。
どうしても多段で用いたいとき、この問題を防ぐには、2つの解決策があります。オリジンの地域ごとに中間エッジを置くか、CDN-Bが特定地域のみ（国内向けのCDN）にあればいいのです。いったん特定の地域に集約することで、CDN-Bにおいて同じエッジを使える可能性が出てきます。

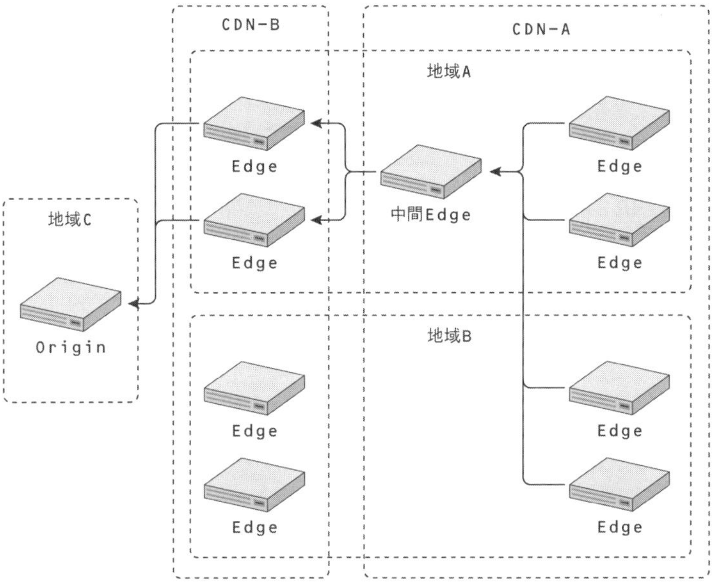

図7.5　CDNの多段の改善例

```
Client（地域A） → CDN-A（地域A） → CDN-A（地域A） → CDN-B↩
    （地域A） → Origin（地域C）
```

```
Client（地域B） → CDN-A（地域B） → CDN-A（地域A:↩
    キャッシュヒット）
```

中間エッジを特定の地域に限定する機能はいくつかのCDNにあります。たとえばfastlyでは下図のように指定することで、中間エッジを東京に固定できます。

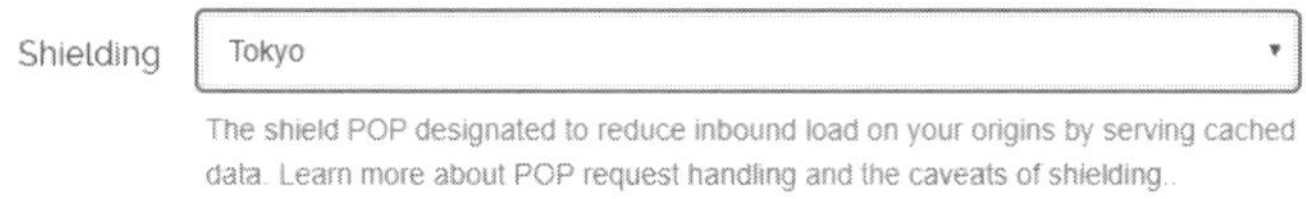
Shielding
Tokyo
The shield POP designated to reduce inbound load on your origins by serving cached data. Learn more about POP request handling and the caveats of shielding..

図7.6 Fastly の OriginShield 設定

実際のところ、このような構成を意図的にとることは少ないでしょう。多くのケースで運用の複雑度の上昇に対してメリットが少ないからです。しかし、まったくないわけではありません。次のようなケースもありえるでしょう。

- メディアの変換サービス（サムネや動画）を利用していて、そのサービスにCDN的な機能もあるがコストが高く、別のCDNをかぶせたほうがコストが安くなるため多段にする
- パスを自由に書き換えるために多段にする

筆者が調査した範囲ではFastly＋動画配信特化CDNの組み合わせと思しきものがありました。ある国内の動画配信サービスについて、つながるエッジは動画配信特化の国内CDNなのに、レスポンスヘッダを見るとFastly特有の特徴が見受けられました。想像によるところも大きいですが、このサービスにおいてFastlyはオリジンのルーティングに特化させ、配信自体は動画配信に特化しているCDNに任せているのでしょう。
他にも、意識していなくてもCDNを使っているケースがあります。たとえばGoogle Cloud Storageは条件（`cache-control: public`の指定）によってはCDNのように振る舞います*b。可能ならその機能を切ってしまえばいいですが、できなければ、今回紹介した注意点を活用してください。

---

*a　実際に見た例だと［Client］←［Cloudflare］←［Fastly］←［Origin］のように複数のCDNを組み合わせていました。
*b　https://cloud.google.com/storage/docs/metadata#cache-control

7.2 低予算自作CDNの構成

低予算自作CDNを実際につくっていきます。基本構成や利用するサービスなどを示します。

7.2.1 さまざまなことを諦める

最初に強調しておきたいのが、低予算という理由からCDNを使わず、自前で配信するのは茨の道であるということです。ある程度の規模の配信を行いたいが、な

い袖が振れないというとき、しかたなく導入すべきです。もしテキスト主体でそこまでトラフィックが出ないのであれば、CDNを使ってもそこまで費用はかからないのでCDNを検討すべきです。あれもこれもすべてを実現できるわけではなく、さまざまなことを諦める必要があります。目指すのは70～80点ぐらいです。本来のCDNではないので、帯域を気にせず流すといったこともできませんし、世界中に配信するといった用途は得意ではありません。低コストなサーバーを束ねて使うためトラフィック規模に対しては台数が膨らみやすく、トラフィックが増えるほど運用は煩雑になりやすいです。また、低予算というからには人的コストについても考慮すべきです。あまりにも運用に手がかかって貴重なエンジニアを貼り付ける必要があるなら、素直にCDNを使うべきです。ただ、これらのデメリットもハイブリッド構成をとるという前提であればある程度和らぎます。すべてを自前で配信する際にはCDNへ切り替える、もしくはハイブリッド構成をとれるようなプランをつくっておくと良いでしょう。

7.2.2 基本構成

本書で紹介する自作CDNは、かなりベーシックな構成です。基本的なところは押さえていますが、 サイトによって異なるトラフィックパターンには対応しません。ここで紹介する構成が銀の弾丸というわけではありません。本書を参考に独自に拡張していきましょう。

今回は以下の配信システムの自作CDN構成を考えてみましょう。

- 動的コンテンツのキャッシュを行っている
- リソース類は多数あり、サムネイルを動的に作成しているLambdaもいる
- ドメインは動的コンテンツとテキスト主体の静的コンテンツの`example.net`とコンテンツリソース類の静的コンテンツ（サムネ含む）のみの`cdn.example.net`がある

このケースであれば筆者は以下の構成を基本としてさまざまなオプションをつくります。サーバーにVPSを用いつつ、適宜AWSも組み合わせた構成です。サムネイル生成をAWS Lambda、サムネ保存をAmazon S3、DNSをAmazon Route 53を用いています。この図で自作CDNと呼ぶべきなのはgatewayとcacheのサーバー（群）です。

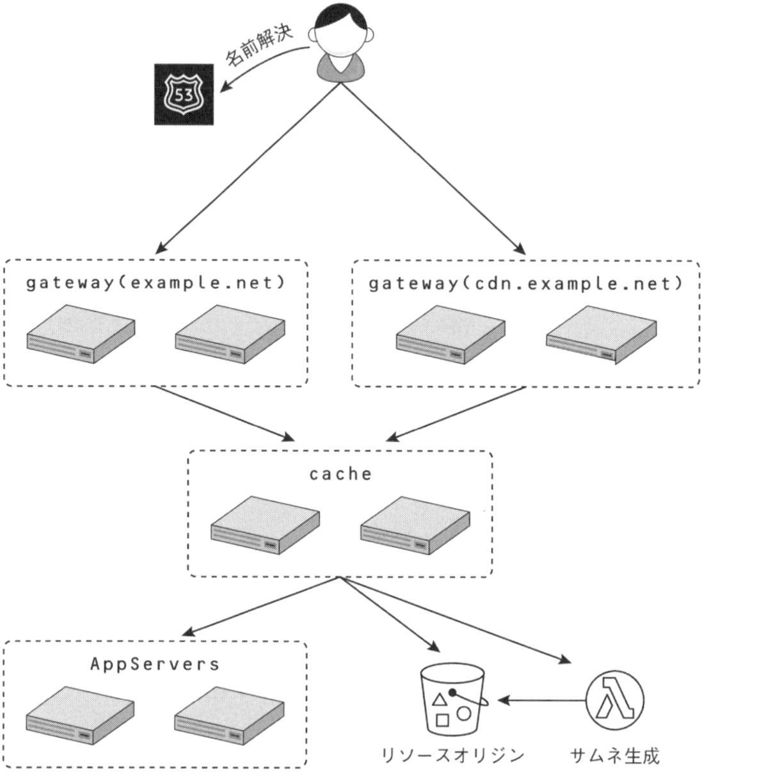

図7.7　基本構成

gateway/cacheはどちらも今まで説明してきたProxyにあたります。Varnishを使い、多段構成でキャッシュを行っています。今回これらのあえて名前を変えているのは役割の明確にするためです。gatewayはクライアントからの直接の接続とトラフィックをさばくことを目的としており、cacheはより多くのキャッシュストレージを確保することを目的としています。また、cacheはgatewayからのリクエストのみを受け付け、インターネットからのリクエストは受け付けません。gatewayとcacheの2つでゲートウェイキャッシュとして機能しています。ゲートウェイキャッシュは1つのサーバーではなく、このようなサーバー群（クラスター）で形成されることもあります。

なお、ここでは単純化のためにAppServersの中身については触れません。

» 基本構成の考察

テキスト主体の`example.net`とコンテンツリソース主体の`cdn.example.net`の

gatewayのグループを分けました。一緒にしてしまってもよいように思えますが、VPSの対インターネット帯域を考えると分割しておくと安心です。

VPSの帯域は国内大手のそれだとおおよそ100Mbpsです。ここでクライアントから見えるサーバーを2つに増設すれば、単純に考えて200Mbps使えます。

さらに、トラフィックが大きい`cdn.example.net`と、そうでない`example.net`を別にしておくことにはメリットがあります。

Webサイトが表示される場合はまずベースページ（HTML）をダウンロードし、コンテンツリソース（画像やJavaScript）のダウンロードが始まります。帯域を使い切っている状態でもベースページ部分は安定させたければ、通信速度を多く使うコンテンツリソース主体の`cdn.example.net`と`example.net`は分割すべきです。

ドメインに応じてサーバーを分離してしまうと、異なるドメインでのコネクションの再利用（5.17.1参照）ができないため、速度的なデメリットが想定されます。各々の特性を考えると分けておいたほうが、メリットがあるという判断です。何事もトレードオフです。もしコンテンツリソースのトラフィックが少ないのであれば、一緒にしても問題ないでしょう。

» なぜVPSなのか―コストメリットで考える

筆者が提案した構成例ではRoute53やLambdaやS3のクラウドサービスを使っていますが、配信の肝心なところはVPSに任せています。予算が潤沢にあるなら、VPSを使わずにCloudFrontなどのCDNを使うところですが、今回は使っていません。VPSで多段構成を配信環境を構築しています。このように自作CDNを用いるのは、VPSを使うことで低コストな配信が実現できるからです。

本来VPSとCDNは比較するものではないのですが、たとえば月間20TBを配信するということを考えてみましょう。

CDNの課金を仮に10円/GBとすると、20TBで約20万円となります。もちろんこの単価は前章で触れたようにかなり変動し、より大規模なトラフィックを定常的に流せるのであれば安くなります。しかし、今回想定するような小さなサイトではそれもかないません。仮に20TBを一月で流す場合、必要な平均通信速度は64Mbpsとなります。VPSは100Mbpsの帯域を提供しているケースが多く、しかも月1000円前後の定額で利用できます。比較的安く、定額課金という点は魅力です。たとえばさくらのVPSの1GBプランは月800円です[*6]。

これを見て、月20TBだと平均64Mbps、VPS1つ（100Mbps）で月30TBぐらいは出すことができると考える人もいるかもしれません。そういうわけにはい

---

*6　2020年7月現在。

きません。サイトは当然トラフィックの波があるわけで、平均で100Mbps近くまで詰め込むと間違いなく帯域は枯渇します*7。

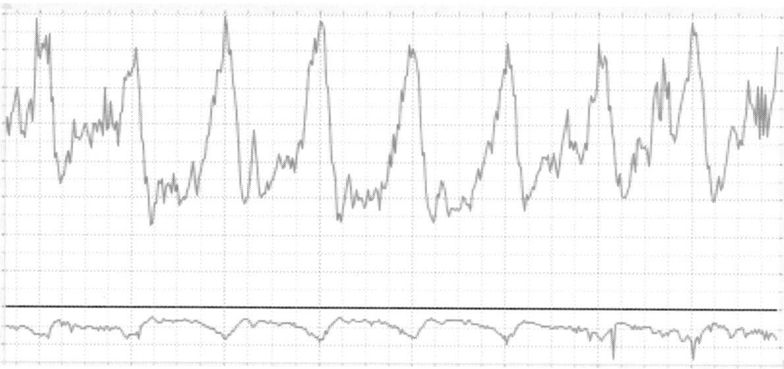

図7.8 トラフィックの波

当然ですが帯域は出せる最大速度のため、100Mbpsであれば100Mbps以上を出すことはできません。サイトの性質で異なるものの、ピーク時は平均の2〜3倍ぐらいの流量というサイトが比較的多いです。よって、帯域が100MbpsのVPSで安全にさばける通信速度は平均で20〜25Mbps程度でしょう*8。この場合ピークは60〜75Mbpsですが、突然負荷が増えたときのこと（突発的負荷）も考えると、このあたりが妥当です。

先ほどの例に戻すと、20TB（平均64Mbps）を実現したければ、3〜4台は欲しいところです。

VPSを用いて、20TBを4台（VPSが1台1000円と仮定）で処理できるとすると、1GBあたり0.2円程度で配信できるわけです。CDNを使った場合、1GBあたり10円程度はかかることを考えると、98%のコスト削減です。

これには2段目のサーバー（Cache）は含んでいませんが、それでもCDNの費用と比較して驚くほど低コストで、しかも定額です。

もちろんCDNを使えば、ピークトラフィックのことなど考えなくて済んだり、冗長性の担保ができたり、海外配信もできたりとさまざまなメリットもあります。単純にコストだけで比較できないのには留意しておきましょう。あくまでも今回は、とにかく低コストであることを追及しているからこそ出せる数値です。

---

*7　また、常時高いトラフィックを出しているとVPS会社からお叱りを受け、帯域や利用を制限されることがあります。

*8　もちろんベストエフォートなので、全く速度が出ないケースもあります。その場合は台数を足したり、乗り換えるなどの検討が必要でしょう。

構成の工夫に話を戻します。今回の構成例のコスト面での注意点は、キャッシュストレージをAppで生成する動的コンテンツ、Lambdaで生成するサムネイル画像、その他コンテンツリソース（S3）でどのように割り振るかです。動的コンテンツ部分はテキスト主体なので、そこまでの注意は不要でしょうが、サムネイルとS3に格納しているコンテンツリソースで割り振るかは悩みどころです。ストレージを多く使うコンテンツリソースのキャッシュにあまりストレージを割り振らなければ、S3の転送料金がコストとして重くなってきます。かといってサムネイルのストレージを少なめにすると、今度はLambdaが多く呼ばれコストがかかります。場合によっては2段目のサーバーを増やすことでキャッシュストレージを増やすことで、S3やLambdaの費用を下げるという方法も取れるでしょう。

低予算で運用する場合は、どこの数値が悪化するとコストになるか、どこを改善すると効果的かを十分に把握しておく必要があります。

» 自作CDNの運用の注意と障害時の対応

自作CDNは自作する以上、運用と障害対応も含めて考えなくてはいけません。

オリジンのコードはリリースで劇的に変わることがあり、リリースに伴いキャッシュが効かなくなり、パフォーマンスが一時的に悪化することがあります。筆者の経験したケースで、突然コンテンツリソースのクエリにタイムスタンプがつくようになり、キャッシュが効かなくなりトラフィックが跳ね上がったことがあります。

キャッシュ混じりのような致命的な事故は4.7.1の考え方で防げますが、すべての事象に対応できるわけではありません。キャッシュ漏れなどは対応の難しい典型的な事象でしょう。そういう意味でも、自作CDNに限らず、>モニタリングは重要です。傾向の変化には気をつけておくべきでしょう。

アクセスの増加に対して、VPSの場合はオートスケールといった便利な機能はなく、すぐの増設はかないません。多少のタイムラグを許容する余裕が必要です。そのため、通常時はキャパシティの6割程度[*9]で動かしておいて、急激な流入が来た場合でも増設までの時間は耐えられる設計にすべきです。

今回の構成例では`example.net`と`cdn.example.net`でドメインとgatewayを分けています。通常、そう大きくないテキストファイルを流すだけのexample.netは帯域がスカスカになることが想像できます。その分アクセス増に耐える余裕が生まれます。このように切り分けたため、うまくキャッシュができれば、急激な流入でもexample.netは最低限返せて、コンテンツリソースのダウンロードが重い程

---

*9　この6割はあくまで筆者の経験則で、増設のリードタイムやサイトの特性によっても変わってきます。ですが、急激な流入が起こるのは必ずしもピークタイムとは限らないので、これぐらいのバッファがあれば流入に耐えつつ増設も可能でしょう。

度で割と耐えられる可能性が高いです。

VPSで問題になりやすいのがクライアントからのリクエストを受けるgatewayの抜き差しです。gatewayが一台不調で入れ替えたいとき、抜き差しを最初から考慮しておかないとここがなかなか難しくなります。

GMO ConohaのようにLBを安価・無料で提供しているケースがあればそれを使えばいいでしょう。そうでない会社のものを使う場合は、切り離しをどう自動・手動で行うかまとめておく必要があります。

Route53のヘルスチェック機能を使って切り離すなど、検討もする必要があるでしょう。当然、障害が起きた際、多少抜けるまで時間がかかるのは許容するしかありません。

Column

VPSのプランをどう選ぶか

自作CDNでVPSはどのようなプランをえらべばよいのでしょうか？ もちろんケースごとにリソース利用率などから逆算すべきですが、一般的なノウハウをまとめていきます。
VPSはいくつかのプランを提供していて、お金を増やせばCPUコアやメモリやSSDの容量が増えていきます。ただし、対インターネットの帯域はそのままなのが通常です。同一アカウントでのVPSでLANを組むことができ、LAN内では1Gbpsの帯域を提供しているところが多いです。
配信を行う場合、gatewayは対インターネットの帯域を稼ぎたいですし、Cacheではストレージのサイズを稼ぎたいといったように使うリソースが違います。これらのプランが同一である必要はないでしょう。
そこで、gatewayはトラフィックをさばける範囲できるだけ安いプランで、Cacheはストレージ単価が良いものを選ぶといった形で値段のバランスを考えて使うとよいでしょう。

7.3 自作CDNと外部CDNのハイブリッド構成

順調にサイトが伸びてトラフィックが増えてくれば、当然gatewayの台数もどんどん増えていくでしょう。突然の流入増が起きることもありえます。それを見越したキャパシティプランニングも必要です。そもそもVPSの場合は1台100Mbpsの制限があります。そこでVPSの増設だけで対応しようとすると、全体でピーク時1Gbpsをさばこうとしたら10台＋α、2Gbpsなら20台＋α......とひたすら台数を増やしていく対応を取ります。いずれは管理するのも大変になるでしょう。

この場合トラフィックが伸びているのは、画像などのより大きなコンテンツを配信しているところ、先の構成例ならcdn.example.netであることが多いです。ここに低コストなCDNを入れることで、管理を単純化しつつ、さばける流量を増やしてみましょう*10。ここでは無料プランもあるCloudflare*11を想定して一部解説します。CDNは読者のみなさんが使いたいものでかまいません。また、Cloudflareの操作方法については割愛します*12。詳細は、Cloudflareのセットアップドキュメント*13を参照してください。

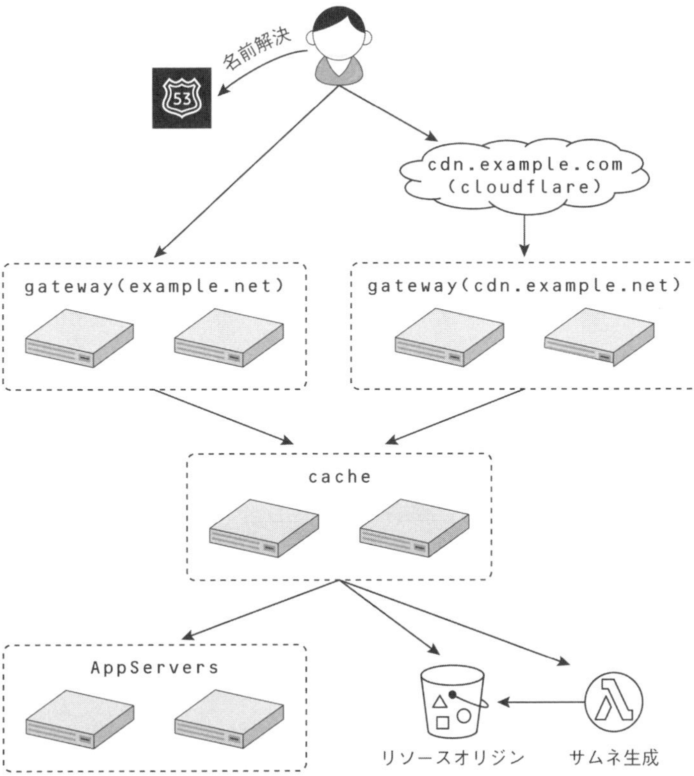

図7.9　Cloudflare導入

---

*10　この構成は冒頭触れた「ハイブリッド構成のうち静的コンテンツのオフロードするためにCDNを使う」に相当します。

*11　https://www.cloudflare.com/plans/

*12　Cloudflareはアカウントを作成し、Webサイトを追加するという点でFastlyのそれと設定方法は大きくは異なりません。

*13　https://support.cloudflare.com/hc/en-us/articles/201720164-Creating-a-Cloudflare-account-and-adding-a-website

CDNを使う場合、当該ドメインをCNAMEで指定するケースが多いです。Cloudflareはこれらと方式が違い、そのドメインのDNSそのものをCloudflareにする必要があります[*14]。この方式の利点としてはZoneApex問題が起きない[*15]というものがあります。ただ、気軽に試してみたいとなると、この方式は少しハードルが高いのも事実です。そこで今回は、別のドメイン（example.com）を新規に取得してそちらをCloudflareに設定する方法で考えてみます。こうすることで切替はサイト側での参照先の切替で済むことと、切り戻しも容易であるからです。

また、CDNを使うことで大部分のトラフィックを吸収してくれるためかなり耐えられるでしょう。さらにはCDNを使うことで海外でのパフォーマンス向上も狙えます。

CDNを入れたから`cdn.example.net`のgatewayは不要では？ と考えた方もいるかもしれませんが、多段構成を維持するために必須です。Cloudflareの無料プランでは多段構成はできません。ヒット率を稼ぐためにも自社配信での多段構成は必須です[*16]。

図7.10　cloudflareヒット率

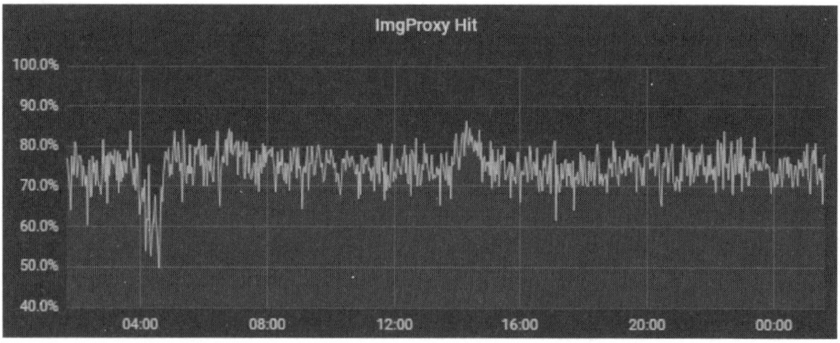

図7.11　自社配信ヒット率

---

*14　正確にはCNAMEも使うことは可能ですが、デフォルト無効でビジネスプラン以上にしたうえで、サポートに連絡して有効化してもらう必要があります。 https://support.cloudflare.com/hc/en-us/articles/360020615111

*15　DNSをCDNが管理しているので適切に割り振りができます。

*16　CloudFlareだけでも多段構成はArgoを利用することで可能なのですが、今回の低予算という趣旨から外れるので使用しません。

このサイトの場合は20%が漏れていますが、20%を直接S3やLambdaに流して発生するコスト（転送量課金など）よりも、配信構成を維持して漏れたリクエストを吸収するほうが低コストです。また何より、配信構成を維持すれば一貫性を持たせることができるメリットもあります。

Column

低コスト運用からその先へ

サイトの運営が順調になり、よりコストがかけられるようになってきた場合は、コストをかけてより適切な構成にするべきです。最初にも触れましたが低コスト運用ではさまざまなことを諦めて70〜80点を目指していくことです。たとえばgatewayの冗長性確保をDNSラウンドロビンで行っていれば、落ちた際に数分つながりづらいことがあるかもしれません。突発的な流入が来た際に帯域が枯渇しサイトが遅くなってしまうこともあるかもしれません*[a]。もちろんこの構成をある程度スケールさせることも可能なのですが、おそらく低コストで諦めた部分への対処（運用でカバーのような）が目立つこととなるでしょう。そのため、幸いにもコストがかけられるようになれば、少しずつ組み替えていくのも大事です。

*a　先に示したCloudflareと併用することで低コストを維持しつつある程度は吸収できます

7.4 VCLでの設定例

ここまでVPSを使うことにより定額・低コストで運用できることや、CDN（Cloudflare）と併用することでより大きなトラフィックに対応する構成を紹介しました。次は押さえておきたいポイントの設定例をVarnishのVCLで紹介します。

すべてを解説できればよいのですが、分量的にも難しいものがあります。そのため、書籍で解説するのはやや細切れの設定となります。全体像は章末およびダウンロードサンプル*[17]として提示しています。

Varnishの設定例を紹介しますが、ほかのミドルウェアやCDNを使う場合も気にするべきポイントはそこまで変わりがありません。参考になるはずです。

7.4.1 gatewayとcacheでの設定の目的

gatewayとcacheの目的はそれぞれ違います。たとえば5章で触れているとおり、それぞれスケールアウトすればgatewayはトラフィックをよりさばき、cache

*17　https://gihyo.jp/book/2021/978-4-297-11925-6

はストレージ容量を増やすことが可能です。

役割の違いに注目しましょう。

gatewayであれば一番押さえておきたいポイントはヘッダをきれいな状態にし、クライアントに誤解を与えないことです。ヘッダを適切な状態にすることにより、応用構成で入れたようなCDNもスムーズに入れやすくなりますし、またキャッシュまじりのような事故を防ぐことができます（3.13参照）。

cacheの役割は適切に各オリジンに割り振ることです。gatewayが見ているオリジンはcacheだけで単純ですが、cacheが見ているオリジンは構成例では3種類です。それぞれ振り分けを適切に設定する必要があります。

gateway/cacheそれぞれで何を実現したいのかをきちんと考えて設計すれば、無駄な設定を減らせます。

7.4.2 リクエストの正規化

クエリとAccept-Encodingの正規化についてはすでに述べました（5.10.1）が、自作CDNではどういった観点からリクエストの正規化を行うべきでしょう？Varnishを利用する場合は、クエリとAccept-Encodingに加えて、ホストヘッダの正規化もお勧めします。

```
sub vcl_recv{
    //Hostヘッダの正規化
    if (req.http.host) {
        //Hostヘッダを小文字に揃える(lower)
        set req.http.host = regsub(req.http.host.lower(),"^([^:]+).*\⏎
             z","\1");
    }
    ...
    //Accept-Encodinfの正規化(gzipのみにする)
    if (req.http.Accept-Encoding ~ "gzip") {
        set req.http.Accept-Encoding = "gzip";
    } else {
        unset req.http.Accept-Encoding;
    }
    //クエリの正規化(並び替え)
    set req.url = std.querysort(req.url);
}
```

リスト7.1 gateway

Varnishはドメインごとの処理は文字列でマッチをしてから行う必要があります。ヘルスチェックなどのシステムで使うリクエストを除いたすべてのリクエストに対して行うと便利です。

```
sub vcl_recv{
    ...
    if(req.http.host == "example.net"){
        //example.net向けの処理
    }elseif(req.http.host == "cdn.example.net"){
        //cdn.example.net向けの処理
    }
    ...
}
```
リスト 7.2 gateway

なお、クエリの正規化はキャッシュを行うものに対してのみで問題ありません。クエリの正規化の目的はキャッシュのヒット率を上げることです。キャッシュしない場合はコストをかけてまで正規化する必要がありません。

また、この正規化は1回行えば問題ありません。gatewayでやるだけで、cacheで行う必要はないでしょう。

7.4.3 キャッシュする場合のCookieなどの取り扱い

キャッシュを行う場合はCookieの取り扱いに気をつける必要があります（4.6参照）。ユーザー情報を含む場合はCookieの中からそのユーザーの識別子を抽出してそれをキャッシュキーに含める必要があります。設定例を確認しましょう*18。

*18 動的コンテンツのキャッシュは5.12でも触れていますが、コード側の改修も必要となるケースが多いです。今回はあくまでサンプルですが、実際のサイトに適用する際にはコンテンツの分割を検討して行うべきです。

```
sub vcl_recv{
    //外部から注入されないようにunsetする
    unset req.http.x-v-identity;
    unset req.http.x-v-cache;

    ....

    if(キャッシュをする条件){
        //クエリの正規化
        set req.url = std.querysort(req.url);
        if(!req.http.x-v-identity){
            //ユーザ情報を含まない場合はcookie↩
                を消す（他もあれば合わせて消す）
            unset req.http.cookie;
        }
        //キャッシュをするというフラグ
        set req.http.x-v-cache = "1";
        return(hash);
    }
    return(pass);
}

sub vcl_hash{
    //キャッシュキーにユーザ情報を含める
    if(req.http.x-v-identity){
        hash_data(req.http.x-v-identity);
    }
}

sub vcl_backend_response{
    if(bereq.http.x-v-cache && そのほかのキャッシュを行う条件(no-store↩
        が含まれないなど)){
        //set-cookieを消す
        unset beresp.http.set-cookie;
        //キャッシュするフラグを立てる
        set beresp.uncacheable = false;
    }
}
```

リスト 7.3 gateway

```
sub vcl_hash{
    //キャッシュキーにユーザ情報を含める
    if(req.http.x-v-identity){
        hash_data(req.http.x-v-identity);
    }
}

sub vcl_backend_response{
    if(bereq.http.x-v-cache && そのほかのキャッシュを行う条件(no-store↩
         が含まれないなど)){
        //set-cookieを消す
        unset beresp.http.set-cookie;
        //キャッシュするフラグを立てる
        set beresp.uncacheable = false;

    }

}
```

リスト 7.4 cache

このVCLではユーザーの識別子は`req.http.x-v-identity`ヘッダに入れています。これは独自（x）のVarnish用（v）の識別ヘッダ（`identity`）を意味してつくったヘッダです。Varnishでは、gateway内で使う変数は独自ヘッダを使うケースが多いです。変数であれば`vmod_var`*19が用意されていますが、今回のようにgatewayとcacheで同一のキーを使う必要がある場合はヘッダに入れておくほうが良いでしょう。

» キャッシュ判定を分ける

キャッシュ判定（キャッシュするかの判定）を`vcl_recv`と`vcl_backend_response`の2ヵ所で行います。それぞれ役割が違います。

*19　VCL中で変数の利用するためのVMOD、今回のサンプルのようにヘッダを使わずに済む。 https://github.com/varnish/varnish-modules/blob/6.5/docs/vmod_var.rst

```
sub vcl_recv{
    ...
    if(req.url ~ "^/image/"){
        set req.http.x-client-ttl  = "604800";//1week
        set req.http.x-varnish-ttl = "604800";//1week
        set req.http.x-v-cache = "1";
    }
    ...
}

sub vcl_backend_response{
    ...
    if(bereq.http.x-v-cache && そのほかのキャッシュを行う条件(no-store↩
        が含まれないなど)){
        ...
        if(bereq.http.x-client-ttl){
            //クライアント向けのTTLを設定
            set beresp.http.Cache-Control = "max-age=" + bereq.http.x-c↩
                lient-ttl;
        }
        if(bereq.http.x-varnish-ttl){
            //gatewayのTTLを指定
            set beresp.ttl = std.duration(bereq.http.x-varnish-ttl + "↩
                s", 0s);
        }
        ...
    }
    ...
}
```

リスト 7.5 gateway

vcl_recvではクライアントからのリクエストを元にキャッシュ可否を判定します。ここには、パス設計の内容などを入れておきます（4.7.1 の許可リストの箇所を参照）。TTL 設定は通常 vcl_backend_responseで行います。筆者は、vcl_recvのパス設計の箇所にすべての設定をまとめるために TTL 設定を入れておいて、後から vcl_backend_responseで使うという手法をよく用います。今回はx-client-ttlに、クライアントにレスポンスする Cache-Controlの max-ageを入れておきます。x-varnish-ttlには、Varnish の TTL を入れています。こうすることでパスごとの設定を一ヵ所にまとめることができるので便利です。

vcl_backend_responseではオリジンからのレスポンスによって最終的にキャッシュを行うかどうかを決めます。たとえばキャッシュするパスにおいても 404を通常の TTL と同じように扱っては不都合がありますし、オリジンから送られてくるCache-Controlを尊重したいケースもあります。

ただ、オリジンから来たヘッダを尊重しすぎる（gateway/cache側の設定を緩くしすぎる）のは考えものです。ここまでも何度か触れてきましたが、オリジンはできるだけ信用しない方がよいと筆者は考えています。

たとえばデフォルトではキャッシュしないパスのものをオリジンからのCache-Controlにもとづいてキャッシュするといった、デフォルトの動作より緩くするような設定は極力避けるべきです。

あくまで例ですが、パスの性質からどう扱うかを考えるのもよいでしょう。

パスの性質	max-age	public	no-store
キャッシュする	尊重してTTLとして使う	無視する	尊重してキャッシュしない
キャッシュしない	無視する	無視する	無視する

7.4.4 TTLの設定

TTLの設定について考えていきましょう。

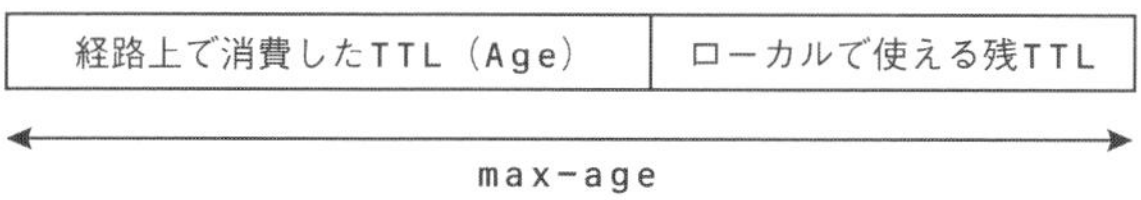

図7.12 max-ageは経路上・ローカル共通のTTL

4、5章で多段構成におけるTTLの考え方について解説しました。それぞれで適切にTTLを割り振る必要があります。図は経路上（今回のgateway/cacheに相当）とローカル（ブラウザキャッシュ）での割り振りです。たとえば経路上ですべてのTTLを使い切ってしまえば、ローカルで使えるTTLがなくなるため、常にリクエストが発生するといったことが想像できます。5.15.7のTTLの取り扱いを参照してください。

今回は経路上にgatewayとcacheがいるため、ローカル・gateway・cacheで同じTTLを食い合います。TTLを適切に割り振り、それぞれがTTLが常に使い切っている状態になるのを防ぐ必要があります。

その設定方法について解説します。なお、gateway/cacheのコードは開設に必要な部分を一部抜粋して掲載しています。

```
sub vcl_backend_response{
    ...
    if(bereq.http.x-varnish-ttl){
        //gatewayのTTLを指定
        set beresp.ttl    = std.duration(bereq.http.x-varnish-ttl + "s",↩
                0s);
    }
    ...
}
```

リスト 7.6　gateway

```
sub vcl_backend_response{
    ...
    if(bereq.http.x-varnish-ttl){
        //cacheのTTLを指定
        set beresp.ttl    = std.duration(bereq.http.x-varnish-ttl + "s",↩
                0s) * 0.5;
        set beresp.grace = beresp.ttl;
    }
    ...
}
```

リスト 7.7　cache

grace*20というのはVarnishにおけるstale-while-revalidateの設定値です。今回はgateway/cacheでそれぞれ半分のTTLを使うように設定しました。

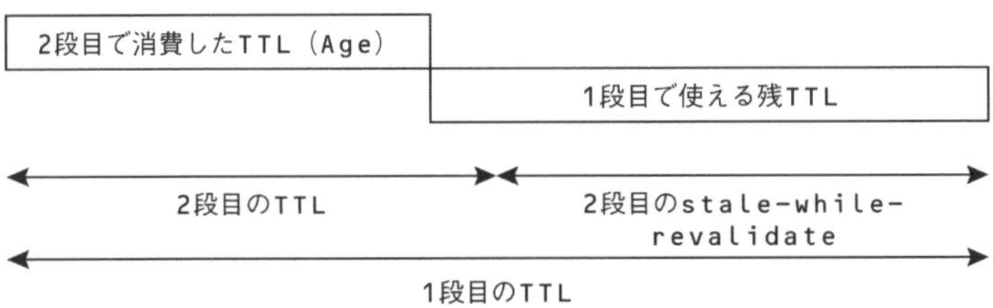

図7.13　stale-while-revalidateを使って各段でTTLを制御

*20　ほかには req.graceなどでも graceという名称が使われています。VCLとHTTPヘッダ名が必ずしも同一ではないことを留意しておきましょう。

	TTL	stale-while-revalidate(grace)
gateway	100%	0%
cache	50%	50%

この設定で、全体TTLが1時間だと個々のTTLは以下のようになります。

- 頻繁にリクエストがされるコンテンツ
  —gatewayで30分、cacheで30分
- あまりリクエストがされないコンテンツ
  —gatewayで0〜30分、cacheで30〜60分

またcacheでもgraceをTTLと同じだけ割り振ります。こうすることで、2段目でTTLを過剰に消費することを防ぎつつ、ヒット数がそこまで多くないコンテンツでもStaleヒットさせてパフォーマンスも確保できるようにしています。5.15.7のTTLの取り扱いも参照してください。

なお、ここではローカル側についてはTTLを別（x-client-ttl）で扱っているため考慮していません（リスト7.5参照）

今回はgatewayでのgraceは0%としています。この指定以外にも、いくつか有効な指定が考えられます。たとえばTTLを多少減らして（80%程度）でもgraceに割り振ることで、TTLが切れた際にStaleヒットしつつ、裏で再検証を行うようになります。このように、より安定的に配信ができるといった工夫も可能です。

```
sub vcl_backend_response{
    ...
    if(bereq.http.x-varnish-ttl){
        //gatewayのTTLを指定
        set beresp.ttl   = std.duration(bereq.http.x-varnish-ttl + "s",↩
                0s) * 0.8;
        set beresp.grace = std.duration(bereq.http.x-varnish-ttl + "s",↩
                0s) * 0.2;
    }
    ...
}
```

リスト7.8 gateway

```
sub vcl_backend_response{
    ...
    if(bereq.http.x-varnish-ttl){
        //CacheのTTLを指定
        set beresp.ttl   = std.duration(bereq.http.x-varnish-ttl + "s",↩
              0s) * 0.4;
        set beresp.grace = std.duration(bereq.http.x-varnish-ttl + "s",↩
              0s) * 0.6;
    }
    ...
}
```

リスト7.9 cache

TTLの設定はサービスの特性と深く紐づいており、工夫のし甲斐があるポイントです。工夫という点であれば、ローカルではキャッシュを**毎回再検証**（*no-cache*）し、配信システムでは数秒〜数分の短TTLを設定するのもありです。こうするとクライアントは毎回再検証を行いますが、配信システムのキャッシュで吸収できますし、緊急時などこのTTLも待てないときはパージして一気に全体を切り替えられます。

» エラー時のTTL

エラー時のTTLの設定（4.9.4参照）も忘れてはいけません。たとえば404をキャッシュをしていなければ、データ入稿ミスなどで404が発生した場合、大量のリクエストがオリジンに直撃します。

これを避けるために数秒だけでもTTLを設定すると非常に効果が高いです。ぜひ設定することをお勧めします。

なお標準仕様としてキャッシュ可能なステータスコード（3.4.1参照）のすべてをキャッシュしなければいけないわけではありません。特に発生の可能性が高いものを厳選して対処します。具体的に、まずは404だけでもよいでしょう。

```
sub vcl_backend_response{
    ...
    if(beresp.status == 404){
        set beresp.ttl = 10s;//10秒キャッシュ
        ...
    }
    ...
}
```

当然ですが、エラー時でもキャッシュはキャッシュです。Set-Cookieの削除などの処理を忘れないようにしましょう。

7.4.5 オリジンへの振り分け

gateway/cacheから上流への振り分け、特にcacheからオリジンへの振り分けについて考えてみましょう。

今回の構成では単純化のために、gatewayでキャッシュしようがしまいが、すべてcacheにリクエストを転送しています。gateway/cacheは2段の多段構成なので、gateway→cache、cache→オリジンのことだけ考えればよくなります。

次にどのように振り分けを行うかですが、LBの場合だと複数のサーバーをグループ化してラウンドロビンやランダムでの割り振りやヘルスチェックを行い問題のあるサーバーの切り離しを行います。Varnishも`director`という同様の機能があり、サーバー（Varnishではbackendと呼んでいます）をグループ化しています。振り分け方式はいくつかありますが*21、今回はランダムとハッシュを使います。

ランダムとハッシュを使い分ける理由は多段Proxy（5.15）でも触れています。ランダムはキャッシュできないコンテンツを特定cacheに集中させないために用います。ハッシュはキャッシュできるコンテンツを特定cacheに集中させ、うまくキャッシュを使うために用います。

*21 標準の`director`の振り分け方式は`roundrobin`・`fallback`・`random`・`hash`・`shard`（コンシステントハッシュ）があります。`hash`よりも`shard`のほうが望ましいですが、簡易にするため`hash`を使用しています。

```
// ヘルスチェックの設定
probe healthcheck {
    .request = //ヘルスチェックに使うHTTPメッセージを記述
            "GET /healthcheck/check.html HTTP/1.1"
            "Host: example.net"
            "Connection: close";
    .timeout            = 1s;
    .window             = 5;
    .threshold          = 3;
    .interval           = 1s;
}

// バックエンドを3つ定義
// 障害などでcacheが落ちた際に2↩
     台だと全体のキャッシュの半分が消えて負荷が上がりやすいため
// 障害時の負荷を和らげるためにも3台以上をお勧めします。
backend cache01 {.probe=healthcheck;.host = "192.168.1.11";.port = "80↩
     ";}
backend cache02 {.probe=healthcheck;.host = "192.168.1.12";.port = "80↩
     ";}
backend cache03 {.probe=healthcheck;.host = "192.168.1.13";.port = "80↩
     ";}

// Varnish初期化時処理
sub vcl_init{
    new l2_rand  = directors.random(); // randomをdirector↩
         （割り振り）に設定
    l2_rand.add_backend(cache01, 1.0); // backendの追加、1.0↩
         は選択時の重み付け
    l2_rand.add_backend(cache02, 1.0);
    l2_rand.add_backend(cache03, 1.0);

    new l2_cache = directors.hash(); // hash（キャッシュキー）をdirecto↩
         r（割り振り）に設定
    l2_cache.add_backend(cache01, 1.0); // backendの追加、1.0↩
         は選択時の重み付け
    l2_cache.add_backend(cache02, 1.0);
    l2_cache.add_backend(cache03, 1.0);
}

sub vcl_recv{
    if(キャッシュをする場合){
        //ハッシュ分散
        set req.backend_hint = l2_cache.backend(req.http.x-v-identity +↩
             "/" + req.http.host + req.url);
    }else{
        //ランダム分散
        set req.backend_hint = l2_rand.backend();
    }
}
```

リスト 7.10 gateway

```
probe healthcheck {
    .request =
            "GET /healthcheck/check.html HTTP/1.1"
            "Host: example.net"
            "Connection: close";
    .timeout          = 1s;
    .window           = 5;
    .threshold        = 3;
    .interval         = 1s;
}


backend app01 {.probe=healthcheck;.host = "192.168.1.21";.port = "80";}
backend app02 {.probe=healthcheck;.host = "192.168.1.22";.port = "80";}
backend app03 {.probe=healthcheck;.host = "192.168.1.23";.port = "80";}

sub vcl_init{
    new ws_rand  = directors.random();
    ws_rand.add_backend(app01, 1.0);
    ws_rand.add_backend(app02, 1.0);
    ws_rand.add_backend(app03, 1.0);
}

sub vcl_recv{
    //ランダム分散
    set req.backend_hint = ws_rand.backend();
}
```

リスト 7.11　cache

1段目はキャッシュをする／しないで振り分けの方式を変更しています。ハッシュ分散を行う際のキーは、基本的にキャッシュキーと同一にするのが望ましいです。

/api/userというユーザー情報をキャッシュキーに追加してキャッシュするAPIがあり、100万ユーザーがいたとします。すると、ハッシュにユーザー情報を含まないと特定のcacheに100万ユーザー分の/api/userのリクエストが集中することとなります。このような不均衡があると特定のcacheだけキャッシュが溢れてヒット率が落ちたり、負荷が偏ったり、望ましくありません。さらには、そのcacheが落ちた場合にすべての/api/userのキャッシュが消えるため、ダメージも大きいです。そのため、キャッシュをする場合はユーザー情報も入れて、hashで振り分けています。キャッシュをしない場合はランダムに振り分けています。

そうすることで均等に2段目に格納されますし、トラフィックも均一となります。2段目からオリジンへのリクエストを行う際は、基本的にランダムでの分散のみで問題ありません。ただし、何らかの理由でハッシュ分散が必要なら、振り分けのキーが1段目と変わるようにsaltを追加するのが良いです（5.15.6の「オリジン相手もハッシュ分散を行う際の注意点」参照）。

なお、lambda/s3へのリクエストは、特にACLがかかっていなければこのように記述できます。

```
import dynamic;
sub vcl_init{
    new dyn = dynamic.director(ttl=60s);
}

sub vcl_backend_fetch{
    ...
    set bereq.backend   = dyn.backend(bereq.http.host);
    //不要なAuthorizationがついていると弾かれるためunsetする
    unset bereq.http.Authorization;
    ...
}
```

ACLがかかっている場合はvmod_awsrest[*22]も併用することで実現可能です。

7.4.6 ストレージの分割

コスト別にストレージを分けることは全体の負荷を下げることに非常に効果的です（5.14参照）。Varnishでストレージを分割する場合はVCLだけではなく起動パラメータでの指定も必要となります。

```
...
-s file_txt=file,/var/lib/varnish/varnish_storage_txt.bin,1G  \
-s file_img_thumb=file,/var/lib/varnish/varnish_storage_img_thumb.bin,1↩
    0G  \
-s file_img_other=file,/var/lib/varnish/varnish_storage_img_other.bin,8↩
    G  \
...
```

リスト7.12 起動パラメータ

起動パラメータの指定方法や起動方法についてはAppendix A.4.1を参照してください。

VCL内ではこのような形で格納先を指定可能です。

*22 https://github.com/xcir/libvmod-awsrest

```
sub vcl_backend_response {
    ...
    if(txt主体のページをキャッシュする条件){
        beresp.storage = storage.file_txt;
    }elseif(サムネをキャッシュする条件){
        beresp.storage = storage.file_img_thumb;
    }else{
        beresp.storage = storage.file_img_other;
    }
}
```
リスト 7.13 VCL

今回はディスクをストレージとして使う file ストレージのみを利用していますが、もしメモリに余裕があれば、txt については malloc を使うなどをしてみるのもよいでしょう。当然メモリを使う malloc のほうが高速です。

7.4.7 オリジンでの注意

ここまでの VCL の解説に加えて、一つ注意したいことがあります。オリジンの動作です。Proxy（gateway/cache）を挟むため、直接クライアントからリクエストを受けていたときとは、オリジンの挙動が変わります。特に注意が必要なのがクライアントの IP アドレス（remoteip）の扱いです。

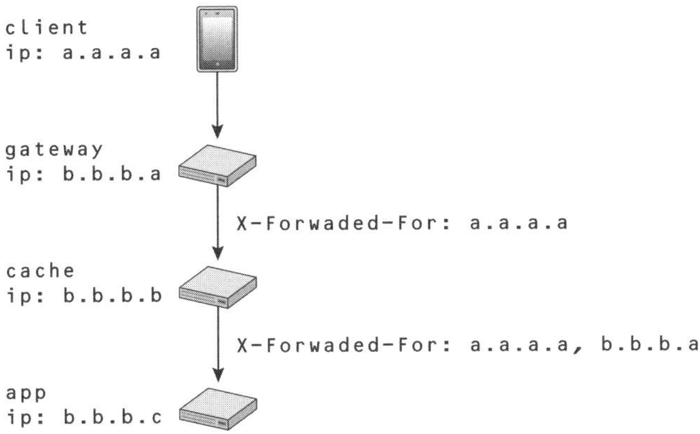

図 7.14 X-Forwaded-for

App サーバーに接続するクライアントは cache です。remoteip は cache の IP

アドレスとなります*23。

何も設定しないままだとアクセスログがすべてcacheのIPアドレスになりますし、Appサーバー側でACLなどの制御が入っていれば当然不都合がおきます。

これを防ぐには`X-Forwarded-For`ヘッダ（XFF）を使います。

このヘッダはリクエストを中継する場合、自身から見てクライアントのIPアドレスを結合していくものです。図で示したように、gatewayから見るとclientの`a.a.a.a`が、cacheからするとgatewayの`b.b.b.a`が設定されます。あとは`mod_remoteip`（Apache）や`ngx_http_realip_module`（nginx）を使うことで解決します。XFFに記載されたremoteipのリストから、もともとのremoteip（`a.a.a.a`）を取得できます。

もちろんclientが必ずgatewayと直接接続しているとは限りません。企業や大学内だとProxy（Forward Proxy）*24が設置されていて、外部との通信はそれを経由することがあります。

```
client -> 企業のForward Proxy -> gateway -> cache -> app
```

このような経路をとり、企業のForward ProxyでもXFFが付与されることがあります*25。また、XFFが偽装されることもありえます。このように管理外のXFFが付与されている場合でも、正しく`remoteip`を取得できるよう、あらかじめ信頼できるアドレス空間を指定します。たとえばclientが`z.z.z.z`を送ってきたとします。XFFから`remoteip`を取得する場合はその時点のremoteip（`b.b.b.b`）とXFFの末尾からたどっていきます（`b.b.b.a` → `a.a.a.a` → `z.z.z.z`）。今回`b.b.b.*`が自環境なので、`b.b.b.a`の次の`a.a.a.a`をremoteipとして採用して`z.z.z.z`は破棄されます。

ここまでで、おおよそ自作CDNの実装面の勘所は押さえました。実際には、読者の皆さんがサンプルコードを読み解く必要はありますが、あとはそう難しくないでしょう。DockerやAWSなど、手軽に試せる環境がそろっているので、ぜひデプロイしてさまざまな設定を試してください。

7.4.8 VCLサンプル

本章で利用したVCLサンプルをまとめます。ダウンロードサンプルではテスト

*23 図でいうところの`b.b.b.b`。

*24 このようなProxyは、これまで紹介してきたReverse Proxyとは違いForward Proxyと呼びます。本書ではこの箇所以外のProxyはすべてReverse Proxyを示しています。

*25 この場合のIPアドレスは企業内のローカルIPアドレスとなります。

コード（vtc）も含んでいます。ぜひこちらも参照してください。1段目、2段目ともに5つのファイルから構成されています。default.vcl、health.vcl、define.vcl、prefilter.vcl、ext.vcl、main.vcl、postfilter.vclを確認していきます。

» 1段目

```
vcl 4.1;
/*
VCLは同じアクション（vcl_recv↩
    など）があった場合、順次呼び出していきます。
その特性を利用して、全体にかけたい前後処理（pre/post）でVCL↩
    ファイルを分けています。
（例: prefilter.vclのvcl_recv -> main.vclのvcl_recv -> postfilter.vcl↩
    のvcl_recv -> varnish組み込みのvcl_recv）
*/

include "./health.vcl";
include "./define.vcl";
include "./prefilter.vcl";
include "./ext.vcl";
include "./main.vcl";
include "./postfilter.vcl";
```

リスト 7.14　default.vcl

```
vcl 4.1;
sub vcl_recv {
  //キャッシュ専用サーバーなので静的で問題ないため静的にチェックを行い2↩
        00を返す
  //なお、health.vcl↩
        でファイルを分けている理由は今回はやっていないものの、
  //200を返すhealth.vcl.okと404を返すhealth.vcl.ngを作っておいて
  //symlinkでhealth.vclを切り替えるようにすると素早く切り替えが行え便利
  //vcl label機能でも行えますが、小規模のVCL↩
        の場合はこちらのほうが直感的。
  if(req.url == "/healthcheck/check.html"){
     return(synth(200));
  }
}
```

リスト 7.15　health.vcl

```
vcl 4.1;
import std;
import directors;

probe healthcheck_200 {
    .url             = "/healthcheck/check.html";
    .timeout         = 2s;
    .window          = 5;
    .threshold       = 3;
    .interval        = 1s;
}

backend cache01 {.probe=healthcheck_200;.host = "192.168.1.21";.port = ↩
     "80";}
backend cache02 {.probe=healthcheck_200;.host = "192.168.1.22";.port = ↩
     "80";}
backend cache03 {.probe=healthcheck_200;.host = "192.168.1.23";.port = ↩
     "80";}

sub vcl_init{
  new l2_rand  = directors.random();
  l2_rand.add_backend(cache01, 1.0);
  l2_rand.add_backend(cache02, 1.0);
  l2_rand.add_backend(cache03, 1.0);

  new l2_cache = directors.hash();
  l2_cache.add_backend(cache01, 1.0);
  l2_cache.add_backend(cache02, 1.0);
  l2_cache.add_backend(cache03, 1.0);
}
```
リスト 7.16　define.vcl

```
vcl 4.1;
sub vcl_recv{
    //Hostヘッダの正規化
    if (req.http.host) {
        //Hostヘッダを小文字に揃える(lower)
        //ポート付きの形式(example.net:80)の場合はポート部を削る
        set req.http.host = regsub(req.http.host.lower(),"^([^:]+).*\↩
            z","\1");
    }

    //外部から注入されないようにunsetする
    unset req.http.x-v-identity;
    unset req.http.x-v-cache;
    unset req.http.x-v-ttl;
}

sub vcl_hash{
    //キャッシュキーにユーザ情報を含める
    if(req.http.x-v-identity){
        hash_data(req.http.x-v-identity);
    }
}

sub vcl_backend_response{
    if(bereq.http.x-v-cache){
        unset beresp.http.set-cookie; //set-cookieを消す
        set beresp.uncacheable = false; //キャッシュするフラグを立てる
    }
}
```

リスト 7.17 prefilter.vcl

```
vcl 4.1;
sub recv_example_net{
    if(req.url ~ "^/cache/"){
        set req.http.x-v-cache = "1";
        //もしユーザ情報があればreq.http.x-v-identityにセットする
        //if(req.url ~ "^/cache/user/"){ ... set req.http.x-v-identity ⏎
            = ... }
        set req.backend_hint = l2_cache.backend(req.url + ":" + req.htt⏎
            p.host + ":" + req.http.x-v-identity);
        set req.http.x-v-ttl = "1d"; //TTLを1日に指定
    }else{
        set req.backend_hint = l2_rand.backend();
    }

}

sub recv_cdn_example_net{
    set req.http.x-v-cache = "1";
    //CDNドメインはすべてをキャッシュするためhash振り分けを利用する
    set req.backend_hint = l2_cache.backend(req.url + ":" + req.http.ho⏎
        st);
    set req.http.x-v-ttl = "1w"; //TTLを1週に指定
}
```

リスト 7.18 ext.vcl

```
vcl 4.1;
sub vcl_recv{
    std.log("foo");
    if(req.http.host == "example.net"){
        //example.net向けの処理
        call recv_example_net;
    }elseif(req.http.host == "cdn.example.net"){
        //cdn.example.net向けの処理
        call recv_cdn_example_net;
    }else{
        return(synth(403));
    }
}
```

リスト 7.19 main.vcl

```
vcl 4.1;
sub vcl_recv{
    if(req.http.x-v-cache){
        //Accept-Encodinfの正規化（gzipのみにする）
        if (req.http.Accept-Encoding ~ "gzip") {
            set req.http.Accept-Encoding = "gzip";
        } else {
            unset req.http.Accept-Encoding;
        }
        //クエリの正規化（並び替え）
        set req.url = std.querysort(req.url);

        return(hash);
    }
    return(pass);
}

sub vcl_hash {
    //ユーザ情報があればキャッシュキーに含めるに含める
    if(req.http.x-v-identity){
        hash_data(req.http.x-v-identity);
    }
}

sub vcl_backend_response {
    //5章:ストレージの分割
    if(bereq.http.x-v-storage == "thumbs"){
        set beresp.storage = storage.s_thumbs;
    }elsif(bereq.http.x-v-storage == "thumbs"){
        set beresp.storage = storage.s_img;
    }else{
        set beresp.storage = storage.s_def;
    }
    //5章:TTLの取り扱い、80%に設定(L2=50% L1=30% Client=20%)
    if(bereq.http.x-v-ttl){
        set beresp.ttl   = std.duration(bereq.http.x-v-ttl, 0s) * 0.8;
        set beresp.grace = std.duration(bereq.http.x-v-ttl, 0s) * 0.2;
        set beresp.http.cache-control = "max-age=" + std.integer(durati↩
            on=std.duration(bereq.http.x-v-ttl, 0s));
    }
}
```

リスト 7.20 postfilter.vcl

» 2段目

default.vclとhealth.vclは、1段目と共通です。

```
vcl 4.1;
import std;
import directors;
import dynamic; // see https://github.com/nigoroll/libvmod-dynamic

backend thumbs01 {.host = "192.168.1.31";.port = "80";}
backend img01    {.host = "192.168.1.41";.port = "80";}

sub vcl_init{
  //テストの都合上S3への接続を行うthumbs_randとapigw+lambdaのimg_rand↩
        は通常のdirectoresを利用しています。
  //しかし、VarnishのdirectoresはターゲットのIP↩
        が定期的に変わるようなものには対応していないためvmod_dynamic↩
        を利用する必要があります。
  new thumbs_rand  = directors.random();
  thumbs_rand.add_backend(thumbs01, 1.0);

  new img_rand  = directors.random();
  img_rand.add_backend(img01, 1.0);
}
```

リスト 7.21　define.vcl

```
vcl 4.1;
sub vcl_backend_response{
    if(bereq.http.x-v-cache){
        unset beresp.http.set-cookie; //set-cookieを消す
        set beresp.uncacheable = false; //キャッシュするフラグを立てる
    }
}
```

リスト 7.22　prefilter.vcl

```
vcl 4.1;
/*
    example.net/cache/user/ →キャッシュ
*/

sub recv_example_net{
    set req.backend_hint = ws_rand.backend();
}

sub backend_response_example_net{
}

sub recv_cdn_example_net{
    if(req.url ~ "/thumbs/"){
        set req.backend_hint = thumbs_rand.backend(); //resize↩
            サーバーへ
    }else{
        set req.backend_hint = img_rand.backend(); //img↩
            のオリジンサーバーへ
    }
}

sub backend_response_cdn_example_net{}
```

リスト 7.23 ext.vcl

```
vcl 4.1;
sub vcl_recv{
    if(req.http.host == "example.net"){
        call recv_example_net; //example.net向けの処理
    }elseif(req.http.host == "cdn.example.net"){
        call recv_cdn_example_net; //cdn.example.net向けの処理
    }
}
```

リスト 7.24 main.vcl

```
vcl 4.1;
sub vcl_recv{
    //判定は1階層目で行うので2階層目では行わない
    if(req.http.x-v-cache){
        return(hash);
    }
    return(pass);
}

sub vcl_hash {
    //ユーザ情報があればキャッシュキーに含めるに含める
    if(req.http.x-v-identity){
        hash_data(req.http.x-v-identity);
    }
}

sub vcl_backend_response {
    //5章:ストレージの分割
    if(bereq.http.x-v-storage == "thumbs"){
        set beresp.storage = storage.s_thumbs;
    }elsif(bereq.http.x-v-storage == "thumbs"){
        set beresp.storage = storage.s_img;
    }else{
        set beresp.storage = storage.s_def;
    }
    //5章:TTLの取り扱い、50%に設定
    if(bereq.http.x-v-ttl){
        set beresp.ttl = std.duration(bereq.http.x-v-ttl, 0s) * 0.5;
        set beresp.grace = beresp.ttl;
    }
}
```

リスト 7.25 postfilter.vcl

Appendix

Varnish について

A

Varnishについて

Varnish（Varnish Cache）はHTTP向けのキャッシュを重視したリバースプロキシです。WebサイトやWebアプリケーションの負荷軽減、高速化を理由に導入されます。こういったソフトウェアをWebアクセラレーター（Webアプリケーションアクセラレーター）と呼ぶこともあります。

VCL（Varnish Configuration Language）による柔軟なルーティングやキャッシュ設定、VMOD（Varnish Cache Modules）と呼ばれる拡張機能など、リバースプロキシのための強力な機能が備えられています。

Varnish自体はOSSですが、Varnish Software*1が、Varnish Enterprise*2という有料の機能追加版を提供しています。

筆者は好んでVarnishを利用していますが、nginxなどのほかのProxyを使うのもよいでしょう。実際のところhttp/2など最新技術への追随は、nginxのほうが速いです。

それでも筆者がVarnishを使うのは、次のような理由からです。

- 特に拡張を入れずともラウンドロビンなどの各種バランシング・ヘルスチェック・VCLでのロジック記述ができる
- metricsが豊富
- ログが強力で何か問題があった際の調査がしやすい

本書ではいくつかのサンプルをVarnishのVCL記法で表現しています。Varnishはさまざまなイベントでリクエストやレスポンスを処理可能です。比較的容易な文法で、プログラミング経験があるのであれば理解しやすいでしょう。

```
sub vcl_recv {
    if(req.url ~ "^/admin/" && client.ip !~ office){
        return(synth(403));
    }
}
```

*1 Varnishの開発の中心的な企業。Varnish自体は比較的開かれた開発スタイルのOSSで、Varnish Software以外も開発に参加しています。 https://www.varnish-software.com/

*2 https://www.varnish-software.com/solutions/varnish-enterprise/

上記は、/admin/以下に対するoffice以外からのアクセスを403で弾くものです。なんとなく内容は理解できるでしょう。

Varnishの学習にあたっては、英文ではあるものの、公式ドキュメント*3が比較的充実しています。こちらを読みながら、試してください。

ドキュメントがあるといっても、前提知識の有無で読み方は変わってきます。学習をスムーズにするためには、ドキュメントを読む以前に、最初に知っておくといいことが多数あります。本Appendixでは、VarnishやVCLを学ぶ上での勘所を紹介します。

可能であれば基礎から詳しく記述したいのですが、残念ながら本書はVarnish本ではありません。公式ドキュメントの紹介をしつつ、それらには書かれていない、あるいは強調しておきたい知っておきたいテクニックなどのエッセンスを紹介します。公式ドキュメントと合わせての読み込みを前提とするので、若干難しいところはありますが、少しでも役に立てば幸いです。6.5.1ベースに解説します。

A.1 Varnishのインストール

本書ではUbuntu 20.04による利用を前提に解説します。Ubuntuに含まれるVarnishパッケージは古く*4、Varnish公式で提供しているPackageCloudを利用して最新版をインストールすべきです。本書でも下記のコマンドで最新版を導入します。

```
$ curl -s https://packagecloud.io/install/repositories/varnishcache/var↩
    nish65/script.deb.sh | sudo bash
```

他OSや詳しいインストール方法については公式のインストール手順*5を参照してください。

A.2 読みたい公式ドキュメント

Varnishを触るにあたってまず読みたいのは、Varnishの公式ドキュメント*6

*3 https://varnish-cache.org/docs/

*4 Ubuntu 20.04 LTSのリポジトリに含まれるVarnishは6.2.1とすでに公式でサポートされていないバージョンです。

*5 https://varnish-cache.org/docs/6.5/installation/index.html

*6 https://varnish-cache.org/docs/index.html

です。英語のみですが、比較的平易な記述なので、翻訳サービスなども組み合わせれば苦手な方も読めるでしょう。

日本語でVCLに関するドキュメントとしてはFastlyのものがあります[*7]。ただ、これは現行のVarnishにそのまま適用することはできません。FastlyのVCLは2.1.5をベースに拡張したものです。参考にはなるものの、非互換の部分も少なくありません。

ドキュメントトップから各ページをたどれますが、最初はユーザーズガイド[*8]のリンクを順を追って読んでいきましょう。リンクは多いですが、チュートリアル[*9]を見れば、動かすのに問題はありません。手元に動かす環境ができれば、後はVCLを試行錯誤して動かすことで理解が深まるでしょう。

その際に必要となるのがVCLの細かい知識です。VCLはさまざまな変数、また演算子があります。 それらをどのように使うかについては、VCLのリファレンス[*10]を読むことをお勧めします。このドキュメントは名前の通り、辞書のようなものでVCLを書く上で参照頻度が非常に高いです。reference以下のドキュメントの一部は、Varnishインストール後、manで参照できます。

```
$ man vcl
$ man vsl-query # 関連コマンドなども参照可能
```

VarnishではProxyのイベントに応じて、処理を挿入できることを5章で解説しました。RxReq（vcl_recv）などを取り上げましたが、あくまでProxyやCDNでよくあるイベントや流れに応じて、抜粋して紹介したものです。Varnish自体の処理の流れや、どこでイベントが発生するかについては触れませんでした。

Varnishがどのように処理していくかのフロー、各イベントについてはVarnish Processing Statesのドキュメント[*11]に掲載されます。ドキュメントの一部を抜粋します[*12]。

*7 Fastlyは一部VarnishをもとにしたCDNでVCLによる設定が可能です。ただ、VCLの対応状況などVarnishとの差異も少なくありません。

*8 https://varnish-cache.org/docs/6.5/users-guide/index.html

*9 https://varnish-cache.org/docs/6.5/tutorial/index.html

*10 https://varnish-cache.org/docs/6.5/reference/vcl.html

*11 https://varnish-cache.org/docs/6.5/reference/states.html

*12

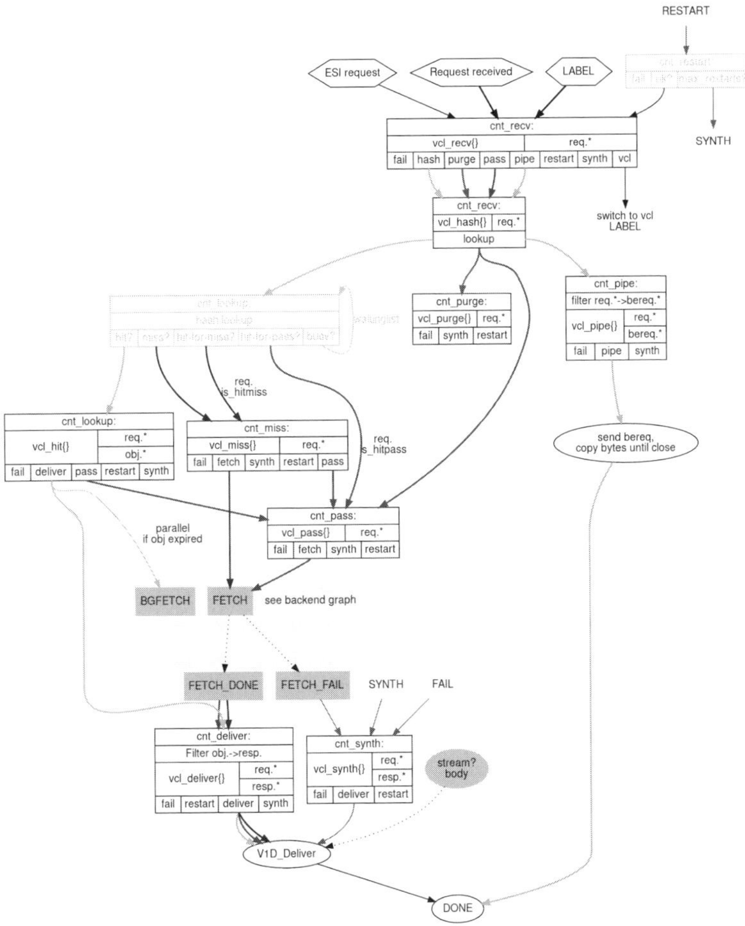

図A.1 Varnish Processing Statesから引用

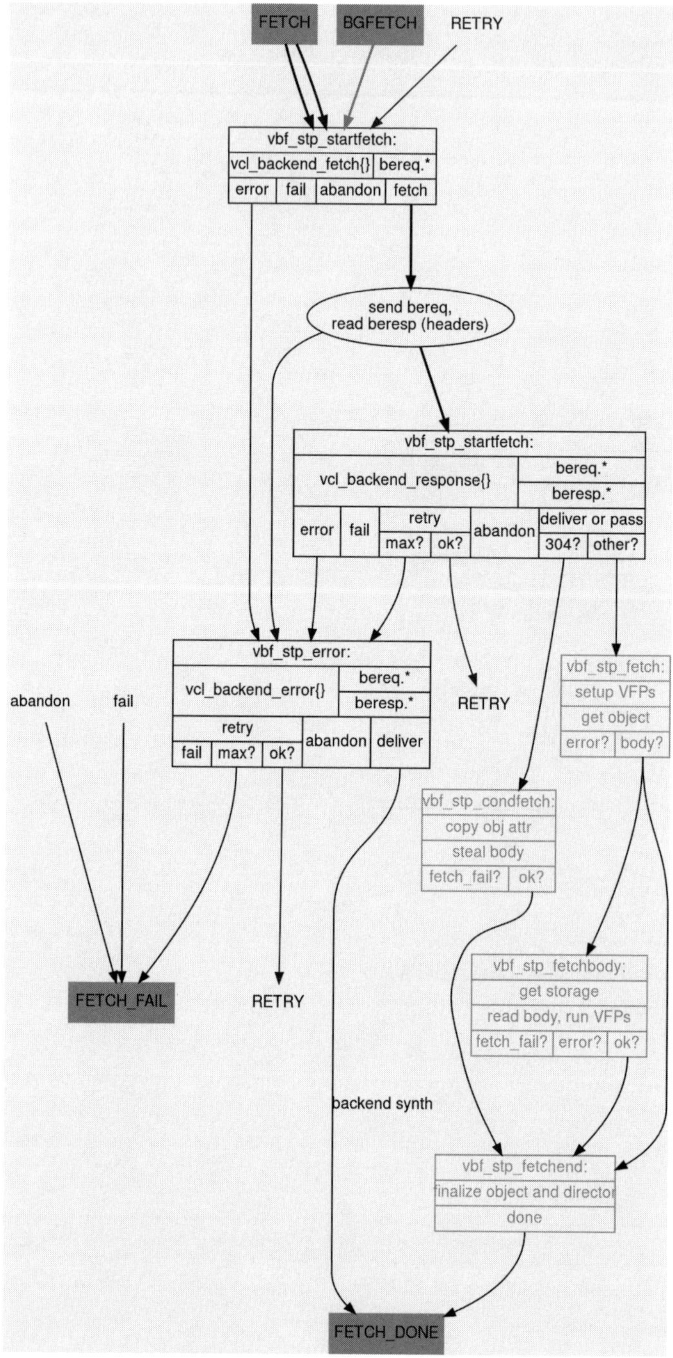

図A.2 Varnish Processing Statesから引用

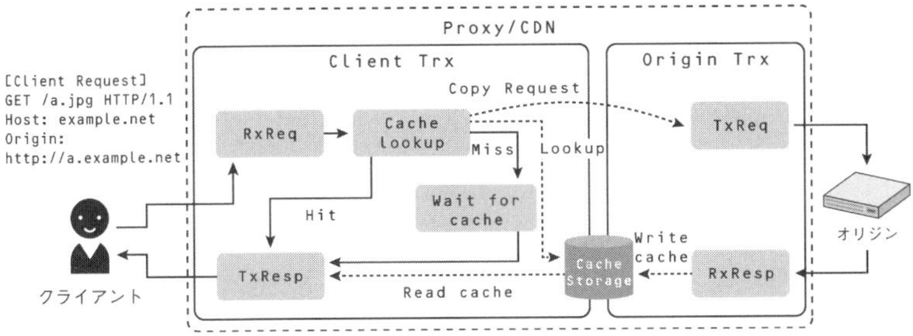

図A.3　Proxy/CDNの基本的な処理フロー

イベント	Akamai	CloudFront (lambda@edge)	Fastly	Varnish 6
RxReq	着信リクエスト	viewer request	vcl_recv (+vcl_hash)	vcl_recv (+vcl_hash)
TxReq	発信リクエスト	origin request	-	vcl_backend_fetch
RxResp	着信レスポンス	origin response	vcl_fetch	vcl_backend_response
TxResp	発信レスポンス	viewer response	vcl_deliver	vcl_deliver

これは公式ドキュメントより引用したものと、5章の処理フロー図とイベント対応表です。両者を見比べてみましょう。追加のイベント（vcl_missなど）はありますが、なんとなく処理の流れがつかめるでしょう。

粒度が細かくく若干わかりづらいので、読み解くために図を抜粋して解説します。

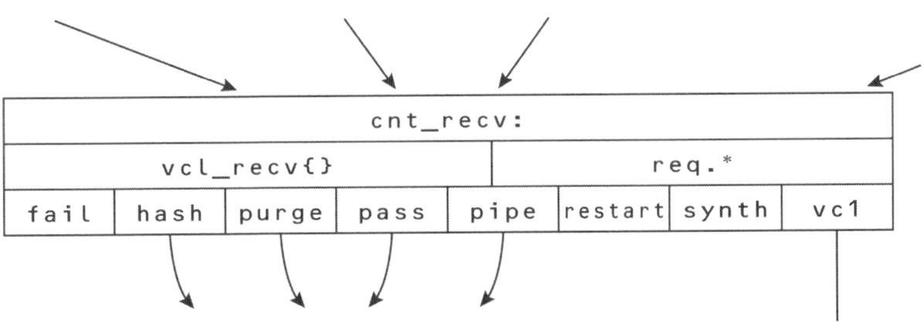

図A.4　Varnish Processing States掲載のClient Side図からcnt_recv部を抜粋

一番上の cnt_recvが、この処理の Varnish 本体の実際のコード上の関数名です[*13]。次に vcl_recv{}が呼ばれる vcl イベントです。VCL 内では sub vcl_recv{}のように書き、サブルーチンとしても使います。Varnishでの各種イベント発生時、対応するサブルーチンに記述した処理が実行されます。

その右にある req.*がイベント内でアクセスできる VCL 変数（Appendix A.4.4参照）となります。

最後の fail,hash,purge...vclは vcl 内での return(hash);の指定と同じものです。これはactionと呼ばれ、VCL内でサブルーチンから次にどのような操作をするかを指定するためのものです。そこから出ているライン[*14]をたどればどのようにリクエストが処理されていくかがわかります。たとえばvcl_recvサブルーチン内で、return(pipe)した場合は、処理がvcl_hash()サブルーチンに引き継がれます。return(fail)すればそこで処理は終了します。

vcl_recvの前後処理を確認したい場合は、cnt_recvを読むことですべて把握できます。

また、Varnishのドキュメントを呼んでいるとVCL、VSL、VCCなどさまざまな3文字の略語が出てきます。主要なものについては略語集[*15]があります。簡単な解説もあるため、Varnish関連の調査で聞きなれない略語があれば、こちらを見ればおおよそはわかるでしょう。

A.3 Varnishのサポート体制

VarnishのOSS版に基本的に商用サポートはありません。ユーザー間のコミュニケーションのために、以下のチャンネルがあります。

- メーリングリスト（varnish-misc[*16]など）
- IRC[*17]

なお、開発がGitHubで行われているため、質問や要望をissueにしたくなるかもしれませんが絶対にしてはなりません。ユーザーサポートの場ではないからです。たまにそういうissueを見かけるのですが即Closeされます。issueはバグ報

*13 https://github.com/varnishcache/varnish-cache/blob/varnish-6.5.1/bin/varnishd/cache/cache_req_fsm.c#L853
*14 元図ではラインに色がついており、その色をたどることでどこで分岐するかもわかります。
*15 https://varnish-cache.org/docs/6.5/reference/vtla.html
*16 https://varnish-cache.org/lists/mailman/listinfo/varnish-misc
*17 https://varnish-cache.org/support/

告のみに使われており、テンプレートに沿った報告が必要です。よく調べて利用しましょう。

商用サポートが必要なら、Varnish Softwareが提供する商用版のVarnish Enterprise[*18]、Varnish Cache Project掲載のコンサルタント企業[*19]によるソリューションを検討します。特にVarnish EnterpriseはAWS marketplaceにもあり[*20]、気軽に試すことが可能です。

ユーザーとして、OSSのVarnishをサポート（支援）する方法も解説します。Varnishは私企業が開発の中心となっているものの、OSSとしての安定した開発のために、コミュニティやユーザーからのサポートを募っています。Varnishを支援したい場合は、開発の中心となっているVarnish Softwareの有料サービスを利用するのもいいでしょう。

また、コア開発者にスポンサーすることも可能です。たとえばvmod-dynamicのメンテナンスを行っているUPLEX[*21]のNils Goroll氏[*22]、そしてPHK氏はサポートを募っています[*23*24]。

A.4 基本的なVCL

VCLについて、ごく基本的な書き方を紹介します。いくつかの内容はチュートリアルにも書いてあります。

A.4.1 Varnishの起動方法と最小のVCLと考え方の基礎

まずはVarnishの起動方法と最低限のVCLの設定です。パッケージから入れた場合、起動はsystemdで行います。

*18 https://www.varnish-software.com/solutions/varnish-enterprise/
*19 https://varnish-cache.org/business/index.html
*20 Ubuntu版とRHEL版が存在。Ubuntu版は次のURL。 https://aws.amazon.com/marketplace/pp/B07L7HVVMF
*21 ドイツのシステム開発会社。Varnish本体（Varnish Cache）やVMODの開発に参加。 https://uplex.de/
*22 https://github.com/sponsors/nigoroll
*23 http://phk.freebsd.dk/VML/
*24 筆者がPHK氏へのサポートとしてVMLを購入した際の記事。 http://blog.xcir.net/?p=2404

```
$ #起動
$ systemctl start varnish
$ #設定の適用
$ systemctl reload varnish
$ #終了
$ systemctl stop varnish
```

systemd経由だと見えづらいですが、デフォルトの起動コマンドとパラメータ[*25]は次のものです。

```
/usr/sbin/varnishd -a :6081 -f /etc/varnish/default.vcl -s malloc,256m
```

そのまま起動するとポートは80ではなくデフォルトの6081で起動します。それだと不都合があるため、多くは起動パラメータを設定します。

```
[Service]
EnvironmentFile=
EnvironmentFile=/etc/varnish/varnish.params
ExecStart=
ExecStart=/usr/sbin/varnishd \
        -P /var/run/varnish.pid \
        -f $VARNISH_VCL_CONF \
        -a ${VARNISH_LISTEN_ADDRESS}:${VARNISH_LISTEN_PORT} \
        -T ${VARNISH_ADMIN_LISTEN_ADDRESS}:${VARNISH_ADMIN_LISTEN_PORT}↩
            \
        -s $VARNISH_STORAGE \
        $DAEMON_OPTS
```

リスト A.1 /etc/systemd/system/varnish.service.d/override.conf

*25 https://github.com/varnishcache/pkg-varnish-cache/blob/6.x/systemd/varnish.service

```
#Varnishが読み込む基点のVCL
VARNISH_VCL_CONF=/etc/varnish/default.vcl

#Varnishの待ち受けアドレス、特に制限する必要がない場合は指定不要
#VARNISH_LISTEN_ADDRESS=127.0.0.1

#Varnishの待ち受けポート
VARNISH_LISTEN_PORT=80

#Varnishの管理コンソールにつなぐためのアドレスとポート
VARNISH_ADMIN_LISTEN_ADDRESS=127.0.0.1
VARNISH_ADMIN_LISTEN_PORT=6082

#キャッシュストレージの設定、7章のストレージの分割より
VARNISH_STORAGE="\
file_txt=file,/var/lib/varnish/varnish_storage_txt.bin,1G  \
-s file_img_thumb=file,/var/lib/varnish/varnish_storage_img_thumb.bin,1↩
    0G  \
-s file_img_other=file,/var/lib/varnish/varnish_storage_img_other.bin,8↩
    G  \
"

# 各種パラメータ（ここでは下記サンプルを設定）
# VCL↩
    で定義した項目（バックエンドなど）を使っていない場合にエラーとしない↩

DAEMON_OPTS="\
-p vcc_err_unref=off \
"
```

リスト A.2　/etc/varnish/varnish.param

override.confを置いた際はsystemctl daemon-reloadを実行して読み込ませてください。なお、VCLの置き場所は/etc/varnish/default.vclとしていますがこれはデフォルトの置き場所と同一です。

次に知っておきたいのは最低限のVCLの設定です。VarnishはProxyなので、基本はbackendを指定して動作させます。たとえば同じサーバーのポート8080にWebサーバーを立ち上げているのであれば、これが最低限の設定となります。

```
vcl 4.1;
backend default {.host = "127.0.0.1";.port = "8080";}
```

リスト A.3　最小のVCL

最初についているvcl 4.1;はVCLのバージョン指定です。現在サポートされているVCLのバージョンには4.0と4.1があります。新規につくるのであれば4.1

を指定すれば問題ありません。

このケースでもVarnishはキャッシュを行います。デフォルトのbuiltin.vclが読み込まれ、これに最低限のキャッシュの設定があるからです。

ここから先ほどの`/admin/`以下を制限するVCLなどの記述を追加していき、ほしい機能を追加していきます。

Varnishは基本的に、backendを指定し、各イベントに対応するサブルーチンに処理を記述することで各種の機能を実現します。

この指定で実際にどのような処理が行われるかは、ぜひbuiltin.vcl*26を読んでください。コメントやライセンスも含んで200行以下なので、前掲の処理のフロー図やドキュメントを片手にすれば決して難しくないでしょう。

A.4.2 文法の初歩

VCLの文法について、コードでごく簡単に触れます。文法事項を網羅はしていません。ユーザーガイド内の文法箇所*27やドキュメントの文法リスト*28も参照してください。

PerlやCに近く、よりシンプルな文法のDSLです。ある程度プログラムを書いたことがあればなんとなく分かるでしょう。

*26 https://github.com/varnishcache/varnish-cache/blob/6.5/bin/varnishd/builtin.vcl
*27 https://varnish-cache.org/docs/6.5/users-guide/vcl-syntax.html
*28 https://varnish-cache.org/docs/6.5/reference/vcl.html

```
vcl 4.1; // バージョン指定
// 行コメント
/*
  複数行コメント
*/

include "foo.vcl"; // 他VCL foo.vclを読み込む

import std; // VMOD stdを読み込む

// 「probe 名前」で定義
// ヘルスチェックなどに必要・定義すればデフォルト値が入る
probe healthcheck { }

// 「backend 名前」でサーバー（バックエンド）指定
backend default {
    .host  = "127.0.0.1";
    .port  = "8080";
    .probe = healthcheck;
}

// 「acl リスト名{}」でアクセスコントロールリスト作成
// アクセス拒否、許可に使える
acl localnw {
    "localhost"; // 文字列は"…"で囲む
    "127.0.0.1";
}

// 「sub サブルーチン」でサブルーチン指定
sub vcl_recv{ // vcl_recv↩
     はクライアントからリクエストがあったとき呼ばれる

    // ifの条件分岐が使える
    if (client.ip ~ localnw) {
        set req.http.x-v-from = "localnw"; // 独自のx-v-fromヘッダに値l↩
             ocalnwを指定
        return(pipe); // pipeアクション（処理をvcl_hash→vcl_pipe↩
             に移行）
    } else {
        unset req.http.cookie; // Cookieヘッダを削除
    }
}
```

A.4.3 backendとdirector

Varnishは転送先のサーバーをbackendと呼んでいます。転送先のホスト指定（hostとport）とprobeというヘルスチェックの定義の組み合わせでできています。backendとprobeは以下のように定義します。

```
// コメント
// vcl指定など一部略
probe healthcheck {
  .url        = "/healthcheck";
  .timeout    = 2s;
  .window     = 5;
  .threshold  = 3;
  .interval   = 1s;
}

backend ws01 {
  .probe = healthcheck;
  .host  = "192.168.10.1";
  .port  = "80";
}

sub vcl_recv {
  ...
  // フェッチを行う際にどのバックエンドに繋ぎに行くかを指定します。
  set req.backend_hint = ws01;
  ...
}
```

probeは定義しなくてもよいのですが、ないと何もチェックされないため、サーバーが落ちていても転送されエラーとなります。hostにはIPアドレス以外にexample.netのようなホストも指定可能です。ただし、定期的に名前解決して転送先の更新をするわけではありません。VCL読み込みのタイミング（起動時、リロード時）で名前解決を行い、その**1**IPアドレスを利用します。たとえばbackendにS3を使いたい場合、直接backendにs3のホストを指定してもIPアドレスが変わったタイミングで疎通が取れなくなるため問題が発生します。

backendは単体指定で、複数束ねてクラスタのように扱ったりはできません。束ねるなど、さまざまなロジックでbackendを選択するLBのような動きをするのがdirectorです。

directorはVarnishモジュール（VMOD）で提供されており、Varnish本体に同梱するdirectorsから利用します。directorsはランダムやハッシュやfallbackなどの振り分けが可能です。ランダムの例を示します。

```
vcl 4.1;
# VMOD（後述）の読み込み
import directors;

probe healthcheck {...}

backend ws01 {.probe=healthcheck; .host="192.168.10.1"; .port="80";}
backend ws02 {.probe=healthcheck; .host="192.168.10.2"; .port="80";}
backend ws03 {.probe=healthcheck; .host="192.168.10.3"; .port="80";}

sub vcl_init {
  new ws_rand  = directors.random();
  ws_rand.add_backend(ws01, 1.0);
  ws_rand.add_backend(ws02, 1.0);
  ws_rand.add_backend(ws03, 1.0);
}

sub vcl_recv {
  ...
  set req.backend_hint = ws_rand.backend();
  ...
}
```

このように定義をすることでws01〜03の中でヘルスチェックをしつつ、ランダムで振り分けます。ちなみにdirectorには必ずしもbackendの定義を登録する必要はありません。実装によります。backendにS3のホストを指定する問題に触れました。dynamic[*29]というdirectorはホスト名を定期的に名前解決し、Varnish側にbackendを動的に登録します。このため、このようなbackendの定義は不要です。

A.4.4　サブルーチンとVCL変数

VCLを読み書きするうえで覚えておきたいのが、サブルーチンとVCL変数（VCL Variables）です。

» サブルーチン

サブルーチンはVarnish内でのイベントに応じて、処理を入れるためのものです。reqなどのVCLオブジェクト（およびそれにつくVCL変数）を操作して処理します。return(<action>)で処理を中断し、<action>に応じて次のサブルーチンに移行したり、処理を中断したりします。

*29　https://github.com/nigoroll/libvmod-dynamic

VCLのサブルーチンは引数を取らず、return()が何か値を返すわけでもありません。そのため、サブルーチン間（処理間）での状態や値のやりとりは、すべてVCL変数、主にHTTPヘッダを介して行います。HTTPヘッダなどをプログラミングにおけるグローバル変数のように使っている、グローバル変数でのみ状態をやりとりできると考えるとわかりやすいでしょう。

組み込みのサブルーチン*30、returnで返せる<action>*31ともに一覧がドキュメントに掲載されています。サブルーチンで不明な箇所があればここを確認します。

サブルーチンは自作して、call 名前で呼び出すことも可能ですが、ひとまずは組込みサブルーチン（vcl_*で始まるもの）だけ覚えておけば問題ありません。

なお、VCLにはサブルーチンとは別に関数*32が存在します。regsub（正規表現の文字列操作）などがあります。

» VCL変数とVCLオブジェクト

VCL変数はVarnish内で、HTTPヘッダやパスなど種々の情報を取得、上書き、削除するためのものです。冒頭の図で紹介しているreq.*などがそれです。

変数といっても、いわゆるプログラミングにおける変数とは、指すところがやや違います。req.*などのようにオブジェクト*33にぶら下がる形でVCL変数があり、Varnishへのリクエストなどの時点ですでに設定済になりますし、各変数は読み書きできる範囲が定まっています。

VCL変数の一覧はリファレンスのVCL Variable*34で確認できます。ドキュメントを参照して理解を深めるべきですが、簡単に各オブジェクトとそこにぶら下がる変数の例を紹介します。

---

*30 https://varnish-cache.org/docs/6.5/users-guide/vcl-built-in-subs.html
*31 https://varnish-cache.org/docs/6.5/users-guide/vcl-actions.html
*32 https://varnish-cache.org/docs/6.5/reference/vcl.html#functions
*33 https://varnish-cache.org/docs/6.5/users-guide/vcl-variables.html
*34 https://varnish-cache.org/docs/6.5/reference/vcl.html#vcl-variables

オブジェクト	内容	VCL 変数の例
req	リクエストオブジェクト。リクエスト受け付けたときに発生。ヘッダなど。	req.method（リクエストメソッド）、req.http.*（リクエストのHTTPヘッダ）
bereq	バックエンドリクエストオブジェクト。be = バックエンド。req をベースにしつつ、バックエンドに送られる前に生成。	bereq.retries（現在までのリトライ回数）
beresp	バックエンドレスポンスオブジェクト。バックエンドからのレスポンスヘッダなどを含む。	beresp.status（バックエンドのHTTP ステータスコード）
resp	レスポンスオブジェクト。client に渡す直前のもの。	resp.http.*（レスポンスのHTTPヘッダ）
obj	キャッシュオブジェクト。読み取りのみ。	obj.hits（当該オブジェクトのキャッシュヒット数）

以下はVarnishやクライアントのIPアドレスなどの情報を格納しているオブジェクトとなります。

オブジェクト	説明
local	ローカル（Varnish 本体）に関するもの
remote	Varnish 本体から見た接続元
server	クライアントからみた接続先
client	クライアントに関するもの

それぞれ`.ip`でIPアドレスが取得でき、`client.ip`であればクライアントのIPアドレスが取得できます。通常であればクライアントとサーバーの2オブジェクトがあればよさそうですが、VarnishはProxyプロトコル*35に対応しています。そのためたとえばクライアントの場合、次が異なることがあります。

- スマホなどの実際のクライアントのIPアドレス

*35 https://www.haproxy.com/blog/haproxy/proxy-protocol/

・Varnishへ接続しにきたIPアドレス

```
#直接続
client(192.168.1.200) -> Varnish(192.168.1.100:6081)

#Proxy Protocol利用時(HAProxy)
client(192.168.1.200) -> HAProxy(192.168.1.10:8080) -> Varnish(192.168.↩
    1.100:6086)
```

簡単な構成イメージで説明します。

変数	説明	直接続	PROXY Protcol 利用時
local.ip	ローカル（Varnish）のIPアドレス	192.168.1.100:6081 (Varnish)	192.168.1.100:6086 (Varnish)
remote.ip	ローカル（Varnish）に接続してきたIPアドレス	192.168.1.200 (Client)	192.168.1.10 (HAProxy)
server.ip	クライアントのコネクションを受けたIPアドレス	192.168.1.100:6081 (Varnish)	192.168.1.10:8080 (HAProxy)
client.ip	クライアントのIPアドレス	192.168.1.200 (Client)	192.168.1.200 (Client)

ちなみに、IPアドレスだけでなく、VarnishはUDS（UNIX Domain Socket）での待ち受けも可能です。UDSで待ち受けていて返すべきIPアドレスがない場合は0.0.0.0:0となります。

VCL変数の読み取り・新規作成・上書き・削除

ここまで何度か使ってきましたが、あらためてVCL変数の読み取り、新規作成、上書き、削除を確認しましょう。読み取りは、比較時などに使います。

```
if (client.ip !~ admin) {}
```

ヘッダを新規作成、上書きする場合にはsetを使います。すでに同名のヘッダがあれば上書きされ、なければ新規作成されます。注意したいのはreqなどが読める、書き込める範囲には限りがあることです。

```
set req.http.x-unique-header = "some unique phrase";
```

```
// OK
sub vcl_recv {
    set req.http.x-v-misc = "abc";
}

// NG (vcl_backend_responseではreq.http.*にアクセスできない)
sub vcl_backend_response{
    set req.http.x-v-misc = "abc";
}
```

ヘッダなどの削除にはunsetを使います。存在しないヘッダを指定してもエラーにならないので、先に存在のチェックは不要です。

```
unset req.http.x-unique-header;
```

A.4.5 条件分岐・演算子・正規表現

Varnishがクライアントのヘッダなど種々の情報で処理を分けるという特性上、条件分岐は非常に重要な要素です。if、else if、elseが使えます。

```
if (条件) {
    ...
} else if (条件) {
//elif elsif elseifとも書けます
    ...
} else {
    ...
}
```

条件比較の演算子は、次の表を参考にしてください。代入などほか演算子はドキュメント*36を参照してください。

*36 https://varnish-cache.org/docs/6.5/reference/vcl.html#operators

演算子	==	!=	>	<	>=	<=
用途	等価（数値、文字列など）	不等価（数値、文字列など）	大なり	小なり	以上	以下

演算子	~	!~	!	&&	||
用途	等価（正規表現、ACL）	不等価（正規表現、ACL）	否定（真偽値前に付与）	論理AND	論理OR

クライアントのヘッダ、リクエストのパスなどで処理する以上、正規表現も同じく非常に重要です。VCLはPerl互換の正規表現（PCRE）を搭載しています。正規表現を比較で使うときに重要なのは、正規表現専用のシンタックス（リテラル）があるわけではなく、演算子などで正規表現かどうか判断するということです。

```
// ~ での比較を行っているので文字列ではなく正規表現
if ( req.url ~ "^/images" ){
  // /imagesから始まるパスだった場合処理
}
```

なお、VCLにはloopやgotoはありません。

A.4.6 VCLのデータ型と型変換

VCLのデータ型には文字列（STRING）、真偽値（BOOL）、時刻（TIME）、時間（DURATION）、整数（INT）、実数（REAL）などがあります。`set`でVCL変数に代入できます。

TIMEは時刻です。文字列に変換した場合、`Sun, 06 Nov 1994 08:49:37 GMT`のようなRFC 1123ベースの文字列になります。対して、DURATIONは時間（n分、nミリ秒......）です。

一部の型は暗黙的な型変換がされます。暗黙的な型変換はさまざまな型からSTRING型への一方通行となります。

次の例では`obj.hits`はINT型で、HTTPのヘッダはSTRING型なので変換が必要です。この場合の結果は文字列に変換されます。

```
sub vcl_deliver{
  set resp.http.hits = obj.hits;
}

//レスポンス例
//hits: 9
```

他にも現在時刻を返すnowは TIME 型で、文字列に変換した場合、Sun, 06 Nov 1994 08:49:37 GMTのようなRFC 1123ベースの文字列になります。

型の一覧は、ソースコードの型定義部分の中[*37]にあります。

```
const struct type DURATION[1] = {{
    .magic =        TYPE_MAGIC,
    .name =         "DURATION",
    .tostring =     "VRT_REAL_string(ctx, \v1)", // XXX 's' suff?
    .multype =      REAL,
}};
```

リスト A.4 vcc_types.c

これはDURATION型の定義ですが、注目したいのは.tostringです。これがある場合は暗黙的にSTRING型への変換が可能ということを示しています。

暗黙的な型変換が対応していないSTRING型→INT型のような型変換は、標準で同梱されるvmod_stdを利用します。

```
import std;
sub vcl_deliver{
  //INT integer([STRING s], [INT fallback], [BOOL bool], [BYTES bytes],↩
        [DURATION duration], [REAL real], [TIME time])
  //STRING型の"12"をINT型に変換してINT型の12と足し算する。
  set resp.http.test = std.integer(s="12", fallback=0) + 12;
}
# レスポンス
# test: 24
```

リスト A.5 STRING型からINT型への変換例

もちろん変換先はINT型に限りません。詳細はvmod_std[*38]のドキュメントを参照してください。

---

*37 https://github.com/varnishcache/varnish-cache/blob/6.5/lib/libvcc/vcc_types.c

*38 https://varnish-cache.org/docs/6.5/reference/vmod_std.html

A.4.7 VCLを学ぶ

VCLの記述については、数は多くないですが、一応公式に例*39が存在します。ある程度は参考になるでしょう。

A.5 VCLを記述する際の注意点

VCLの基本的な文法については、ここまでの解説やドキュメントを読めば習得できるはずです。ここでは注意点を紹介します。

A.5.1 "を含む文字列の指定方法

たとえば正規表現で「"」が含まれていることをチェックしたい時は、ほかの言語の経験があれば、まず次のように記述するでしょう。

```
if(req.http.foo ~ "\"")
```

ところが、VCLでは「」でのエスケープには対応していないため通りません。

そこで、ヒアドキュメント*40の{"文字列"}を使います。このような指定ができます。

```
if(req.http.foo ~ {"""})
```

A.5.2 正規表現の取り扱い

VCLでは正規表現を多用します。たとえばURLのマッチを行う場合に次のように記述しますが、これも正規表現です。

```
if(req.url ~ "^/admin/")
```

実はこの正規表現には少し罠があります。大文字小文字を区別している（case-sensitive）ため、上の例だと/Admin/といったパスだとマッチしないのです。大文字小文字を区別しない（case-insensitive）にする場合は次のようにします。

*39 https://varnish-cache.org/docs/6.5/users-guide/vcl-examples.html
*40 Varnish では Long strings と呼んでいます。

```
if(req.url ~ "(?i)^/admin/")
```

A.5.3　デフォルトのVCLと同一名のVCLイベントの定義

backend指定のみの簡単な設定でもbuiltin.vclが読み込まれ、キャッシュできることを紹介しました。

builtin.vclはデフォルトで提供する、種々の設定がまとまったvclファイルです。Varnishは起動オプション（-f）で指定されたvcl（ここまで使った例ではdefault.vcl）を起点として読み込んでいき、最後にbuiltin.vclを連結します。

```
default.vcl → builtin.vcl
```

このため、default.vclにbackendのみの指定でもキャッシュができるわけです。

builtin.vcl*41を少し見てみましょう。

```
sub vcl_backend_response {
    if (bereq.uncacheable) {
        return (deliver);
    } else if (beresp.ttl <= 0s ||
      beresp.http.Set-Cookie ||
      beresp.http.Surrogate-control ~ "(?i)no-store" ||
      (!beresp.http.Surrogate-Control &&
        beresp.http.Cache-Control ~ "(?i:no-cache|no-store|private)") ⏎
            ||
      beresp.http.Vary == "*") {
        # Mark as "Hit-For-Miss" for the next 2 minutes
        set beresp.ttl = 120s;
        set beresp.uncacheable = true;
    }
    return (deliver);
}
```

レスポンス（beresp）見て、Set-CookieやVary: **42などキャッシュに適さないヘッダを基準に処理を分けています。適さないヘッダが含まれているとキャッシュをしない（beresp.uncacheable=true）定義がされています。いわば、これがVarnishのキャッシュを行う際の基本の動作です。

---

*41　https://github.com/varnishcache/varnish-cache/blob/6.5/bin/varnishd/builtin.vcl

*42　この指定をすると、キャッシュ不可能なリクエストとして扱われる。

なお、Surrogate-Control[*43]というヘッダはProxy向けのCache-Controlです。このSurrogate-ControlをサポートするProxyやCDNは多くなく、サポートしていても一部のディレクティブのみということもあります。VarnishもSurrogate-Controlのno-storeは見ていますが、max-ageなどの他ディレクティブは見ていません[*44]。

Varnishがどのような動きをするのかを把握するためにも、builtin.vclに一度は目を通しておきましょう。

ここではvcl_backend_responseの定義がされていますが、default.vclにおいて同名イベントを定義した場合はどうなるでしょうか？ 答えは、「続けて呼び出される」です。default.vclのvcl_backend_responseの後に、builtin.vclのvcl_backend_responseが呼び出されます。上書きなどはされません。

VCLにおいて複数の同名イベントを定義した場合はdefault.vclの先頭から定義順に呼び出されます。default.vclなど、途中でreturnしてしまえば、それ以降は呼び出されません。

includeで別のvclを呼び出している場合は、includeの定義位置に展開されて評価されます。

```
vcl 4.1;
include "foo.vcl";

sub vcl_deliver {
  set resp.http.x = resp.http.x + "def,";
}

include "bar.vcl";
```

リスト A.6 default.vcl

```
vcl 4.1;
sub vcl_deliver {
  set resp.http.x = resp.http.x + "foo,";
}
```

リスト A.7 foo.vcl

＊43 https://www.w3.org/TR/edge-arch/

＊44 6章のコラム「CDNのヘッダと標準化」でもふれましたが、Surrogate-Controlは実装間での一貫性に乏しいです。

```
vcl 4.1;
sub vcl_deliver {
  set resp.http.x = resp.http.x + "bar";
}
```

リスト A.8 bar.vcl

このようなvclを定義した場合、レスポンスのxヘッダの値はfoo,def,barとなります。この動作は非常に便利ですが、一つ注意点があります。

builtin.vclに定義されているイベントが呼び出されるのは最後です。途中でreturnをすれば当然呼ばれることはありません。したがって、default.vclでreturnすることがあるのであれば、builtin.vclの中身を移植するなどする必要があるでしょう。

A.5.4 VMOD

VarnishはVarnishモジュール（Varnish Cache Modules、VMOD、VMODsとも）でさまざまな機能拡張を行えます。拡張機能ではあるのですが、Varnish本体に同梱されているVMODもいくつかあります。directorsもその1つです。

また本体に同梱はされていないものの、公式に近い扱いで広く使われるVMODに、varnish-modules*45というのもあります。ほかにも多数の3rdパーティのVMODが公開されており、リスト*46化されています。ハッシュをつくる、カウンタを追加するなどさまざまなものがあり、Varnishをより高度に使いたい場合は積極的に活用してもよいでしょう。

もちろん使う場合には注意が必要です。基本的にソースコードのママで公開されていることもあり、同梱されているもの以外はビルドが必要です。Varnishのバージョンが上がれば、多くの場合はリビルドが必要です。コア部分をタッチするようなVMODは、互換性の問題から動かなくなるものも多いです。

A.5.5 折り畳みをしてはいけないヘッダの扱い

Set-Cookieは「,」を含むため、,で連結ができない（折り畳みをしてはいけない）ヘッダです。この点でほかの多くのヘッダと異なります。ところがVCLでヘッダを操作する際には、基本は次のように書きます。このままだと複数項目を操作することはできません。

*45 https://github.com/varnish/varnish-modules
*46 https://varnish-cache.org/vmods/

```
set resp.http.set-cookie = "a=1";
```

VMODのheaderを使うことで問題を回避*47できます。

```
import header;

sub vcl_deliver{
  header.append(resp.http.set-cookie, "a=1");
  header.append(resp.http.set-cookie, "b=1");
}

# レスポンスヘッダ
# ...
# set-cookie: a=1
# set-cookie: b=1
# ...
```

このようにすれば複数のSet-Cookieを定義できます。headerにはほかにもいくつかの機能（removeなど）があります。このような折り畳みができないヘッダに対して操作する場合は必要です。一度ドキュメント*48を読んでみてください。

A.6 テストの重要性―varnishtest

VCLは複雑なルーティングやロジックを表現できますが、これはすなわちバグが混入しやすいということでもあります。また、VCLは一度書いておしまいということは少なく、サイト改修に合わせてVCLの改修も行うこともあります。リグレッションの心配もあるでしょう。そのため、テストを行うことは非常に重要です。

Varnish本体はvarnishtestというツールで自身のテストを行っています。これで実際のVarnishの運用向けのテストも記述ができます。うまく使えば安心してVCLを書くことができるでしょう。

詳しい使い方と文法についてはvarnishtestのドキュメント*49、および、Varnishのテスト記述用の形式であるvtcのドキュメント*50を参照してください。

*47 https://github.com/varnish/varnish-modules/blob/master/src/vmod_header.vcc
*48 https://github.com/varnish/varnish-modules/blob/6.5/docs/vmod_header.rst
*49 http://varnish-cache.org/docs/6.5/reference/varnishtest.html
*50 http://varnish-cache.org/docs/6.5/reference/vtc.html

また、Varnish本体のテストコードも公開されています*51。複雑な条件のテストを行う場合は、これらを見て参考にするのもよいでしょう。

varnishtestでテストするには、テスト用DSL、vtc（VarnishTestCode）を用います。まずは簡単なvtcを見てみましょう。

```
varnishtest "sample"

server s1 {
  rxreq
  txresp -hdr "c: d"
} -start

varnish v1 -vcl+backend {
    sub vcl_deliver{
      set resp.http.a = "b";
    }
} -start

client c1 {
    txreq -req GET -url "/" -hdr "Host: example.net"
    rxresp
    expect resp.status == "200"
    expect resp.http.a == "b"
    expect resp.http.c == "d"
} -run
```

リスト A.9 sample.vtc

```
$ #テストの実行と結果
$ varnishtest sample.vtc
#    top  TEST sample.vtc passed (1.716)
```

vtcはVarnishのテスト記述用の独自形式です。基本的に3要素で構成されています。

- server
- varnish
- client

varnishの部分は、そのままvclを記述できます。ここにテストしたいvclを記

*51 https://github.com/varnishcache/varnish-cache/tree/6.5/bin/varnishtest/tests

述します。clientでリクエストを生成し、結果をexpectで評価します。serverはbackendにあたり、httpのレスポンスを行います。なお、expectはserverでも定義可能です。

十分便利に見えるのですが、実際にサービスを行うvclをテストするには少し不便です。実際に投入する実践的なVCLでは、default.vclや`include`を利用して分割するなど、複数ファイルから構成されることが多いです。これをテストしたいからといって、vtcのVarnish定義の部分に毎回コピー&ペーストするのは現実的ではありません。そこで、お勧めするのはvtcからvclを分離することです。先ほどのvtcを分割した例を示します。

```
vcl 4.1;
sub vcl_deliver{
  set resp.http.a = "b";
}
```

リスト A.10 /tmp/default.vcl

```
varnishtest "sample"

server s1 {
  rxreq
  txresp -hdr "c: d"
} -start

varnish v1 -vcl+backend {
    include "${confpath}";
} -start

client c1 {
    txreq -req GET -url "/" -hdr "Host: example.net"
    rxresp
    expect resp.status == "200"
    expect resp.http.a == "b"
    expect resp.http.c == "d"
} -run
```

リスト A.11 sample.vtc

```
$ varnishtest sample.vtc -Dconfpath=/tmp/default.vcl
#    top  TEST sample.vtc passed (1.717)
```

リスト A.12 テストの実行結果

varnishtestは`-D`でマクロを指定できます。vtc内のvarnishでは`include`を行い、起動時にテストしたいvclを指定することでvclのコピー&ペーストを防ぐことができます。あとはサイトに合わせてvtcをつくっていきましょう。

vtcが増えてくると今度の悩みはテストにかかる時間です。varnishtestコマンドは起動時の指定で並列実行できます。テスト機のスペック次第ですが、適度に引き上げるとよいでしょう。

```
varnishtest -j [並列実行数]
```

また、vclやvtcが複雑で実行時のログが多くなるとvarnishtestのバッファ不足エラーが出ることがあります。その際はバッファを増やすといいでしょう。

```
$ varnishtest -b [バッファサイズ default:1M]
```

A.7 varnishのログと絞り込み方

Varnishはログを Varnish Shared memory Log（VSL）上に保存します。

```
937618216 VCL_return     c lookup
937618216 VCL_call       c MISS
937618216 VCL_return     c fetch
937618216 Link           c bereq 937618217 fetch
937618216 Timestamp      c Fetch: 1592324640.785931 0.001796 0.001796
937618216 RespProtocol   c HTTP/1.1
937618216 RespStatus     c 200
937618216 RespReason     c OK
937618216 RespHeader     c ETag: "3771-57596fa39c7d2"
```

上記はvarnishlog -g rawで出力した生ログの一部です。return(lookup)した際の結果が含まれるなど非常に詳細な情報が含まれています。この詳細なログをvarnishncsaやvarnishlogなどのコマンドが解釈、整形して出力します。

```
$ varnishncsa
*** - - [21/Jun/2020:16:21:21 +0900] "GET http://***/7.png HTTP/1.1" 20↩
    0 16918 "-" "Mozilla/5.0 (Windows NT 10.0; Win64; x64; rv:77.0) G↩
    ecko/20100101 Firefox/77.0"
```

リスト A.13 varnishncsaの出力例

varnishncsaはこのようなログを出力します。先ほど示した生ログをみればわかるように、このログを出力するには複数行の生ログの出力を組み合わせる必要があります。

A.7.1 VSLのグループ化

そこでVSLにはグループ化を行うしくみがあります。raw、vxid、request、sessionの4種類があり、コマンドごとにそのうちいくつかが利用できます。なおグループの指定はVSLを使う各コマンドの-gオプションで可能です。

```
varnishncsa -g <request|vxid>
```

リスト A.14 varnishncsaではrequest, vxidのいずれかが利用可能

```
varnishlog -g <session|request|vxid|raw>
```

リスト A.15 varnishlogでは4種すべて使える

» raw

rawは生ログで特にグループ化されておらず1行1行が独立しています。特徴的なのがトランザクションに関するログ以外に、下記のようなヘルスチェックの結果などのトランザクションに関連しないログが含まれることです。なお非トランザクションログのvxid（次で説明）は0で固定されています。

```
0 Backend_health - ws01 Still healthy 4---X-RH 5 3 5 0.003765 0.006063 ↩
      "HTTP/1.1 200 OK"
```

» vxid

vxidは単一のトランザクションをグループ化したものです。

```
937618216 RespProtocol   c HTTP/1.1
```

先ほどの生ログでの937618216の数値がVarnish Transaction ID（vxid）です。この数値が同じものをまとめたものになります。

» request

クライアントからのリクエストを処理する際、キャッシュを持っていなければ、

当然オリジンへの問い合わせが必要です。ほかにもそのレスポンスを組み立てるにあたってESIのようなサブリクエストが発生することもあります。この場合は当然複数のトランザクションを処理しており、それらをまとめるのがrequestです。また、requestはあくまで複数のトランザクションをまとめるものであり、request特有のログというものはなく仮想的なものです。vxidとの違いは関連するトランザクションをグループとして扱うかどうかです。

» session

たとえばKeep-Aliveのようにクライアントとの1セッション中に複数のリクエストが含まれることがあります。sessionはそれをまとめているものです。また、sessionはrequestと違い、仮想的なものではありません。リクエストをすべて処理しきった後も、次のリクエストが来るかもしれないということでセッション維持する時間（idle）があります。この時間も含めて調べたい場合は、sessionが必要です。

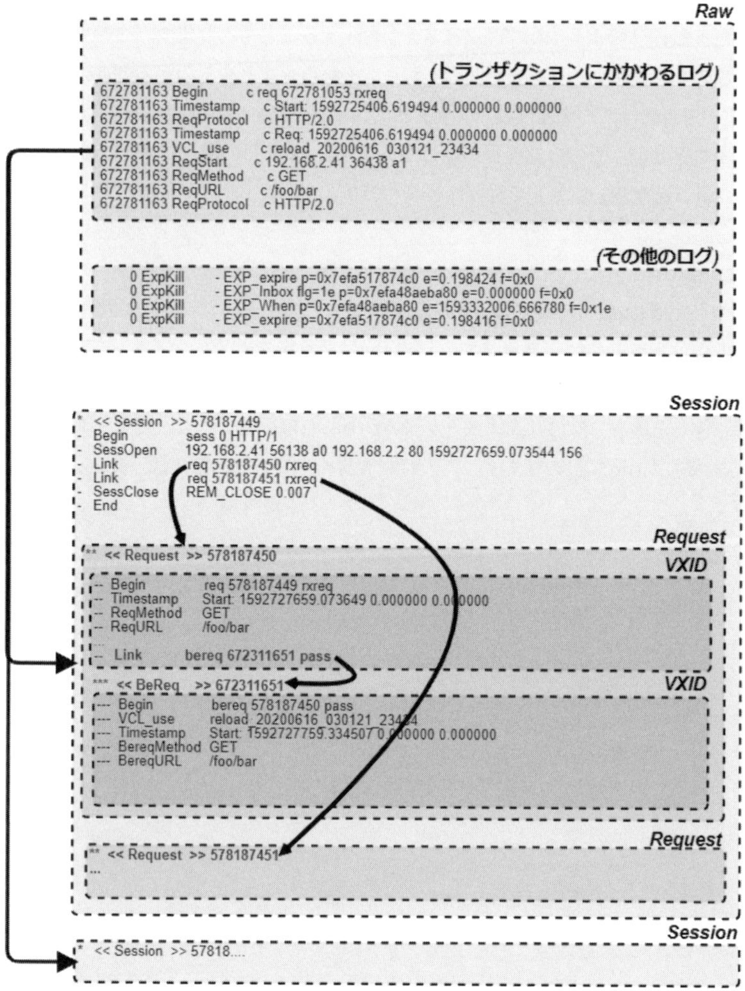

図A.5 VSL

この図はvarnishlogでraw,vxid……それぞれを指定した場合のログと、それらがどのように関連しているかを示したものです。sessionの中にRequestが複数あり、Request内にVXIDが複数あるというのがわかります。

A.7.2 ログの絞り込み

さて、VSLの構造とどのようにグループ化を行っているかはわかりました。次にログの絞り込みです。

ログ出力をする際にはエラーレスポンス（ステータス400以上）のみ見たいというようなケースも多く、絞り込みは必須です。そこで役に立つのが-qで指定できるvsl-queryです。-gオプションと同じく、Varnishのログ管理のコマンドで共通して使えます。

```
$ varnishlog -q 'respstatus >= 400'
```

リスト A.16　varnishlogでrespstatusが400以上のものを絞り込み表示

この指定でレスポンスステータスが400以上のログを含むグループを出力します。このグループは、先ほど説明したグループ化のそれと同じものです。たとえばESIを利用していてrequestでグループ化を行うと、ESIの各サブリクエストも同一グループとして扱われるため、1つでもエラーであればそのログがすべて出力されることとなります。

さて、このvsl-queryの表現力はかなりのものですが、一点注意が必要です。vsl-queryの演算子は先ほど紹介したvclの演算子と多少異なります。

演算子	==	!=	>	<	>=	<=
用途	等価（数値）	不等価（数値）	大なり	小なり	以上	以下

演算子	~	!~	eq	ne
用途	等価（正規表現）	不等価（正規表現）	等価（文字列）	不等価（文字列）

演算子	and	or	not
用途	論理AND	論理OR	否定

vsl-queryのサンプルを紹介します。user-agentにiphoneを含み、処理に0.2秒以上かかったものを抽出したいとき、次のように書きます。`reqheader:user-agent ~ "(?i)iphone"`と、`Timestamp:Process[2] > 0.2`の2つのレコード指定をandでつなげています。

```
$ varnishncsa -q 'reqheader:user-agent ~ "(?i)iphone" and Timestamp:Pro↩
    cess[2] > 0.2'
```

リスト A.17 varnishncsa と vsl-query の利用例

出力結果は次のとおりです。Timestampのログは上記のようなフォーマットで出力されます。少し分かりづらいですが、vsl-query で記述したTimestamp:Process[2]は0.272470の部分を指定しています。

```
677694060 Timestamp      c Process: 1592747355.912602 0.272470 0.00004↩
    8
```

vsl-queryのレコードの指定フォーマットはなかなか複雑で、次のようになっています。

```
{level}taglist:record-prefix[field]
```

先ほどのクエリで指定したTimestamp:Process[2]と結果は表のように対応します。

name	query	出力結果の対応するフィールド
level	指定なし	-
taglist	Timestamp	Timestamp
record-prefix	Process	Process
field	2	0.272470

1つずつ解説するので、読み解き方を身につけましょう。

» level

levelはグループ化を行った部分からのネスト数です。

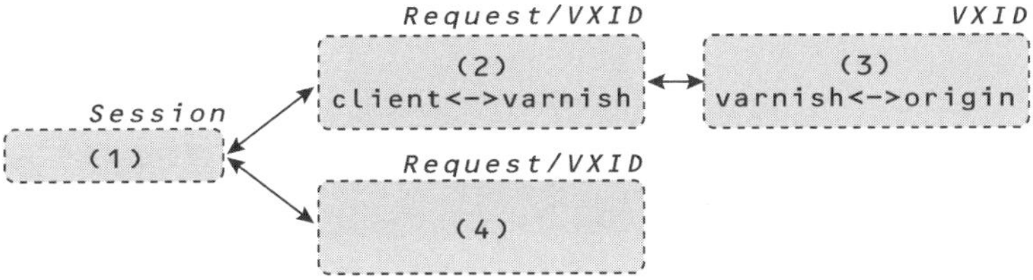

図A.6 level

たとえばsessionを指定している場合は、図中（3）のVarnish↔Originのやりとりのレベルは3となります。また、requestを指定してた場合、同じく図中（3）を指定するなら、レベル2となります。当然vxidは単一トランザクションとなり、ネストもしないため常にレベル1となります。これは、ESIのようなサブリクエストのみに絞りたいとき使われます。

```
$ ... -q '{2+}respstatus >= 400'
```

このように指定すればレベル2以上のサブリクエストでのエラーのみを指定できます。

» taglist

VSLはリクエストのヘッダやタイムスタンプ、どのストレージに格納したかなどのさまざまな情報が含まれています。各情報がタイムスタンプなのかストレージの情報なのかを示しているのがタグ（taglist）です。

```
420454490 BerespHeader   b Content-Encoding: gzip
420454490 Storage        b malloc memory
```

このログの場合だとBerespHeaderとStorageがタグとなります。

vsl-query における taglistは文字通りタグのリストです。ReqHeaderなどのタグをカンマ区切りで複数指定可能です。次のように指定すればReqHeader,BereqHeaderにuser-agentという文字列が含まれるグループが抽出されます。

```
$ ... -q 'ReqHeader,BereqHeader ~ "(?i)user-agent"'
```

また*も先頭か末尾のどちらかに指定可能です。次のもので先ほどと同じ表現になります。

```
... -q '*reqheader ~ "(?i)user-agent"'
```

タグとそのフォーマットは公式ドキュメント*52を参照してください。

» record-prefix と field

taglistにもとづく、ログの絞り込みにはfieldとrecord-prefixを用います。個々の項目の順序による指定がfield、絞り込みのためのマッチ機能がrecord-prefixです。詳細はやはりドキュメントを参照すべきですが、簡単に使い方を紹介します。

下記はVSLタグのフォーマットの一例です。fieldは先頭を1として指定します。たとえば-q 'ReqAcct[3] >= 1000'はTotal bytes receivedが1000以上のものを抽出します。

```
ReqAcct
%d %d %d %d %d %d
|  |  |  |  |  |
|  |  |  |  |  +- Total bytes transmitted
|  |  |  |  +---- Body bytes transmitted
|  |  |  +------- Header bytes transmitted
|  |  +---------- Total bytes received
|  +------------- Body bytes received
+---------------- Header bytes received
```

タグと関連する出力は基本的にスペース区切りですが、Timestampなど一部先頭フィールドが「:」区切りのものが存在します。このとき指定可能なのがrecord-prefixです。-q 'Timestamp:process[2] >= 0.1'と指定すると、Event labelがprocessで、Time since start of work unitが0.1以上という条件で絞り込みます。またrecord-prefixは大文字小文字を区別しません。

*52 https://varnish-cache.org/docs/6.5/reference/vsl.html

```
Timestamp
%s: %f %f %f
|   |  |  |
|   |  |  +- Time since last timestamp
|   |  +---- Time since start of work unit
|   +------- Absolute time of event
+----------- Event label
```

Timestamp以外にヘッダの指定に便利です。-q 'Reqheader:user-agent ~ "(?i)iphone"'とすればuser-agentにiPhoneが含まれているものを絞り込み表示します。

絞り込みを行う際には、フィールドの型と絞り込みの型を一致させる必要があります。先ほどのTimestampの絞り込みで、1秒以上を絞り込みたいとき、Timestamp:process[2] >= 1と指定してもマッチしません。これは、フィールドがfloatなのに対してintで評価しようとしているためです。1.0もしくは1.と指定する必要があります。

なおvsl-queryはほかにも多彩な書き方があります。ぜひ公式ドキュメント*53を参照して学んでください。

A.8 そのほかのツールやコマンド

Varnishを使いこなす上で必須のVCLとvsl-queryの勘所を紹介しました。ここではそのほかの重要なコマンドやツールと参照すべきドキュメントをまとめます。他コマンドなどの参考となる公式ドキュメントを紹介します。

A.8.1 varnishstat

varnishstat*54はvarnishの各種メトリクスを表示するためのコマンドです。重要なメトリクスは多数ありますが、特によく使うものをいくつか紹介します。

» MAIN.threads_limited

何らかの原因でスレッドが最大値（thread_pool_max）に達したことを示します。頻繁に起きるようであればthread_pool_maxの調整が必要です。

*53 https://varnish-cache.org/docs/6.5/reference/vsl-query.html
*54 https://varnish-cache.org/docs/6.5/reference/varnishstat.html

» MAIN.threads_created / MAIN.threads_destroyed

スレッドの作成と削除のmetricsです。多少カウントが上がる程度であれば問題ないですが、常時カウントが上がっている状態であればthread_pool_minが足りてないので増やすことも検討しましょう。

» MAIN.n_lru_limited

キャッシュの新規格納時に、容量不足でLRUにもとづき最近あまり使っていないキャッシュをキャッシュストレージから追い出して確保しようとしたが、最大値(nuke_limit)に達したことを示します。このエラーが起きる場合はサイズの特性に応じたストレージの分割(5.14.1)、nuke_limitの調整を検討しましょう。

A.8.2 varnishadm

varnishadm[*55]はVarnishの管理ツールです。キャッシュのban(削除)、各種パラメータの変更(可能なものは再起動なしで変更)などができる便利なツールです。varnishadm param.showのようにワンライナーで実行することもできますが、そのままvarnishadmのみをたたくとVarnishの対話モードに入ります。

```
$ sudo varnishadm
200
-----------------------------
Varnish Cache CLI 1.0
-----------------------------
Linux,5.4.0-47-generic,x86_64,-junix,-smalloc,-sdefault,-hcritbit
varnish-6.5.1 revision 1dae23376bb5ea7a6b8e9e4b9ed95cdc9469fb64

Type 'help' for command list.
Type 'quit' to close CLI session.
```

この状態でhelpを打つと、使用できるコマンドの一覧が出ます。なお、コマンドに成功すると最初の行に200が出ます。ワンライナーだと出ません。

*55 https://varnish-cache.org/docs/6.5/reference/varnishadm.html

```
varnish> help
200
auth <response>
backend.list [-j] [-p] [<backend_pattern>]
...
vcl.show [-v] <configname>
vcl.state <configname> [auto|cold|warm]
vcl.use <configname|label>

varnish> help param.show
200
param.show [-l|-j] [<param>|changed]
Show parameters and their values.
```

各コマンドについてはhelp [コマンド]で説明が出ます。詳細はこちらを確認してください。いくつか紹介します。

» param.show

現在設定されているパラメータを表示します。param.showの後ろにパラメータ名を入力すると、そのパラメータの設定値と説明を表示します。

```
varnish> param.show
200
accept_filter                 -
acceptor_sleep_decay          0.9 (default)
acceptor_sleep_incr           0.000 [seconds] (default)
...

varnish> param.show thread_pool_min
200
thread_pool_min
        Value is: 100 [threads] (default)
        Minimum is: 5
        Maximum is: 1000

        The minimum number of worker threads in each pool.
...
        NB: This parameter may take quite some time to take (full)
        effect.
```

» param.set

パラメータを設定します。すべてではありませんが、動的に設定が可能なパラメータも多く、再起動なしに一時的に変更したい際に使用できます。

```
varnish> param.set nuke_limit 6000
200
```

A.8.3 varnishtop

varnishtop[*56]は Varnish のメモリ上のログを継続的に解析し表示します。varnishtopを使うことで、もっともリクエストされている URL やユーザーエージェントのランキング形式のデータを容易に取得できます[*57]。

まずはそのまま叩いてみましょう。

```
$ varnishtop
list length 4180                                        ***

  4484.31 ReqHeader      Accept-Encoding: gzip
  4450.59 VCL_return     deliver
  2659.43 VCL_acl        NO_MATCH localip
...
```

オプションなしの単体実行だと全体のログのエントリでランキングをつくるため、ほとんど調査には役立ちません。varnishtopは絞り込みを行って初めて役に立ちます。

varnishtopの多数のオプションのうち最低限知っておきたいのは以下のオプションです。

- 評価するタグを絞り込むオプション（-i <taglist> -I <[taglist:]regex>）
- vsl-query（-q <query>）
- 正規表現を指定時に大文字小文字を区別しなくなるオプション（-C）

たとえば URL のランキングを取得したければ-iで ReqURLのタグで絞り込みます。

```
varnishtop -i ReqURL
```

処理に 1 秒以上時間がかかったリクエストに絞り込むには、vsl-query を用い

*56 https://varnish-cache.org/docs/6.5/reference/varnishtop.html
*57 varnishncsaで出力したログを加工して行うことも可能ですが、varnishtopのほうが多くの場合シンプルです。

ます。

```
varnishtop -i ReqURL -q 'Timestamp:Process[2] > 1.0'
```

-iで指定できるのはタグのみですが、ReqHeaderのようにさらに絞り込まないと使いづらいタグも多数あります。

```
list length 457                                    ***

  1918.50 ReqHeader      Accept-Encoding: gzip
  1079.75 ReqHeader      host: XXX
   817.50 ReqHeader      host: YYY
...
```

リスト A.18 varnishtop -i ReqHeader

この際に使うのが-Iです。たとえばhostヘッダのみを取得したいなら、次のようにReqHeader中に正規表現で^host:とマッチするエントリのみに絞り込みを行うことができます。

```
varnishtop -C -I 'ReqHeader:^host:'
```

ちょっとした調査を行う際に便利なコマンドです。覚えておくとよいでしょう。

Column

grace と keep の取り扱い

grace と keep*a はいずれも Stale キャッシュに関する VCL の設定項目です。
Stale キャッシュは即時では消えず、条件付きリクエストで再利用することに使われます（4.9.1 参照)。stale-while-revalidateで指定された期間中にクライアントからリクエストがあった場合、とりあえず Stale キャッシュをレスポンスし、バックグラウンド処理でオリジンに条件付きリクエストを行います。
Varnish の graceは stale-while-revalidateと同一です。TTL が切れてもgraceの設定期間はキャッシュし、期間中のリクエストは、再検証が終わるまではとりあえずStale キャッシュをレスポンスします。
keepはクライアントのリクエストがあったときはオリジンに条件付きリクエストを行い、最新のキャッシュだと確認できたらそのまま、変更があれば更新したものを返します。must-revalidateが指定されているような状態と考えれば良いでしょう。
keepはStale キャッシュを返すのを許容できないケースに設定します。
たとえば、すでに graceを十分長い時間設定していて、これ以上一時的に Stale

キャッシュをレスポンスすることが許容できない場合にkeepを使うことが考えられます。ただ、graceの期間中にリクエストが来ないようなコンテンツはそもそもヒットすることも少ないです。わざわざkeepを使ってまで救う（キャッシュが再利用できるようにする）べきかは、筆者は疑問を持ちます*b。なお、これらの期間は積算です。Varnishでキャッシュが保持される最大期間は`ttl`+grace+keepとなります。

---

*a　https://varnish-cache.org/docs/6.5/users-guide/vcl-grace.html

*b　当然keepで伸ばした期間中はストレージに残り続けます。新規キャッシュ時にストレージサイズが足りなければ解放されますが、無駄なためあまり極端に長いkeepを設定するのは避けたほうが良いでしょう。

Column

VarnishとHTTPS

OSS版のVarnishではHTTPSに対応せず、HTTPのみ対応です*a。その代わりとしてProxyプロトコルに対応しており、TLS対応のProxyと組み合わせることを想定しています。

TLS対応Proxyとしては Varnish Software が開発する Hitch*bや、HAProxy*cが考えられます。

なお、TLS対応ProxyはVarnishと同じサーバーで動作させるような構成も一般的です。全体の構成や用途にもよりますが、VarnishのHTTPS対応のために台数を増やす必要はありません。

---

*a　https://varnish-cache.org/docs/5.2/phk/ssl_again.html

*b　https://hitch-tls.org/

*c　http://www.haproxy.org/

おわりに

本書では配信に関するさまざまなことに触れてきました。負荷対策としてProxy/CDNを導入するにはどうすべきかという疑問、Proxy/CDNは事故を起こしやすいという誤解、こういった障壁を取り払えたら幸いです。

そもそもこの本を書くきっかけとなったのは、2017年、あるサイトでのキャッシュ事故が騒がれていた際にTwitterで目にした誤解です。騒動のさなか、「動的コンテンツに対してキャッシュを使うなんてとんでもない」という意見が流れてきて、思わず「？」と考え込んでしまいました。

本書を読んだ皆様ならわかると思いますが、動的コンテンツに対してキャッシュやCDNを使うべきかどうかという話の答えは単純です。メリットがあれば使えばいいし、そうでなければ使わなければいい。動的コンテンツのキャッシュも適切に設定すれば問題ありません。そこで、CDNを使うことはおかしくない、適切に設定しないのがまずいのだというブログ記事（http://blog.xcir.net/?p=2575）も書きました。

エイプリルフールを企画する企業Webサイトが毎年落ちているのも、本を書く動機の1つでした。リクエスト殺到がわかっているのに対策しないことを疑問に思い、配信の知見を広める必要を意識しだしました。

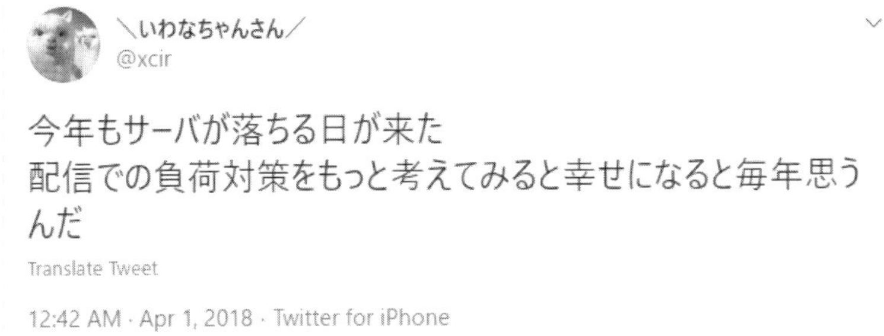

＼いわなちゃんさん／
@xcir
今年もサーバが落ちる日が来た
配信での負荷対策をもっと考えてみると幸せになると毎年思うんだ
Translate Tweet
12:42 AM · Apr 1, 2018 · Twitter for iPhone

そもそもWebシステムはさまざまなキャッシュを利用して動いており、開発者にとってはキャッシュは身近なものです。負荷対策のためにmemcachedを使うといったことはよく検討されます。ところが、同じくらいかそれ以上に重要なProxy/CDNやブラウザでのキャッシュは意外と考慮から漏れていることが多いです。

本書がこういった風潮に一石を投じ、HTTPキャッシュ、Proxy、CDNの正しい導入の力となれればと思います。

参考文献

書籍

・よくわかるHTTP/2の教科書
—後藤ゆき著（2018） リックテレコム ISBN: 978-4-86594-177-7

Webサイト

・Varnish Documentation — Varnish HTTP Cache
—https://varnish-cache.org/docs/
・平文の TCP/IP において転送されたデータの信頼性を期待してはいけない - 最速配信研究会 (@yamaz)
—http://yamaz.hatenablog.com/entry/2018/03/03/214221
・画像サイズ削減 (ImageSizeReduce) - YoyaWiki Plus!
—https://pwiki.awm.jp/~yoya/?ImageSizeReduce
・SSIM と PSNR とは ageha was here
—http://agehatype0.blog50.fc2.com/blog-entry-181.html
・JPEGMeta - Speaker Deck
—https://speakerdeck.com/yoya/jpegmeta
・ImageMagick で画像比較 (Compare) - Qiita
—https://qiita.com/yoya/items/2021944690bd9c0dafb1
・配信基盤を支えるオンプレ技術 - DMM inside
—https://inside.dmm.com/entry/2020/04/17/evolving_content_delivery_platform_11
・Dissecting Apple's Meta-CDN during an iOS Update
—https://arxiv.org/abs/1810.02978
・internet-draft カテゴリーの記事一覧 - ASnoKaze blog
—https://asnokaze.hatenablog.com/archive/category/internet-draft

索引

さ

著者プロフィール

田中 祥平 （いわなちゃん/xcir）

GREEで配信周りを引き受けるエンジニア。
配信全体に強く、特にVarnishに詳しい。
自社の大規模配信に加え、他社の中小規模サービスにアドバイザーとしても参加。幅広い経験を持つ。

●本書サポートページ
https://gihyo.jp/book/2021/978-4-297-11925-6/support
本書記載の情報の修正／補足については、当該Webページで行います。

●装丁デザイン 西岡裕二
●本文デザイン BUCH⁺、山本宗宏（株式会社Green Cherry）
●組版 山本宗宏（株式会社Green Cherry）
●作図 朝日メディアインターナショナル株式会社
●編集 野田大貴

■お問い合わせについて
本書の内容に関するご質問は書面、FAX、Web で受け付けております。お電話によるご質問はお答えできません。また、ご質問は書籍内容に関するもののみとさせていただきます。ご質問の際に記載いただいた個人情報は質問の返答以外の目的には使用せず、返答後破棄いたします。

〒162-0846
東京都新宿区市谷左内町21-13
株式会社技術評論社雑誌編集部
「Web配信の技術」質問係
FAX：03-3513-6173
URL：https://gihyo.jp/book/2021/978-4-297-11925-6

Web(ウェブ)配信(はいしん)の技術(ぎじゅつ)
HTTP(エイチティーティーピー)キャッシュ・リバースプロキシ・CDN(シーディーエヌ)を活用(かつよう)する

2021年2月25日　初版　第1刷発行

著　者　田中(たなか) 祥平(しょうへい)
発行者　片岡 巌
発行所　株式会社技術評論社
東京都新宿区市谷左内町21-13
TEL：03-3513-6150　販売促進部
TEL：03-3513-6177　雑誌編集部
印刷／製本　日経印刷株式会社

ISBN978-4-297-11925-6 C3055
Printed in Japan